JN127829

新・明解
C++で学ぶ
オブジェクト指向プログラミング

柴田望洋
BohYoh Shibata

SB Creative

「明解」および「新明解」は、㈱三省堂の登録商標です。
本文中の商品名は、一般に各社の商標または登録商標です。
本文中に、TM、Ⓡマークは明記しておりません。

© 2018　本書のプログラムを含むすべての内容は著作権法上の保護を受けています。
著者・発行者の許諾を得ず、無断で複写・複製をすることは禁じられております。

はじめに

こんにちは。

本書『**新・明解 C++ で学ぶオブジェクト指向プログラミング**』は、世界中で数百万人ものプログラマに使われている**プログラミング言語** C++ を用いて、**オブジェクト指向プログラミング**の基礎を学習するためのテキストです。

まずは**クラス**の基礎から学習を始めます。データと、それを扱う手続きとをまとめることによってクラスを作成します。それから、**演算子の多重定義**、**派生・継承**、**仮想関数**、**抽象クラス**、**例外処理**、**クラステンプレート**などを学習し、オブジェクト指向プログラミングの核心へと話が進んでいきます。その過程で、C++ という言語の本質や、オブジェクト指向プログラミングに対する理解を深めていきます。

最後の三つの章では、**ベクトル**、**文字列**、**入出力ストリーム**といった、重要かつ基本的なライブラリを学習します。

難解な概念や文法を視覚的に理解して学習できるように、本書では 132 点もの**図表**を示していますので、安心して学習に取り組みましょう。

例題として示す**プログラムリスト**は 271 編にも及びます。プログラム数が多いことを語学のテキストにたとえると、例文や会話文がたくさん示されていることに相当します。数多くのプログラムに触れて C++ のプログラムになじみましょう。

本書の全編が語り口調です。長年の教育経験をもとに、初心者が理解しにくい点・勘違いしやすい点を丁寧に解説しています。私の講義を受講しているような感じで、全 13 章におつき合いいただければ幸いです。

2018 年 7 月
柴田 望洋

本書の構成

本書は、プログラミング言語C++を用いたオブジェクト指向プログラミングを学習するための入門書です。全13章は、以下のように構成されています。

if文、for文、配列、関数といった、基礎的なことがらは、学習ずみであることを前提としていますので、本書では学習しません。

クラスの基礎から、順を追って学習する構成となっていますので、できるだけ、章の順序どおりにお読みいただくとよいでしょう。

以下、本書を読み進める上で、注意すべきことをまとめています。

▪C++の規格について

C++の《標準規格》は、改訂が続けられています。正式には、『第１版』、『第２版』、…ですが、制定された西暦年の下２桁を付して、『**C++98**』、『**C++03**』、『**C++11**』、『**C++14**』、『**C++17**』、…と呼ばれます。

C++98やC++03で記述された膨大な量のプログラムが世界中で現役で動いていることから、本書はC++03をベースに解説しています。C++11以降でとり入れられた新機能などは、補足という形で示しています。

▶　プログラミング言語の国際的な規格や各国の国内規格は、以下の機関で制定されています。

- 国 際 規 格 ：**国際標準化機構**（ISO：International Organization for Standardization）
- 米国の規格：**米国国内規格協会**（ANSI：American National Standards Institute）
- 日本の規格：**日本工業規格**（JIS：Japanese Industrial Standards）

▪数字文字ゼロの表記について

数字のゼロは、中に斜線が入った文字“Ø”で表記して、アルファベット大文字の“O”と区別しやすくしています。ただし、章・節・図表・ページなどの番号や年月表示などのゼロは、斜線のない0で表記しています。

▪逆斜線記号\と円記号¥の表記について

C++のプログラムで用いられる逆斜線記号\は、環境によっては円記号¥に置きかえられます。本書では、本来のC++の仕様どおりに\を使っています。必要に応じて、すべての\を¥に読みかえるようにしましょう。

▪ソースプログラムについて

本書は、**271編**のプログラムを参照しながら学習を進めていきます。ただし、掲載しているプログラムを少し変更しただけのプログラムなど、一部のプログラムは、全部あるいは一部を割愛しています。具体的には、本書内には**231編**のみを示しており、**4Ø編**は割愛しています。

すべてのソースプログラムは、以下のホームページからダウンロードできます。

柴田望洋後援会オフィシャルホームページ　　http://www.bohyoh.com/

なお、掲載を割愛しているプログラムリストに関しては、("chap99/****.cpp")という形式で、フォルダ名を含むファイル名のみを本文中に示しています。

▪C言語の標準ライブラリ関数について

本書に示すプログラムの一部は、乱数を生成する***rand***関数、現在の時刻を取得する***time***関数など、C言語の標準ライブラリ関数を利用しています。これらの関数については、本文中でも解説していますが、詳細かつ完全な仕様を上記のホームページで公開しています。さらに、プログラミングや情報処理技術に関する膨大な情報を提供しています。

▪索引について

私の他の本と同様に、充実した索引を用意しています。たとえば、『静的メンバ関数』は、以下のいずれでも引けるようになっています。

か　関数	せ　静的	め　メンバ
… 中略 …	… 中略 …	… 中略 …
随伴～	～な型	限定公開～
静的メンバ～	**～メンバ関数**	**静的～関数**
テンプレート～	精度	静的データ～

※上記のホームページでは、本書の『索引』をPDF形式の文書ファイルとして公開しています。おもちのプリンタで印刷してお手元に置いていただくと、本書内の調べものがスムーズに行えます（本文と索引を行き来するためにページをめくらなくてすみます）。

目次

第1章

クラスの基礎

オブジェクト指向プログラミングにおいて最も基礎的で重要なのが、クラスの概念です。本章では、クラスの基礎を学習します。

- クラスとは
- クラス定義（class と struct）
- ユーザ定義型
- データメンバとステート（状態）
- メンバ関数と振舞い
- オブジェクトにメッセージを送る
- コンストラクタ
- クラス型オブジェクトの初期化
- アクセス指定子（公開 public と非公開 private）
- データ隠蔽
- カプセル化
- アクセッサ（ゲッタとセッタ）
- クラス有効範囲
- クラス定義の外でのメンバ関数の定義
- メンバ関数の結合性
- クラスメンバアクセス演算子（ドット演算子 . とアロー演算子 ->）
- インライン関数
- ヘッダ部とソース部
- ヘッダと using 指令

1-1 クラスの考え方

データと、そのデータを処理する関数とを組み合わせると、クラスになります。関数よりも一回り大きな単位の《部品》であるクラスは、オブジェクト指向プログラミングを支える最も根幹的で基礎的な技術です。本節では、クラスの基礎を学習します。

クラス

List 1-1 は、中野君と山田君の《会計》を扱うプログラムです。４個の変数に値を入れて、それらの値を表示します。

▶ 単純化のために、氏名と資産（総資産額）のみを扱います。

List 1-1　chap01/list0101.cpp

```
// 中野君と山田君の会計

#include <string>
#include <iostream>

using namespace std;

int main()
{
    string nakano_name   = "中野隼人";    // 中野君の氏名
    long   nakano_asset = 1000;           //    〃   の資産

    string yamada_name   = "山田宏文";    // 山田君の氏名
    long   yamada_asset = 200;            //    〃   の資産

    nakano_asset -= 200;                  // 中野君が200円の支出
    yamada_asset += 100;                  // 山田君が100円の収入

    cout << "■中野：\"" << nakano_name << "\" " << nakano_asset << "円\n";
    cout << "■山田：\"" << yamada_name << "\" " << yamada_asset << "円\n";
}
```

実行結果

```
■中野："中野隼人" 800円
■山田："山田宏文" 300円
```

氏名は**string**型文字列で、資産は**long**型整数です。２人のデータを４個の変数で表しており、たとえば、*nakano_name*は中野君の**氏名**で、*nakano_asset*は中野君の**資産**です。

> 名前が*nakano_*で始まる変数は、**中野君に関するデータである。**

ということが、変数名やコメントから分かります。

とはいえ、中野君の氏名を*yamada_asset*として、山田君の資産を*nakano_name*とすることも可能です。変数間の《関係》は、変数名から**推測**できるものの**確定できません。**

私たちは、プログラム開発時に、**現実世界のオブジェクト（物）や概念などを、何らかの形でプログラムの世界のオブジェクト（変数）に投影します。**

本プログラムでは、**Fig.1-1** ⓐに示すように、一人分の《会計》に関わる氏名と資産のデータが、個別の変数へと投影されています。

▶ この図は、一般化して表したものです。中野君の会計・山田君の会計に対して、２個のデータが別々の変数として投影されます。

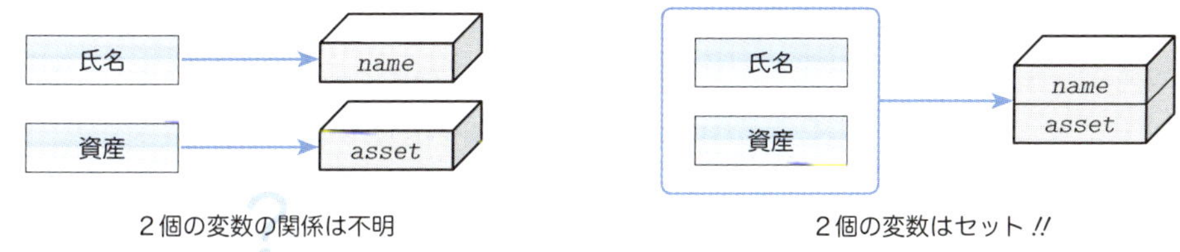

Fig.1-1 オブジェクトの投影とクラス

会計の複数の側面に着目すると、図bに示すように、氏名と資産をまとめたオブジェクトになります。このような投影を行うのが、**クラス**（*class*）の考え方の基礎です。

プログラムで扱う問題の種類や範囲によっても異なりますが、現実の世界からプログラムの世界への投影は、

- **まとめるべきものは、まとめる。**
- **本来まとまっているものは、まとまったままにする。**

といった方針にのっとると、より自然で素直なプログラムとなります。

＊

クラスを用いて書き直しましょう。**List 1-2** に示すのが、そのプログラムです。

List 1-2 chap01/list0102.cpp

```
// 会計クラス（第1版）とその利用例

#include <string>
#include <iostream>

using namespace std;

class Accounting {
public:
    string name;      // 氏名
    long asset;       // 資産
};

int main()
{
    Accounting nakano;   // 中野君の会計
    Accounting yamada;   // 山田君の会計

    nakano.name  = "中野隼人";        // 中野君の氏名
    nakano.asset = 1000;              //   〃  の資産

    yamada.name  = "山田宏文";        // 山田君の氏名
    yamada.asset = 200;               //   〃  の資産

    nakano.asset -= 200;              // 中野君が200円の支出
    yamada.asset += 100;              // 山田君が100円の収入

    cout << "■中野：\"" << nakano.name << "\" " << nakano.asset << "円\n";
    cout << "■山田：\"" << yamada.name << "\" " << yamada.asset << "円\n";
}
```

1 クラス定義
2個のデータがまとめられた型

2 クラス型オブジェクトの定義
2個のデータがまとめられた変数

実行結果
```
■中野："中野隼人" 800円
■山田："山田宏文" 300円
```

まずは、このプログラムを通じて、クラスの基礎を理解していきます。

クラス定義

まず着目するのは、1です（右ページのFig.1-2内に再掲しています）。

これは、*Accounting*が**"氏名と資産の2個のデータがまとめられたクラス"**であることを表す《宣言》であり、この宣言は、**クラス定義**（*class definition*）と呼ばれます。

先頭の"**class** *Accounting* {"がクラス定義の開始であり、そのクラス定義は"};"まで続きます。関数定義とは違い、**クラス定義の末尾にはセミコロンが必要です。**

{}の中は、クラスの構成要素である**メンバ**（*member*）の宣言です。

クラス*Accounting*を構成する*name*と*asset*は、《値》をもつ変数であり、このようなメンバは、**データメンバ**（*data member*）と呼ばれます。

＊

なお、メンバに先立つ**public:**は、それ以降に宣言するメンバを、**クラスの外部に対して公開すること**の指示です。

▶ **public**とコロン:のあいだには、空白類（空白文字やタブ文字など）を入れても構いません。後で学習しますが、**public**の他にも、**private**と**protected**の指定が行えます。

クラス型のオブジェクト

クラス定義は、（名前は定義ですが）単なる《型》**の宣言**です。たとえると、クラスは、タコ焼きを焼くための"カタ"です。

クラス*Accounting*型の**実体**である《**オブジェクト**》を**宣言・定義**するのが、2です。これで、カタから作られた、本物の"**タコ焼き**"ができあがります。

メンバのアクセス

main関数では、中野君と山田君の各メンバに値を代入して表示しています。

クラス型オブジェクト内のメンバのアクセスに使うのが、Table 1-1の**クラスメンバアクセス演算子**（*class member access operator*）です。

この **.** **演算子**（*.operator*）の通称は、**ドット演算子**（*dot operator*）です。

Table 1-1 クラスメンバアクセス演算子（ドット演算子）

x.y	xのメンバyをアクセスする。

▶ ドット（dot）は『点』という意味です。本演算子と、Table 1-2（p.25）で学習する**アロー演算子 ->** の総称が、《**クラスメンバアクセス演算子**》です。

以下に示すのが、中野君の会計の各データメンバをアクセスする式です。

```
// オブジェクト内のメンバはドット演算子でアクセスする
nakano.name                 // 中野君の氏名
nakano.asset                //   〃  の資産
```

日本語の"の"と理解しておきましょう（*nakano.name*は"中野君の氏名"です）。

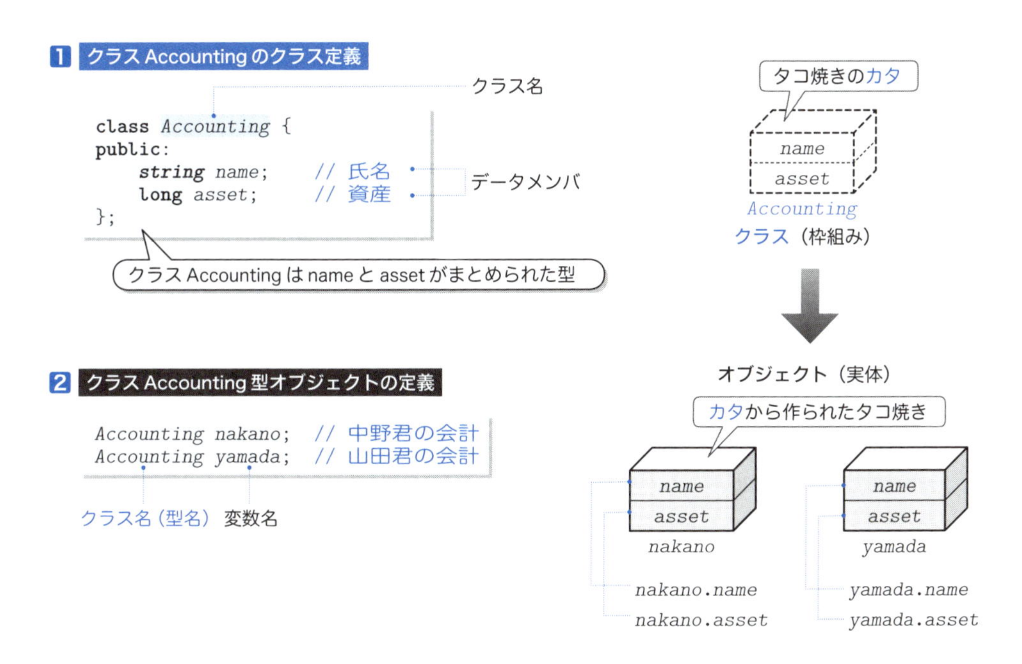

Fig.1-2 クラス定義とオブジェクト

ユーザ定義型

クラス *Accounting* のように、プログラム上で作成する型は、**ユーザ定義型**（*user-defined type*）と呼ばれます。

▶ int 型や double 型などの、言語が提供する**組込み型**と対比するための用語です。

考察と問題点

クラスの導入によって、会計のデータを表す変数間の関係がプログラム中に明確に埋め込まれました。しかし、まだ問題が残っています。

1 確実な初期化に対する無保証

プログラムでは、会計オブジェクトのメンバが**初期化**されていません。オブジェクトを作った後に値を**代入**しているだけです。値を設定するかどうかがプログラマに委ねられるため、初期化を忘れた場合は、思いもよらぬ結果が生じる危険性があります。初期化すべきオブジェクトは、初期化を強制するとよさそうです。

2 データの保護に対する無保証

中野君の資産である *nakano.asset* は、誰もが自由に扱えます。このことを現実の世界に置きかえると、中野君でなくても、中野君の会計データを自由に操作できるということです。

氏名を公開することはあっても、資産を操作できるような状態で公開するといったことは、現実の世界ではあり得ません。

ここで掲げた問題点を解決するように改良したのが、**List 1-3** に示す第２版です。クラス *Accounting* が複雑になった一方で、**main** 関数が簡潔になっています。

List 1-3 chap01/list0103.cpp

```
// 会計クラス（第２版）とその利用例

#include <string>
#include <iostream>

using namespace std;

class Accounting {
private:
    string full_name;    // 氏名
    long crnt_asset;     // 資産

public:
    //--- コンストラクタ ---//
    Accounting(string name, long asset) {
        full_name = name;       // 氏名
        crnt_asset = asset;     // 資産
    }
    //--- 氏名を調べる ---//
    string name() {
        return full_name;
    }
    //--- 資産を調べる ---//
    long asset() {
        return crnt_asset;
    }
    //--- 収入がある ---//
    void earn(long yen) {
        crnt_asset += yen;
    }
    //--- 支出がある ---//
    void spend(long yen) {
        crnt_asset -= yen;
    }
};

int main()
{
    Accounting nakano("中野隼人", 1000);          // 中野君の会計
    Accounting yamada("山田宏文",  200);          // 山田君の会計

    nakano.spend(200);              // 中野君が200円の支出
    yamada.earn(100);               // 山田君が100円の収入

    cout << "■中野：\"" << nakano.name() << "\" " << nakano.asset() << "円\n";
    cout << "■山田：\"" << yamada.name() << "\" " << yamada.asset() << "円\n";
}
```

実行結果
```
■中野："中野隼人" 800円
■山田："山田宏文" 300円
```


第１版と異なるのは、主として以下の３点です。

- データメンバの宣言の前の **public:** が **private:** に変更されている。
- **public:** 以降で関数が定義されている。
- 氏名と資産のデータメンバの変数名が変更されている。

▶ 本書では、“プログラムを一目で見渡せるように”、プログラムやコメントの表記をぎっしりと詰めています。ご自身でプログラムを作る際は、スペース・タブ・改行を入れるとともに、詳細なコメントを記入して、ゆとりある表記を心がけましょう。

非公開メンバと公開メンバ

クラス *Accounting* の第2版では、**private:** によって、全データメンバを**非公開**にしています。**非公開メンバは、クラスの外部に対して存在を隠します。**

重要 private 宣言されたメンバは、クラスの外部に対して**非公開**となる。

みなさんが、各種のパスワードや暗証番号を秘密にしているのと同じです。

そのため、クラス *Accounting* にとって外部の存在である **main** 関数中に、非公開メンバをアクセスする、以下のようなコードがあれば、コンパイルエラーとなります。

```
// 非公開 (private) メンバはクラスの外部からはアクセスできない
nakano.full_name = "福岡太郎";   // エラー：中野君の氏名を書きかえる
cout << nakano.crnt_asset;       // エラー：中野君の資産を表示
```

✕ public であれば OK!!

情報を公開するかどうかを決定するのはクラス側です。クラスの外部から、『お願いですから、このデータを使わせてください。』と依頼することはできません。

データを外部から隠して不正なアクセスから守ることを**データ隠蔽**（いんぺい）（*data hiding*）といいます。**データの保護性・隠蔽性だけでなく、プログラムの保守性の向上も期待できますので、すべてのデータメンバは、非公開とするのが原則です。**

重要 データ隠蔽を実現してプログラムの品質を向上させるために、クラス内のデータメンバは、原則として**非公開**（private）にすべきである。

クラス定義の先頭で **public:** も **private:** も指定しなければ、メンバは**非公開**となります。また、クラス定義中では、**public:** や **private:** を何度でも指定できて、再び **public:** や **private:** が現れるまで指定は有効です。以上の規則をまとめたのが、**Fig.1-3** です。

```
class X {
    int a;      非公開
public:
    int b;      公開
    int c;
private:
    int d;      非公開
};
```

- 先頭にアクセス指定がなければ非公開
- public: 以降は公開となる
- private: 以降は非公開となる
- public: や private: の順序は任意であって何度現れても構わない

Fig.1-3 アクセス指定とメンバの宣言

▶ クラス *Accounting* の2個のデータメンバは、クラス定義中の先頭で宣言されていますので、仮に **private:** の指定を取り除いたとしても、ちゃんと非公開となります。

クラス定義のキーワードとしては、**class** だけでなく **struct** も利用できます。**struct** を利用したクラス定義では、先頭にアクセス指定子がなければ、メンバの属性は、非公開ではなく公開となりますので、注意しましょう。

なお、キーワード **public** と **private** は、**アクセス指定子**（*access specifier*）と呼ばれます。

▶ この他に、**限定公開**を指定する **protected** があります。

コンストラクタ

第２版の *Accounting* には、データメンバの他に、《コンストラクタ》と《メンバ関数》と呼ばれる関数群があります。

▶ 第２版のクラス *Accounting* の定義では、"データメンバ ➡ コンストラクタ ➡ メンバ関数" の順に並んでいます。それぞれは、まとまっている必要もありませんし、順序も任意です。

クラス名と同じ名前の関数 *Accounting* が、**コンストラクタ**（*constructor*）です。コンストラクタの役割は、**オブジェクトを確実かつ適切に初期化する**ことです。

▶ construct は『構築する』という意味です。そのため、コンストラクタは**構築子**とも呼ばれます。

コンストラクタが呼び出されるのは、クラス型オブジェクトの生成時です。具体的には、プログラムの流れが以下の宣言文を通過して、網かけ部の式が評価される際に、コンストラクタが呼び出されて実行されます（**Fig.1-4**）。

```
1 Accounting nakano("中野隼人", 1000);    // 中野君の会計
2 Accounting yamada("山田宏文",  200);    // 山田君の会計
```

コンストラクタの呼出し

以下に示すのが、宣言の形式です。

クラス名 変数名 (実引数の並び);

▶ これは、組込み型の変数を ( ) 形式の初期化子で初期化する宣言と同じ形式です。

```
int x(5);            // int型変数xを5で初期化：int x = 5;と同じ
```

図に示すように、呼び出されたコンストラクタは、仮引数 *name* と *asset* に受け取った値を、二つのデータメンバに代入します。

代入先が、*nakano.full_name* や *yamada.full_name* ではなく、"単なる *full_name*" であることに注意しましょう。

▶ 1で呼び出された際の *full_name* は *nakano* 内の *full_name* のことであり、2で呼び出された際の *full_name* は *yamada* 内の *full_name* のことです。

このようにデータメンバの名前だけで表せるのは、コンストラクタが、**自身のオブジェクトを知っているからです**。図に示すように、個々のオブジェクトに対して、専用のコンストラクタが存在します。

換言すると、"**コンストラクタは、特定のオブジェクトに所属する**" のです。たとえば、1で呼び出されたコンストラクタは *nakano* に所属して、2で呼び出されたコンストラクタは *yamada* に所属します。

▶ 個々のオブジェクトに専用のコンストラクタを用意するのは、現実には不可能です。"コンストラクタが特定のオブジェクトに所属する" というのは、概念上の表現です。コンパイルの結果生成されるコンストラクタ用の内部的なコードは、実際は１個だけです。

コンストラクタ内では、非公開のデータメンバ *full_name* と *crnt_asset* に自由にアクセスできます。というのも、コンストラクタがクラス *Accounting* にとって内部の存在だからです。

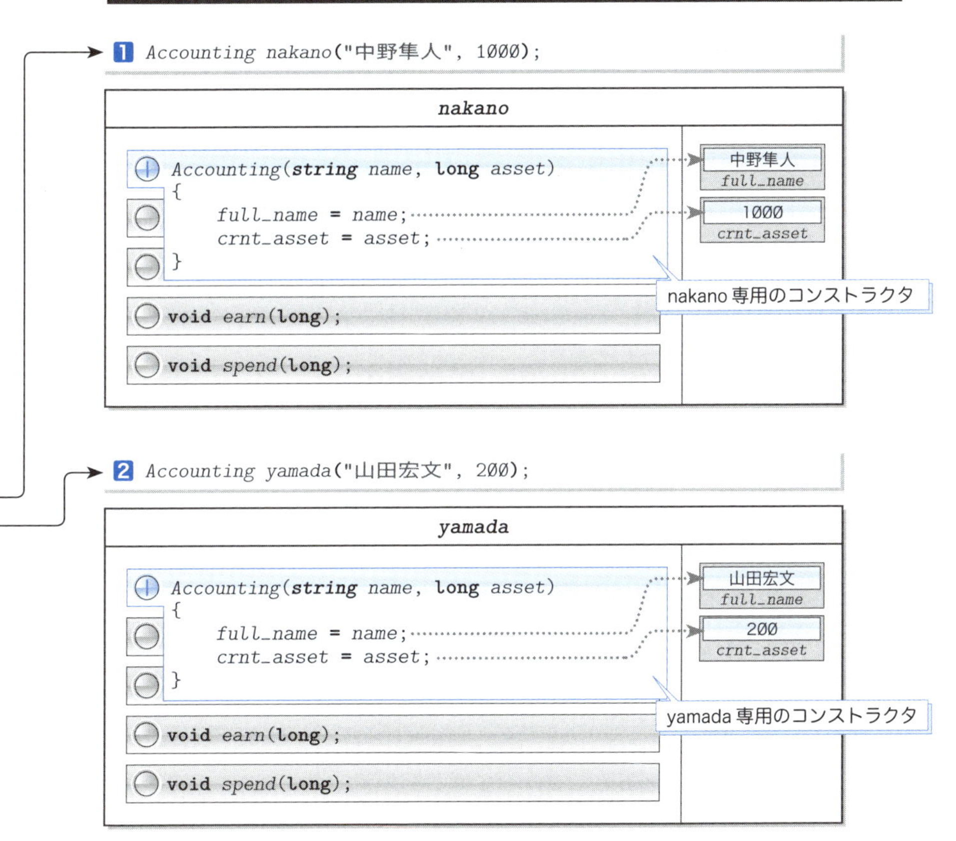

オブジェクト生成時に呼び出されるコンストラクタは、
個々のオブジェクトに所属して、そのオブジェクトを適切かつ確実に初期化する。

Fig.1-4　オブジェクトとコンストラクタ

さて、1と2の宣言を以下のように書きかえると、コンパイルエラーが発生します。

```
// コンストラクタの存在が不適切な初期化を許さない
Accounting nakano;              // エラー：引数が欠如
Accounting yamada("山田宏文");  // エラー：引数が不足
```


コンストラクタの存在が、**不完全あるいは不正な初期化を防止します。**

重要 クラス型を作るときは、**コンストラクタ**を用意して、オブジェクトを確実かつ適切に初期化する手段を提供しよう。

なお、コンストラクタは**値を返却できません。**

▶ すなわち、コンストラクタの宣言で返却値型を与えることはできません（`void` と宣言することもできません）。

メンバ関数とメッセージ

コンストラクタを含め、クラスの内部に存在して、非公開のメンバにもアクセスできる特権をもった関数が**メンバ関数**（*member function*）です。

▶ コンストラクタは、オブジェクト生成時に呼び出される《**特殊なメンバ関数**》です。

クラス Accounting には、コンストラクタ以外に４個のメンバ関数があります。

- *name* ：氏名を **string** 型で返す。
- *asset* ：資産を **long** 型で返す。
- *earn* ：収入がある（資産を増やす）。
- *spend* ：支出がある（資産を減らす）。

クラスのメンバ関数は、個々のオブジェクトごとに作られます。そのため、*nakano* も *yamada* も、自分専用のメンバ関数 *name*，*asset*，*earn*，*spend* をもちます。

換言すると、"**メンバ関数は、特定のオブジェクトに所属する**" のです。

重要 メンバ関数は、概念的には、個々のオブジェクトごとに作られて、そのオブジェクトに所属する。

▶ 個々のオブジェクトごとにメンバ関数が作られるというのは、あくまでも概念上の表現です。コンストラクタと同様に、コンパイルの結果作られる内部的なコードは１個です。

メンバ関数は、クラス内部の存在ですから、非公開のデータメンバへのアクセスは自由に行えます。この点は、コンストラクタと共通です。

また、メンバ関数の中では、*nakano.full_nam* や *yamada.full_name* ではなく、"単なる *full_name*" によって、自身が所属するオブジェクトのデータメンバにアクセスします。この点も、コンストラクタと同じです。

メンバ関数の呼出しとメッセージ

メンバ関数の呼出しでは、**Table 1-1**（p.4）で学習した**ドット演算子 .** を使います。以下に示すのが、メンバ関数呼出し式の一例です。

```
1 nakano.asset()        // 中野君の資産を調べる
2 nakano.spend(200)     // 中野君が200円の支出
3 yamada.earn(100)      // 山田君が100円の収入
```

メンバ関数の呼出し

1の呼出しによって、中野君の資産を調べる様子を示したのが、**Fig.1-5** です。*nakano* に対して呼び出されたメンバ関数 *asset* は、データメンバ *crnt_asset* の値を調べて、そのまま返却します。

クラスの外部から直接アクセスできない非公開のデータメンバも、**メンバ関数を通じて間接的にアクセスできます**。

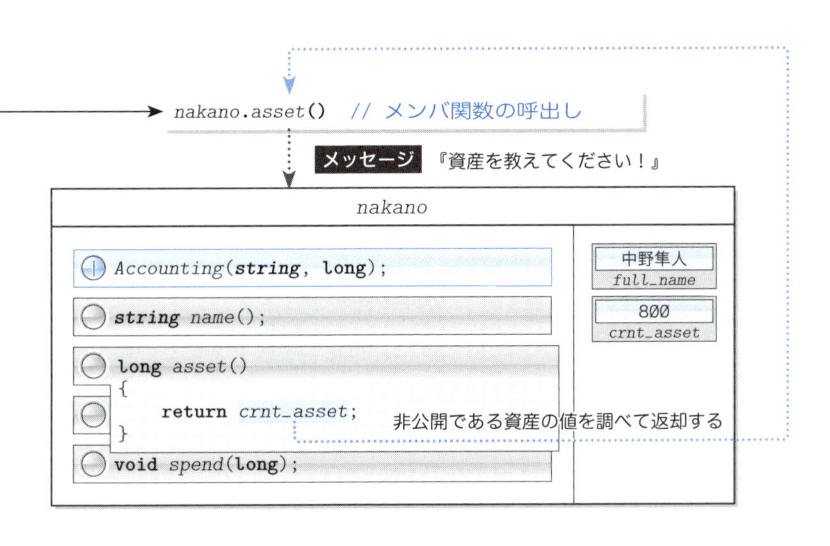

Fig.1-5 メンバ関数の呼出しとメッセージ

オブジェクト指向プログラミングの世界では、メンバ関数は**メソッド**（*method*）と呼ばれます。また、メンバ関数を呼び出すことは、次のように表現されます。

オブジェクトに“メッセージを送る”。

図に示すように、メンバ関数の呼出し式 *nakano*.asset() は、オブジェクト *nakano* に対して**『資産を教えてください！』**というメッセージを送ります。

メッセージを受け取ったオブジェクト *nakano* は、『資産を返却すればよいのだな。』と意思決定を能動的に行って、『800 円ですよ。』と返答します。

＊

そうすると、次のような疑問がわき上がってくるでしょう。

データメンバの値を設定したり調べたりするだけのために、わざわざ関数を呼び出していては、実行効率が低下するのではないか？

もっともな疑問ですが、**心配は無用です。《クラス定義》の中で定義されたメンバ関数は、自動的にインライン関数（Column 1-3：p.21）となる**からです。そのため、

```
x = nakano.asset();
```

は、以下のように記述したのと同等なコードに変換された上でコンパイルされます。

```
x = nakano.crnt_asset;        // 実質的なコード
```

▶ 大規模あるいは複雑な（非メンバの）インライン関数は、必ずしもインラインに展開されるとは限りません（**Column 1-3**：p.21）。メンバ関数の場合も、同様です。

アクセッサ（ゲッタとセッタ）

クラス *Accounting* を第２版とする際に、データメンバの名前を変更しました（氏名は *name* ⇨ *full_name*、資産は *asset* ⇨ *crnt_asset*）。以下の制限があるからです。

重要 同じクラスに所属するデータメンバとメンバ関数とが同一の名前をもつことは許されない。

メンバ関数 *name* と *asset* の働きは、それぞれ、データメンバ *full_name* と *crnt_asset* の値を調べて返却することです。このように、**特定のデータメンバの値を取得して返却するメンバ関数は、ゲッタ**（*getter*）**と呼ばれます。**

なお、ゲッタとは逆に、**データメンバに特定の値を設定するメンバ関数はセッタ**（*setter*）**と呼ばれます。**また、**ゲッタとセッタの総称がアクセッサ**（*accessor*）**です。**

▶ セッタをもつクラスは、後の章で学習します。

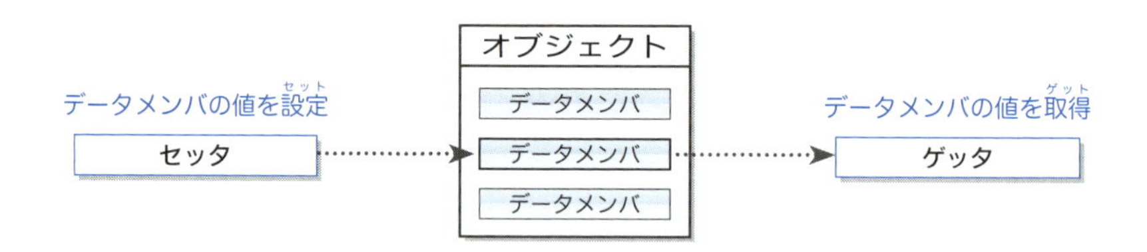

Fig.1-6 アクセッサ（セッタとゲッタ）

メンバ関数とコンストラクタ

コンストラクタは、特殊なメンバ関数です。次のようなコードで、生成ずみオブジェクトに対してコンストラクタを呼び出すことはできません。

```
✕ nakano.nakano("中野隼人", 5000);        // エラー：コンストラクタは呼び出せない
```

＊

さて、第１版のクラス *Accounting* では、コンストラクタを定義していないにもかかわらず、オブジェクトの生成が可能でした。次の規則があるからです。

重要 コンストラクタを定義しないクラスには、本体が空であって引数を受け取らない **public** で **inline** のコンストラクタが、コンパイラによって自動的に定義される。

すなわち、第１版のクラス *Accounting* には、以下のコンストラクタがコンパイラによって自動的に作られていたのです。

```
// クラスAccounting（第１版）の内部 のイメージ
class Accounting {
public:
    Accounting() { }      // コンパイラによって自動的に作られたコンストラクタ
};
```

Column 1-1 データメンバとゲッタの命名

データメンバと、そのゲッタの名前を同一にできないため、それらの命名に関して、いくつかのスタイルが考案されています。

① データメンバとゲッタ名を異なる名前とする

データメンバとゲッタに、まったく異なる名前を与えます。

```
class C {
    int number;
    string full_name;
public:
    int no() { return number; }                  // numberのゲッタ
    string name() { return full_name; }          // full_nameのゲッタ
};
```

クラス Accounting 第２版で採用したスタイルです。データメンバとゲッタの名前の両方を考案した上で、名前を使い分ける必要があるという点で、クラス開発者に負担がかかります。

裏返すと、クラス利用者に公開されたゲッタ名から、非公開のデータメンバ名を推測される危険性がなくなる、という長所につながります。

② データメンバ名に下線を付ける

データメンバ名の末尾に下線 _ を付けておき、ゲッタの名前は、下線を外したものとします。

```
class C {
    int no_;
    string name_;
public:
    int no() { return no_; }                     // no_のゲッタ
    string name() { return name_; }              // name_のゲッタ
};
```

データメンバ名に下線が付くため、プログラムの記述や解読が行いにくくなり、クラス開発者に負担がかかります。また、非公開であるデータメンバ名が、クラス利用者に推測されてしまう可能性があります。

③ ゲッタの先頭に get_ を付ける

データメンバ名の前に get_ を付けたものをゲッタの名前とします。

```
class C {
    int no;
    string name;
public:
    int get_no() { return no; }                  // noのゲッタ
    string get_name() { return name; }           // nameのゲッタ
};
```

命名規則がシンプルであるため、クラス開発者がメンバ関数の命名に迷うこともありませんし、プログラムの記述も楽に行えます。その一方で、メンバ関数名が長くなるだけでなく、非公開のデータメンバ名がクラス利用者にバレてしまいます。

なお、Java では、フィールド（データメンバ）abc のゲッタ名を getAbc とし、セッタ名を setAbc とするスタイルが広く使われています。

C++ が提供する標準ライブラリのメンバ関数名は、シンプルなものが多く、①や②のようなスタイルで命名が行われています。③のように、get_ が付けられたメンバ関数は存在しません。

クラスとオブジェクト

メンバ関数は、所属するオブジェクトのデータメンバの値をもとに処理を行ったり、その値を更新したりします。メンバ関数とデータメンバは、緻密に連携します。

▶ たとえば、nakano.asset() は、オブジェクト nakano の資産の値を調べて返却します。また、yamada.earn(100) は、オブジェクト yamada の資産の値を 100 だけ増やします。

データメンバを非公開として外部から保護した上で、メンバ関数とうまく連携させることをカプセル化（*encapsulation*）といいます。

▶ 成分を詰めて、それが有効に働くようにカプセル薬を作ること、と考えればいいでしょう。

Fig.1-7 に示すのが、クラス Accounting 型と、その型のオブジェクトのイメージです。

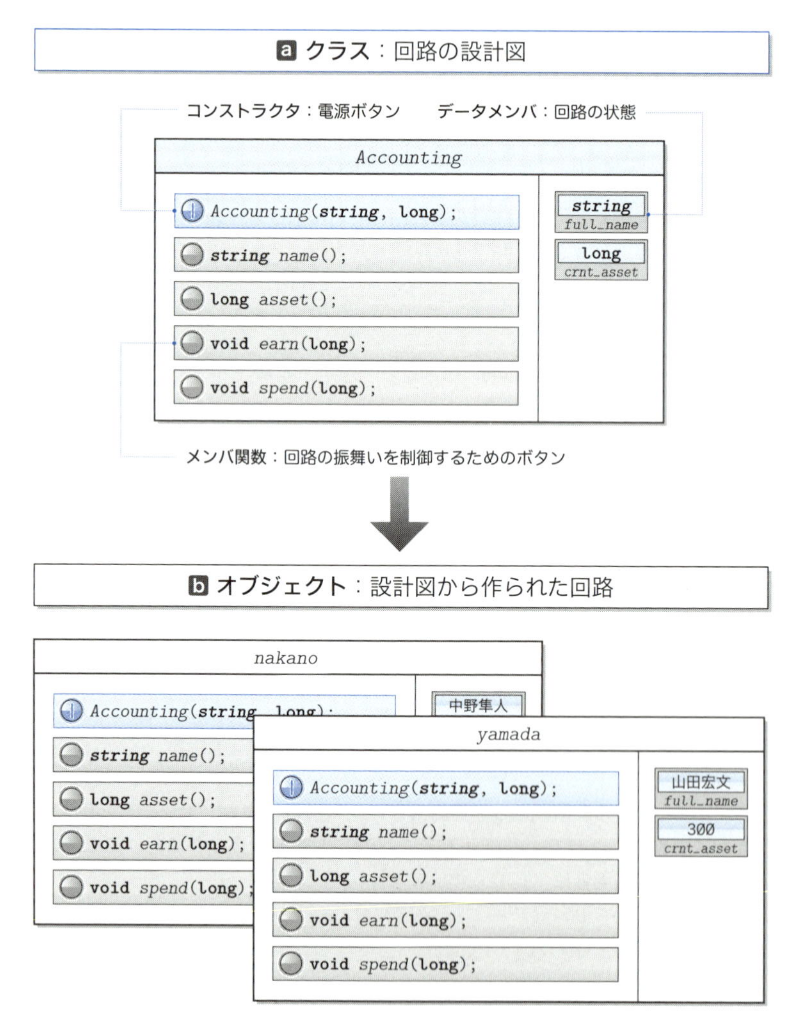

Fig.1-7 クラスとオブジェクト

図aのクラスを「回路」の《**設計図**》と考えましょう。その設計図に基づいて作られた実体としての《**回路**》が、図bのクラス型オブジェクトです。

回路（オブジェクト）のパワーを起動するとともに、受け取った氏名と資産を各データメンバにセットするのが**コンストラクタ**です。コンストラクタは、《**電源ボタン**》で呼び出されるチップ＝小型の回路と考えるとよいでしょう。

そして、**データメンバの値**は、その回路（オブジェクト）の現在の状態を表します。そのため、データメンバの値は、**ステート**（*state*）とも呼ばれます。

▶ state は『状態』という意味です。たとえば、データメンバ *crnt_asset* は、“現在の資産がいくらなのか” という状態を `long` 型の整数値として表します。

一方、**メンバ関数**は回路の**振舞い**（*behavior*）を表します。各メンバ関数は、回路の現在のステート（状態）を調べたり、変更したりするチップです。

▶ たとえば、非公開である資産 *crnt_asset* の値（状態）は、外部からアクセスできません。その代わり、asset() ボタンを押すことによって調べられるようになっています。

＊

クラスを多用する C++ のプログラムは、（理想的には）**クラスの集合**となります。

集積回路の設計図＝クラスを優れたものとすれば、C++ のもつ強大なパワーが発揮できます。

Column 1-2　メンバ関数と前方参照

通常の非メンバ関数は、宣言されていない変数や関数の**前方参照**（自分より後ろ側で定義された変数や関数をアクセスしたり呼び出したりすること）ができません。

ところが、クラスのメンバ関数には、そのような制限は課せられません。**同一クラス内であれば、後方で宣言・定義されている変数や関数にアクセスできます。**

以下のクラスで検証しましょう。

```
class C {
public:
    int func1() { return func2(); }   // 後方で定義されている関数の呼出し
    int func2() { return x; }         // 後方で宣言されている変数のアクセス
private:
    int x;
};
```

関数 *func1* では、自身より後方で定義されている関数 *func2* を呼び出します。また、その関数 *func2* では、自身より後方で宣言されている変数（データメンバ）をアクセスします。コンパイルエラーとならないのは、コンパイラが、クラス定義を一通り最後まで読んだ後で、メンバ関数を含むクラス全体のコンパイル作業を始めるからです。

ここに示すクラス *C* は、公開メンバが先頭側、非公開メンバが末尾側で宣言・定義されています。このように、**公開メンバを先頭側で宣言・定義すべきである、という原則を採用するコーディングスタイル**もあります（本書では、データメンバを先頭側に置くスタイルを採用しています）。

1-2 クラスの実現

本節では、クラスを記述するための、ソースプログラムやヘッダの実現法などを学習していきます。

クラス定義の外でのメンバ関数の定義

第2版の会計クラス Accounting では、すべてのメンバ関数が、クラス定義の中で定義されています。もっとも、大規模なクラスであれば、そのすべてを単一のソースファイルで管理するのは困難です。

そのため、コンストラクタを含め、メンバ関数の定義は、クラス定義の外にも置けるようになっています。**List 1-4** に示すのが、コンストラクタと二つのメンバ関数 *earn* と *spend* の関数定義を、クラス定義の外に移動したプログラムです。

▶ 第2版のクラス定義の冒頭にあった **private:** は削除しています。

クラス定義の外にメンバ関数の**定義**を置く場合も、クラス定義の中に**宣言**だけは必要であり、以下のように行います。

1. クラス定義の中にメンバ関数の関数宣言を置く。
2. クラス定義の**外**にメンバ関数の**関数定義**を置く。

さて、コンストラクタを含め、クラスの外で定義するメンバ関数の名前は、以下に示す形式です。

クラス名 :: メンバ関数名

関数名の前に "**クラス名 ::**" を付けるのは、宣言するメンバ関数の名前が**クラス有効範囲**（*class scope*）中にあることを示すためです。

たとえば、資産を調べるメンバ関数 earn は、単なる earn ではなく、

クラス Accounting に所属する earn

ですから、Accounting::earn となります。

重要 クラスCのメンバ関数 *func* は、クラス定義の外では以下の形式で定義する。

　　返却値型 C::*func*(仮引数宣言節) { /* … */ }

*

クラス定義の中で定義されたメンバ関数が、自動的にインライン関数とみなされることを p.11 で学習しました。

List 1-4　chap01/list0104.cpp

```
// 会計クラス（第３版：メンバ関数の定義を分離）とその利用例

#include <string>
#include <iostream>

using namespace std;

class Accounting {
    string full_name;       // 氏名
    long crnt_asset;        // 資産

public:
    Accounting(string name, long amnt);                // コンストラクタ    宣言

    string name() { return full_name; }                // 氏名を調べる
    long asset() { return crnt_asset; }                // 資産を調べる

    void earn(long amnt);                              // 預ける            宣言
    void spend(long amnt);                             // おろす            宣言
};

//--- コンストラクタ ---//
Accounting::Accounting(string name, long amnt)
{                                                                           定義
    full_name = name;       // 氏名
    crnt_asset = amnt;      // 資産
}

//--- 収入がある ---//
void Accounting::earn(long amnt)
{                                                                           定義
    crnt_asset += amnt;
}

//--- 支出がある ---//
void Accounting::spend(long amnt)
{                                                                           定義
    crnt_asset -= amnt;
}

int main()
{
    Accounting nakano("中野隼人", 1000);         // 中野君の会計
    Accounting yamada("山田宏文",  200);         // 山田君の会計

    nakano.spend(200);                  // 中野君が200円の支出
    yamada.earn(100);                   // 山田君が100円の収入

    cout << "■中野：\"" << nakano.name() << "\" " << nakano.asset() << "円\n";
    cout << "■山田：\"" << yamada.name() << "\" " << yamada.asset() << "円\n";
}
```

実行結果

```
■中野："中野隼人" 800円
■山田："山田宏文" 300円
```

一方、**クラス定義の外で定義されたメンバ関数は、インライン関数ではありません。**

▶ そのため、コンストラクタとメンバ関数 *earn* および *spend* は、非インライン関数です。

実行効率が重視されるプログラムの開発の際は、この点を押さえておく必要があります。

重要 クラス定義の外で定義されたメンバ関数は、インライン関数ではない。

インライン関数にするためには、明示的に **inline** を付けて定義します。

ヘッダ部とソース部の分離

これまでのプログラムは、クラス定義と、そのクラスを利用する main 関数を単一のソースファイルで実現しています。

とはいえ、クラスの設計・開発から利用までのすべてを一人で行って、しかもそれが単一のソースファイルに収まるのは、小規模なクラスに限られます。

クラスを利用しやすくするには、独立したファイルとすべきです。また、保守の点などを考えても、クラス定義と、メンバ関数の定義は、別々のファイルとして実現すべきです。

そのため、クラスの一般的な構成は **Fig.1-8** のようになります。

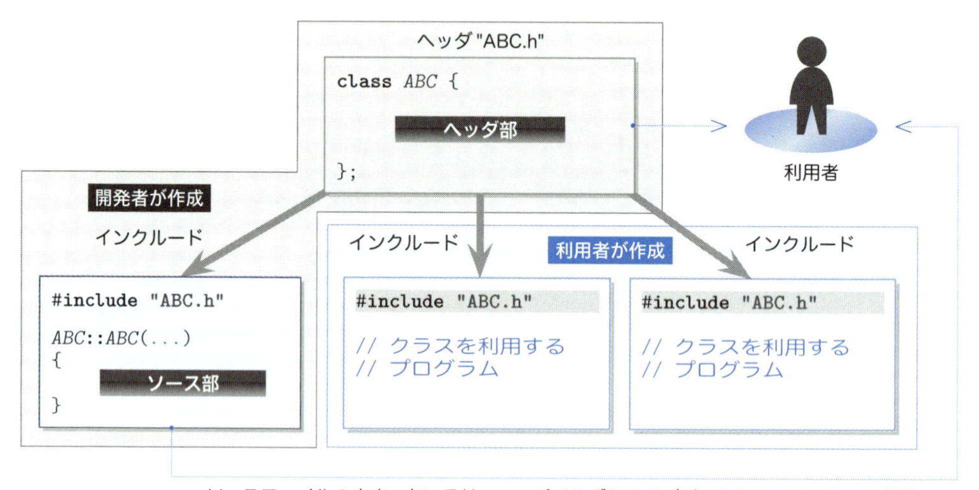

Fig.1-8　クラスの実現

クラスの開発者が作るのは、以下の２種類のソースファイルです。

- **ヘッダ部** … クラス定義などを含む。
- **ソース部** … メンバ関数の定義などを含む。

▶ 大規模なクラスになると、ソース部自体が複数個のファイルに分割されます。なお、本書では、クラスのヘッダ部を保存するファイルの拡張子は ".h" とします。

クラス定義を含むヘッダ部は、クラスを開発するプログラム・利用するプログラムにとっての《**窓口**》です。窓口をヘッダ "ABC.h" で供給するのですから、クラスのソース部でも、クラスを利用するプログラムでも、

```
#include "ABC.h"
```

とインクルードして、*ABC* のクラス定義を取り込みます。

クラスの利用者にとって、ヘッダ部は必須です。 クラス定義がなければコンパイルが行えないからです。

その一方で、ソース部は必須ではありません。というのも、コンパイルずみオブジェクトファイルが用意されていれば、それをリンクすることでクラスを利用できるからです。実際、C++ の標準ライブラリは、ヘッダ部のみが提供され、ソース部はコンパイルずみのライブラリファイルとして提供されるのが一般的です。

*

ヘッダ部とソース部を独立したファイルとして実現した会計クラスのプログラムを作りましょう。**List 1-5** に示すのがヘッダ部で、**List 1-6** に示すのがソース部です。

List 1-5 Accounting04/Accounting.h

ヘッダ部

```
// 会計クラス（第４版：ヘッダ部）

#include <string>

class Accounting {
    std::string full_name;  // 氏名
    long crnt_asset;        // 資産

public:
    Accounting(std::string name, long amnt);     // コンストラクタ

    std::string name() { return full_name; }     // 氏名を調べる
    long asset() { return crnt_asset; }          // 資産を調べる

    void earn(long amnt);                        // 収入がある
    void spend(long amnt);                       // 支出がある
};
```

List 1-6 Accounting04/Accounting.cpp

ソース部

```
// 会計クラス（第４版：ソース部）

#include <string>
#include <iostream>
#include "Accounting.h"

using namespace std;

//--- コンストラクタ ---//
Accounting::Accounting(string name, long amnt)
{
    full_name = name;       // 氏名
    crnt_asset = amnt;      // 資産
}

//--- 収入がある ---//
void Accounting::earn(long amnt)
{
    crnt_asset += amnt;
}

//--- 支出がある ---//
void Accounting::spend(long amnt)
{
    crnt_asset -= amnt;
}
```

クラスの開発者によるインクルード（#include "Accounting.h"）

ヘッダとusing指令

List 1-5のヘッダ部には、これまでのプログラムとは異なる点があります。それは、文字列の*string*型を、"std::*string*"で表していることです（Fig.1-9 a）。

*string*クラスは、std名前空間に所属する型です。そのため、図bに示すように、ヘッダ内に**using**指令を置けば、単なる*string*で表せます。

a ヘッダ内にusing指令を置かない　○

```
// Accounting.h
class Accounting {
    std::string full_name;
    long crnt_asset;
    // ...
};
```

```
#include "Accounting.h"

int main()
{

    // 中略

}
```

b ヘッダ内にusing指令を置く　×

```
// Accounting.h
using namespace std;
class Accounting {
    string full_name;
    long crnt_asset;
    // ...
};
```

```
#include "Accounting.h"

int main()
{
    // 中略
}
```

インクルードするファイルにまで影響が及ぶ

Fig.1-9 ヘッダ内のusing指令の有無

ただし、図bの方式には、問題があります。そのヘッダをインクルードするソースファイルで、"**using namespace** std;"という**using**指令が有効になってしまうことです。もちろん、クラスの利用者が、必ずしも、そのような状況を好むわけではありません。

そのため、以下の教訓が導かれます。

重要 原則として、ヘッダの中に**using**指令を置いてはならない。

▶ たとえば、名前空間*hakata*に所属する博多弁文字列クラス*hakata*::*string*を自作して、標準ライブラリstd::*string*と使い分けているとします。そのような場合、ヘッダをインクルードするだけで、"**using namespace** std;"の**using**指令が勝手に有効になると、不都合が生じます。

なお、List 1-6のソース部内の**using**指令は問題ありません。ここでの**using**指令は、このソースファイルの中でのみ通用するものであって、他のソースファイルに影響を与えないからです。

▶ もちろん、冒頭の**using**指令を削除した上で、すべての*string*をstd::*string*に書きかえることもできます。

Column 1-3 インライン関数

二値の最大値を求める、以下の関数 *max2* を考えましょう。

```
//--- a, bの最大値を返却 ---//
int max2(int a, int b)
{
    return a > b ? a : b;
}
```

実質的に一行で実現できますので、関数としてわざわざ独立させる必要はないのでは、という疑問がわいてきます。

というのも、二つの変数 *fbi* と *cia* の最大値が必要ならば、プログラム中に

```
x = fbi > cia ? fbi : cia;        // プログラムに処理を埋め込む
```

と直接書き込んだほうがよさそうに感じられるからです。

このような短い処理を関数とすべきか否かを一般論として結論付けることは不可能です。

とはいえ、関数 *max2* を利用することには、以下のメリットがあります。

- ○ **プログラム作成時のタイプ数が減少する。**
- ○ **プログラムが簡潔になって読みやすくなる。**

その一方で、以下のデメリットもあります。

- ✖ **関数の呼出し作業や、それに伴う引数や返却値の受渡しのコストが生じる。**

もちろん、この作業は、プログラム内部で行われるものであって、プログラマに課せられるものではありません。

とはいえ、プログラムの実行速度がわずかながら落ちますし、さらに一時的とはいえ、記憶域を少し余分に消費します。たとえ1回の関数呼出しでは無視できる程度であっても、実行速度が要求されるプログラムでは、「塵(ちり)も積もれば山となる」のでは困ります。

＊

このような問題を解決するのが、**インライン関数**（*inline function*）です。関数のメリットはそのままで、欠点をなくしてしまえます。関数をインライン関数にするには、関数定義の先頭に **inline** を付けるだけです。

たとえば、先ほどの *max2* の定義は、以下のようになります。

```
//--- a, bの最大値を返却（インライン関数） ---//
inline int max2(int a, int b)
{
    return a > b ? a : b;
}
```

インライン関数の呼出し方は、普通の関数と同じであり、以下のようになります。

```
x = max2(fbi, cia);              // 関数max2を呼び出す
```

もっとも、プログラム実行時には、内部的な関数呼出しの作業は行われません。というのも、見かけ上は関数呼出しであるにもかかわらず、**ソースプログラムのコンパイル時に、関数の中身が展開されて埋め込まれる**からです。

ただし、インライン関数がコンパイル時に必ずしも**インラインに展開されるとは限りません。**大規模な関数や繰返し文を含む関数などはインラインに展開されず、通常の関数と同様な方法で内部的にコンパイルされます。

なお、特別な関数である **main** 関数をインライン関数とすることはできません。

メンバ関数の結合性

メンバ関数の定義をクラス定義の中と外のどちらに置くかによって、関数の結合性が異なります。具体的には、次のようになります。

> **重要** クラス定義の中で定義されたメンバ関数は**内部結合**をもち、クラス定義の外で（明示的に `inline` を指定せずに）定義されたメンバ関数は**外部結合**をもつ。

▶ 識別子が、定義されたソースファイル特有となって外部からアクセスできないのが内部結合で、外部のソースファイルからもアクセスできるのが外部結合です。

クラスの中で定義されたメンバ関数 *asset* と、クラスの外で定義されたメンバ関数 *earn* を例に、**Fig.1-10** を見ながら理解していきましょう。

▶ スペースの都合上、これら以外のメンバ関数は省略しています。実行プログラムを作成する際は、"Accounting.cpp" と "func.cpp" と "main.cpp" の3個のソースファイルをコンパイルして得られる3個のオブジェクトファイルをリンクします。

▪ クラス定義の中で（ヘッダ部で）定義されたメンバ関数 *asset*

ヘッダ "Accounting.h" をインクルードする、すべてのソースファイルに関数定義が取り込まれます。そのため、"func.cpp" と "main.cpp" の両方に、メンバ関数 *asset* の定義が埋め込まれます。すなわち、定義は2個です。

▶ この図では、関数 *asset* をインラインに展開されていない状態で示しています。
"func.cpp" で呼び出されている❶の *asset* は、"func.cpp" に埋め込まれた *asset* であり、"main.cpp" で呼び出されている❸の *asset* は、"main.cpp" に埋め込まれた *asset* です。

インラインで内部結合をもつため、メンバ関数の識別子は、ソースファイルに特有のものです（他のソースファイルから見えないように隠されます）。

したがって、3個のソースファイルをコンパイルしたオブジェクトファイルのリンク時に、識別子重複のリンク時エラーが発生することはありません。

> **重要** コンパクトなメンバ関数は、内部結合をもつインライン関数として、ヘッダ部で定義する。

▪ クラス定義の外で（ソース部で）定義されたメンバ関数 *earn*

このメンバ関数は、ソース部 "Accounting.cpp" で定義されており、定義は1個のみです。その識別子は外部結合をもちますので、他のソースファイルから呼び出せる状態です。

▶ "func.cpp" と "main.cpp" から呼び出されている❷と❹の *earn* は、"Accounting.cpp" で定義された関数 *earn* です。

> **重要** コンパクトではないメンバ関数は、ソース部で定義して外部結合をもたせる。

関数の実体が1個だけですから、3個のソースファイルをコンパイルしたオブジェクトファイルのリンク時に、識別子重複のリンク時エラーが発生することはありません。

※スペースの都合上、メンバ関数 asset と earn 以外は省略しています。

```
// Accounting.h … クラスAccountingのヘッダ部
class Accounting {
public:
    long asset() { return crnt_asset; }
    void earn(long amnt);
};
```

内部結合かつインライン

このヘッダをインクルードするすべてのソースファイルに関数定義が埋め込まれる。

```
// Accounting.cpp … クラスAccountingのソース部
#include "Accounting.h"

void Accounting::earn(long amnt)
{
    crnt_asset += amnt;
}
```

外部結合かつ非インライン

関数の定義は1個のみ。他のソースプログラムから呼び出せる。

Accounting.cpp で定義されたメンバ関数 earn の呼出し

インクルードの結果、同一名の関数の定義が複数のソースファイルに埋め込まれる。
その識別子は内部結合をもつため、ソースファイル内でのみ通用する。
定義は2個だが、識別子重複のリンク時エラーが発生することはない。

```
// func.cpp
#include "Accounting.h"

インクルードの結果 埋め込まれる、内部結合かつインラインである関数 asset の定義
inline long Accounting::asset() { return crnt_asset; }

void func()
{
    Accounting x("Mr.X", 100);
    long b = x.asset();    1
    x.earn(100);
}   2
```

```
// main.cpp
#include "Accounting.h"

インクルードの結果 埋め込まれる、内部結合かつインラインである関数 asset の定義
inline long Accounting::asset() { return crnt_asset; }
void func();
int main()
{
    func();
    Accounting y("Mr.Y", 300);
    long c = y.asset();    3
    y.earn(100);
}   4
```

Fig.1-10 クラス定義の内外で定義されたメンバ関数

ヘッダとメンバ関数

クラス *Accounting* 第4版では、メンバ関数 *name* と *asset* の関数定義が、クラス定義の中にあります。そのため、次のようになります。

---

1 **インライン関数となるため、効率のよい処理が期待できる。**
2 **クラスの利用者に対して、非公開部の詳細までをも暴露している。**

1は好ましいことですが、2はどうでしょう。

実は、**C++ のクラス定義は、非公開部の中身が（それなりに）見えてしまう状態で利用者に提供せざるを得ない仕様です。**

メンバ関数のインライン関数化によるプログラムの実行効率を向上させる努力を完全に放棄するのであれば、クラスの利用者に対して《公開部》のみを提供するような言語仕様とすることもできるでしょう。

しかし、そうすると、コンパイルの結果作成される実行プログラムは、実行速度という点での《**品質**》が低下します。C++ のクラスは、“C 言語と同程度（あるいは、それ以上）の実行効率をもたなければならない”という使命を与えられているがゆえの中途半端な仕様です。C++ の本音は、次のような感じなのではないでしょうか。

効率のためだったら、他人さまに見せるべきではないものを見られてもいいや！

なお、ヘッダ部で提供するクラス定義に適切なコメントを記入しておけば、単なるプログラムではなく、立派なドキュメントにもなります。

重要 外部との窓口であり、ブラックボックスでもあるクラス定義は、原則としてヘッダに記述する。それは、クラスの《**仕様書**》となる。

アロー演算子 -> によるメンバのアクセス

クラス *Accounting* 第4版を利用するプログラム例を **List 1-7** に示します。

▶ "Accounting.cpp" と "AccountingTest.cpp" の両方をそれぞれコンパイルした上で、リンクする必要があります。

これまでのプログラムとは異なり、会計の情報を表示する処理を、独立した関数 *print_Accounting* として実現しています。この関数は、***string*** 型の *title* と、*Accounting* へのポインタ型の *p* を受け取って、*title* の文字列と、*p* が指すクラス *Accounting* 型オブジェクトの会計情報（氏名と資産）を表示します。

ポインタ *p* が指すオブジェクトをアクセスする式は **p* ですから、*p* が指すオブジェクト **p* のメンバ *m* を表す式は、以下のようになります。

```
(*p).m        // pが指すオブジェクト*pのメンバm    ← 同じ
```

▶ この式の *p を囲む ( ) は削除できません。アドレス演算子 * よりドット演算子 . の優先度のほうが高いからです。

List 1-7 Accounting04/AccountingTest.cpp

```
// 会計クラス（第４版）の利用例

#include <string>
#include <iostream>
#include "Accounting.h"        クラスの利用者によるインクルード

using namespace std;

//--- pが指すAccountingの会計情報（氏名・資産）を表示 ---//
void print_Accounting(string title, Accounting* p)
{
    cout << title << "\"" << p->name() << "\" " << p->asset() << "円\n";
}                                                  アロー演算子

int main()
{
    Accounting nakano("中野隼人", 1000);      // 中野君の会計
    Accounting yamada("山田宏文",  200);      // 山田君の会計

    nakano.spend(200);         // 中野君が200円の支出
    yamada.earn(100);          // 山田君が100円の収入

    print_Accounting("■中野：", &nakano);
    print_Accounting("■山田：", &yamada);
}
```

実行結果
```
■中野："中野隼人" 800円
■山田："山田宏文" 300円
```

ただし、この式は煩雑ですから、以下の形式でも表記できます。

```
p->m        // pが指すオブジェクト*pのメンバm
```

アロー演算子（*arrow operator*）と呼ばれる **->演算子**（-> *operator*）は、ドット演算子と同様に、クラスオブジェクトのメンバをアクセスする演算子です。

Table 1-2 に示すように、x->y は、(*x).y と同等です。

重要 ポインタ p が指すオブジェクトのメンバ m である (*p).m は、**アロー演算子 ->** を利用した式 p->m でアクセスできる。

ドット演算子とアロー演算子は、データメンバにもメンバ関数にも適用できます。

関数 print_Accounting では、アロー演算子 -> を利用して、メンバ関数 name と asset を呼び出しています。

Table 1-2 クラスメンバアクセス演算子（アロー演算子）

x->y	x が指すオブジェクトのメンバ y をアクセスする（すなわち (*x).y と同じ）。

▶ アロー演算子という名称は、-> の形状が**矢印**（*arrow*）に似ていることに由来します。

本プログラムでは、関数 print_Accounting の第２引数を《**ポインタの値渡し**》によって実現しています。よりよい方法は、《**const 参照渡し**》で実現することです。詳細は、第３章で学習します。

まとめ

- プログラムを作る際は、現実世界のオブジェクトや概念を、何らかの形でプログラムの世界のオブジェクトへと投影する。その投影に際しては『まとめるべきものは、まとめる。』『本来まとまっているものは、まとまったままにする。』と、自然で素直なプログラムとなる。この方針を実現するのが、**クラス**の考え方の基礎である。

- クラスをプログラムの集積回路の設計図にたとえると、その設計図から作られた実体としての回路が**オブジェクト**である。

- クラス*C*の**クラス定義**は、`class C { /* … */ };` と末尾にセミコロンを付けて宣言する。{}の中は、**データメンバ**や**メンバ関数**などの**メンバ**の宣言である。データメンバの値は、オブジェクトの**状態**（ステート）を表し、メンバ関数はオブジェクトの**振舞い**を表す。

- クラスのメンバは、クラスの外部に対して**公開**することもできるし、**非公開**にすることもできる。公開を指示するのが **public:** であり、非公開を指示するのが **private:** である。非公開のメンバは、クラスの外部からアクセスできない。

- **データ隠蔽**を実現するために、データメンバは原則として非公開とすべきである。

- データメンバは、個々のオブジェクトの一部である。同様に、コンストラクタを含めたメンバ関数は、論理的には**個々のオブジェクトに所属する**。そのため、メンバ関数の中では、公開メンバにも非公開メンバにも自由にアクセスできる。

- クラスのメンバは、所属するクラスの有効範囲の中に入る。そのため、クラス*C*のメンバ*m*の名前は*C*::*m*となる。

- オブジェクト*x*のメンバ*m*は、**ドット演算子 .** を用いた*x*.*m*でアクセスできる。
ポインタ*p*が指すオブジェクトのメンバ*m*は、(**p*).*m*でアクセスできるが、**アロー演算子 ->** を用いた*p*->*m*のほうが簡潔である。

- オブジェクトの生成時に呼び出される特殊なメンバ関数が、**コンストラクタ**である。コンストラクタの目的は、オブジェクトを確実かつ適切に初期化することである。コンストラクタの名前はクラス名と同一であり、返却値をもたない。

- メンバ関数を呼び出すと、オブジェクトに対して**メッセージ**を送れる。メッセージを受け取ったオブジェクトは能動的に処理を行う。
メンバ関数の中では、同一クラス内のデータメンバやメンバ関数を**前方参照**できる。

- データメンバの値を取得して返却するメンバ関数を**ゲッタ**と呼び、データメンバに値を設定するメンバ関数を**セッタ**と呼ぶ。両者の総称が**アクセッサ**である。

- クラス定義は独立したヘッダとして実現するとよい（本書では**ヘッダ部**と呼ぶ）。
ヘッダ部に **using 指令**を置いてはならない。

- クラス定義の中で定義されたメンバ関数は、内部結合をもつインライン関数となる。

- クラス定義の外で定義されたメンバ関数は、明示的な指定のない限り、外部結合をもつ非インライン関数となる。このような関数の定義は、ヘッダ部とは別に、独立したソースファイルとして実現するとよい（本書では**ソース部**と呼ぶ）。

■ クラスの開発者が作成 ■

chap01/Member.h

```
//--- 会員クラス（ヘッダ部）---//
#include <string>
class Member {
    std::string full_name;  // 氏名
    int         no;         // 会員番号
    int         rank;       // 会員ランク
public:
    // コンストラクタ【宣言】
    Member(std::string name, int number, int grade);
    // ランク取得（ゲッタ）
    int get_rank() { return rank; }
    // ランク設定（セッタ）
    void set_rank(int grade) { rank = grade; }
    // 表示【宣言】
    void print();
};
```

非公開：データメンバ
公開：メンバ関数
コンストラクタ
get_rank / set_rank：内部結合をもつインライン関数

chap01/Member.cpp

```
//--- 会員クラス（ソース部）---//
#include <iostream>
#include "Member.h"
using namespace std;
// コンストラクタ【定義】
Member::Member(string name, int number, int grade)
{
    full_name = name;  no = number;  rank = grade;
}
// 表示【定義】
void Member::print()
{
    cout << "No." << no << "：" << full_name << "[ランク:" << rank << "]\n";
}
```

Member::Member / Member::print：外部結合をもつ非インライン関数

■ クラスの利用者が作成 ■

chap01/MemberTest.cpp

```
//--- 会員クラスの利用例 ---//
#include <iostream>
#include "Member.h"
using namespace std;
void print(Member* p)
{
    p->print();            // メンバ関数printの呼出し
}

int main()
{
    Member kaneko("金子真二", 15, 4);          // コンストラクタの呼出し
    kaneko.set_rank(kaneko.get_rank() + 1);  // ランクを1だけアップする
    print(&kaneko);                          // 表示
}
```

実行結果

```
No.15：金子真二 [ランク：5]
```

第2章

具象クラスの作成

本章では、構造が単純なクラスの作成を通じて、クラスやコンストラクタなどについて、前章より詳しく学習します。

- 具象クラス
- デフォルトコンストラクタ
- コピーコンストラクタ
- 単一の実引数で呼び出すコンストラクタ
- コンストラクタの明示的な呼出し
- 一時オブジェクト
- 同一クラス型オブジェクトの代入
- メンバ関数とコンストラクタの多重定義
- const メンバ関数と mutable メンバ
- this ポインタと *this
- クラス型の値の返却
- クラス型のメンバとメンバ部分オブジェクト
- データメンバの初期化の順序
- コンストラクタ初期化子とメンバ初期化子
- 文字列ストリーム
- 挿入子と抽出子の多重定義
- ヘッダの設計とインクルードガード
- コメントアウト
- 静的データメンバと静的メンバ関数

2-1 日付クラスの作成

本節では、西暦年・月・日の３個のデータで構成される日付クラスを作成しながら、クラスに対する理解を深めていきます。

コンストラクタの呼出しとメンバ単位のコピー

本節で題材として取り上げるのは、西暦年・月・日のデータメンバで構成される日付クラス *Date* です。**List 2-1** がヘッダ部で、**List 2-2** がソース部です。

List 2-1 Date01/Date.h

```
// 日付クラスDate（第１版：ヘッダ部）

class Date {
    int y;        // 西暦年
    int m;        // 月
    int d;        // 日

public:
    Date(int yy, int mm, int dd);   // コンストラクタ
    int year()  { return y; }       // 年を返却
    int month() { return m; }       // 月を返却
    int day()   { return d; }       // 日を返却
};
```

コンストラクタの宣言

ゲッタ

List 2-2 Date01/Date.cpp

```
// 日付クラスDate（第１版：ソース部）

#include "Date.h"

//--- クラスDateのコンストラクタ ---//
Date::Date(int yy, int mm, int dd)
{
    y = yy;       // 西暦年
    m = mm;       // 月
    d = dd;       // 日
}
```

コンストラクタの定義

西暦年・月・日の三値を設定するコンストラクタと、各値のゲッタが提供されます。

▶ コンストラクタは、ソース部で定義しています。それ以外のメンバ関数（３個のゲッタ）は、ヘッダ部で定義していますので、**内部結合をもつインライン関数**です。

List 2-3 は、*Date* 型オブジェクトを３個作って、その日付を表示するプログラムです。

３個の *Date* 型オブジェクト *a*, *b*, *c* が、異なった形式で宣言されています。これらを正確に理解していきましょう。

1 Date a(2025, 11, 18);

前章で学習した、クラス *Accounting* のオブジェクトの宣言と、同一の形式です。

プログラムの流れが宣言を通過する際にコンストラクタが呼び出され、**Fig.2-1** a に示すように、各メンバに値が代入されます。

List 2-3 Date01/DateInit.cpp

```
// 日付クラスDate（第１版）とオブジェクトの初期化

#include <iostream>
#include "Date.h"

using namespace std;

int main()
{
  1 Date a(2025, 11, 18);              ← コンストラクタの明示的な呼出し
  2 Date b = a;                        ← 同一型オブジェクトのメンバ単位のコピー
  3 Date c = Date(2023, 12, 27);       ← 同一型の一時オブジェクトのメンバ単位のコピー

    cout << "a = " << a.year() << "年" << a.month() << "月" << a.day() << "日\n";
    cout << "b = " << b.year() << "年" << b.month() << "月" << b.day() << "日\n";
    cout << "c = " << c.year() << "年" << c.month() << "月" << c.day() << "日\n";
}
```

実行結果
```
a = 2025年11月18日
b = 2025年11月18日
c = 2023年12月27日
```

2 Date b = a;

宣言されている Date 型オブジェクト b に与えられた初期化子 a は、同じ Date 型です。

図bに示すように、a のすべてのデータメンバの値が、対応する b のメンバにコピーされて“2025 年 11 月 18 日”として初期化されます。すなわち、a と同じ状態（すべてのデータメンバが同一の値）になります。

重要 クラスオブジェクトが同じ型のクラスオブジェクトの値で初期化されるときは、すべてのデータメンバの値がコピーされて同じ状態となる。

なお、このコピーは、《**メンバ単位のコピー**》と呼ばれます。

▶ クラス内の全データメンバは、宣言された順に記憶域上に並ぶ保証はなく、連続した記憶域に配置される保証もありません。また、データメンバ間には、１バイト～数バイト程度の《**詰め物**》が埋められる可能性があります。

　コピーは、“ビット単位”ではなく、“データメンバ単位”ですから、詰め物がコピーされるとは限りません（すなわち、全ビットが同一になる保証はありません）。

a コンストラクタの呼出しによる初期化

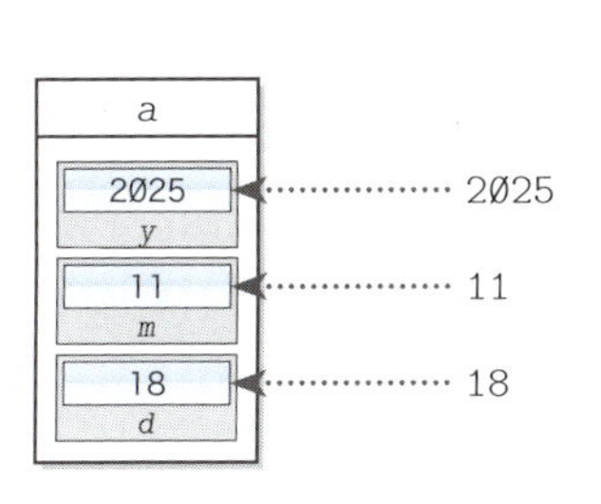

b 同一型による初期化

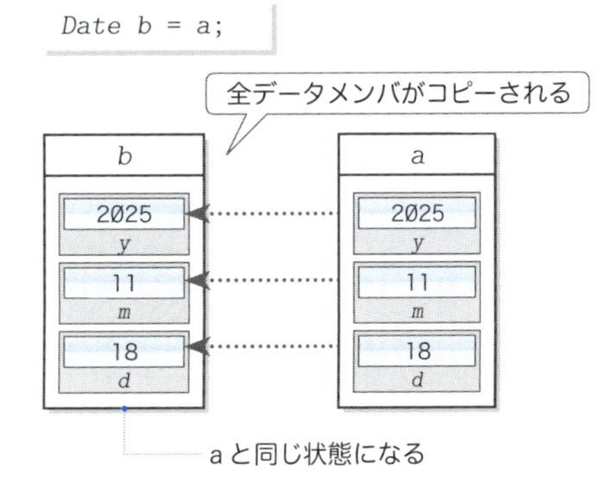

Fig.2-1 コンストラクタによる初期化

コピーコンストラクタ

同一クラス型の値による初期化の際に“**全データメンバの値がコピーされる**”裏には、奥の深い話が隠されています。

そもそも《初期化》は、コンストラクタの重要な仕事です。そのため、**自身と同じクラス型の値で初期化を行うコピーコンストラクタ**（*copy constructor*）**が、コンパイラによって暗黙のうちに作られて提供される**のです。

クラスDateの場合、“Date型の値をもとにDate型オブジェクトを初期化する”ための、以下の形式のコンストラクタがコンパイラによって提供されます。

```
// コンパイラによって自動的に提供される《コピーコンストラクタ》
Date::Date(const Date& x) {

    // xの全データメンバを、これから初期化する自身のオブジェクトにコピー
}
```

コンパイラによって暗黙裏に提供されるコピーコンストラクタは、仮引数に受け取ったオブジェクトの全データメンバの値を、これから初期化しようとする、自身のオブジェクトの各メンバにコピーします。

“メンバ単位のコピー”を行う、このコピーコンストラクタは、公開アクセス性をもつインライン関数です。

重要 クラスCには、以下の形式のpublicかつinlineの**コピーコンストラクタ**が暗黙裏に定義される。

`C::C(const C& x);`

このコピーコンストラクタは、オブジェクトxの全データメンバの値を、コンストラクタが所属する初期化対象オブジェクトにコピーする。

▶ コピーコンストラクタが受け取る仮引数の型がC型でなく、const C&型となっている理由は、第3章で学習します。

コピーコンストラクタがコンパイラによって暗黙裏に提供されるため、日付クラスDateのような単純なクラスでは、その存在を意識せずにすみます。

*

なお、クラス開発者が、このようなコンストラクタを定義することも可能ですが、そのようなことは避けるべきです。というのも、すべてのデータメンバの値をコピーするコンストラクタを定義したところで、仕様変更によってデータメンバの追加や削除などが行われると、そのコンストラクタも変更しなければならないからです（たとえば、追加されたデータメンバの値のコピーを忘れるというバグにつながります）。

▶ クラス開発者がコピーコンストラクタを定義することによって、コピーコンストラクタの動作を変更する方法は、第3章で学習します。

一時オブジェクト

三つの宣言のうちの二つを理解しました。残るは、以下の宣言です。

```
3 Date c = Date(2023, 12, 27);
```

Fig.2-2 に示すように、コンストラクタを明示的に呼び出す式 Date(2023, 12, 27) の評価によって、3個の **int** 型整数値 2023, 12, 27 から、1個の Date 型オブジェクトが生成されます。ここで生成されるオブジェクトは、**一時オブジェクト**（*temporary object*）と呼ばれます。

その一時オブジェクトによって *c* が初期化されるため、一時オブジェクトの全メンバが、対応する *c* のメンバにコピーされます。

▶ コンパイラが提供するコピーコンストラクタが呼び出され、そのコピーコンストラクタの働きによって、一時オブジェクトの全メンバが *c* のメンバにコピーされます。

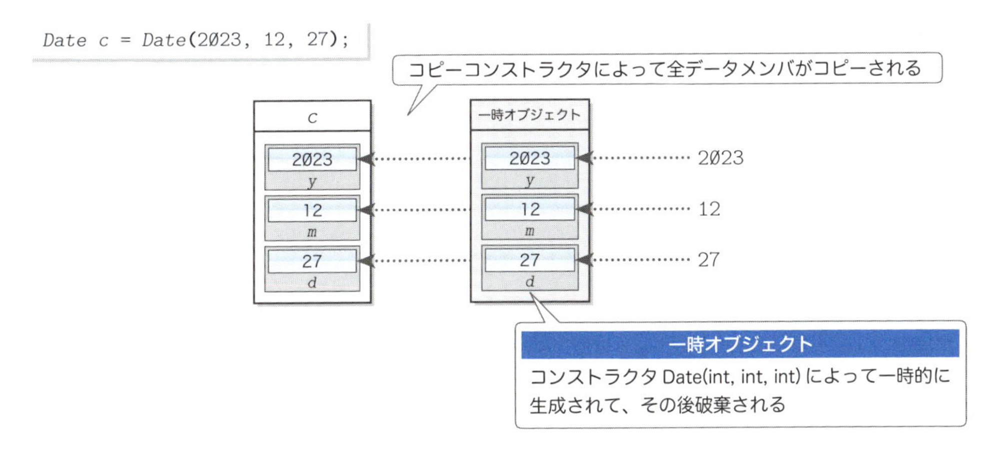

Fig.2-2 コンストラクタの明示的な呼出しによる初期化

なお、オブジェクト *c* の初期化が完了すると、一時オブジェクトは不要となるため、自動的に破棄されます。

重要 一時オブジェクトは、文脈の要求に基づいて自動的に生成・破棄される。

▶ 3の宣言は、原理的には、次の２ステップで構成されています。

```
Date temp(2023, 12, 27);    // Date::Date(int, int, int)でtempを生成
Date c = temp;              // Date::Date(const Date&)でcを初期化
```

まず、コンストラクタ Date::Date(**int**, **int**, **int**) によって、一時オブジェクト temp が生成されます。

次に、temp を初期化子として *c* が生成・初期化されます。その際、コピーコンストラクタ Date::Date(**const** Date&) によって、全データメンバがコピーされます。

クラス型オブジェクトの代入

初期化の次に学習するのは《代入》です。**List 2-4** の例で考えていきましょう。

List 2-4 Date01/DateAssign.cpp

```
// 日付クラスDate（第１版）と代入

#include <iostream>
#include "Date.h"

using namespace std;

int main()
{
    Date a(2025, 11, 18);
    Date b(1999, 12, 31);
    Date c(1999, 12, 31);

1   b = a;                          // 代入

2   c = Date(2023, 12, 27);         // 代入

    cout << "a = " << a.year() << "年" << a.month() << "月" << a.day() << "日\n";
    cout << "b = " << b.year() << "年" << b.month() << "月" << b.day() << "日\n";
    cout << "c = " << c.year() << "年" << c.month() << "月" << c.day() << "日\n";
}
```

実行結果

```
a = 2025年11月18日
b = 2025年11月18日
c = 2023年12月27日
```

代入が行われるのは、1と2の箇所です。

1 b = a;

*b*に*a*が代入されます。**Fig.2-3** に示すように、《代入》の際は、クラスオブジェクト中のすべてのデータメンバの値が、代入先のメンバにコピーされ、同じ状態になります。

重要 クラスオブジェクトの値が同じ型のクラスオブジェクトに代入される際は、すべてのデータメンバの値がコピーされて同じ状態となる。

全データメンバのコピーによって初期化を行う**コピーコンストラクタ**がコンパイラによって自動的に提供されることを、p.32 で学習しました。

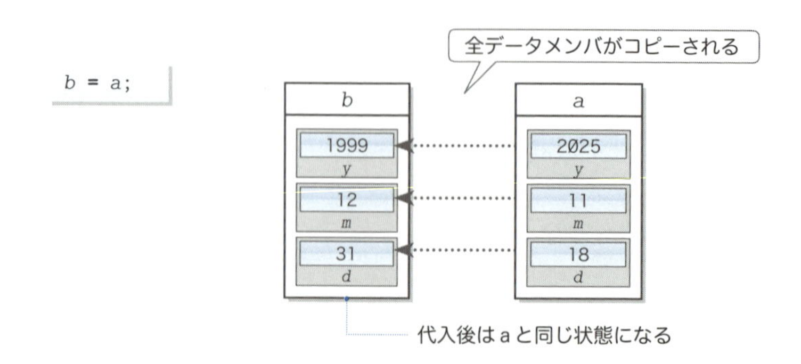

Fig.2-3 同一クラス型オブジェクトの代入

代入演算子 = も同様です。全データメンバの値を“メンバ単位のコピー”で行う**代入演算子 =** が、コンパイラによって自動的に提供されます。

▶ なお、代入演算子の働きを変える（開発者が代入演算子を定義する）こともできます。その方法は、第３章で学習します。

2 c = Date(2023, 12, 27);

c に代入されるのは *Date*(2023, 12, 27) です。３個の **int** 型整数 2023, 12, 27 からクラス *Date* の一時オブジェクトが生成され、その一時オブジェクトが左オペランド *c* に代入されます（**Fig.2-4**）。

▶ もちろん、この代入を行うのは、コンパイラが提供するコピーコンストラクタです。

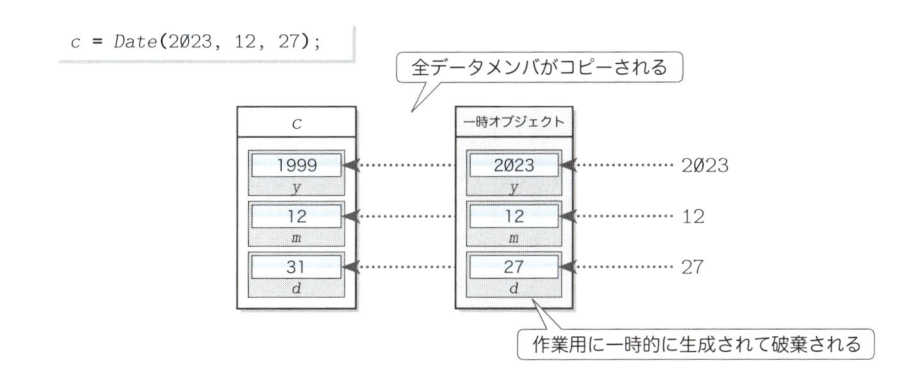

Fig.2-4 一時オブジェクトを経由するクラスオブジェクトの代入

クラス型オブジェクトの状態の等価性の判定

代入演算子 = と見間違えやすい**等価演算子 ==** をクラス型オブジェクトに適用してみましょう（"Date01/DateEquality.cpp"）。

```
✕ if (a == b)                             // エラー：等価演算子は使えない
      cout << "aとbは同じ日付です。\n";
```

これは、コンパイルエラーとなります。式 a == b によって、a と b の状態（全データメンバの値）が等しいかどうかの判定は行えません。

もちろん、もう一つの**等価演算子 !=** も同様です。

重要 クラスオブジェクトの状態（全データメンバの値）の等価性は、== と != の等価演算子では判定できない。

▶ ただし、次章で学習する**演算子多重定義**を使えば、== 演算子と != 演算子を定義した上で利用できるようになります。

デフォルトコンストラクタ

クラスDate型の配列オブジェクトを作ってみましょう。以下のように宣言できそうですが、コンパイルエラーとなります。

×
```
// エラー：コンストラクタを呼び出せない
Date darray[3];
```

というのも、各要素に対する初期化子が与えられておらず、**コンストラクタを呼び出せない**からです。エラー回避のためには、要素オブジェクトの1個1個に初期化子を与える必要があります。以下に示すのが、正しい宣言の例です。

○
```
// ＯＫ：すべての要素に初期化子を与えてコンストラクタを呼び出す
Date darray[3] = {Date(2021, 1, 1), Date(2022, 2, 2), Date(2023, 3, 3)};
```

このように、要素が3個程度と少なければよいでしょう。しかし、要素が多くなれば、全要素に初期化子を与えて宣言するのは、事実上不可能です。

コンストラクタの目的はオブジェクト生成時に“確実な初期化”を行うことですから、**初期化子を与えなくても“確実な初期化”が行えるようにするとよさそうです。**

そこで定義するのが、**引数を与えずに呼び出せるコンストラクタであるデフォルトコンストラクタ**（*default constructor*）です。

重要 引数を与えずに呼び出せる**デフォルトコンストラクタ**を定義すれば、初期化子を与えずに確実な初期化が行える。

右に示すのが、デフォルトコンストラクタの定義例です。すべてのデータメンバに1を代入して、日付を西暦1年1月1日とします。

```
// デフォルト
// コンストラクタ
Date::Date()
{
    y = 1;
    m = 1;
    d = 1;
}
```

このコンストラクタが提供されると、初期化子なしでオブジェクトが生成できます。たとえば、

```
Date someday;    // デフォルトコンストラクタが呼び出される
Date darray[3];  // 全要素に対してデフォルトコンストラクタが呼び出される
```

と宣言すると、someday と配列 darray の全要素が、西暦1年1月1日となります。

▶ 西暦1年1月1日などという日付は普段使いません。今日（すなわちプログラムを実行している現在）の日付で初期化すると使い勝手がよくなります。第2版でそのように改良します。

コンストラクタの多重定義

クラスの**コンストラクタやメンバ関数は多重定義が可能です。コンストラクタを多重定義すれば、クラスオブジェクト構築の選択肢が広がります。**

重要 必要であれば、コンストラクタを多重定義して、クラスオブジェクト構築のための複数の手段を提供するとよい。

次に示す二つのコンストラクタを用意しましょう。

1 引数を受け取らないデフォルトコンストラクタ *Date*::*Date*();
2 年月日の3個の整数を受け取るコンストラクタ *Date*::*Date*(**int**, **int**, **int**);

コンストラクタ2の第2引数と第3引数（月と日）の**デフォルト実引数**の値を1にして、クラス定義を次のように書きかえます。

```
// コンストラクタを多重定義したクラスDate
class Date {
    // …
public:
    Date();                    // デフォルトコンストラクタ（定義は左ページ）――1
    Date(int yy, int mm = 1, int dd = 1);    // コンストラクタ(List 2-2) ――2
    // …
};
```

デフォルト実引数は、ヘッダ部の宣言に与えます。そのため、ソース部のコンストラクタの定義の修正は不要です。

これで、以下に示す4通りの初期化が可能になります。

```
Date p;                 // 西暦    1年1月1日  ―― 1を呼び出す
Date q(2021);           // 西暦2021年1月1日  ┐
Date r(2022, 2);        // 西暦2022年2月1日  ├ 2を呼び出す
Date s(2023, 3, 5);     // 西暦2023年3月5日  ┘
```

▶ コンストラクタ2の第1引数 *yy* にデフォルト実引数の指定を行って、

```
Date(int yy = 1, int mm = 1, int dd = 1);   ―― 3
```

と宣言することはできません。というのも、引数を与えないコンストラクタの呼出し

```
Date p;                 // エラー：曖昧
```

が、コンストラクタ1と3のいずれを呼び出すべきかが判定できなくなるからです。

＊

コンストラクタ3を定義するのであれば、コンストラクタ1の削除が必要です。その場合は、3がデフォルトコンストラクタとして機能します。デフォルトコンストラクタは、“引数を受け取らないコンストラクタ”ではなく、“引数を与えずに呼び出せるコンストラクタ”だからです。

Date クラス型のオブジェクト *p* を、以下のように宣言しないよう注意しましょう。

```
Date p();               // 関数宣言：コンストラクタの呼出しではない
```

というのも、これは、コンストラクタの呼出しではなく、「関数 *p* が、引数を受け取らず *Date* 型を返却する」ことを表明する**関数宣言**だからです。

単一の実引数で呼び出せるコンストラクタは、() 形式に加えて、= 形式でも呼び出せます。 そのため、*q* は以下のようにも宣言できます。

```
Date q = 2021;          // Date q(2021);と同じ
```

▶ 何だか“日付を整数で初期化している”ように見えるため、ちょっと違和感を覚えるかもしれません。このような初期化を抑制する方法は、第4章で学習します。

const メンバ関数

オブジェクトには、プログラム実行時に状態（データメンバの値）が変化する**ミュータブル**（*mutable*）なものと、状態が変化しない**イミュータブル**（*immutable*）なものがあります。

イミュータブルなオブジェクトは、以下のように const を付けて宣言します。

```
const Date birthday(1963, 11, 18);     // イミュータブル（状態は変化しない）
```

ところが、birthday.year()，birthday.month()，birthday.day() といったメンバ関数の呼出しを行おうとすると、以下のコンパイルエラーが発せられます。

エラー：非 const メンバ関数を const オブジェクトに対して呼び出しています。

あるメンバ関数が、所属するオブジェクトの状態（データメンバの値）を変更するかどうかは、メンバ関数の中身を調べない限り判断できません。もし、その判断をコンパイル時あるいは実行時に行うのであれば、コストが高くつきます。

そのため、**const オブジェクトに対しては、メンバ関数は（原則として）呼び出せないのです。**const オブジェクトに対して呼び出す可能性があるメンバ関数は、

このメンバ関数は、オブジェクトの状態を変更しませんよ。

と表明する **const メンバ関数**（*const member function*）でなければなりません。

Fig.2-5 に示すように、関数頭部の末尾に const を付けて宣言します。図**a**が、クラス定義の中での関数定義で、図**b**が、クラス定義の外での関数定義です。

クラスの利用者がイミュータブルな（const な）オブジェクトを作るかどうかは、クラスの開発者には分かりません。そのため、以下の教訓が導かれます。

重要 オブジェクトの状態（データメンバの値）を変更しない、すべてのメンバ関数は **const メンバ関数**として定義すべきである。

オブジェクトの状態を変更しないメンバ関数は const メンバ関数とする

a クラス定義の中でのconstメンバ関数

```
class Date {
    // ...
    int year() const {  // 定義
        return y;
    }
};
```

b クラス定義の外でのconstメンバ関数

```
class Date {
    // ...
    int year() const;    // 宣言
};

int Date::year() const   // 定義
{
    return y;
}
```

Fig.2-5 const メンバ関数の宣言と定義

これまで学習した内容をふまえて日付クラスを改良しましょう。日付クラス*Date*第２版のヘッダ部を**List 2-5**（p.40）に、ソース部を**List 2-6**（p.41）に示します。

Column 2-1　mutableメンバ

データメンバの値を変更しない**const**メンバ関数も、例外的に**mutable**付きで宣言されたデータメンバだけは値を変更できます。

換言すると、データメンバに対する**mutable**指定子は、それを含むクラスオブジェクトに適用された**const**指定子の効果を取り消します。

＊

List 2C-1の例で考えましょう。クラス*Date*の**mutable**メンバ*counter*が表すのは、メンバ関数*year*，*month*，*day*が呼び出された総回数です。その値はコンストラクタで0に設定されて、メンバ関数*year*，*month*，*day*の中でインクリメントされます。

List 2C-1　chap02/DateMutable.cpp

```
// 日付クラスDate（メンバ関数呼出し回数カウンタ付き）
#include <iostream>

using namespace std;

class Date {
    int y;          // 西暦年
    int m;          // 月
    int d;          // 日
    mutable int counter;      // メンバ関数が呼び出された総回数

public:
    Date(int yy, int mm, int dd) {                      // コンストラクタ
        y = yy;  m = mm;  d = dd;  counter = 0;
    }
    int year()  const { counter++; return y; }          // 年を返却
    int month() const { counter++; return m; }          // 月を返却
    int day()   const { counter++; return d; }          // 日を返却
    int count() const { return counter; }               // カウンタを返却
};

int main()
{
    const Date birthday(1963, 11, 18);        // 誕生日

    cout << "birthday = " << birthday.year()  << "年"
                          << birthday.month() << "月"
                          << birthday.day()   << "日\n";
    cout << "birthdayのメンバ関数を" << birthday.count() <<
            "回呼び出しました。\n";
}
```

constメンバ関数は、mutableデータメンバの値を変更できる

実行結果

```
birthday = 1963年11月18日
birthdayのメンバ関数を3回呼び出しました。
```

もし*counter*が**mutable**でなければ、**const**メンバ関数*year*、*month*、*day*の定義はコンパイルエラーとなります（**const**メンバ関数は、イミュータブルなデータメンバ*counter*の値を更新できないからです："chap02/Date_mutableX.cpp"）。

クラス*Date*の利用者にとって、定数かどうかの判断基準となるのは、年・月・日の値であって、*counter*の値は（一般的には）無関係です。

利用者にとって、「そのオブジェクトが論理的に定数であるかどうか」の判断に影響を与えない、オブジェクト内部のデータを mutable メンバとします。

List 2-5 Date02/Date.h

```
// 日付クラスDate（第２版：ヘッダ部）

#ifndef ___Class_Date
#define ___Class_Date

#include <string>
#include <iostream>

class Date {
    int y;        // 西暦年
    int m;        // 月
    int d;        // 日

public:
    Date();                                    // デフォルトコンストラクタ
    Date(int yy, int mm = 1, int dd = 1);      // コンストラクタ

    int year()  const { return y; }        // 年を返却
    int month() const { return m; }        // 月を返却
    int day()   const { return d; }        // 日を返却

    Date preceding_day() const;            // 前日の日付を返却（閏年に非対応）

    std::string to_string() const;         // 文字列表現を返却

    int day_of_week() const;               // 曜日を返却
};

std::ostream& operator<<(std::ostream& s, const Date& x); // 挿入子
std::istream& operator>>(std::istream& s, Date& x);       // 抽出子

#endif
```

インクルードガード
※何回インクルードしても OK!!

定義は p.51

第１版と異なるのは、以下の点です。

- **ヘッダ部にインクルードガードを施したこと★**
  ▶ 複数回インクルードしても重複定義のコンパイルエラーとならないようにするための対策です。

- **コンストラクタの仕様を変更したこと**
  ▶ p.37 で学習したとおり、多重定義を行うとともに、デフォルト引数を指定しています。

- **年月日を調べるメンバ関数を const メンバ関数としたこと**
  ▶ 年月日の各値のゲッタ *year*, *month*, *day* を **const** メンバ関数に変更しています。

- **前日の日付を求めるメンバ関数 *preceding_day* を追加したこと★**

- **文字列表現を返却するメンバ関数 *to_string* を追加したこと★**

- **曜日を求めるメンバ関数 *day_of_week* を追加したこと**
  ▶ 日曜日であれば0、月曜日であれば1、…、土曜日であれば6を返却します。

- **挿入子および抽出子を追加したこと★**
  ▶ 挿入子 << と抽出子 >> を追加しています。そのため、cout に対して日付を << で挿入できるようになり、cin から >> で抽出できるようになっています。

★の付いた項目について、詳しく学習していきましょう。

List 2-6 [A]　　Date02/Date.cpp

```
// 日付クラスDate（第２版：ソース部）

#include <ctime>
#include <sstream>
#include <iostream>
#include "Date.h"

using namespace std;

//--- デフォルトコンストラクタ（今日の日付に設定）---//
Date::Date()
{
    time_t current = time(NULL);                // 現在の暦時刻を取得
    struct tm* local = localtime(&current);     // 要素別の時刻に変換

    y = local->tm_year + 1900;       // 年：tm_yearは西暦年-1900
    m = local->tm_mon + 1;           // 月：tm_monは0～11
    d = local->tm_mday;              // 日
}

//--- コンストラクタ（指定された年月日に設定）---//
Date::Date(int yy, int mm, int dd)
{
    y = yy;
    m = mm;
    d = dd;
}

//--- 前日の日付を返却（閏年に非対応）---//
Date Date::preceding_day() const
{
    int dmax[] = {31, 28, 31, 30, 31, 30, 31, 31, 30, 31, 30, 31};
    Date temp = *this;       // 同一の日付

    if (temp.d > 1)
        temp.d--;
    else {
        if (--temp.m < 1) {
            temp.y--;
            temp.m = 12;
        }
        temp.d = dmax[temp.m - 1];
    }
    return temp;
}

//--- 文字列表現を返却 ---//
string Date::to_string() const
{
    ostringstream s;
    s << y << "年" << m << "月" << d << "日";
    return s.str();
}

//--- 曜日を返却（日曜～土曜が0～6に対応）---//
int Date::day_of_week() const
{
    int yy = y;
    int mm = m;
    if (mm == 1 || mm == 2) {
        yy--;
        mm += 12;
    }
    return (yy + yy / 4 - yy / 100 + yy / 400 + (13 * mm + 8) / 5 + d) % 7;
}
```

p.51 に続く▶

ヘッダの設計とインクルードガード

前章で作成した会計クラス *Accounting* に、新たに《誕生日》のデータメンバを追加するとします。その場合、ヘッダ部 "Accounting.h" では、クラス *Date* の定義が必要であり、それを取り込むために "Date.h" をインクルードします。

▶ この仕様変更は、次節で実際に行います。会計クラス第5版のヘッダ部の **List 2-9**（p.53）では "Date.h" をインクルードします。

クラス *Accounting* を利用するプログラムで、"Date.h" と "Accounting.h" の両方を、次のようにインクルードしたらどうなるでしょう。

```
#include "Date.h"                                        2回インクルードされる
#include "Accounting.h"   // "Date.h"を間接的にインクルード
```

まず "Date.h" をインクルードし、さらに "Accounting.h" からも間接的に "Date.h" をインクルードします。**クラス Date の定義が2回行われる**ため、

エラー：定義ずみのクラス Date を重複して定義しています。

といったコンパイルエラーが発生します。

ヘッダは、何回インクルードされてもコンパイルエラーが発生しないようにしなければなりません。そのため、**インクルードガード**と呼ばれる手法を用いて、**Fig.2-6** a あるいは b のようにヘッダを実現するのが**定石**です。

▶ 図 b の先頭行の ___*XXX* を囲む ( ) は、省略可能です。

何回インクルードされても不都合が生じないヘッダの実現

a
```
#ifndef ___XXX
#define ___XXX

    // クラス定義など

#endif
```

b
```
#if !defined(___XXX)
#define ___XXX

    // クラス定義など

#endif
```

1回目のインクルード時のみ有効
2回目以降のインクルード時は読み飛ばされる

Fig.2-6 インクルードガードされたヘッダ

まずは、ヘッダの最初の行である、**#ifndef 指令**と **#if 指令**に着目します。

"#ifndef 識別子" と "#if !defined(識別子)" はいずれも、"識別子" がマクロ名として定義されている場合（あらかじめ定義されているか、または #define 指令の対象となったことがあり、しかも、その後に #undef 指令による定義の取消しが行われていない場合）に 0 と評価され、そうでない場合に 1 と評価されます。

1と評価された場合は、**#endif 指令**にいたるまでの行が、プログラムとして有効です。しかし、0と評価された場合は、プログラムとして無効です（すなわち #ifndef あるいは #if と、#endif とで囲まれた行は**読み飛ばされて無視されます**）。

このヘッダをインクルードするとどうなるのかを考えましょう。

▪ 初めてインクルードした場合

マクロ ___XXX は定義されていませんので、先頭行の #ifndef あるいは #if !defined 指令の判定は、1と評価されて成立します。そのため、網かけ部がプログラムとして有効になります。

その網かけ部では、まず #define 指令によってマクロ ___XXX が定義されて、それからクラスの定義などが行われます。

▪ 2回目以降にインクルードした場合

1回目のインクルード時にマクロ ___XXX が定義されているため、先頭行の #ifndef あるいは #if !defined 指令の判定は、0と評価されて成立しません。網かけ部はプログラムとして無効となって読み飛ばされます。

クラス定義などのヘッダの大部分が無視されるため、重複定義のコンパイルエラーが発生することはありません。

重要 ヘッダは、複数回インクルードされてもコンパイルエラーが発生しないように、**インクルードガード**して実現しなければならない。

いうまでもなく、マクロ名 ___XXX は、ヘッダごとに異なる名前としなければなりません。

▶ 他のヘッダ用のマクロ名と同じ名前になると困りますので、先頭にアンダライン文字 ___ を付けるなどの工夫が必要です。なお、アンダラインを3個も続けているのは、__（アンダライン文字2個）で始まる名前が、C++ で予約されているからです。

Column 2-2 前処理指令

#include 指令や #define 指令など、# で始まる指令の総称が**前処理指令**（*preprocessing directive*）です。前処理という名称は、『初期のC言語処理系では、コンパイルより前の段階で #… 指令の解釈が行われていた。』という歴史的な経緯に由来します（現在はコンパイルより前の段階ではなく、最初のほうの段階とみなされています）。

前処理指令には、以下のものがあります。

```
#         #include    #define    #undef    #line    #error    #pragma
#if       #ifdef      #ifndef    #elif     #else    #endif
```

先頭の # は**空指令**（*null directive*）と呼ばれる何もしない指令です（他の指令との見かけ上のバランスをとるために使われます）。

#define 指令で定義されたマクロを取り消すのが **#undef 指令**です。

this ポインタと *this

次に学習するのは、前日の日付を求めて返却するメンバ関数 *preceding_day* です（プログラムを右ページに再掲しています）。

▶ ある日付 *day* が 2125 年 1 月 1 日であれば、メンバ関数の呼出し *day.preceding_day()* が返却する日付は、2124 年 12 月 31 日です。なお、閏（うるう）年に対応していないため、閏年／平年とは無関係に、3 月 1 日の前日は 2 月 28 日となります。

まずは、1に着目します。***this** という式は初めてです。

Fig.2-7 に示すように、**this は、メンバ関数が所属するオブジェクトを指すポインタです**。一般に、クラス *C* 型のオブジェクトのメンバ関数における **this** の型は *C** です。

▶ ただし、メンバ関数が **const** 宣言されていれば **this** の型は **const** *C**、**volatile** 宣言されていれば **volatile** *C**、**const volatile** 宣言されていれば **const volatile** *C** となります。

本プログラムの場合は、**this** の型は **const** *Date** 型です。

＊

ポインタに間接演算子 * を適用した式は、そのポインタが指すオブジェクトそのものを表しますので、**式 *this は、メンバ関数が所属するオブジェクトそのものを表します。**

重要 クラス *C* のメンバ関数は、所属するオブジェクトを指す *C** 型の **this** ポインタをもっている。そのため、***this** は所属するオブジェクトそのものを表す。

1はクラス *Date* 型オブジェクト *temp* の宣言であって、その初期化子が ***this** ですから、**変数 *temp* は、所属するオブジェクトと同じ日付で初期化されます。**

▶ 初期化子の型が同一型オブジェクトであるため、《コピーコンストラクタ》の働きによって全データメンバがコピーされて初期化されます。

2で行うのは、*temp* の日付を一つ戻した前日の日付へと更新する計算です。

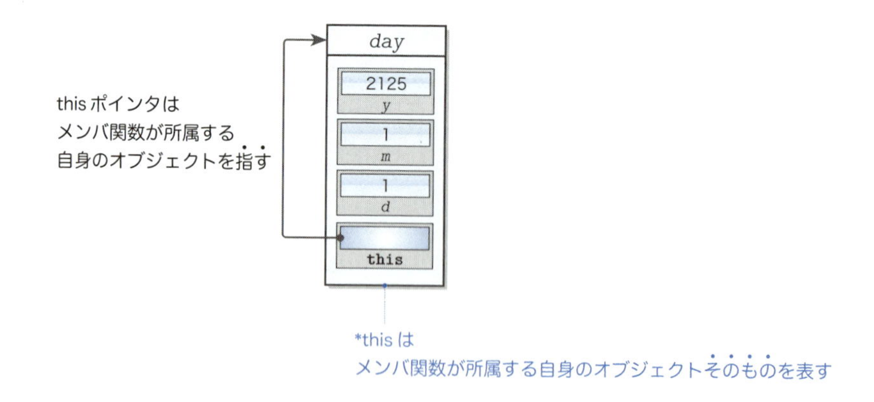

Fig.2-7 this ポインタと *this

クラス型の返却

ここまでの処理によって、メンバ関数preceding_dayを起動したDate型オブジェクトの日付の前日の日付が求められて、変数tempに格納されました。

最後の3では、tempの値を**return**文で返却します。

このメンバ関数の返却値型がDateクラス型であることに注意しましょう。

全要素の型が同一である配列は、関数の返却値型にできません。

その一方で、要素の型が任意であるクラスは、関数の返却値型となれるのです。

```
//--- 前日の日付を返却 ---//
Date Date::preceding_day() const
{
    int dmax[] = { /*-- 中略 --*/ };
    Date temp = *this;                    ←1

    if (temp.d > 1)
        temp.d--;
    else {
        if (--temp.m < 1) {
            temp.y--;                     ←2
            temp.m = 12;
        }
        temp.d = dmax[temp.m - 1];
    }

    return temp;                          ←3
}
```

重要 関数は、配列を返却することはできないが、クラス型の値は返却できる。

メンバ関数preceding_dayの働きを**List 2-7**で確認しましょう。

List 2-7 Date02/DateTest1.cpp

```
// 日付クラスDate（第２版）の利用例（メンバ関数preceding_dayの働きを確認）

#include <iostream>
#include "Date.h"

using namespace std;

int main()
{
    Date today;      // 今日

    cout << "今　日は" << today << "です。\n";
    cout << "昨　日は" << today.preceding_day() << "です。\n";
    cout << "一昨日は" << today.preceding_day().preceding_day() << "です。\n";
}
```

実行例

```
今　日は2125年1月1日です。
昨　日は2124年12月31日です。
一昨日は2124年12月30日です。
```

▶ 表示されるのは、プログラム実行時の日付と、その前日および前々日の日付です。日付を挿入子<<で表示できる理由は、p.50で学習します。

クラスDate型のオブジェクトtodayは、デフォルトコンストラクタによって今日（プログラム実行時）の日付で初期化されます。

メンバ関数preceding_dayを呼び出しているのが、網かけ部です。前日の日付と、前々日の日付（前日の前日の日付）が返却されることが、実行結果から確認できます。なお、前々日の日付を求める箇所は、ドット演算子 . が二重に適用された形式です。

重要 クラス型オブジェクトaのメンバ関数bが返却するクラス型のメンバ関数cはa.b().c()によって呼び出せる。

thisポインタによるメンバのアクセス

以下に示すのは、`*this`ではなく、`this`を使ってメンバ関数*preceding_day*を書きかえたプログラムです。

```
//--- 前日の日付を返却 ---//
Date Date::preceding_day() const
{
    int dmax[] = { /*-- 中略 --*/ };
    int y = this->y;
    int m = this->m;                  ←1
    int d = this->d;

    if (d > 1)
        d--;
    else {
        if (--m < 1) {
            y--;                      ←2
            m = 12;
        }
        d = dmax[m - 1];
    }

    return Date(y, m, d);             ←3
}
```

1では、３個の変数が宣言されています。

すべての初期化子で、以下の形式で`this`ポインタを利用しています。

`this ->` メンバ名

`this`は自身のオブジェクトを指すポインタですから、**`this->y`は、自身のオブジェクトに所属するデータメンバyを表します。**

もちろん、`this->m`と`this->d`も同様です。

＊

さて、1で宣言している変数*y*, *m*, *d*は、データメンバy, m, dと同じ名前です。

このように、**データメンバと同じ名前の変数がメンバ関数中で宣言されると、データメンバの名前が“隠されて”、宣言されたほうの変数の名前が“見える”ようになります。**

メンバ関数*preceding_day*では、関数内で宣言した変数を単なる*y*, *m*, *d*でアクセスして、データメンバを`this->y`, `this->m`, `this->d`でアクセスする、という“使い分け”を行っているわけです。

＊

2は、前日の日付を求める箇所です。変数名こそ異なりますが、計算自体は、前ページのプログラムと同じです。

＊

日付を返すのが、関数末尾の3です。*Date*(*y*, *m*, *d*)では、年月日*y*, *m*, *d*の値を*Date*型のコンストラクタに渡しています。そのため、*y*年*m*月*d*日の日付をもつ*Date*型の**一時オブジェクト**が生成されて、その値が返却されます。

> **重要** クラス*C*型の値を返却する関数では、コンストラクタを明示的に呼び出すことによって*C*型の一時オブジェクトを生成した上で、その値を返却するとよい。
>
> `return C(/*…中略…*/);`

＊

さて、本プログラムでは、データメンバと同じ名前の変数を関数の中で宣言した上で、`this->`の有無によって使い分けました。もっとよく使われるのが、**関数が受け取る仮引数の名前をデータメンバと同じ名前とした上で、`this->`の有無で使い分ける方法です。**

その手法を用いてクラスDateのコンストラクタを書き直すと、次のようになります。

```
Date::Date(int y, int m, int d)
{
    this->y = y;    this->m = m;    this->d = d;
}
```

メンバ関数の仮引数の名前がデータメンバの名前と同一である場合、データメンバの名前が"隠されて"、宣言されたほうの変数の名前が"見える"ようになります。

このメンバ関数(コンストラクタ)では、仮引数を単なるy, m, dでアクセスして、データメンバをthis->y, this->m, this->dでアクセスする、という"使い分け"を行っているのです。

この手法は、主として《コンストラクタ》と《セッタ》で利用されます。というのも、以下のメリットがあるからです。

- **仮引数の名前を何にするのかを悩まずにすむ。**
- **どのメンバに値を設定するための引数であるのかが分かりやすくなる。**

＊

メンバ関数の仮引数と、関数本体内で宣言された変数については、名前について同じ扱いを受けますので、以下のようにまとめられます。

重要 データメンバmと同一名の仮引数あるいは局所変数をコンストラクタやメンバ関数で宣言すると、データメンバの名前が隠されて、仮引数あるいは局所変数の名前が見える。そのため、データメンバをthis->mでアクセスして、仮引数あるいは局所変数をmでアクセスする"使い分け"が行える。

なお、データメンバmをアクセスする式this->mのthis->を書き忘れないよう、細心の注意が必要です。

▶ コンストラクタやメンバ関数の仮引数名をデータメンバと同じにする際に、もう一つ注意すべき点があります。以下のように宣言されたコンストラクタで考えましょう。
　第1引数にどのような値を渡しても、その値はデータメンバheightに設定されません。

```
class Human {
    int height, weight;        // 身長と体重
public:
    Human(int heigth, int weight) {
        this->height = height;
        this->weight = weight;
    }
};
```

この代入の正体は…

　仮引数名がheightではなくheigthとなっていることに気付きましたか。コンストラクタ本体では、this->heightに対して、不定値で初期化ずみのheight（すなわちthis->height）の値を代入します。そのため、データメンバheightに対して、それ自身の値を代入する

```
this->height = this->height;
```

が実行されます。
　仮引数のheigthは宣言されているだけで、コンストラクタ本体では使われていません。コンパイルエラーが発生しないため、エラー原因の発見は困難です。

文字列ストリーム

次に学習するのは、第2版で新しく追加したメンバ関数 *to_string* です。このメンバ関数は、"2125年12月18日" といった形式の文字列表現の日付を返却します。

```
//--- 文字列表現を返却 ---//
string Date::to_string() const
{
1 ostringstream s;
2 s << y << "年" << m << "月" << d << "日";
3 return s.str();
}
```

ここでは、**文字列の作成**のために、《**ストリーム**》をうまく利用しています。

入出力の接続先が文字列となっているストリームが、**文字列ストリーム**（*string stream*）です。以下に示す3種類のストリームが **<sstream> ヘッダ**で提供されます。

- **ostringstream** … 文字列への出力を行うストリーム。
- **istringstream** … 文字列からの入力を行うストリーム。
- **stringstream** … 文字列への入出力を行うストリーム。

もちろん、いずれも std 名前空間に所属します。メンバ関数 *to_string* で利用しているのは **ostringstream** です。

それでは、関数 *to_string* で行うことを理解していきましょう。

1 文字列への出力を行うための文字列ストリーム **ostringstream** 型変数の宣言です。この宣言によって、変数 *s* は、文字列や整数値などが自由に挿入できる《文字列出力ストリーム》となります。

2 生成したストリーム *s* に対して日付を挿入します。その要領は、cout に対する挿入とまったく同じです（出力先が cout ではなく *s* になっているだけです）。

3 挿入の結果、ストリーム *s* に "2125年12月18日" といった文字列が蓄えられます。

ストリームに蓄えられている文字列は、**str 関数**によって **string** 型の値として取得できます。str 関数が返却する文字列を、そのまま **return** 文で返却します。

ここでの処理の手順の概略を一般的にまとめると、以下のようになります。

重要 文字列出力ストリームである **ostringstream** に対しては、挿入子 << によって数値や文字列などを自由に挿入できる。ストリームに蓄えられた文字列は、**str** 関数の呼出しによって取得できる。

*

メンバ関数 *to_string* の働きを **List 2-8** で確認しましょう。

List 2-8 Date02/DateTest2.cpp

```
// 日付クラスDate（第２版）の利用例（メンバ関数to_stringの働きを確認）

#include <iostream>
#include "Date.h"

using namespace std;

int main()
{
    const Date birthday(1963, 11, 18);          // 誕生日
    Date day[3];                                // 配列（今日の日付）

    cout << "birthday = " << birthday << '\n';
    cout << "birthdayの文字列表現：\"" << birthday.to_string() << "\"\n";

    for (int i = 0; i < 3; i++)
        cout << "day[" << i << "]の文字列表現：\"" << day[i].to_string() << "\"\n";
}
```

実行例

```
birthday = 1963年11月18日
birthdayの文字列表現："1963年11月18日"
day[0]の文字列表現："2125年12月18日"
day[1]の文字列表現："2125年12月18日"
day[2]の文字列表現："2125年12月18日"
```

網かけ部が、メンバ関数 *to_string* の呼出しです。メンバ関数によって作られて返却された文字列が画面に表示されます。

▶ 配列 day には初期化子が与えられていないため、day[0], day[1], day[2] の全要素がデフォルトコンストラクタによって、今日（プログラム実行時）の日付で初期化されます。

Column 2-3 文字列ストリーム istringstream からの抽出

List 2C-2 は、《文字列入力ストリーム》である ***istringstream*** を利用して、文字列からの整数の抽出を行うプログラムです。

List 2C-2 chap02/istringstream.cpp

```
// 文字列からの抽出
#include <sstream>
#include <iostream>
using namespace std;
int main()
{
    string s = "2125/12/18";
    istringstream is(s);     // 文字列sに接続された文字列入力ストリーム
    int y, m, d;
    char ch;
    is >> y >> ch >> m >> ch >> d;
    cout << y << "年" << m << "月" << d << "日\n";
}
```

スラッシュを空読みする

実行結果

```
2125年12月18日
```

まず、日付が格納されている文字列 *s* を接続先とする ***istringstream*** 型の変数 *is* を作ります。その結果、ストリーム *is* には "2125/12/18" が蓄えられます。

そのストリーム *is* から、年・月・日の整数値と区切り文字を抽出子 >> によって抽出します（変数 *ch* には、文字 '/' が読み込まれます）。

挿入子と抽出子の多重定義

第２版のクラス Date では、cout に対する挿入子 << の適用によって、日付の表示が行えます。たとえば、List 2-7 (p.45) のプログラムでは、クラス Date 型オブジェクト *today* の日付を以下のように出力しています。

```
cout << "今日は" << today << "です。\n";             // クラスDate第２版
```

クラス Date 第１版だと、このコードは、以下のように長くなります。

```
cout << "今日は" << today.year()  << "年"           // クラスDate第１版
                 << today.month() << "月"
                 << today.day()   << "日です。\n";
```

第２版では、たったの１行で実現できるのですが、その秘密は、ソース部で定義されている **operator<< 関数**に隠されています。

これは "**演算子 << の多重定義**" によって実現された関数です。演算子の多重定義については次章で学習しますので、現時点では以下のように理解しておきましょう。

Fig.2-8 のように operator<< 関数と operator>> 関数を定義すると、挿入子 << と抽出子 >> で Type 型の値を入出力できるようになる。

▶ 本書では、一般的な型を表すときに Type という名前を使います（Type という型が実在するのではありません）。

図 **a** に示すように、関数 operator<< の第１引数 *s* は出力ストリーム *ostream* への参照で、第２引数 *x* は出力するオブジェクトへの const 参照です。

▶ クラス型の引数の受渡しは、値渡しではなく、参照渡しで行うのが原則です。その理由は、次章で詳しく学習します。

a 挿入子の多重定義（演算子関数 << の定義）

```
ostream& operator<<(ostream& s, const Type& x)
{
    s << ****;
    // xの値を出力ストリームsに出力
    return s;
}
```

出力すべき式を **** の箇所に記述

b 抽出子の多重定義（演算子関数 >> の定義）

```
istream& operator>>(istream& s, Type& x)
{
    s >> ****;
    // 入力ストリームsから読み込んだ値をもとにxの値を設定・変更
    return s;
}
```

入力すべき式を **** の箇所に記述

Fig.2-8 挿入子と抽出子の多重定義

▶ List 2-6 [B]　　Date02/Date.cpp

```
//--- 出力ストリームsにxを挿入 ---//
ostream& operator<<(ostream& s, const Date& x)
{
    return s << x.to_string();
}

//--- 入力ストリームsから日付を抽出してxに格納 ---//
istream& operator>>(istream& s, Date& x)
{
    int yy, mm, dd;
    char ch;

    s >> yy >> ch >> mm >> ch >> dd;
    x = Date(yy, mm, dd);
    return s;
}
```

関数operator<<の本体では、ストリームsに対して出力を行います。そして、返却するのは、第1引数として受け取ったsです。

▶ クラスDateの挿入子関数では、メンバ関数to_stringが返却する文字列をそのままストリームに出力しています。もしクラスDateにメンバ関数to_stringがなければ、挿入子関数の定義は、以下のようになります（こちらも、たったの1行で実現できます）。

```
//--- 出力ストリームsにxを挿入 ---//
ostream& operator<<(ostream& s, const Date& x)
{
    return s << x.year() << "年" << x.month() << "月" << x.day() << "日";
}
```

＊

図bに示すのは、抽出子>>を利用できるようにするための、**operator>>関数**の定義の形式です。

第1引数sは入力ストリーム**istream**への参照で、第2引数xは読み込んだ値を格納するオブジェクトへの参照です。読み込んだ値をもとにxの値を設定・変更するため、**constではない参照**です（この点は、挿入子とは違います）。

関数本体では、入力ストリームsから読み込んだ値をもとにしてxの値を設定・変更するといった作業を行います。返却するのは、第1引数として受け取ったsです。

＊

クラスDateの抽出子>>は、年・月・日の三つの整数値をキーボードから読み込んで、それらの値をx.y, x.m, x.dに設定した上で、sを返却します。

具象クラス

本章で作成した日付クラスのように、値を表すデータメンバをもつ、単純な構造のクラスを、**具象クラス**（*concrete class*）と呼びます。

▶ 具象クラスは、オブジェクトのコピーが単純です（全データメンバの値をコピーすると、同じ状態のオブジェクトが作られます）。オブジェクト外部の資源にアクセスするクラスや、仮想メンバ関数をもつクラスなどは、具象クラスとはなりません。

2-2 メンバとしてのクラス

本節では、クラス型のデータメンバをもつクラスを例にとりながら、has-A や、コンストラクタ初期化子などを学習します。

クラス型のメンバ

前章で作成した会計クラス *Accounting* に、《誕生日》の日付をデータメンバとして加えることにしましょう。もちろん、その日付は、本章で作成した、第2版のクラス *Date* で表します。

そのように改良した会計クラス *Accounting* 第5版のヘッダ部が **List 2-9** で、ソース部が **List 2-10** です。誕生日のデータメンバ *birth* と、その値を返却するメンバ関数 *birthday* が追加されています。

▶ データメンバの値を調べるだけであって変更しないメンバ関数 *name* と *assset* を **const** メンバ関数に変更するとともに、コンストラクタが受け取る引数 *name* を **const** 参照に変更しています。
　なお、プログラムをコンパイルする際は、クラス *Date* 第2版の **"Date.h"** と **"Date.cpp"** が必要です。処理系によっても異なりますが、一般的には（ヘッダ探索ルールの設定や、オブジェクトファイルのリンク先の指定などを行わない限り）**"Date.h"** と **"Date.cpp"** は、**"Accounting.h"** と **"Accounting.cpp"** が格納されているディレクトリの中に入れておく必要があります。

has-A の関係

会計クラスと日付クラスの関係を示したのが **Fig.2-9** です。この図は、

クラス *Accounting* はその部分としてクラス *Date* をもつ。

ことを表します。このように、**“あるクラスがその一部分として別のクラスをもつ”** ことを **has-A の関係**と呼びます。

クラスだけでなく、設計図であるクラスから作られた実体としての**オブジェクト**にも同じ関係が成立します。

会計クラス *Accounting* 型オブジェクトは、日付クラス *Date* 型オブジェクトを含みます。

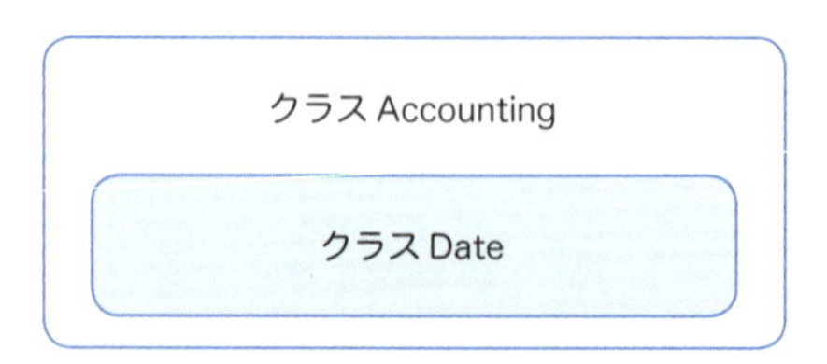

Class Accounting has a class Date.

Fig.2-9 クラスAccountingとクラスDate（has-Aの関係）

List 2-9 Accounting05/Accounting.h

```
// 会計クラス（第５版：ヘッダ部）

#ifndef ___Class_Accounting
#define ___Class_Accounting

#include <string>
#include "Date.h"                                          クラスDate第2版

class Accounting {
    std::string full_name;      // 氏名
    long crnt_asset;            // 資産
    Date birth;                 // 誕生日

public:
    // コンストラクタ
    Accounting(const std::string& name, long amnt, int y, int m, int d);

    void earn(long amnt);       // 収入がある
    void spend(long amnt);      // 支出がある

    std::string name() const { return full_name; }      // 氏名を調べる
    long asset() const       { return crnt_asset; }     // 資産を調べる
    Date birthday() const    { return birth; }          // 誕生日を調べる
};

#endif
```

List 2-10 Accounting05/Accounting.cpp

```
// 会計クラス（第５版：ソース部）

#include <string>
#include <iostream>
#include "Accounting.h"

using namespace std;
//--- コンストラクタ ---//
Accounting::Accounting(const string& name, long amnt, int y, int m, int d)
                                                         : birth(y, m, d)
{
    full_name = name;         // 氏名
    crnt_asset = amnt;        // 資産
}

//--- 収入がある ---//
void Accounting::earn(long amnt)
{
    crnt_asset += amnt;
}

//--- 支出がある ---//
void Accounting::spend(long amnt)
{
    crnt_asset -= amnt;
}
```

クラスオブジェクトの部分として含まれるオブジェクトは、**メンバ部分オブジェクト**（*member sub-object*）と呼ばれます。

▶ たとえば nakano が Accounting 型のオブジェクトであれば、nakano.birthday は、オブジェクト nakano のメンバ部分オブジェクトとなります。

オブジェクトが内部に別のオブジェクトをもつ構造のことを**コンポジション（合成）**と呼びます。has-A はコンポジションを実現する一手段です。

コンストラクタ初期化子

誕生日の追加に伴って、コンストラクタも変更されています。

```
//--- コンストラクタA（List 2-10）---//
Accounting::Accounting(const string& name, long amnt, int y, int m, int d)
                                                    : birth(y, m, d)
{
    full_name = name;              // 氏名
    crnt_asset = amnt;             // 資産
}
```

○

コンストラクタ初期化子

オブジェクトの構築・初期化

網かけ部は、**コンストラクタ初期化子**（*constructor initializer*）と呼ばれます。このコンストラクタ初期化子の働きは、クラスDateのコンストラクタDate(int, int, int)によって、Date型メンバbirthを初期化することです。

もちろん、誕生日birthへの値の設定は、以下のように、コンストラクタの本体でも行えます。こうすると、コンストラクタ初期化子は不要です。

```
//--- コンストラクタB ---//
Accounting::Accounting(const string& name, long amnt, int y, int m, int d)
{
    full_name = name;              // 氏名
    crnt_asset = amnt;             // 資産
    birth = Date(y, m, d);         // 誕生日
}
```

△

構築ずみオブジェクトに対する代入

AとBのどちらがよいのかというと、Aです。それは以下の“事実”によります。

コンストラクタ本体で行うメンバへの値の設定は、初期化ではなくて代入である。

そのため、コンストラクタBでは、birthへの値の設定が以下のように行われます。

1 Accounting型のオブジェクトが生成される際、部分オブジェクトであるDate型のbirthが生成される。クラスDateの《デフォルトコンストラクタ》が呼び出され、データメンバbirthは、“今日（プログラム実行時）の日付”で**初期化**される。

2 コンストラクタ本体が実行される。birth = Date(y, m, d); では、Date(y, m, d)で作られたDate型の一時オブジェクトの値がbirthに**代入**される。

すなわち、**初期化・代入と、値の設定が2回も行われる**のです（そればかりか、データメンバbirthとは別に、Date型の一時オブジェクトが作られます）。

Bのように、コンストラクタ本体でクラス型メンバへの代入を行う方法には、次の問題があります。

- **部分オブジェクトが生成される際に、デフォルトコンストラクタで《初期化》される。そのクラス型にデフォルトコンストラクタがなければコンパイルエラーとなる。**
- **生成されて初期化された部分オブジェクトに対する《代入》が行われる。メンバに対する値の設定が、初期化・代入の2段階となるため、コストが高くつく。**

コンストラクタはクラスオブジェクトを《初期化》する関数です。ところが、クラスオブジェクトに含まれる部分オブジェクト単位で考えると、次のようにいえます。

重要 コンストラクタ本体での代入演算子=によるデータメンバへの値の設定は、構築ずみの部分オブジェクトへの値の《代入》であって、《初期化》ではない。

氏名のデータメンバ *full_name* の型は、***string* クラス**型です。そのため、その値の設定は以下のように行われます。

1. ***string*** 型の部分オブジェクトである *full_name* が生成される。デフォルトコンストラクタが呼び出され、空文字列として**初期化**される。
2. コンストラクタ本体が実行され、仮引数 *name* に受け取った文字列が、データメンバ *full_name* に**代入**される。

string 型は、任意の長さの文字列を格納できます。そのため、現在の文字列とは異なる長さの文字列が代入された場合などは、新しく代入される文字列を格納できるように、**new** 演算子や **delete** 演算子（あるいはそれと同等な方法）による記憶域の確保や解放がオブジェクト内部で行われます（第12章で学習します）。

***string* クラス型のデータメンバに対して、コンストラクタ本体内での代入によって値を設定することは、日付クラス型よりもコストが高くなります。**

以上のことから、次の教訓が導かれます。

重要 クラス型のデータメンバは、コンストラクタ本体の中で値を《代入》するのではなく、**コンストラクタ初期化子**によって《初期化》すべきである。

＊

コンストラクタ初期化子は、**int** 型や **double** 型などの組込み型データメンバにも適用できます。会計クラスの全データメンバをコンストラクタ初期化子で初期化するように書きかえると、コンストラクタは以下のようになります。

```
//--- コンストラクタC ---//
Accounting::Accounting(const string& name, long amnt, int y, int m, int d)
                      : full_name(name), crnt_asset(amnt), birth(y, m, d)
{
}
```

メンバ初期化子

コンストラクタ初期化子内の、コンマ , で区切られた個々のメンバ用の初期化子は、**メンバ初期化子**（*member initializer*）と呼ばれます。

コンストラクタCのように、全データメンバに対してメンバ初期化子を与えると、コンストラクタ本体は空になります。

▶ データメンバの初期化が行われる順序と、コンストラクタ初期化子におけるメンバ初期化子の並びの順序は無関係です。**Column 2-4**（p.57）で学習します。

会計クラス第５版を利用するプログラム例を **List 2-11** に示します。

List 2-11 Accounting05/AccountingTest.cpp

```
// 会計クラス（第５版）の利用例

#include <iostream>
#include "Accounting.h"

using namespace std;

int main()
{
    Accounting nakano("中野隼人", 1000, 2125, 1, 24);  // 中野君の会計
    Accounting yamada("山田宏文",  200, 2123, 7, 15);  // 山田君の会計

    nakano.spend(200);  // 中野君が200円の支出
    yamada.earn(100);   // 山田君が100円の収入

    cout << "中野君\n";
    cout << "氏　名＝" << nakano.name() << '\n';
    cout << "資　産＝" << nakano.asset() << "円\n";
    cout << "誕生日＝" << nakano.birthday().year()  << "年"          ❶
                       << nakano.birthday().month() << "月"
                       << nakano.birthday().day()   << "日\n";

    cout << "\n山田君\n";
    cout << "氏　名＝" << yamada.name() << '\n';
    cout << "資　産＝" << yamada.asset() << "円\n";
    cout << "誕生日＝" << yamada.birthday() << '\n';                   ❷
}
```

実行結果

```
中野君
氏　名＝中野隼人
資　産＝800円
誕生日＝2125年1月24日

山田君
氏　名＝山田宏文
資　産＝300円
誕生日＝2123年7月15日
```

本プログラムでは、二人分の会計を扱っています。

まずは、誕生日の表示を行う箇所を理解しましょう。

中野君の誕生日を表示するのが❶で、山田君の誕生日を表示するのが❷です。

❶ クラス Accounting のメンバ関数 birthday の呼出しによって返却された Date 型の日付に対して、クラス Date のメンバ関数 year, month, day を呼び出します。そのため、ドット演算子 . が二重に適用された形式となっています。

それぞれ西暦年・月・日を **int** 型の値として取得して表示します。

本プログラムでは、ドット演算子 . とメンバ関数呼出しの原理を理解するために、中野君の誕生日の年・月・日を個別に取得して表示しています。

山田君の口座の開設日と同様に、以下のようにすれば、一度に出力できます。

```
cout << "誕生日＝" << nakano.birthday() << '\n';
```

❷ メンバ関数 birthday を呼び出しています。その返却値型は Date 型です。

Date 型の日付をストリームに挿入する **operator<<** 関数の働きによって、誕生日が表示されます。

クラス型の引数

次に、コンストラクタの呼出しに着目します。

```
Accounting nakano("中野隼人", 1000, 2125, 1, 24);   // 中野君の会計
Accounting yamada("山田宏文",  200, 2123, 7, 15);   // 山田君の会計
```

引数の《氏名》の後ろに整数値が4個も並んでいますので、資産の数値なのか日付の数値なのかが分かりにくくなっています。

誕生日をDate型の引数としてやりとりすれば、読みやすくて使いやすくなります。そのように会計クラスを改良しましょう。

Column 2-4 データメンバの初期化の順序

データメンバの初期化は、クラス定義中のデータメンバの宣言の順で行われます。すなわち、コンストラクタ初期化子におけるメンバ初期化子の並びの順序とは無関係です。

List 2C-3 のプログラムで、そのことを確認しましょう。

List 2C-3 chap02/const_order.cpp

```
// コンストラクタ初期化子の呼出し順序を確認

#include <iostream>

using namespace std;

class Int {
    int v;   // 値
public:
    Int(int val) : v(val) { cout << v << '\n'; }
};

class Abc {
    Int a;     ○宣言順に
    Int b;      初期化される
    Int c;
                          ×初期化はこの順ではない
public:
    Abc(int aa, int bb, int cc) : c(cc), b(bb), a(aa) { }   // コンストラクタ
};

int main()
{
    Abc x(1, 2, 3);
}
```

実行結果

```
1
2
3
```

クラスIntは、データメンバvとコンストラクタのみをもつクラスです。コンストラクタでは、データメンバvに値を設定するとともに、その値を画面に表示します。

クラスAbcには、三つのデータメンバa, b, cとコンストラクタがあります。データメンバの型は、いずれもInt型です。コンストラクタ初期化子は、c, b, aの順に並んでいます。

実行すると『1』『2』『3』と表示されます。コンストラクタ初期化子におけるメンバ初期化子の並びc, b, aの順ではなく、メンバそのものの宣言の並びa, b, cの順で、コンストラクタが呼び出されて初期化されることが確認できます。

クラス *Accounting* 第６版のヘッダ部を **List 2-12** に、ソース部を **List 2-13** に示します。

List 2-12 Accounting06/Accounting.h

```
// 会計クラス（第６版：ヘッダ部）

#ifndef ___Class_Accounting
#define ___Class_Accounting

#include <string>
#include "Date.h"   ● クラス Date 第２版

//===== 会計クラス =====//
class Accounting {
    std::string full_name;    // 氏名
    long crnt_asset;          // 資産
    Date birth;               // 誕生日

public:
    // コンストラクタ
    Accounting(const std::string& name, long amnt, const Date& op);

    void earn(long amnt);                          // 収入がある
    void spend(long amnt);                         // 支出がある

    std::string name() const  { return full_name; }     // 氏名を調べる
    long asset() const        { return crnt_asset; }    // 資産を調べる
    Date birthday() const     { return birth; }         // 誕生日を調べる
};

#endif
```

List 2-13 Accounting06/Accounting.cpp

```
// 会計クラス（第６版：ソース部）

#include <string>
#include <iostream>
#include "Accounting.h"

using namespace std;

//--- コンストラクタ ---//
Accounting::Accounting(const string& name, long amnt, const Date& op) :
                               full_name(name), crnt_asset(amnt), birth(op)
{

}

//--- 収入がある ---//
void Accounting::earn(long amnt)
{
    crnt_asset += amnt;
}

//--- 支出がある ---//
void Accounting::spend(long amnt)
{
    crnt_asset -= amnt;
}
```

コンストラクタの引数が５個から３個に減少して、すっきりしました。

▶ もともとデータメンバは３個ですから、自然な形になりました（第５版のコンストラクタは不自然だったわけです）。

List 2-14 に示すのが、クラス *Accounting* 第６版を利用するプログラム例です。

List 2-14　Accounting06/AccountingTest.cpp

```
// 会計クラス（第６版）の利用例

#include <iostream>
#include "Date.h"        ← クラスDate第2版
#include "Accounting.h"

using namespace std;

int main()
{
    // 中野君の口座
    Accounting nakano("中野隼人", 1000, Date(2125, 1, 24));
    string dw[] = {"日", "月", "火", "水", "木", "金", "土"};

    cout << "中野君\n";
    cout << "氏　名＝" << nakano.name() << '\n';
    cout << "資　産＝" << nakano.asset() << "円\n";
    cout << "誕生日＝" << nakano.birthday();
    cout << "（" << dw[nakano.birthday().day_of_week()] << "）\n";
}
```

実行結果

```
中野君
氏　名＝中野隼人
資　産＝1000円
誕生日＝2125年1月24日（水）
```

コンストラクタの最後の引数の型は **const** *Date&* 型です。そのため、黒網部ではクラス *Date* のコンストラクタを明示的に呼び出しています。

この呼出しによって、３個の **int** 型から *Date* 型の一時オブジェクトが作られます。そして、その一時オブジェクトが、*Accounting* 型の引数 *op* に渡されます。

▶ “合わせ技”で３個の **int** 型値から１個の *Date* 型値を作って、それを引数として与えます。

＊

青網部では、クラス *Date* 第２版で追加したメンバ関数 *day_of_week* によって、誕生日の曜日を求めています。

Column 2-5　日付と暦

C++ の前身であるＣ言語や、それと同時期に作られた UNIX の誕生は 1970 年代初頭でした。システムの時刻やファイルに記録される更新日の時刻などが、1970 年より前にはならないことから、Ｃ言語および C++ の標準ライブラリで処理できる日付は、1970 年１月１日以降となっています。

さて、現在、多くの国で使われている**グレゴリオ暦**は、地球が太陽を１周するのに要する日数である１回帰年（約 365.2422 日）を 365 日として数え、その調整を以下のように行う方法です。

① 年が４で割り切れる年は閏年にする。

② 100 で割り切れる年は平年にする。

③ 400 で割り切れる年は閏年にする。

ヨーロッパでは、古くは**ユリウス暦**が使われていました。これは１回帰年を 365.25 日としたもので、実際の１回帰年である 365.2422 日との差の補正を行わず、４で割り切れる年を閏年とするものです。すなわち、①のみを適用するため、誤差が累積していたわけです。

そこで、その誤差を一気に解消するために、ユリウス暦の 1582 年 10 月４日の翌日をグレゴリオ暦の 10 月 15 日とし、現在のグレゴリオ暦に切りかえられました。

なお、イギリスがユリウス暦からグレゴリオ暦に切りかえたのは 1752 年 11 月 24 日からであり、日本が太陰太陽暦からグレゴリオ暦に切りかえたのは 1873 年１月１日からです。

2-3 静的メンバ

これまでのメンバは、個々のオブジェクトに所属するものでした。本節では、同一クラスのオブジェクトで共有する情報を表す静的メンバについて学習します。

静的データメンバ

クラス型の個々のオブジェクトに《**識別番号**》を与えることを考えましょう。ここで、クラス名は *IdNo* として、そのクラス型のオブジェクトが生成されるたびに、連続する整数値 1, 2, 3 … を識別番号として与えるものとします。

たとえば、**Fig.2-10** に示すように、クラス *IdNo* 型のオブジェクト a と b を順に生成した場合は、a の識別番号を 1 として、b の識別番号を 2 とします。

クラス *IdNo* には、識別番号用のデータメンバが必要です。型が **int** 型で、名前が *id_no* というデータメンバをもたせましょう。

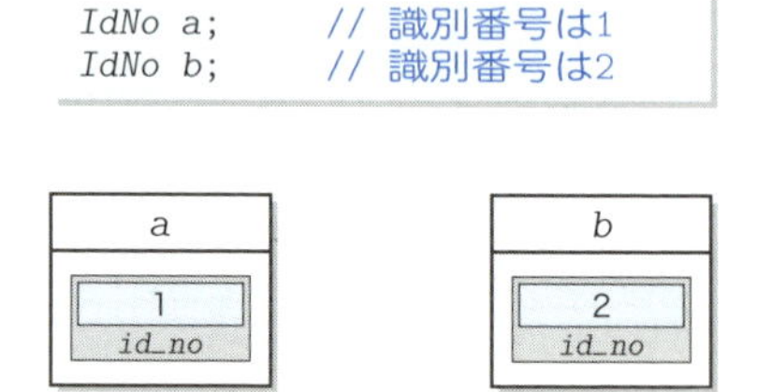

Fig.2-10 オブジェクトに与える識別番号

*

しかし、これだけでは不十分であって、もう一つ、以下のデータが必要です。

現時点で何番までの識別番号を与えたのか。

このデータは、a がもつべきものではありませんし、b がもつべきものでもありません。**個々のオブジェクトがもつ情報ではなく、クラス *IdNo* の全オブジェクトで共有すべき情報です。**

このような情報を表すのに最適なのが、**静的データメンバ**（*static data member*）です。**static** を付けて宣言されたデータメンバが、静的データメンバとなります。

重要 **static** 付きで宣言されたデータメンバは、そのクラス型の全オブジェクトで共有される**静的データメンバ**となる。

静的データメンバを導入したクラス *IdNo* と、そこから作られたオブジェクトのイメージを表したのが **Fig.2-11** です。

▶ この図に示しているのは、**Fig.2-10** 内のコードにしたがって、a と b の 2 個のオブジェクトを生成した後の状態です。

図を見ながら、二つのデータメンバ *counter* と *id_no* の違いを理解しましょう。

```
class IdNo {
    static int counter; // 何番まで与えたか  ―1
    int id_no;          // 識別番号          ―2
    //…
};
```

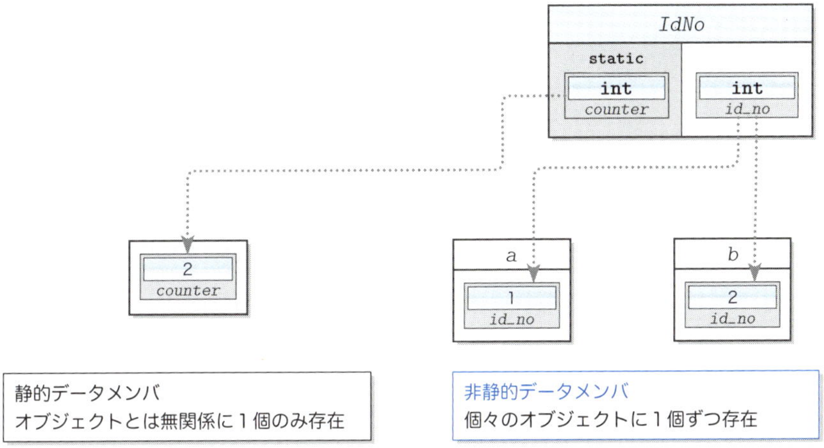

Fig.2-11　静的データメンバとオブジェクト

1 静的データメンバ counter … 現時点で何番までの識別番号を与えたのか

現時点で何番までの識別番号を与えたのかを表すのが、static 付きで宣言された静的データメンバ counter です。クラス IdNo 型を利用するプログラム内で、IdNo 型のオブジェクトがいくつ生成されても（たとえ１個も生成されなくても）、**そのクラスに所属する静的データメンバの実体は、１個だけ作られます。**

ただし、**この宣言だけでは、実体は作られません。静的データメンバの実体は、宣言とは別に、ファイル有効範囲中（クラス定義や関数定義の外）で定義します。**

▶ 具体的な定義方法は、次ページで学習します。

2 非静的データメンバ id_no … 個々のオブジェクトの識別番号

個々のオブジェクトの識別番号を表すのが、static を付けずに宣言された非静的データメンバ id_no です。このデータメンバは、個々のオブジェクトの一部として存在します。

このデータメンバに対する値の設定は、コンストラクタで行います。

▶ IdNo 型のオブジェクトが a, b の順で作られているため、それぞれの id_no は１と２です。

ここまでの設計をふまえて、クラス IdNo のプログラムを完成させましょう。ヘッダ部を **List 2-15** に、ソース部を **List 2-16** に示します（いずれも次ページ）。

List 2-15 IdNo01/IdNo.h

```
// 識別番号クラスIdNo（第1版：ヘッダ部）

#ifndef ___Class_IdNo
#define ___Class_IdNo

//===== 識別番号クラス =====//
class IdNo {
    static int counter;          // 何番までの識別番号を与えたのか   ←1
    int id_no;                   // 識別番号                         ←2

public:
    IdNo();                      // コンストラクタ

    int id() const;              // 識別番号を調べる
};

#endif
```

宣言　staticを付ける

List 2-16 IdNo01/IdNo.cpp

```
// 識別番号クラスIdNo（第1版：ソース部）

#include "IdNo.h"

int IdNo::counter = 0;           // 何番までの識別番号を与えたのか   ←3

//--- コンストラクタ ---//
IdNo::IdNo()
{
    id_no = ++counter;           // 識別番号を与える                 ←4
}

//--- 識別番号を調べる ---//
int IdNo::id() const
{
    return id_no;                // 識別番号を返却                   ←5
}
```

定義　staticを付けない

3　これは、**1**で宣言した*counter*の実体の定義です。静的データメンバは、クラス定義の外でstaticを付けずに“**クラス名::データメンバ名**”という形式で定義します。

静的データメンバの初期化子は、クラス定義の外のデータメンバの定義で与えるのが原則です。ただし、『**静的データメンバが、const付き汎整数型、あるいはconst付き列挙型の場合に限り、汎整数定数式の初期化子を、クラス定義の中のデータメンバの宣言で与えてもよい。**』**という特例があります。**

4　オブジェクト生成時に呼び出されるコンストラクタです。静的データメンバ*counter*の値をインクリメントした値を識別番号*id_no*に代入することによって、オブジェクト生成のたびに連続した識別番号を与えます。

5　個々のオブジェクトの識別番号を調べるメンバ関数（*id_no*のゲッタ）です。

List 2-17が、識別番号クラス*IdNo*を利用するプログラム例です。配列の要素を含めた各オブジェクトに対して、生成された順に識別番号が与えられることが確認できます。

List 2-17　IdNo01/IdNoTest.cpp

```
// 識別番号クラスIdNo（第１版）の利用例

#include <iostream>
#include "IdNo.h"

using namespace std;

int main()
{
    IdNo a;      // 識別番号1番
    IdNo b;      // 識別番号2番
    IdNo c[4];   // 識別番号3番～6番

    cout << "aの識別番号：" << a.id() << '\n';
    cout << "bの識別番号：" << b.id() << '\n';
    for (int i = 0; i < 4; i++)
        cout << "c[" << i << "]の識別番号：" << c[i].id() << '\n';
}
```

実行結果

```
aの識別番号：1
bの識別番号：2
c[0]の識別番号：3
c[1]の識別番号：4
c[2]の識別番号：5
c[3]の識別番号：6
```

counterに与える初期化子を変更すれば、識別番号の開始値を変更できます。

たとえば、100にすれば、オブジェクト生成のたびに101, 102, … という識別番号が与えられます。

静的データメンバのアクセス

静的データメンバの所属先は、個々のオブジェクトではなく、クラスです。そのため、静的データメンバが公開されていれば、クラス外部から、

クラス名::データメンバ名　　※形式A

という式でアクセスできます。すなわち、メンバcounterが仮に公開されていれば、IdNo::counterでアクセスできます。

なお、「みんなのcounter」は、「aのcounter」でもあり「bのcounter」でもある、といえないこともないため、

オブジェクト名.データメンバ名　　※形式B

という形式でもアクセスできるようになっています。すなわち、a.counterとb.counterでも、アクセスできるわけです。

ただし、見た目が紛らわしい形式Bの利用は、お勧めできません。形式Aを使うのが原則です。

重要　静的データメンバは、“オブジェクト名.データメンバ名”でもアクセスできるが、原則として“クラス名::データメンバ名”でアクセスすべきである。

▶ 検証用のプログラム（データメンバcounterを公開して、その値を外部からアクセスするプログラム）は、"IdNoX/IdNo.h", "IdNoX/IdNo.cpp", "IdNoX/IdNoTest.cpp"です。

静的メンバ関数

クラス *IdNo* に対して、識別番号の最大値（これまで何番までの識別番号を与えたのか）を調べる関数を追加します。これは、静的データメンバ `counter` の値を返すゲッタです。

特定のオブジェクトに所属しないという点では、静的データメンバと同じです。このような処理の実現に適しているのが、**静的メンバ関数**（*static member function*）です。

> **重要** 特定のオブジェクトではなく、クラス全体に関わる手続きや、そのクラスに所属する個々のオブジェクトの状態とは無関係な手続きは、**静的メンバ関数**として実現しよう。

そのように作成したクラス *IdNo* 第２版のプログラムを示します。**List 2-18** がヘッダ部で、**List 2-19** がソース部です。*get_max_id* が、新しく追加した関数です。静的データメンバと同様に、静的メンバ関数は、**static** を付けて宣言します。

ただし、クラス定義の**中**の関数**宣言**には **static** を付けますが、クラス定義の**外**の関数**定義**には **static** を付けません（この点も、静的データメンバと同じです）。

> **重要** 静的メンバ関数は、"クラス名 :: データメンバ名" という形式で、クラス定義の外で **static** を付けずに定義する。

関数 *get_max_id* は、実質的に１行だけの単純なものであるにもかかわらず、クラス定義の**中**ではなくて、クラス定義の**外**で定義しています。

このように実現しているのは、以下の規則があるからです。

> **重要** 静的データメンバの初期化は、「それを定義するソースファイル中で初めて利用される時点までに完了する」ことになっている。すなわち、**main** 関数の実行前に初期化が完了する保証がない。

静的データメンバ `counter` が `0` に初期化されるのは、最も遅い場合で、**List 2-19** 中で定義されているメンバ関数の中で `counter` を**初めてアクセスする時点の直前**です。

▶ メンバ関数 *get_max_id* の定義が、クラス定義（**List 2-18**）の**中**にあると仮定します。もしクラス *IdNo* 型のオブジェクトを１個も作っていない状態で *IdNo*::*get_max_id*() を呼び出しても、その返却値が `0` になるという保証はありません。別ファイルで定義されているデータメンバ `counter` が、プログラム実行開始後に一度も利用されておらず、その値が未初期化のままの可能性があるからです。

以上のことから、次の教訓が導かれます。

> **重要** 静的データメンバの定義と、それをアクセスするすべてのメンバ関数の定義は、単一のソースファイルにまとめなければならない。

▶ **非**静的メンバ関数 *id* は、静的データメンバ `counter` を利用していないため、定義をヘッダ部に移動しても、問題が生じることはありません。

List 2-18 IdNo02/IdNo.h

```
// 識別番号クラスIdNo（第２版：ヘッダ部）

#ifndef ___Class_IdNo
#define ___Class_IdNo

//===== 識別番号クラス =====//
class IdNo {
    static int counter;         // 何番までの識別番号を与えたのか
    int id_no;                  // 識別番号

public:
    IdNo();                     // コンストラクタ

    int id() const;             // 識別番号を調べる
    static int get_max_id();    // 識別番号の最大値を調べる
};

#endif
```

宣言
staticを付ける

List 2-19 IdNo02/IdNo.cpp

```
// 識別番号クラスIdNo（第２版：ソース部）

#include "IdNo.h"

int IdNo::counter = 0;

//--- コンストラクタ ---//
IdNo::IdNo()
{
    id_no = ++counter;          // 識別番号を与える
}

//--- 識別番号を調べる ---//
int IdNo::id() const
{
    return id_no;               // 識別番号を返却
}

//--- 識別番号の最大値を調べる ---//
int IdNo::get_max_id()
{
    return counter;             // 識別番号の最大値を返却
}
```

同一ソースファイル内になければならない

定義
staticを付けない

なお、静的メンバ関数には、以下に示す制限があります。

- 同一クラスの非静的データメンバをアクセスすることはできない。
- 同一クラスの非静的メンバ関数 *f* を、*f*(...) として呼び出すことはできない。
- **const** メンバ関数にはなれない。
- **this** ポインタをもたない。

さらに、以下の規則があります。

重要 同一名のメンバ関数を定義する多重定義は、静的メンバ関数と非静的メンバ関数にまたがって行える。

静的メンバ関数の呼出し

クラス *IdNo* 第２版の利用例を **List 2-20** に示します。

List 2-20 IdNo02/IdNoTest.cpp

```
// 識別番号クラスIdNo（第２版）の利用例

#include <iostream>
#include "IdNo.h"

using namespace std;

int main()
{
    IdNo a;     // 識別番号1番
    IdNo b;     // 識別番号2番

    cout << "aの識別番号：" << a.id() << '\n';
    cout << "bの識別番号：" << b.id() << '\n';
    cout << "現在までに与えた識別番号の最大値：" << IdNo::get_max_id() << '\n';
}
```

実行結果

```
aの識別番号：1
bの識別番号：2
現在までに与えた識別番号の最大値：2
```

静的メンバ関数 *get_max_id* を呼び出しているのが、網かけ部です。

このように、静的メンバ関数の呼出しは、以下の形式で行います。

クラス名 :: メンバ関数名 (...)　　※形式A

なお、「みんなの *get_max_id*」は、「a の *get_max_id*」でもあり「b の *get_max_id*」でもある、といえないこともないため、静的メンバ関数は、以下の形式での呼出しも可能です。

オブジェクト名 . メンバ関数名 (...)　　※形式B

形式Aによって呼び出すのが原則であり、意図をくみ取りにくい形式Bの使用は、お勧めできません。

重要 静的メンバ関数は、“オブジェクト名 . メンバ関数名 (...)” でも呼び出せるが、原則として “クラス名 :: メンバ関数名 (...)” で呼び出すべきである。

Column 2-6 現在の日付と時刻の取得

現在（プログラム実行時）の日付・時刻の取得は、標準ライブラリを利用することで、容易に実現できます。その方法を、**List 2C-4** に示すプログラムで学習していきましょう。

■ time_t 型：暦時刻

暦時刻（*calendar time*）と呼ばれる **time_t 型**の実体は、long 型や double 型などの加減乗除が可能な算術型です。

どの型の同義語となるのかは処理系によって異なるため、**<ctime> ヘッダ**で定義されます。

なお、time_t 型を unsigned int 型または unsigned long 型の同義語とし、1970 年 1 月 1 日 0 時 0 分 0 秒からの経過秒数を具体的な値とする処理系が多いようです。

List 2C-4 chap02/localtime.cpp

```
// 現在の日付・時刻を表示

#include <ctime>
#include <iostream>

using namespace std;

int main()
{
  time_t current = time(NULL);                    // 現在の暦時刻
  struct tm* timer = localtime(&current);         // 要素別の時刻（地方時）
  const char* wday_name[] = {"日", "月", "火", "水", "木", "金", "土"};

  cout << "現在の日付・時刻は"
       << timer->tm_year + 1900      << "年"
       << timer->tm_mon + 1          << "月"
       << timer->tm_mday             << "日（"
       << wday_name[timer->tm_wday]  << "）"
       << timer->tm_hour             << "時"
       << timer->tm_min              << "分"
       << timer->tm_sec              << "秒です。\n";
}
```

実行例

現在の日付・時刻は2125年12月18日（火）12時23分21秒です。

■ time関数：現在の時刻を暦時刻で取得

現在の時刻を暦時刻として取得するのが**time関数**です。求めた暦時刻を返却値として返すだけでなく、引数が指すオブジェクトにも格納します。

■ tm構造体：要素別の時刻

暦時刻time_t型とは別に、提供されるもう一つの時刻の表現法が、**要素別の時刻**（*broken-down time*）と呼ばれる**tm構造体**型です。

以下に示すのが、tm構造体の定義例です。年・月・日・曜日などの日付や時刻に関する要素をメンバとしてもちます。各メンバが表す値は、コメントに記入しています。

```
struct tm {           // 定義の一例：処理系によって異なる
    int tm_sec;          // 秒（0～61）
    int tm_min;          // 分（0～59）
    int tm_hour;         // 時（0～23）
    int tm_mday;         // 日（1～31）
    int tm_mon;          // 1月からの月数（0～11）
    int tm_year;         // 1900年からの年数
    int tm_wday;         // 曜日：日曜～土曜（0～6）
    int tm_yday;         // 1月1日からの日数（0～365）
    int tm_isdst;        // 夏時間フラグ
};
```

■ localtime関数：暦時刻から地方時要素別の時刻への変換

暦時刻の値を、地方時要素別の時刻に変換するのが**localtime関数**です localtimeという名前が示すとおり、変換によって得られるのは地方時（日本国内用に設定されている環境では日本の時刻）です。

それでは、プログラム全体を理解していきましょう。

1 現在の時刻をtime関数を用いてtime_t型の暦時刻として取得します。

2 その値を要素別の時刻であるtm構造体に変換します。

3 要素別の暦時刻を西暦で表示します。その際、tm_yearには1900を、tm_monには1を加えます。曜日を表すtm_wdayは、日曜日から土曜日が0から6に対応しているため、配列wday_nameを利用して文字列"日", "月", … に変換します。

まとめ

- クラス型のオブジェクトが、同一型のオブジェクトの値で初期化されるときは、**コピーコンストラクタ**によって、すべてのデータメンバの値がコピーされる。この働きを行うコピーコンストラクタは、コンパイラによって自動的に作られて提供される。
- クラス型のオブジェクトに、同一型のオブジェクトの値が代入されるときは、すべてのデータメンバの値がコピーされる。この働きを行う**代入演算子**は、コンパイラによって自動的に作られて提供される。
- コンストラクタを明示的に呼び出す文脈などで、名前をもたない**一時オブジェクト**が生成されることがある。一時オブジェクトは、不要になった時点で自動的に破棄される。
- コンストラクタを含めたメンバ関数は、多重定義できる。
- 引数を与えずに呼び出せるコンストラクタを、**デフォルトコンストラクタ**と呼ぶ。
- 単一の実引数で呼び出せるコンストラクタは、( ) 形式だけでなく、= 形式でも起動できる。
- 等価演算子 == あるいは != によって、同一クラス型オブジェクトの状態（全データメンバの値）が等しいかどうかの判定を行うことはできない。
- **イミュータブル**な（const な）オブジェクトに対して、通常のメンバ関数を起動することはできない。そのようなオブジェクトに対しても起動する必要のあるメンバ関数は、**const メンバ関数**として実現する。
- クラスの利用者にとっての定値性とは無関係であり、オブジェクトの内部的な状態を表すようなデータメンバは、**mutable メンバ**とするとよい。
- **文字列ストリーム**は文字列に接続されたストリームであり、挿入子 << と抽出子 >> によって、文字の挿入・抽出が可能である。
- クラスに対して**挿入子 <<** や**抽出子 >>** を多重定義すると、入出力のコードが簡潔になる。
- クラスのデータメンバ型が他のクラス型であるとき、**has-A の関係**が成立する。
- オブジェクトに含まれるメンバとしてのオブジェクトのことを、**メンバ部分オブジェクト**と呼ぶ。
- メンバ関数は、自身が所属するオブジェクトを指す **this ポインタ**をもっている。そのため、所属するオブジェクトそのものは、式 *this で表せる。
- 関数は、配列を返却することはできないが、クラス型の値は返却できる。

- **コンストラクタ初期化子**によるデータメンバの初期化は、コンストラクタ本体の実行に先立って行われる。

- コンストラクタ本体内でのデータメンバへの値の設定は、初期化ではなく代入である。クラス型のメンバは、コンストラクタ本体内で値を代入するのではなく、コンストラクタ初期化子によって初期化すべきである。

- クラス定義を含むヘッダは、何度インクルードされてもコンパイルエラーとならないように**インクルードガード**を施さなければならない。

chap02/Point2D.h

```
#ifndef ___Point2D
#define ___Point2D
//--- 2次元座標クラス ---//
class Point2D {
    int xp, yp;        // X座標とY座標
public:
    Point2D(int x = 0, int y = 0) : xp(x), yp(y) { }
    int x() const { return xp; }                    // X座標
    int y() const { return yp; }                    // Y座標
    void print() const { std::cout << "(" << xp << "," << yp << ")"; } // 表示
};
#endif
```

コンストラクタ初期化子

chap02/Circle.h

Circle has a Point2D.

```
#ifndef ___Circle
#define ___Circle
#include "Point2D.h"
//--- 円クラス ---//
class Circle {
    Point2D center;        // 中心座標
    int radius;            // 半径
public:
    Circle(const Point2D& c, int r) : center(c), radius(r) { }
    Point2D get_center() const { return center; }    // 中心座標
    int get_radius() const { return radius; }        // 半径
    void print() const {                             // 表示
        std::cout << "半径[" << radius << "] 中心座標";  center.print();
    }
};
#endif
```

コンストラクタ初期化子

chap02/CircleTest.cpp

```
#include <iostream>
#include "Point2D.h"
#include "Circle.h"
using namespace std;
int main()
{
    Point2D origin(0, 0);              // 原点
    Circle c1(Point2D(3, 5), 7);       // 中心座標(3, 5) 半径7の円
    Circle c2(Point2D(), 8);           // 中心座標(0, 0) 半径8の円
    Circle c3(origin, 9);              // 中心座標(0, 0) 半径9の円
    cout << "c1 = ";   c1.print();   cout << '\n';
    cout << "c2 = ";   c2.print();   cout << '\n';
    cout << "c3 = ";   c3.print();   cout << '\n';
}
```

実行結果

```
c1 = 半径[7] 中心座標(3,5)
c2 = 半径[8] 中心座標(0,0)
c3 = 半径[9] 中心座標(0,0)
```

- クラス定義の中で`static`を付けて宣言されたデータメンバは、**静的データメンバ**となる。

- クラス定義の中での静的データメンバの宣言は、実体の定義ではない。実体の定義は、クラス定義の外で、`static`を付けずに行う。

- 個々のオブジェクトに所属する**非静的データメンバ**は、個々のオブジェクトの状態（ステート）を表すのに適している。
  それに対して、**静的データメンバ**は、そのクラスに所属している全オブジェクトで共有するデータを表すのに適している。

- 静的データメンバは、そのクラス型のオブジェクトの個数とは無関係に（たとえオブジェクトが存在しなくても）、１個のみが存在する。

- 静的データメンバのアクセスは、“オブジェクト名`.`データメンバ名”によっても行えるが、“クラス名`::`データメンバ名”で行うべきである。

- クラス定義の中で`static`を付けて宣言されたメンバ関数は、**静的メンバ関数**となる。

- 静的メンバ関数の定義をクラス定義の外に置く場合は、`static`を付けてはならない。

- 個々のオブジェクトに所属する**非静的メンバ関数**は、個々のオブジェクトの振舞いを表すのに適している。
  それに対して、**静的メンバ関数**は、クラス全体に関わる処理や、クラスのオブジェクトの状態とは無関係な処理を実現するのに適している。

- 静的メンバ関数の呼出しは、“オブジェクト名`.`メンバ関数名`(...)`”によっても行えるが、“クラス名`::`メンバ関数名`(...)`”で行うべきである。

- 静的メンバ関数は、特定のオブジェクトに所属しないため、`this`ポインタをもたない。

- 静的データメンバの初期化は、それを定義するソースファイルの中で初めて利用される時点までに完了することになっており、`main`関数の実行前に初期化が完了する保証はない。

- 静的データメンバを初めてアクセスする箇所が、静的データメンバの定義を含むソースファイル以外のソースファイルである場合、静的データメンバが未初期化の状態でのアクセスを行う危険性がある。

- 静的データメンバの定義と、それをアクセスするすべてのメンバ関数の定義は、単一のソースファイルにまとめるべきである。

- 同一名のメンバ関数を定義する多重定義は、静的メンバ関数と非静的メンバ関数とにまたがって行える。

```
chap02/static/Point2D.h
#ifndef ___Point2D
#define ___Point2D

#include <iostream>

//--- 識別番号付き２次元座標クラス ---//
class Point2D {
    int xp, yp;                         // Ｘ座標とＹ座標
    int id_no;                          // 識別番号
    static int counter;                 // 何番までの識別番号を与えたか【宣言】

public:
    Point2D(int x = 0, int y = 0);            // コンストラクタ【宣言】

    int id() const { return id_no; }          // 識別番号

    void print() const {                      // 座標の表示
        std::cout << "(" << xp << "," << yp << ")";
    }

    static int get_max_id();                  // 識別番号の最大値を返却【宣言】
};

#endif
```

```
chap02/static/Point2D.cpp
#include "Point2D.h"

int Point2D::counter = 0;               // 何番までの識別番号を与えたか【定義】

//--- コンストラクタ【定義】 ---//
Point2D::Point2D(int x, int y) : xp(x), yp(y) {
    id_no = ++counter;              // 識別番号を与える
}

//--- 識別番号の最大値を調べる【定義】 ---//
int Point2D::get_max_id() {
    return counter;                 // 識別番号の最大値を返却
}
```

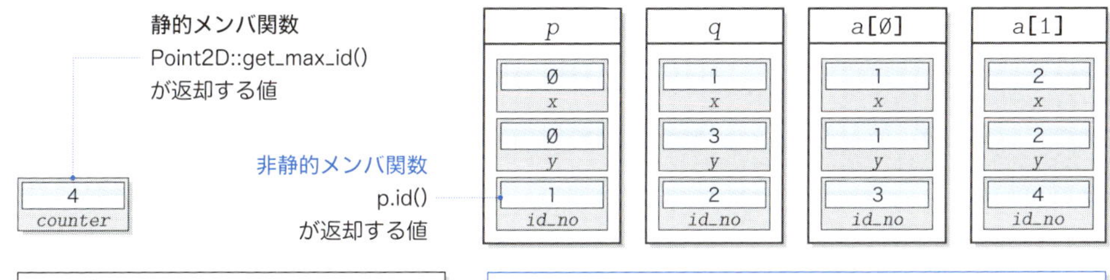

静的データメンバ
オブジェクトとは無関係に１個のみ存在

非静的データメンバ
個々のオブジェクトに１個ずつ存在

```
chap02/static/Point2DTest.cpp
#include <iostream>
#include "Point2D.h"

using namespace std;

int main()
{
    Point2D p;
    Point2D q(1, 3);
    Point2D a[] = {Point2D(1, 1), Point2D(2, 2)};

    cout << "最後に与えた識別番号：" << Point2D::get_max_id() << '\n';
    cout << "p    = ";  p.print();  cout << "  識別番号：" << p.id() << '\n';
    cout << "q    = ";  q.print();  cout << "  識別番号：" << q.id() << '\n';
    for (int i = 0; i < sizeof(a) / sizeof(a[0]); i++) {
        cout << "a[" << i << "] = ";   a[i].print();
        cout << "  識別番号：" << a[i].id() << '\n';
    }
}
```

実行結果

```
最後に与えた識別番号：4
p    = (0,0)  識別番号：1
q    = (1,3)  識別番号：2
a[0] = (1,1)  識別番号：3
a[1] = (2,2)  識別番号：4
```

第3章

変換関数と演算子関数

組込み型と同じような感覚でクラス型のオブジェクトを扱えるように、+ や = や ++ などの演算子の挙動を自由に定義できます。本章では、演算子の挙動を定義するための、演算子の多重定義について学習します。

- operator キーワード
- 変換関数
- 変換コンストラクタ
- ユーザ定義変換
- 演算子の多重定義
- 演算子関数
- 増分演算子 ++ と減分演算子 -- の多重定義（前置と後置）
- 挿入子の多重定義
- 演算子関数とオペランドの型
- フレンド関数
- 非メンバ関数として実現する演算子の多重定義
- ヘッダ内で定義する非メンバ関数の結合性
- クラス内で定義された型とクラス有効範囲
- 定数への参照
- 異なる型のオブジェクトへの参照
- 値渡しと参照渡しの決定的な違い
- const 参照引数によるクラスオブジェクトの関数間の受渡し
- 処理系特性ライブラリ

3-1 カウンタクラス

本節では、整数値を数えるカウンタクラスを作成しながら、変換関数と演算子の多重定義の基礎を学習します。

カウンタクラス

本節では、0～9の1桁の整数値を数え上げる《**カウンタ**》を、クラス *Counter* として実現します。なお、*Counter* オブジェクトに対して行えることは、以下の四つとします。

1. 初期化。生成するとともにカウンタを0にする。
2. カウントアップする（カウンタをインクリメントする）。
3. カウントダウンする（カウンタをデクリメントする）。
4. カウンタを調べる。

クラス *Counter* は小規模ですから、すべてのメンバ関数をインライン関数とし、ヘッダだけで実現しましょう。**List 3-1** に示すのが、そのプログラムです。

List 3-1 Counter01/Counter.h

```
// カウンタクラスCounter（第1版）

#ifndef ___Class_Counter
#define ___Class_Counter

#include <limits>

//===== カウンタクラス =====//
class Counter {
    unsigned cnt;          // カウンタ

public:
    //--- コンストラクタ ---//
    Counter() : cnt(0) { }

    //--- カウントアップ（カウンタの上限はunsigned型の最大値）---//
    void increment() { if (cnt < std::numeric_limits<unsigned>::max()) cnt++; }

    //--- カウントダウン（カウンタの下限は0） ---//
    void decrement() { if (cnt > 0) cnt--; }

    //--- カウンタを返却（cntのゲッタ）---//
    unsigned value() { return cnt; }
};

#endif
```

▶ カウンタを格納するのが、非公開のデータメンバ *cnt* です。その型が **unsigned** 型ですから、カウンタとして表現できる値は、**unsigned** 型で表現可能な範囲と一致します。すなわち、下限値が0で、上限値が ***numeric_limits*<unsigned>::max()** です（**Column 3-2**：p.82）。
　なお、各メンバ関数の解説は省略します。

クラス Counter の利用例

クラス *Counter* を利用するプログラム例を **List 3-2** に示します。

まず最初に、クラス *Counter* のオブジェクト *x* を生成して、カウンタの値を表示します。オブジェクト生成時にカウンタが0となることが、実行例からも分かります。

生成後は、キーボードから **int** 型変数 *no* に読み込んだ回数だけ、メンバ関数 *increment* によるカウントアップを繰り返しながらカウンタを表示します。それが終わると、再びキーボードから **int** 型変数 *no* に回数を読み込んで、カウントダウンとカウンタの表示を行います。

List 3-2 Counter01/CounterTest.cpp

```
// カウンタクラスCounter（第１版）の利用例

#include <iostream>
#include "Counter.h"

using namespace std;

int main()
{
    int no;
    Counter x;

    cout << "現在のカウンタ：" << x.value() << '\n';

    cout << "カウントアップ回数：";
    cin >> no;

    for (int i = 0; i < no; i++) {
        x.increment();                    // カウントアップ
        cout << x.value() << '\n';
    }

    cout << "カウントダウン回数：";
    cin >> no;

    for (int i = 0; i < no; i++) {
        x.decrement();                    // カウントダウン
        cout << x.value() << '\n';
    }
}
```

実行例

```
現在のカウンタ：0
カウントアップ回数：4
1
2
3
4
カウントダウン回数：2
3
2
```

ユーザ定義型であるクラス *Counter* を使う際は、値を調べる、あるいは、カウントアップ／ダウンする（インクリメント／デクリメントする）ために、*value* 関数、*increment* 関数、*decrement* 関数を、わざわざ呼び出す必要があります。

int 型や **long** 型などの組込み型と比べると、以下の**デメリット**があるわけです。

- タイプ数が増える ➡ タイプミス発生の可能性が高くなる。
- プログラムが長く冗長になる ➡ プログラムの可読性が低下する。

クラス型オブジェクトに対して増分演算子 **++** や減分演算子 **--** を適用できれば、**int** 型や **long** 型などの組込み型と同じ感覚で操作できるはずです。

そのように改良していきましょう。

変換関数

まずは、カウンタを返却する関数 *value* を書きかえます。この関数の実現に最適なのが、**変換関数**（*conversion function*）です。

変換関数は、特定の型の値を生成して返却するメンバ関数です。一般に、"Type 型への変換関数" は、以下に示す名前のメンバ関数として定義します。

```
operator Type                                ※ Type 型への変換関数の関数名
```

カウンタクラスに必要なのは、`unsigned` 型への変換関数です。その関数名は "`operator unsigned`" であり、その定義は以下のようになります。

```
operator unsigned() const { return cnt; }        // unsigned型への変換関数
```

関数名 "`operator unsigned`" は、二つの語句で構成されます。**関数名そのものが返却値型を表している**わけですから、返却値型の指定はできません。また、引数を受け取ることもできません。

▶ メンバ関数に指定する "`const`" については、前章で学習しました。本クラスの場合を含め、変換関数は、`const` メンバ関数として実現するのが原則です。

上記の変換関数 `operator unsigned` が提供されれば、*Counter* から `unsigned` への型変換は、明示的キャスト・暗黙的キャストのいずれでも行えます。

以下に示すのが、その一例です：

```
unsigned x;
Counter cnt;
// …
x = unsigned(cnt);                       // 明示的キャスト：変換関数が呼び出される
x = (unsigned)cnt;                       //      〃        :        〃
x = static_cast<unsigned>(cnt);          //      〃        :        〃
x = cnt;                                 // 暗黙的キャスト：        〃
```

いずれも、*cnt* のカウンタを `unsigned` 型の整数値として取り出します。

▶ 上記に示した例は、組込み型に対して行われる型変換と同じ形式です。

```
int    i;
double z;
// ...
z = double(i);                   // 明示的キャスト：関数的記法のキャスト演算子
z = (double)i;                   //      〃       ：キャスト記法のキャスト演算子
z = static_cast<double>(i);      //      〃       ：静的キャスト演算子
z = i;                           // 暗黙的キャスト
```

なお、変換関数 `operator unsigned` は、クラス *Counter* のメンバ関数ですから、以下のようにドット演算子 `.` を用いて、明示的に呼び出すこともできます。

```
x = cnt.operator unsigned();     // 変換関数をフルネームで呼び出す
```

すなわち、変換関数をフルネームで呼び出すわけです。もっとも、冗長になるだけですので、この形式で呼び出すことは、通常はありません。

重要 オブジェクトをType型の値に頻繁に変換する必要があるクラスには、Type型への変換関数である`operator Type`を定義しよう。

変換関数が提供されると、クラスの利用者はメンバ関数*value*の名前や仕様を覚えたり使いこなしたりする手間から解放されます。

▶ `unsigned`という型名は、`unsigned int`の省略形です。ここでは、変換関数の名前やキャストを“`unsigned`”としましたが、“`unsigned int`”としても構いません（その場合は、関数名“`operator unsigned int`”は、三つの語句で構成されます）。

演算子関数の定義

次に学習するのが、**演算子関数**（*operator function*）です。変換関数と同様、演算子関数の定義方法も単純です。一般に、“☆演算子”は、以下の名前の関数として定義します。

```
operator ☆
```
※演算子関数の関数名

演算子関数`operator ☆`を定義すると、クラス型オブジェクトに対して、その☆演算子が適用可能になります。

それでは、クラス*Counter*に対して三つの演算子`!`, `++`, `--`を定義していきましょう。

論理否定演算子 !

まず最初は、論理否定演算子`!`です。クラス*Counter*の論理否定演算子は、カウンタが0であるかどうかを判定するものとします。

関数名は`operator!`であり、その定義は、以下のようになります。

```
bool operator!() const { return cnt == 0; }        // 論理否定演算子!
```

▶ “`operator!`”は、二つの語句で構成されます。当然、`operator`と演算子`!`のあいだにスペースを入れて表記しても構いません。

この関数は、カウンタが0であれば`true`を返却し、そうでなければ`false`を返却します。すなわち、C++言語に組み込まれている`!`演算子が、`true`あるいは`false`の真理値を生成するのと同じ仕様です。

そのため、この関数は、たとえば以下のように利用できます。

```
if (!cnt) 文          // カウンタcntが0であれば文を実行
```

これだと、使い方を新たに覚える必要がありません。

重要 演算子関数は、その演算子の本来の仕様と可能な限り同一あるいは類似した仕様となるように定義しよう。

増分演算子 ++ と減分演算子 --

クラスに対して増分演算子や減分演算子の演算子関数を定義する際は、前置形式と後置形式を区別します。以下に示すのが、典型的な宣言形式の一例です。

```
class C {
    // …
public:
    Type operator++();          // 前置増分演算子：引数無し
    Type operator++(int);       // 後置増分演算子：int型の引数
    // …
};
```

前置演算子は引数を受け取らない形式で、後置演算子は int 型引数を受け取る形式です。
また、各関数の返却値型 Type は任意ですが、以下のようにするのが一般的です。

- 前置演算子 … C& 型
- 後置演算子 … C 型

これで、組込み型に適用される増分演算子 ++ と同じ仕様となります（二つの形式の演算子を適用した式には、言語レベルで以下の違いがあります：**Column 3-1**：p.81）。

- 前置演算子が適用された式 ++x は、**左辺値式**（代入の左辺にも右辺にも置ける式）。
- 後置演算子が適用された式 x++ は、**右辺値式**（代入の右辺にしか置けない式）。

■ 前置演算子

クラス Counter の前置増分演算子の定義は、次のようになります。

```
//--- 前置増分演算子 ---//
Counter& operator++() {
    if (cnt < std::numeric_limits<unsigned>::max()) cnt++;
    return *this;                       // 自分自身への参照を返却
}
```

インクリメント後の《自分自身》への参照を返却するために、*this（p.44）の返却を行っています。

重要 クラス C の前置の増分／減分演算子は、その呼出し式が左辺値式となるようにするために、C& 型の *this を返却するものとして定義する。

■ 後置演算子

クラス Counter の後置増分演算子の定義は、次のようになります。

```
//--- 後置増分演算子 ---//
Counter operator++(int) {
    Counter x = *this;                  // インクリメント前の値を保存
    if (cnt < std::numeric_limits<unsigned>::max()) cnt++;
    return x;                           // 保存していた値を返却
}
```

インクリメント前の値を返却する必要があるため、前置版よりも処理の手順が複雑です。

1. 自分自身である ***this** のコピーを作業用の変数 x に保存しておく。
2. カウンタをインクリメントする。
3. 関数から抜け出るときに、保存しておいたインクリメント前の値 x を返却する。

このように、後置増分演算子では、いったん ***this** をコピーしておいて、そのコピーを返却する必要があります。

重要 クラス C の後置の増分／減分演算子は、インクリメント／デクリメント前の自身の値を返却するように定義する。

そのため、一般的には以下のことが成立します。

重要 増分演算子 ++ と減分演算子 -- の演算子関数は、前置形式よりも後置形式のほうが高コストとなる可能性がある。そのため、前置形式と後置形式のいずれを利用してもよい文脈では、前置形式を利用するとよい。

*

さて、二つの関数中の青網部のコードは同一です。**後置増分演算子の中で前置増分演算子を呼び出せば、重複が解消します。**

そうすると、クラス Counter の後置増分演算子の定義は、次のようになります。

```
//--- 後置増分演算子 ---//
Counter operator++(int) {
    Counter x = *this;          // インクリメント前の値を保存
    ++(*this);                  // 前置増分演算子によってインクリメント
    return x;                   // 保存していた値を返却
}
```

呼出し

■ **演算子関数の呼出し**

定義された演算子をクラスオブジェクトに適用することは、メンバ関数である演算子関数を呼び出すことを意味します。各演算子の適用は、以下のように解釈されます。

```
++x  ➡  x.operator++()     // 前置増分演算子（引数無し）
x++  ➡  x.operator++(0)    // 後置増分演算子（ダミーの引数が渡される）
```

規定により、後置演算子にはダミーの値として 0 が渡されます。次のように、フルネームでも呼び出せますが、プログラムが読みにくくなるだけです。

```
x.operator++()              // 前置増分演算子を呼び出す：++xと同じ
x.operator++(0)             // 後置増分演算子を呼び出す：x++と同じ
```

▶ 後置増分演算子の関数頭部は、"Counter operator++(int)" となっています。宣言されている int 型の仮引数には、名前すら与えられていません。

変換関数と演算子関数を追加してカウンタクラスを書きかえましょう。**List 3-3** に示すのが、クラス *Counter* 第２版のプログラムです。

▶ ここまでは、増分演算子 **++** を例に、演算子関数の定義法を学習してきました。減分演算子 **--** も同じ要領で定義しています。

List 3-3 Counter02/Counter.h

```
// カウンタクラスCounter（第２版）

#ifndef ___Class_Counter
#define ___Class_Counter

#include <limits>

//===== カウンタクラス =====//
class Counter {
    unsigned cnt;        // カウンタ

public:
    //--- コンストラクタ ---//
    Counter() : cnt(0) { }

    //--- unsigned型への変換関数 ---//
    operator unsigned() const { return cnt; }

    //--- 論理否定演算子! ---//
    bool operator!() const { return cnt == 0; }

    //--- 前置増分演算子++ ---//                                  ++x
    Counter& operator++() {
        // カウンタの上限はunsigned型の最大値
        if (cnt < std::numeric_limits<unsigned>::max()) cnt++;
        return *this;                  // 自分自身への参照を返却
    }

    //--- 後置増分演算子++ ---//                                  x++
    Counter operator++(int) {
        Counter x = *this;             // インクリメント前の値を保存
        ++(*this);                     // 前置増分演算子によってインクリメント
        return x;                      // 保存していた値を返却
    }

    //--- 前置減分演算子-- ---//                                  --y
    Counter& operator--() {
        if (cnt > 0) cnt--;            // カウンタの下限は0
        return *this;                  // 自分自身への参照を返却
    }

    //--- 後置減分演算子-- ---//                                  y--
    Counter operator--(int) {
        Counter x = *this;             // デクリメント前の値を保存
        --(*this);                     // 前置減分演算子によってデクリメント
        return x;                      // 保存していた値を返却
    }
};

#endif
```

クラス *Counter* 第２版の利用例を **List 3-4** に示します。

カウンタ *x* には後置形式の増分／減分演算子を適用して、カウンタ *y* には前置形式の増分／減分演算子を適用しています。増分／減分演算子が、前置形式と後置形式とを、正しく使い分けられることが、実行結果からも分かります。

List 3-4　Counter02/CounterTest.cpp

```
// カウンタクラスCounter（第２版）の利用例

#include <iostream>
#include "Counter.h"

using namespace std;

int main()
{
    int no;
    Counter x;
    Counter y;

    cout << "カウントアップ回数：";
    cin >> no;

    for (int i = 0; i < no; i++)          // カウントアップ（xは後置でyは前置）
        cout << x++ << ' ' << ++y << '\n';

    cout << "カウントダウン回数：";
    cin >> no;

    for (int i = 0; i < no; i++)          // カウントダウン（xは後置でyは前置）
        cout << x-- << ' ' << --y << '\n';

    if (!x)                               // 論理否定演算子による判定
        cout << "xは0です。\n";
    else
        cout << "xは0ではありません。\n";
}
```

実行例

```
カウントアップ回数：4
0 1
1 2
2 3
3 4
カウントダウン回数：2
4 3
3 2
xは0ではありません。
```


変換関数と演算子関数を定義することによって、組込み型とまったく同じような感覚でクラス Counter を利用できるようになりました。

第１版と比較すると、使いやすくなるだけでなく、利用する側のプログラムの簡潔さ・読みやすさも向上しています。

Column 3-1　増分／減分演算子と左辺値／右辺値式

代入の左辺にも右辺にも置ける式を**左辺値**（*lvalue*）**式**と呼び、左辺には置けない式を**右辺値**（*rvalue*）**式**と呼びます。たとえば、int 型の変数 *n* は左辺値式です。しかし、それに加算を行う２項 + 演算子を適用した *n* + 2 は右辺値式であり、代入の左辺には置けません。

増分演算子を適用した式はどうでしょうか。以下のコードで確認しましょう。

```
int x = 0;

++x = 5;                    // ＯＫ：前置形式は左辺に置ける
cout << "xの値は" << x << "です。\n";

x++ = 10;                   // エラー：後置形式は左辺に置けない
cout << "xの値は" << x << "です。\n";
```

前置の ++ あるいは -- 演算子を適用した式は**左辺値式**で、後置の ++ あるいは -- 演算子を適用した式は**右辺値式**です。そのため、網かけ部はコンパイルエラーとなります。

Column 3-2 処理系特性ライブラリ

C言語の<limits.h>を引き継いだ<climits>ヘッダ内では、整数型で表現できる値の最小値や最大値などの特性がINT_MINやINT_MAXなどのマクロとして定義されています。

C++では、処理系特性を表す***numeric_limits*** **クラステンプレート**が **<limits>ヘッダ**で提供されます。このライブラリを使って、処理系の特性を表示するのが、**List 3C-1** と **List 3C-2** のプログラムです（スペースの都合上、プログラムの実行例は省略します）。

List 3C-1 chap03/integer_range.cpp

```
// 整数型で表現できる値を表示
#include <limits>
#include <iostream>

using namespace std;

int main()
{
    cout << "この処理系の整数型で表現できる値\n";

    cout << "char          : "
                         << int(numeric_limits<char>::min()) << "～"
                         << int(numeric_limits<char>::max()) << '\n';
    cout << "signed char   : "
                         << int(numeric_limits<signed char>::min()) << "～"
                         << int(numeric_limits<signed char>::max()) << '\n';
    cout << "unsigned char : "
                         << int(numeric_limits<unsigned char>::min()) << "～"
                         << int(numeric_limits<unsigned char>::max()) << '\n';

    cout << "short int     : " << numeric_limits<short>::min() << "～"
                               << numeric_limits<short>::max() << '\n';
    cout << "int           : " << numeric_limits<int>::min()   << "～"
                               << numeric_limits<int>::max()   << '\n';
    cout << "long int      : " << numeric_limits<long>::min()  << "～"
                               << numeric_limits<long>::max()  << '\n';

    cout << "unsigned short int : "
                       << numeric_limits<unsigned short>::min() << "～"
                       << numeric_limits<unsigned short>::max() << '\n';
    cout << "unsigned int       : "
                       << numeric_limits<unsigned>::min() << "～"
                       << numeric_limits<unsigned>::max() << '\n';
    cout << "unsigned long int  : "
                       << numeric_limits<unsigned long>::min() << "～"
                       << numeric_limits<unsigned long>::max() << '\n';
}
```

List 3C-2 chap03/char_sign.cpp

```
// 単なる文字型の符号付き／符号無しを判定
#include <limits>
#include <iostream>

using namespace std;

int main()
{
    cout << "この処理系の単なる文字型は"
         << (numeric_limits<char>::is_signed ? "符号付き" : "符号無し")
         << "文字型です。\n";
}
```

numeric_limits は浮動小数点型に関する特性も提供します。**List 3C-3** に示すのは、**double** 型に関する主要な《特性》を表示するプログラムです。

なお、プログラム中の **double** の箇所を **float** あるいは **long double** に置きかえると、それらの型の特性を表示できます。

List 3C-3 chap04/float_traits.cpp

```
// double型の特性を表示

#include <limits>
#include <iostream>

using namespace std;

int main()
{
    cout << "最小値：" << numeric_limits<double>::min() << '\n';
    cout << "最大値：" << numeric_limits<double>::max() << '\n';
    cout << "仮数部：" << numeric_limits<double>::radix  << "進数で"
                      << numeric_limits<double>::digits << "桁\n";
    cout << "桁  数：" << numeric_limits<double>::digits10 << '\n';
    cout << "機械ε：" << numeric_limits<double>::epsilon()<< '\n';
    cout << "最大の丸め誤差：" << numeric_limits<double>::round_error() << '\n';
    cout << "丸め様式：";

    switch (numeric_limits<double>::round_style) {
     case round_indeterminate:
                        cout << "決定できない。\n"; break;
     case round_toward_zero:
                        cout << "ゼロに向かって丸める。\n"; break;
     case round_to_nearest:
                        cout << "表現可能な最も近い値に丸める。\n"; break;
     case round_toward_infinity:
                        cout << "無限大に向かって丸める。\n"; break;
     case round_toward_neg_infinity:
                        cout << "負の無限大に向かって丸める。\n"; break;
    }
}
```

実行結果一例

```
最小値：2.22507e-308
最大値：1.79769e+308
仮数部：2進数で53桁
桁  数：15
機械ε：2.22045e-016
最大の丸め誤差：0.5
丸め様式：表現可能な最も近い値に丸める。
```

機械ε（エプシロン）は、"1" と "1 を超える表現可能な最小値" との差です（もし機械εが 0.1 であれば、1 の次に表せる数は 1.1 となります）。この値が小さいほど、精度が高いということです。

丸めとは、最下位から 1 個以上の数字を削除あるいは省略するなどの操作を行って、残り部分を、ある指定された規則に基づいて調整することです。

※ここに示したプログラムは、まだ学習していない技術が使われていますので、現時点で理解する必要はありません。

*

なお、C 言語の標準ライブラリで提供されている、浮動小数点数の特性を表す各種のマクロは、C++ では **<cfloat>** ヘッダで提供されます。

3-2 真理値クラス

本節では、真理値型であるbool型を模したクラスを作りながら、ユーザ定義変換や挿入子の多重定義について学習していきます。

真理値クラス

本節で作るのは、**真理値型**である**bool 型**を模したクラス *Boolean* です。以下に示す設計方針とします。

1 偽を *False*、真を *True* の列挙子で表す。これら以外の値はもたない。

2 クラスの内部では、*False* を 0 で表し、*True* を 1 で表す。

3 **int** 型の値と相互に変換できるようにする。**int** 型として値を取り出す際は、*False* は 0 として、*True* は 1 とする。**int** 型の値が代入される際は、0 であれば *False* として、0 以外の値であれば（たとえ 1 ではなくても）*True* とする。

4 文字列表現 **"False"** あるいは **"True"** として取り出せる。

5 出力ストリームに対する挿入子 **<<** によって、文字列 **"False"** あるいは **"True"** として出力できる。

クラス *Boolean* のプログラムを **List 3-5** に示します。すべてのメンバ関数がインライン関数であり、ヘッダだけで実現されています。

クラス有効範囲

public 部内の青網部は、真と偽の真理値を表す列挙体 *boolean* の宣言です。この列挙体 *boolean* がもつ列挙子は、*False* と *True* です。

▶ 値が指定されていない先頭の列挙子は値が 0 で、それから一つずつ値が増加していくため、*False* の値は 0 で、*True* の値は 1 となります。

列挙体 *boolean* は、クラスの内部で定義されており、その名前はクラス *Boolean* の有効範囲に入ります。このように、識別子の通用範囲がクラスに所属することを、**クラス有効範囲**と呼ぶことは既に学習しました。

boolean は、“単なる *boolean*” ではなくて、“クラス *Boolean* に所属する *boolean*”、すなわち、“*Boolean::boolean*” です。そのため、たまたま同一名の列挙体 *boolean* が、クラス *Boolean* の外部で定義されたとしても、名前は衝突しません。

なお、この列挙体 *boolean* は **public:** で公開されていますので、列挙子 *False* と *True* は、クラス *Boolean* の外部からも利用できます。

List 3-5　　Boolean01/Boolean.h

```
// 真理値クラスBoolean

#ifndef ___Class_Boolean
#define ___Class_Boolean

#include <iostream>

//===== 真理値クラス =====//
class Boolean {
public:
    enum boolean {False, True};              // Falseは偽／Trueは真

private:
    boolean v;              // 真理値

public:
    //--- デフォルトコンストラクター---//
    Boolean() : v(False) { }                       // 偽で初期化

    //--- コンストラクタ ---//
    Boolean(int val) : v(val == 0 ? False : True) { }

    //--- int型への変換関数 ---//
    operator int() const { return v; }

    //--- const char*型への変換関数 ---//
    operator const char*() const { return v == False ? "False" : "True"; }
};

//--- 出力ストリームsにxを挿入 ---//
inline std::ostream& operator<<(std::ostream& s, const Boolean& x)
{
    return s << static_cast<const char*>(x);
}

#endif
```

ただし、クラスの外部から列挙子の単純名をそのまま使うことはできません。

```
✕ Boolean x = False;                  // エラー
```

こうすると、以下に示すコンパイルエラーが発生します。

エラー：識別子 “False” は定義されていません。

boolean をクラス *Boolean* の外部で利用する際は、その識別子がクラス *Boolean* のクラス有効範囲中にあることの指定が必要です。以下に示すのが、正しいコードです。

```
○ Boolean x = Boolean::False;         // OK
```

▶ いうまでもなく、クラス *Boolean* のメンバ関数内では “*Boolean*::” といった前置きは不要です。

重要 クラス *C* の内部で定義された、型や列挙子などの識別子 *id* は、クラス有効範囲をもつ。クラスの外部からは *C*::*id* でアクセスする。

変換コンストラクタ

クラス *Boolean* には、２個のコンストラクタが多重定義されています。

1 *Boolean*()

引数を与えずに呼び出せる**デフォルトコンストラクタ**です。データメンバ *v* を *False* で初期化します。

2 *Boolean*(**int** *val*)

int 型の値を仮引数 *val* に受け取るコンストラクタです。受け取った *val* の値が 0 であればデータメンバ *v* を *False* で初期化し、そうでなければ *True* で初期化します。

2のような、**単一の実引数で呼び出せるコンストラクタは、実引数型をクラス型に変換する働きをするため、変換コンストラクタ**（*conversion constructor*）**と呼ばれます。**

この場合は、**Fig.3-1** **a**に示すように、**int 型から** *Boolean* **型への型変換**を行います。

> **重要** 単一の Type 型の実引数で呼び出せる、クラス *C* のコンストラクタは、Type 型から *C* 型への型変換を行う**変換コンストラクタ**である。

変換コンストラクタを利用する例を考えましょう。

```
A Boolean x = 1;        // 初期化：Boolean x(1);
  Boolean y;
B y = 0;                // 代　入：y = Boolean(0);
```

Aの初期化子は 1 で、**B**の右オペランドは 0 です。いずれのケースも、**int** 型の整数値を *Boolean* 型に変換するために、変換コンストラクタが呼び出されます。呼出しは暗黙裏に行われますが、コメントに記入しているように、明示的に呼び出すことも可能です。

▶ 前章で作成した、第２版以降のクラス Date のコンストラクタ

```
Date::Date(int yy, int mm = 1, int dd = 1);
```

は、以下のように、単一の **int** 型引数で呼び出せます（p.37）。

```
Date q = 2021;          // Date q(2021);と同じ
```

このとき、このコンストラクタは、**変換コンストラクタ**として機能しています。**int** 型の整数値 2021 から、“2021 年 1 月 1 日” という Date 型の日付が作られます。

Fig.3-1 ユーザ定義変換

ユーザ定義変換

クラス *Boolean* には、**“int 型への変換関数”** が定義されています。

```
// int型への変換関数
operator int() const { return v; }
```

この変換関数は、データメンバ *v* の値をそのまま返すゲッタであり、図**b**に示すように、*Boolean* **型から int 型への型変換**を行います。ちょうど int 型から *Boolean* 型への型変換を行う図**a**の変換コンストラクタと反対の働きをします。

変換コンストラクタと変換関数の総称がユーザ定義変換（*user-defined conversion*）**です。両者がそろうと、二つの型間の型変換が相互に可能になります。**

＊

なお、クラス *Boolean* には、int 型への変換関数に加えて、**“const char* 型への変換関数”** も定義されています。

```
// const char*型への変換関数
operator const char*() const { return v == False ? "False" : "True"; }
```

そのため、クラスの利用者は、"False" もしくは "True" といった文字列表現を、簡単に入手できるようになります。

挿入子の多重定義

挿入子 << を実現するための演算子関数 operator<< の定義については、クラス *Date* を例にとって、前章で簡単に学習しました。

クラス *Boolean* の挿入子 << は、次のように、const char* への変換関数を呼び出して "True" あるいは "False" の文字列を作った上で cout に出力します。

```
inline std::ostream& operator<<(std::ostream& s, const Boolean& x)
{
    return s << static_cast<const char*>(x);      呼出し
}
```

キャスト先の型名 “const char*” は三つの単語で構成されています。このように、変換先の型名が複数の単語で構成される場合、**関数的記法のキャストは利用できません。**

```
static_cast<const char*>(x)      // ＯＫ！：静的キャスト
(const char*)x;                  // ＯＫ！：キャスト的記法

const char*(x);                  // エラー：関数的記法
```

クラス *Counter* で多重定義したすべての演算子は、単項演算子であって、メンバ関数として定義されていました。一方、挿入子である << 演算子は、２項演算子です。

単項演算子・２項演算子ともに、メンバ関数として実現することも、非メンバ関数として実現することもできます。

本プログラムでは、**operator<<** を非メンバ関数として定義しています。

非メンバ関数として定義された2項演算子では、左オペランドが関数の第1引数として渡されて、右オペランドが第2引数として渡されます。

そのため、クラス *Boolean* のオブジェクト *z* を出力する "std::cout << *z*" は、以下のように解釈されます。

```
operator<<(std::cout, z)                    // std::cout << z
```

また、**挿入子関数 operator<< が、第1引数に受け取った *ostream* への参照をそのまま返却するため、挿入子は連続適用できます。**

たとえば、"std::cout << *x* << *y*" は、以下のように解釈されます。

```
operator<<(operator<<(std::cout, x), y)     // std::cout << x << y
```

最初に呼び出される内側の関数呼出し式（網かけ部）が返却する std::cout が、2番目に呼び出される外側の **operator<<** の第1引数として、そのまま渡されます。

ヘッダ内で定義する非メンバ関数の結合性

演算子関数 **operator<<** は、**inline** 付きで定義されています。そのため、この関数は、

- 関数がインラインに展開されるため、プログラムの実行効率が高くなる。
- 関数に内部結合が与えられる。

という性質をもちます。

もし **inline** を省略して、**operator<< に外部結合を与えると、どうなるでしょう。**

ここで、あるプログラムが "a.cpp" と "b.cpp" の二つのソースファイルで構成されていて、両方のプログラムで "Boolean.h" をインクルードしているとします。

その場合、各ソースプログラムのコンパイルは正常に終了するものの、**識別子の重複定義に関するリンク時エラーが発生します。**というのも、"a.cpp" と "b.cpp" に、同一名の関数 **operator<<** の定義が埋め込まれ、外部結合を与えられたその名前が、各ソースプログラムの外部にまで通用するからです。

同一の関数が複数のソースプログラムに埋め込まれていても、内部結合を与えておけば、その名前が通用する範囲は、ソースプログラムの内部に限られます。そのため、リンク時エラーは発生しません。

重要 挿入子関数などの**非メンバ関数**をヘッダ内で定義する場合、その関数に **inline** あるいは **static** を与えて**内部結合**をもたせなければならない。

▶ クラス定義の中で定義されるメンバ関数は、自動的に **inline** とみなされて、内部結合が与えられますので、明示的に **inline** あるいは **static** を与える必要はありません。

クラス *Boolean* の利用例を **List 3-6** に示します。

List 3-6 Boolean01/BooleanTest.cpp

```
// 真理値クラスBooleanの利用例

#include <iostream>
#include "Boolean.h"

using namespace std;

//--- 二つの整数xとyが等しいかどうか ---//
Boolean int_eq(int x, int y)
{
    return x == y;
}                                                    ←1

int main()
{
    int n;
2   Boolean a;          // a ← False：デフォルトコンストラクタ
3   Boolean b = a;      // b ← False：コピーコンストラクタ
4   Boolean c = 100;    // c ← True ：変換コンストラクタ
5   Boolean x[8];       // x[0]～x[7] ← False：デフォルトコンストラクタ

    cout << "整数値：";
    cin >> n;
    x[0] = int_eq(n, 5);            // x[0]
    x[1] = (n != 3);                // x[1] ← Boolean(n != 3)
    x[2] = Boolean::False;          // x[2] ← False
    x[3] = 1000;                    // x[3] ← True：Boolean(1000)
    x[4] = c == Boolean::True;      // x[4] ← Boolean(c == True)

6   cout << "aの値：" << int(a) << '\n';
7   cout << "bの値：" << static_cast<const char*>(b) << '\n';

    for (int i = 0; i < 8; i++)
        cout << "x[" << i << "] = " << x[i] << '\n';
}
```

実行例

```
整数値：4↵
aの値：0
bの値：False
x[0] = False
x[1] = True
x[2] = False
x[3] = True
x[4] = True
x[5] = False
x[6] = False
x[7] = False
```


1の関数 *int_eq* は、二つの **int** 型引数を受け取って、それらの値が等しいかどうかの判定結果を *Boolean* 型の値として返却する関数です。

2、3、4では、それぞれ、**デフォルトコンストラクタ**、**コピーコンストラクタ**、**変換コンストラクタ**が呼び出されます。また、5では全要素がデフォルトコンストラクタで初期化されます。

キャスト演算子によって変換関数を明示的に呼び出す箇所が6と7です。それぞれ、以下のキャストを行います。

6 **関数的記法** "Type(式)" による **int** へのキャスト。

7 **静的キャスト演算子** "**static_cast**<Type>(式)" による **const char*** へのキャスト。

*

データメンバ *v* が *False* であれば **bool** 型の **true** を、*True* であれば **bool** 型の **false** を返却する演算子関数 **!** を追加すると、さらに実用的になります（"Boolean02/Boolean.h" ／"Boolean02/BooleanTest.cpp"）。

3-3 複素数クラス

本節で取り上げる複素数は、演算子の多重定義に対する理解を深めるのに格好の題材です。ここでは、演算子の多重定義に加えて、関数間のクラスの受渡しなどを学習します。

複素数

複素数は、演算子関数に対する理解を深めるのに、格好の題材です。ここでは簡易的なクラス *Complex* を作っていきます。

▶ ここで作成するのは、加減算のみが行える学習用の簡易版です。複素数がよく分からなくても、《二つの double 型値の組合せ》と理解すれば十分です（**Column 3-3**）。なお、C++ の標準ライブラリでは、多機能で実用的な複素数クラスが提供されています。

複素数は、《**実部**》と《**虚部**》の組合せで表現されますので、クラス *Complex* のデータメンバは二つです。実部と虚部の変数名を *re* と *im* とし、コンストラクタを用意すると、複素数クラス *Complex* のクラス定義は、次のようになります。

```
class Complex {
    double re;        // 実部
    double im;        // 虚部
public:
    Complex(double r = 0, double i = 0) : re(r), im(i) { }
};
```

コンストラクタは、仮引数 *r* と *i* に受け取った値で、データメンバ *re* と *im* を初期化します。なお、引数 *r* と *i* の両方に、デフォルト実引数 0 が与えられていますので、以下に示す 3 通りの形式でオブジェクトを作れます。

```
Complex x;             // デフォルトコンストラクタ  （実部 0.0, 虚部 0.0）
Complex y(1.2);        // 変換コンストラクタ        （実部 1.2, 虚部 0.0）
Complex z(1.2, 3.7);   // コンストラクタ            （実部 1.2, 虚部 3.7）
```

もちろん、以下のように初期化子を与えずに配列を作ることも可能です。

```
Complex a[16];         // デフォルトコンストラクタが16回呼び出される
```

▶ 初期化子を与えずにクラスオブジェクトの配列を定義するには、そのクラスに**デフォルトコンストラクタ**（引数を与えずに呼び出せるコンストラクタ）が提供されていなければならないことを思い出しましょう。

クラス *Complex* のコンストラクタの引数は 2 個ですが、引数を与えずに、あるいは引数 1 個で呼び出せますので、デフォルトコンストラクタ、あるいは変換コンストラクタとしても機能します。

実部と虚部のゲッタ

次に、単純なメンバ関数を作ります。最初に作るのは、実部の値を調べるメンバ関数と、虚部の値を調べるメンバ関数です。それらは、次のように定義できます。

```
//--- 実部reと虚部imのゲッタ ---//
double real() const { return re; }         // 実部を返す
double imag() const { return im; }         // 虚部を返す
```

データメンバの値を調べるだけで変更しないため、constメンバ関数として実現します。

メンバ関数realはデータメンバreのゲッタであり、メンバ関数imagは、データメンバimのゲッタです。

単項の算術演算子

次に作るのは、**単項+演算子**と**単項-演算子**です。これらの演算子関数の定義は、次のようになります。

```
//--- 単項算術演算子 ---//
Complex operator+() const { return *this; }                    // 単項+演算子
Complex operator-() const { return Complex(-re, -im); }       // 単項-演算子
```

単項+演算子関数は自分自身の値*thisをそのまま返却します。また、単項-演算子は、二つのデータメンバreとimの符号を反転した値をもつComplex型オブジェクトを生成して、その値を返却します。

▶ 単項-演算子関数では、コンストラクタの明示的な呼出しによって**一時オブジェクト**を生成した上で、その値を返却しています（前章で学習した手法です）。

Column 3-3　複素数について

ここでは、**複素数**について基礎的なことを学習します。まずは、次の方程式の解を求める問題を考えます。

$$(x + 1)^2 = -1$$

これは、xに1を加えた値を2乗した値が−1になるという式です。もっとも、正の値を2乗しても、負の値を2乗しても、得られる値の符号は正となるはずです。たとえば、2^2は$2 \times 2 = 4$ですし、$(-2)^2$は$(-2) \times (-2) = 4$です。

2乗値が負の数というのは合理的ではありません。そこで、両方の平方根をとって変形すると、

$$x + 1 = \pm\sqrt{-1}$$
$$x = -1 \pm\sqrt{-1}$$

となります。$\sqrt{-1}$が通常の実数でないことは明らかです。このような$\sqrt{-1}$をiとしたときに、

$$a + b \times i$$

の形式をもつ数が**複素数**（*complex number*）です。ここで、aは**実部**（*real part*）、bは**虚部**（*imaginary part*）、iは**虚数単位**（*imaginary unit*）と呼ばれます。

クラスComplexでは、実部aの値を表すデータメンバがreで、虚部bの値を表すデータメンバがimです。

なお、虚部が0でない複素数を**虚数**（*imaginary number*）といい、実部が0である複素数を**純虚数**（*purely imaginary number*）といいます。

演算子関数とオペランドの型

次に作るのは、二つの複素数を加算する**２項＋演算子**です。

演算子関数は、**メンバ関数**と**非メンバ関数**のいずれでも実現できます（p.87）ので、ここでは、**メンバ関数**として実現します。

なお、複素数の加算は、**実部どうしの加算**と**虚部どうしの加算**を行うだけの単純な計算です。そのため、２項＋演算子の定義は以下のようになります。

```
class Complex {
    // …
    Complex operator+(const Complex& x) {          // メンバ関数として実現した
        return Complex(re + x.re, im + x.im);      // ２項+演算子
    }
};
```

演算子関数 operator+ は、自身が所属するオブジェクトと、引数として受け取った x との和をもった Complex 型オブジェクトを生成して返却します。返却する複素数の実部と虚部は、以下のとおりです。

- 実部 … 関数が所属するオブジェクトの実部 re と、x の実部 x.re の和。
- 虚部 … 関数が所属するオブジェクトの虚部 im と、x の虚部 x.im の和。

▶ 仮引数 x の型を、単なる Complex ではなく、const Complex への参照としている理由は、p.95 で学習します。

ところが、この定義では、２項＋演算子が使えるケースと、使えないケースとが生じてしまいます。以下に示すコードが、その一例です。

```
  Complex x, y, z;
  // …
1 z = x + y;            // ＯＫ
2 z = x + 7.5;          // ＯＫ
3 z = 7.5 + x;          // コンパイルエラー
```

1と2は問題なく加算を行えるのですが、3はコンパイルエラーとなります。その理由を考えていきましょう。

1 z = x + y;

演算子＋の実体は、メンバ関数として実現された演算子関数 operator+ ですから、＋演算子の適用は、その演算子関数の呼出しを意味します。

メンバ関数として実現された２項演算子では、左オペランドは演算子関数を呼び出すオブジェクトで、右オペランドは演算子関数に渡される引数ですから、この代入は、次のように解釈されます。

```
z = x.operator+(y);                    // xにyを加える
```

▶ もし z = y + x であれば、z = y.operator+(x) と解釈されます。

メンバ関数の呼出し元オブジェクトが*x*で、引数として渡されるのが*y*です。いずれもクラス*Complex*型であり、関数**operator+**の仕様と一致します。

2 z = x + 7.5;

左オペランドの*x*はクラス*Complex*型オブジェクトですが、右オペランドの7.5は浮動小数点リテラルです。そのため、この代入は、次のように解釈されます。

```
z = x.operator+(7.5);                  // xにdouble型値7.5を加える
```

演算子関数**operator+**が受け取る*Complex*型の仮引数に与えられている実引数7.5の型は**double**型です。

両者の型が一致しないため、実引数を*Complex*型に変換するために**コンストラクタ**が暗黙裏に呼び出されます。

すなわち、この代入は、次のように解釈されます。

```
z = x.operator+(Complex(7.5));         // xにComplex型値(7.5)を加える
```

クラス*Complex*のコンストラクタに与える引数が1個なので、ここでのコンストラクタ呼出しは、**double**型から*Complex*型への**変換コンストラクタ**として機能します。

▶ 第2引数に対してデフォルト実引数0.0が渡されて、コンストラクタは*Complex*(7.5, 0.0)として呼び出されます。すなわち、より正確に表現すると、以下のように解釈されます。

```
z = x.operator+(Complex(7.5, 0.0));   // xにComplex型値(7.5, 0.0)を加える
```

網かけ部のコンストラクタの呼出しによって、実部が7.5で虚部が0.0である一時オブジェクトが作られます。

3 z = 7.5 + x;

左オペランドの7.5は**double**型の浮動小数点リテラルで、右オペランドの*x*はクラス*Complex*型オブジェクトです。

この代入は、次のように解釈されるはずです。

```
z = 7.5.operator+(x);                  // コンパイルエラー
```

浮動小数点リテラル7.5の型は、組込み型である**double**型です。（クラスでない組込み型の）**double**型には、メンバ関数はありませんし、呼び出すことは不可能です。

*

コンパイルエラーとなる原因が分かりました。2項+演算子を**メンバ関数**として実現することを考えましたが、うまくいきませんでした。

フレンド関数

以下に示すのが、**非メンバ関数**として実現し直した２項＋演算子の定義です。

```
class Complex {
    // …
    friend Complex operator+(const Complex& x, const Complex& y) {
        return Complex(x.re + y.re, x.im + y.im);
    }
};
```

この関数operator+は、二つの引数xとyの和を計算して、その結果をComplex型の値として返却します。

関数の冒頭には、キーワードfriendが与えられています。このように宣言された関数は、メンバ関数ではなく、**随伴関数**（ずいはん）＝**フレンド関数**（*friend function*）となります。

クラス定義の中でfriendを付けて『この関数は、私の友達ですよ！』と宣言すると、その“お友達関数”には、（メンバ関数でないにもかかわらず）**そのクラスの非公開メンバを自由にアクセスする権限が与えられる**のです。

＊

メンバ関数とフレンド関数は、まったく異なります。違いを明確にしましょう。

■ メンバ関数

オブジェクトxのメンバ関数memは、ドット演算子 . を適用したx.mem(...)という形の式で呼び出します。

クラスオブジェクトxに対して起動されたメンバ関数memは、xを指すthisポインタを内部にもっており、非公開メンバに自由にアクセスできます。

メンバ関数は“クラスに所属する”ため、二つ以上のクラスのメンバ関数になる、といったことはありません。

■ フレンド関数

フレンド関数になれるのは、クラスの外部で定義される通常の関数＝非メンバ関数か、別のクラスに所属するメンバ関数です。

一般に、クラスCのフレンド関数は、そのクラスC型のオブジェクトに対して起動されるわけではないという点で、非メンバ関数と同じです。

そのため、ドット演算子 . を適用してx.mem(...)として呼び出すことはできませんし、thisポインタをもちません。メンバでないにもかかわらず、“クラス内部にこっそりアクセスできる”特別な許可が与えられた関数です。

重要 フレンド関数は、メンバでないにもかかわらず、そのクラスの非公開部にアクセスできる特権が与えられた“お友達関数”である。

なお、ある関数を、二つ以上のクラスのフレンド関数とすることができます。

メンバ関数版の演算子+では、左オペランド（第1引数）は必ず*Complex*型オブジェクトでなければなりませんでした。

非メンバ関数版の演算子+では、左右のオペランド（第1引数と第2引数）は、*Complex*型である必要はありません。というのも、以下に示すように、演算子関数operator+に引数が渡される際に、**変換コンストラクタが必要に応じて暗黙裏に呼び出される**からです。


```
Complex x, y, z;
// …
z = x + y;          // z = operator+(x, y);
z = x + 7.5;        // z = operator+(x, Complex(7.5));
z = 7.5 + x;        // z = operator+(Complex(7.5), x);
```

▶ 非メンバ関数として定義された２項演算子では、左オペランドが第１引数として渡され、右オペランドが第２引数として渡されます（p.88）。

浮動小数点数と整数を加算するint + doubleやdouble + intの演算では、int型オペランドの値が暗黙裏にdouble型に変換された上で加算が行われます。すなわち、**２項+演算子は、組込み型のオペランドに対して暗黙裏に型変換を行います。**

その仕様に準じるように定義するには、クラス*Complex*型の+演算子はメンバ関数ではなく非メンバ関数として実現しなければならないことが分かりました。

重要 演算対象の左オペランドが、そのクラス型とは異なる型での利用が想定される２項演算子関数は、クラスのメンバ関数ではなく、非メンバ関数として実現する。

ここでは、クラス定義の中でフレンド関数を定義しました。**クラス定義の中で定義したフレンド関数は、自動的にインライン関数となります。**そのため、実行効率の低下に対する懸念（けねん）は、基本的には不要です。

▶ クラス定義の中で定義されたフレンド関数は、クラスの有効範囲の中に入ります。一方、クラスの外で定義されたフレンド関数は、クラスの有効範囲に入りませんし、キーワードinlineを明示的に指定して宣言しない限り、インライン関数になることもありません。

const参照引数

２項+演算子関数が受け取る仮引数の型は*Complex*ではなくconst *Complex*&です。

引数として“*Complex*の値”ではなくて、“const *Complex*への参照”を受け取る理由は、以下の二つです。

- **引数の受渡しにおいてコピーコンストラクタが起動されないようにするため。**
- **int型やdouble型などの定数値を受け取れるようにするため。**

これらの点について、一つずつ学習していきましょう。

クラス型の引数を参照渡しとする理由

クラス型を引数としてやりとりする際に、引数を参照渡しとすると、値渡しよりもコストが小さくなります。というのも、**値渡しではコンストラクタが呼び出されて、参照渡しではコンストラクタが呼び出されない**、という決定的な違いがあるからです。

実際に、**List 3-7** のプログラムの具体例で検証してみましょう。

このプログラムで定義されているクラス *Test* は、**Table 3-1** に示す三つのメンバ関数をもつクラスです（検証目的で作られたものであって、実用性はありません）。

Table 3-1　クラス Test のメンバ関数

関数	機能
デフォルトコンストラクタ	引数を受け取らないコンストラクタ。『初期化：Test()』と表示。
コピーコンストラクタ	同一型の値でオブジェクトを初期化するコンストラクタ。 『初期化：Test(const Test&)』と表示。
代入演算子	*Test* 型の値を *Test* 型オブジェクトに代入する演算子関数。 『代　入：Test = Test』と表示。

main 関数を見ていきましょう。

1 *Test* 型オブジェクト *x* の定義です。**デフォルトコンストラクタ**が呼び出されるため、『初期化：Test()』と表示されます。

2 *Test* 型オブジェクト *y* の定義です。初期化子 *x* が *Test* 型なので、**コピーコンストラクタ**が呼び出されます。『初期化：Test(const Test&)』と表示されます。

3 *Test* 型オブジェクト *z* の定義です。**2**と同様に、**コピーコンストラクタ**が呼び出されて、『初期化：Test(const Test&)』と表示されます。

4 **代入演算子**によって、*Test* 型オブジェクト *y* に同一型の *x* を**代入**します。演算子関数 operator= が呼び出されて、『代　入：Test = Test』と表示されます。

5 関数 *value* の呼出しです。ここで行われる引数のやりとりは《値渡し》です。そのため、受け取る側の仮引数は、呼出し側の実引数の値で**初期化**されます。

仮引数 a を実引数 *x* で初期化するために**コピーコンストラクタ**が呼び出されますので、『初期化：Test(const Test&)』と表示されます。

6 関数 *reference* の呼出しです。ここで行われる引数のやりとりは《**参照渡し**》です。参照渡しでは、呼び出された側の仮引数は、呼出し側の実引数のエイリアス（別名）となります。

実引数 *x* に仮引数の名前 a をエイリアス（あだ名）として与えるだけですから、**コンストラクタも代入演算子も呼び出されません**。もちろん、画面には何も表示されません。

List 3-7 chap03/value_reference1.cpp

```
// 初期化と代入／値渡しと参照渡しの検証
#include <iostream>

using namespace std;

//===== 検証用クラス =====//
class Test {
public:
    Test() {                          // デフォルトコンストラクタ
        cout << "初期化：Test()\n";
    }

    Test(const Test& t) {             // コピーコンストラクタ
        cout << "初期化：Test(const Test&)\n";
    }

    Test& operator=(const Test& t) {  // 代入演算子
        cout << "代  入：Test = Test\n";  return *this;
    }
};

//--- 値渡し ---//
void value(Test a) { }        ← コンストラクタが呼び出される

//--- 参照渡し ---//
void reference(Test& a)  { }  ← コンストラクタは呼び出されない

int main()
{
1   Test x;           // デフォルトコンストラクタ
2   Test y = x;       // コピーコンストラクタ
3   Test z(x);        // コピーコンストラクタ
4   y = x;            // 代入演算子
5   value(x);         // 関数呼出し（値渡し）
6   reference(x);     // 関数呼出し（参照渡し）
}
```

実行結果

```
1 初期化：Test()
2 初期化：Test(const Test&)
3 初期化：Test(const Test&)
4 代  入：Test = Test
5 初期化：Test(const Test&)
```

さて、値渡しの5ではコンストラクタが呼び出されるため、**引数の受渡しに伴って新たなオブジェクトが生成されます**。

また、参照渡しの6でコンストラクタは呼び出されないため、**引数の受渡しに伴って新たなオブジェクトが生成されません**。

値渡しと参照渡しのコストの差は、占有する記憶域が大きいクラスや、次章で学習する“動的に記憶域を確保するクラス”では、無視できなくなります。そのため、**クラス型の引数は《参照渡し》でやりとりする**のが原則となるのです。

▶ コピーコンストラクタと代入演算子の引数の受渡しは《参照渡し》です（プログラム黒網部）。もし、これが《値渡し》となっていたら、どうなるでしょうか。**コンストラクタや代入演算子の呼出しのたびに、引数初期化のためにコピーコンストラクタが起動されて、新たな一時オブジェクトが生成されてしまいます。**

文法の仕様上、コピーコンストラクタが受け取る引数を値渡しとすることはできませんが、代入演算子の引数を値渡しに変更する（仮引数 t の宣言の const と & を削除する）ことは可能です。

そのように変更すると、代入を行うたびに、コピーコンストラクタが起動されます。そのため、4の実行結果は右のようになります（引数の受渡しの段階で、コピーコンストラクタが呼び出されます："chap03/value_reference2.cpp"）。

```
4 初期化：Test(const Test&)
  代  入：Test = Test
```

クラス型の引数を単なる参照でなくconst参照とする理由

クラス型の引数を**参照渡し**とする理由が分かりました。その参照をconstとしておけば、関数の呼出し側も、『引数の値を勝手に書きかえられないだろうか。』との心配が無用となります。それに加えて、参照をconstとする理由がもう一つあります。

そのことを理解するために、まずは、**List 3-8** のプログラムで、参照そのものに対する理解を深めましょう。

List 3-8 chap03/reference.cpp

```
// 参照オブジェクトの参照先を検証

#include <iostream>

using namespace std;

int main()
{
    double      d = 1.0;        // dはdouble型（値は1.0）
    const int& p = 5;          // pは定数を参照？
    const int& q = d;          // qはdouble型を参照？

    const_cast<int&>(q) = 3.14;      // 3.14の代入先はintそれともdouble？

    cout << "d = " << d << '\n';
    cout << "p = " << p << '\n';
    cout << "q = " << q << '\n';
}
```

実行結果

```
d = 1
p = 5
q = 3
```

int型定数5を参照するpと、double型オブジェクトdを参照するqが、単なる参照ではなくconst参照として宣言されています。というのも、**定数への参照や、異なる型のオブジェクトへの参照は、constでなければならない**からです。

もしconstを取り除くと、コンパイルエラーとなります（"chap03/referenceX.cpp"）。

```
✕ int& p = 5;      // エラー：const intからint&へは変換できない
  int& q = d;      // エラー：doubleからint&へは変換できない
```

さて、網かけ部では、dを参照するqに対して、3.14を代入しています。qはdのエイリアスですから、qへの代入によって、dの値が書きかわるはずです。ところが、実行結果を見ると、dの値は変更されていません。この結果は、**“qの参照先がdではない”** ことを示しています。

▶ 本プログラムでは、const_cast演算子による定値性キャストによって、const属性を“強引に”外した上で代入しています（多くのコンパイラでは警告メッセージが出力されます）。
もしキャストしなければ、constであるqへの代入は不可能です。

このように、**定数や異なる型のオブジェクトが初期化子として与えられたconst参照オブジェクトの参照先は、初期化子そのものではなく、コンパイラによって自動的に生成される一時オブジェクトとなります。**

d, p, qの関係を表したのが**Fig.3-2**です。pとqの参照先は、記憶域上に自動的に生成された一時オブジェクトです。

```
double     d = 1.0;
const int& p = 5;   // pの参照先は一時オブジェクト
const int& q = d;   // qの参照先は一時オブジェクト（※dではない）
```

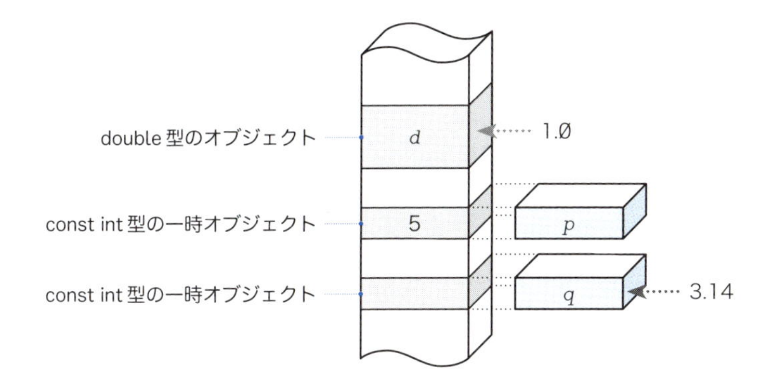

Fig.3-2 参照オブジェクトと一時オブジェクト

なお、q の参照先は、**int** 型の一時オブジェクトですから、たとえ 3.14 を代入しても、その値は 3 となります。

▶ 親切な処理系であれば、コンパイル時に以下のような警告メッセージを表示します。
警告：q を初期化するために一時オブジェクトを生成しました。
なお、初期の C++ は、非 **const** の参照先が定数であってもよい仕様でした。

*

さて、クラス *Complex* で定義された演算子関数 **operator+** の各引数を、単なる参照でなくて **const** 参照とする理由を考えているのでした。

```
friend Complex operator+(const Complex& x, const Complex& y)
```

引数の宣言から **const** を削除するとどうなるでしょう。**const** でない参照を定数で初期化することはできませんので、

```
Complex x, y;
y = x + 7.5;          // 引数の参照がconstでなければコンパイルエラー
```

と、定数 7.5 を引数として渡そうとすると、**コンパイルエラーとなります。**

引数の型が const *Complex*& となっている理由の一つが、double 型（あるいは int 型や float 型などの double 型へと変換できる型）の定数や変数の値を受け取るためであることが分かりました。

▶ C 言語で多用される《ポインタの値渡し》は、C++ ではほとんど利用されません。というのも、引数として、空ポインタなどの不正な値のポインタが渡される可能性があるからです。危険性が高いだけでなく、空ポインタでないかどうかの検証のためのコストが必要となります。

加算演算子の多重定義

複素数 y と整数 5 との加算を行う以下の式を考えましょう。

```
y + 5                                       // Complex + int
```

この式で行われることを分解すると、次のようになります。

```
operator+Complex(y, Complex(double(5), 0.0))     // int➡double➡Complex
```

int 型の 5 が double 型に変換され（**標準変換**）、その後、引数として渡すために変換コンストラクタによって Complex 型に変換されます（**ユーザ定義変換**）。

加算のたびにコンストラクタが呼び出されるため、実行効率の面で不満が残ります。次に示す 3 種類の演算用関数を多重定義すると、コンストラクタの呼出しを回避できます。

1. Complex + Complex
2. double + Complex
3. Complex + double

各関数の定義は、以下のようになります。

```
1 friend Complex operator+(const Complex& x, const Complex& y) {
      return Complex(x.re + y.re, x.im + y.im);
  }

2 friend Complex operator+(double x, const Complex& y) {
      return Complex(x + y.re, y.im);
  }

3 friend Complex operator+(const Complex& x, double y) {
      return Complex(x.re + y, x.im);
  }
```

▶ 当然のことですが、double + double の関数を定義して、言語に組み込まれている演算子の働きを変えることは不可能です。2項演算子関数のオペランドは、少なくとも一方がユーザ定義型でなければなりません。

なお、引数の型ごとに専用の関数を定義するのは、実行効率が要求される場合のみにとどめるべきです。似たようなコードがあちこちに散らばると、プログラムの保守性が低下します。

複合代入演算子の多重定義

加算を行う + の定義が完了しました。次は、複合代入演算子である += を定義します。というのも、int 型や double 型などの組込み型に対して成立する

本質的には “a = a + b” と “a += b” は同等である。

といった規則が、ユーザ定義型に対して自動的には成立しないからです。

以下に示すのが、+=演算子の定義です。

```
Complex& operator+=(const Complex& x) {      // +=演算子
    re += x.re;
    im += x.im;
    return *this;
}
```

メンバ関数が所属するオブジェクト（左オペランド）のreとimに、仮引数xに受け取ったオブジェクト（右オペランド）のreとimの値を加えます。

なお、この関数は、**メンバ関数**として定義しています。そのため、たとえば“a += b”と呼び出された場合は、以下のように解釈されます。

```
a.operator+=(b)                              // a += b
```

左オペランドは、必ずComplex型でなければならないため、7.5 += xといった式は、コンパイルエラーとなります。

▶ ちなみに、+演算子と+=演算子とを、まったく異なった働きをするように定義することもできますが、クラスの利用者が困惑します。

等価演算子の多重定義

代入演算子=が、“全データメンバをコピーする”ものとして、コンパイラによって自動的に定義される一方で、“全データメンバが等しいか／そうでないかを判定する”等価演算子==と!=が暗黙裏には定義されないことを、前章で学習しました。

二つのComplexクラスオブジェクトの状態が等しいか／そうでないかを判定する等価演算子は、クラス開発者が自前で用意しなければなりません。

重要 等価演算子==と!=は、クラスに対して自動的には提供されない。必要であればクラス開発者が定義して提供しなければならない。

等価演算子用の演算子関数は、以下のように定義できます。

```
friend bool operator==(const Complex& x, const Complex& y) {   // ==演算子
    return x.re == y.re && x.im == y.im;
}

friend bool operator!=(const Complex& x, const Complex& y) {   // !=演算子
    return !(x == y);
}
```

メンバ関数ではなく**非**メンバ関数として定義している理由は、２項+演算子の場合と同じであり、Complex型以外のdouble型などの値を、左オペランドとして受け取れるようにするためです。

▶ !=関数の判定では、網かけ部で==関数を呼び出しています。ほとんどのクラスの!=関数は、このように定義できますし、このように定義すべきです。

これまで学習した内容をもとにして、クラス *Complex* を完成させましょう。そのプログラムを **List 3-9** に示します。

List 3-9 Complex/Complex.h

```
// 複素数クラスComplex

#ifndef ___Class_Complex
#define ___Class_Complex

#include <iostream>

//===== 複素数クラス =====//
class Complex {
    double re;      // 実部
    double im;      // 虚部

public:
    Complex(double r = 0, double i = 0) : re(r), im(i) { }   // コンストラクタ

    double real() const { return re; }      // 実部を返す
    double imag() const { return im; }      // 虚部を返す

    Complex operator+() const { return *this; }                // 単項+演算子
    Complex operator-() const { return Complex(-re, -im); }  // 単項-演算子

    //--- 複合代入演算子+= ---//
    Complex& operator+=(const Complex& x) {
        re += x.re;
        im += x.im;
        return *this;
    }

    //--- 複合代入演算子-= ---//
    Complex& operator-=(const Complex& x) {
        re -= x.re;
        im -= x.im;
        return *this;
    }

    //--- 等価演算子== ---//
    friend bool operator==(const Complex& x, const Complex& y) {
        return x.re == y.re && x.im == y.im;
    }

    //--- 等価演算子!= ---//
    friend bool operator!=(const Complex& x, const Complex& y) {
        return !(x == y);
    }

    //--- 2項+演算子 (Complex + Complex) ---//
    friend Complex operator+(const Complex& x, const Complex& y) {
        return Complex(x.re + y.re, x.im + y.im);
    }

    //--- 2項+演算子 (double + Complex) ---//
    friend Complex operator+(double x, const Complex& y) {
        return Complex(x + y.re, y.im);
    }

    //--- 2項+演算子 (Complex + double) ---//
    friend Complex operator+(const Complex& x, double y) {
```

```
        return Complex(x.re + y, x.im);
    }
};

//--- 出力ストリームsにxを挿入 ---//
inline std::ostream& operator<<(std::ostream& s, const Complex& x)
{
    return s << '(' << x.real() << ", " << x.imag() << ')';
}

#endif
```


クラス *Complex* の利用例を **List 3-10** に示します。

List 3-10 Complex/ComplexTest.cpp

```
// 複素数クラスComplexの利用例

#include <iostream>
#include "Complex.h"

using namespace std;

int main()
{
    double re, im;

    cout << "aの実部：";  cin >> re;
    cout << "aの虚部：";  cin >> im;
    Complex a(re, im);

    cout << "bの実部：";  cin >> re;
    cout << "bの虚部：";  cin >> im;
    Complex b(re, im);

    Complex c = -a + b;

    b += 2.0;                        // bに(2.0, 0.0)を加える
    c -= Complex(1.0, 1.0);          // cから(1.0, 1.0)を減じる
    Complex d(b.imag(), c.real());   // dを(bの虚部, cの実部)とする

    cout << "a = " << a << '\n';
    cout << "b = " << b << '\n';
    cout << "c = " << c << '\n';
    cout << "d = " << d << '\n';
}
```

実行例

```
aの実部：1.2
aの虚部：3.5
bの実部：4.6
bの虚部：7.1
a = (1.2, 3.5)
b = (6.6, 7.1)
c = (2.4, 2.6)
d = (7.1, 2.4)
```

▶ クラス *Complex* では、**+** 演算子や **==** 演算子などをフレンド関数として実現しています。もしフレンドでない関数として実装するのであれば、以下の点に注意する必要があります。

- **非公開データメンバにアクセスできない**

  非公開データメンバにアクセスするためには、データメンバの値を返すメンバ関数（ゲッタ）を呼び出さなければなりません。

- **自動的にインライン関数とならない**

  関数の定義をヘッダ部に置くのであれば、インライン関数にして内部結合を与えなければなりません。キーワード **inline** を指定してインライン関数となるように明示的に宣言する必要があります。

演算子関数に関する規則

三つのクラス *Counter*、*Boolean*、*Complex* に対して、いろいろな演算子関数を定義しました。ここでは、演算子関数に関する規則を学習します。

■ 単項演算子

単項演算子は、"引数を受け取らないメンバ関数" または "引数1個の非メンバ関数" として実現します。

一般に、"☆演算子" を適用した式 "☆ a" は、以下のように解釈されます。

- **引数0個のメンバ関数**　　a.operator ☆ ()
- **引数1個の非メンバ関数**　　operator ☆ (a)

ただし、後置形式の増分演算子 ++ と減分演算子 -- だけは、例外的にダミーの int 型引数を受け取ります（p.79）。

■ 2項演算子

2項演算子は、"引数1個のメンバ関数" または "引数2個の非メンバ関数" として実現します。

一般に、"☆演算子" を適用した式 "a ☆ *b*" は、以下のように解釈されます。

- **引数1個のメンバ関数**　　a.operator ☆ (*b*)
- **引数2個の非メンバ関数**　　operator ☆ (a, *b*)

Column 3-4　論理演算子の多重定義と短絡評価

組込み型に対する論理演算子 && と || を用いた論理演算では、**短絡評価**（たんらく）が行われます（&& 演算子の左オペランドが false であれば右オペランドの評価が省略されて、|| 演算子の左オペランドが true であれば右オペランドの評価が省略されます）。

クラス型に対して && 演算子と || 演算子を定義することはできますが、それらの演算で**短絡評価が行われるように定義することはできません。**

そのため、&& 演算子の左オペランドが false であっても右オペランドの評価は必ず行われますし、|| 演算子の左オペランドが true であっても右オペランドの評価は必ず行われます。

組込み型に対する論理演算子の挙動と、クラス型に対する論理演算子の挙動とを一致させることはできないわけです。そのため、**クラス型に論理演算子を定義することは推奨されません。**

すべての演算子を多重定義できるわけではありません。また、単項版と２項版の両方を多重定義できる演算子があります。また、非メンバ関数として定義できる演算子とそうでない演算子とがあります。その規則をまとめたのが、**Fig.3-3** です。

多重定義できる演算子

```
new     delete
+       -       *       /       %       ^       &       |       ~
!       =       <       >       +=      -=      *=      /=      %=
^=      &=      |=      <<      >>      >>=     <<=     ==      !=
<=      >=      &&      ||      ++      --      ,       ->      ->*
()      []
```

単項版と２項版の両方を多重定義できる演算子

```
+       -       *       &
```

非メンバ関数として定義できない演算子

```
=       ()      []      ->
```

多重定義できない演算子

```
.       .*      ::      ?:
```

Fig.3-3　演算子の多重定義の可否と制限

すべてを覚えなくてもよいので、必要に応じて参照しましょう。ただし、代入演算子 = を非メンバ関数として定義できないことは、必ず覚えておく必要があります。

＊

なお、プログラマが新しい演算子を作り出すことはできません。他の言語（たとえば FORTRAN）を模して、べき乗を求める ** 演算子を定義するといったことは不可能です。

また、優先度や結合規則を変更することもできません。たとえば、加算を行う２項 + 演算子の優先度を、乗算を行う２項 * 演算子よりも高くするようなことは不可能です。

3-4 日付クラス

演算子多重定義の方法が理解できました。前章で作成した日付クラスに対して、各種の演算子関数を定義して、より実用的なものへと改良しましょう。

日付クラスの改良

ここでは、前章で作成した日付クラス *Date* に対して、以下の改良を施して、第3版を作ります。

- 閏(うるう)年かどうかを判定する二つのメンバ関数 *leap_year* を多重定義して追加する。
  - ある年が閏年かどうかを判定する静的メンバ関数
  - 日付クラスのオブジェクトの年が閏年かどうかを判定する非静的メンバ関数
- 前日の日付を返却するメンバ関数 *preceding_day* を、閏年に対しても正しく動作するように改良する。
- 翌日の日付を返却するメンバ関数 *following_day* を追加する。
- 年内の経過日数を求めるメンバ関数 *day_of_year* を追加する。
- 年・月・日の値を設定するメンバ関数 *set_year*, *set_month*, *set_day* を追加する。
- 年・月・日の三値の値を設定するメンバ関数 *set* を追加する。
- 以下に示す**演算子関数**を追加する。
  - 二つの日付が等しいか／等しくないかどうかを判定する等価演算子 **==** と **!=**
  - 二つの日付の大小関係を判定する関係演算子 **>**, **>=** , **<**, **<=**
  - 二つの日付の減算を行う（何日離れているかを求める）減算演算子 **-**
  - 日付を翌日／前日の日付に更新する増分／減分演算子 **++** と **--**（前置および後置）
  - 日付を *n* 日進めた／戻した日付に更新する複合代入演算子 **+=** と **-=**
  - 日付の *n* 日後／前の日付を求める加算演算子 **+** と **-**

なお、コンストラクタやセッタに対して、日付として不適切な値が指定された場合は、適当な値に調整するものとします。

▶ たとえば13月が指定された場合は12月に調整し、9月31日が指定された場合は9月30日に調整し、閏年でない年の2月29日が指定された場合は2月28日に調整します。

この改良を行った日付クラス第3版のヘッダ部を **List 3-11** に、ソース部を **List 3-12**（p.108～）に示します。

閏年の判定

閏年の判定を行う関数 *leap_year* は、静的メンバ関数と非静的メンバ関数にまたがって多重定義されています。

▶ 非静的メンバ関数 *leap_year* は、所属するデータメンバの値を更新することがないため、`const` メンバ関数としています。一方、静的メンバ関数の宣言には `const` が付いていません。静的メンバ関数は `const` 宣言できないことになっています。

List 3-11 Date03/Date.h

```
// 日付クラスDate（第３版：ヘッダ部）

#ifndef ___Class_Date
#define ___Class_Date

#include <string>
#include <iostream>

//===== 日付クラス =====//
class Date {
    int y;  // 西暦年
    int m;  // 月
    int d;  // 日

    static int dmax[];
    static int days_of_year(int y);                  // y年の日数
    static int days_of_month(int y, int m);          // y年m月の日数
    // 調整された月（1～12の範囲外の不正な値を調整）
    static int adjusted_month(int m);
    // 調整されたy年m月のd日（1～28/29/30/31の範囲外の不正な値を調整）
    static int adjusted_day(int y, int m, int d);
public:
    Date();                                          // デフォルトコンストラクタ
    Date(int yy, int mm = 1, int dd = 1);            // コンストラクタ

    //--- year年は閏年か？ ---//
    static bool leap_year(int year) {
        return year % 4 == 0 && year % 100 != 0 || year % 400 == 0;
    }

    int year()  const { return y; }                  // 年を返却
    int month() const { return m; }                  // 月を返却
    int day()   const { return d; }                  // 日を返却

    void set_year( int yy);                          // 年をyyに設定
    void set_month(int mm);                          // 月をmmに設定
    void set_day(  int dd);                          // 日をddに設定

    void set(int yy, int mm, int dd);                // 日付をyy年mm月dd日に設定

    bool leap_year() const { return leap_year(y); }      // 閏年か？

    Date preceding_day() const;                      // 前日の日付を返却
    Date following_day() const;                      // 翌日の日付を返却

    int day_of_year() const;                         // 年内の経過日数を返却

    int day_of_week() const;                         // 曜日を返却

    std::string to_string() const;                   // 文字列表現を返却

    Date& operator++();                              // １日進める（前置増分）
    Date  operator++(int);                           // １日進める（後置増分）

    Date& operator--();                              // １日戻す　（前置減分）
    Date  operator--(int);                           // １日戻す　（後置減分）

    Date& operator+=(int n);                         // n日進める（Date += int）
    Date& operator-=(int n);                         // n日戻す　（Date -= int）

    Date operator+(int n) const;                          // n日後を求める（Date + int）
    friend Date operator+(int n, const Date& date);       // n日後を求める（int + Date）

    Date operator-(int n) const;                     // n日前を求める　（Date - int）

    long operator-(const Date& day) const;           // 日付の差を求める（Date - Date）

    bool operator==(const Date& day) const;          // dayと同じ日か？
    bool operator!=(const Date& day) const;          // dayと違う日か？

    bool operator> (const Date& day) const;          // dayより後か？
    bool operator>=(const Date& day) const;          // day以降か？
    bool operator< (const Date& day) const;          // dayより前か？
    bool operator<=(const Date& day) const;          // day以前か？
};

std::ostream& operator<<(std::ostream& s, const Date& x);    // 挿入子
std::istream& operator>>(std::istream& s,       Date& x);    // 抽出子

#endif
```

List 3-12 [A]　　Date03/Date.cpp

```
// 日付クラスDate（第３版：ソース部）

#include <ctime>
#include <sstream>
#include <iostream>
#include "Date.h"

using namespace std;

// 平年の各月の日数
int Date::dmax[] = {31, 28, 31, 30, 31, 30, 31, 31, 30, 31, 30, 31};

//--- y年m月の日数を求める ---//
int Date::days_of_month(int y, int m)
{
    return dmax[m - 1] + (m == 2 && leap_year(y));
}

//--- year年の日数（平年…365／閏年…366）---//
int Date::days_of_year(int year)
{
    return 365 + leap_year(year);
}

//--- 調整されたm月（1～12の範囲外の値を調整）---//
int Date::adjusted_month(int m)
{
    return m < 1 ? 1 : m > 12 ? 12 : m;
}

//--- 調整されたy年m月のd日（1～28/29/30/31の範囲外の値を調整）---//
int Date::adjusted_day(int y, int m, int d)
{
    if (d < 1) return 1;

    int max_day = days_of_month(y, m);        // y年m月の日数

    return d > max_day ? max_day : d;
}

//--- デフォルトコンストラクタ（今日の日付に設定）---//
Date::Date()
{
    time_t current = time(NULL);                  // 現在の暦時刻を取得
    struct tm* local = localtime(&current);       // 要素別の時刻に変換

    y = local->tm_year + 1900;        // 年：tm_yearは西暦年-1900
    m = local->tm_mon + 1;            // 月：tm_monは0～11
    d = local->tm_mday;               // 日
}

//--- コンストラクタ（指定された年月日に設定）---//
Date::Date(int yy, int mm, int dd)
{
    set(yy, mm, dd);                  // 日付をyy年mm月dd日に設定
}

//--- 年をyyに設定 ---//
void Date::set_year(int yy)
{
    y = yy;                           // 年
    d = adjusted_day(y, m, d);        // 日（不正な値を調整）
}

//--- 月をmmに設定 ---//
void Date::set_month(int mm)
{
    m = adjusted_month(mm);           // 月（不正な値を調整）
    d = adjusted_day(y, m, d);        // 日（不正な値を調整）
}
```

```
//--- 日をddに設定 ---//
void Date::set_day(int dd)
{
    d = adjusted_day(y, m, dd);       // 日（不正な値を調整）
}
```

続く▶

非公開の静的メンバ関数

非公開の静的メンバ関数が4個追加されています。

- `int days_of_year(int y);`
  y年の日数（平年であれば365、閏年であれば366）を返却します。

- `int days_of_month(int y, int m);`
  y年m月の日数（その月が何日まであるのか）を求めます。各月の日数を格納する配列dmaxと、メンバ関数leap_yearを利用して計算を行い、28, 29, 30, 31のいずれかの値を返却します。

- `int adjusted_month(int m);`
  日付の《月》の値を、正しい範囲である1～12に収まるように調整します。
  調整の対象は、引数mに受け取った値であり、調整後の値を返却します。mが1より小さければ1を、12より大きければ12を返却します。mが正しい範囲に入っていれば、その値をそのまま返却します。

- `int adjusted_day(int y, int m, int d);`
  日付の《日》の値を、正しい範囲である1～28/29/30/31に収まるように調整します。
  調整の対象は、引数dに受け取った値であり、調整後の値を返却します。dが1より小さければ1を返却します。そうでない場合、メンバ関数days_of_monthによって、y年m月の日数（28, 29, 30, 31のいずれかの値）を求め、dがその日数より大きければ、求めた日数を返却します。dが正しい範囲に入っていれば、その値をそのまま返却します。

コンストラクタ

2個のコンストラクタが多重定義されています。

- `Date();`
  引数を受け取らないデフォルトコンストラクタです。現在（プログラム実行時）の日付に設定します（第2版から変更されていません）。

- `Date(int yy, int mm = 1, int dd = 1);`
  mmが1～12の範囲に収まるように調整し、さらにddがyy年mm月の日として正しい値となるように調整した上で、日付をyy年mm月dd日に設定します。

メンバ関数と演算子関数

leap_yearの他に、公開メンバ関数と演算子関数が30個定義されています。

以降の解説において、▪印はメンバ関数で、◆印は非メンバ関数です。

- `int year() const;`
  年を取得するゲッタです。

- `int month() const;`
  月を取得するゲッタです。

- `int day() const;`
  日を取得するゲッタです。

List 3-12 [B] Date03/Date.cpp

```
//--- 日付をyy年mm月dd日に設定 ---//
void Date::set(int yy, int mm, int dd)
{
    y = yy;                            // 年
    m = adjusted_month(mm);            // 月（不正な値を調整）
    d = adjusted_day(y, m, dd);        // 日（不正な値を調整）
}

//--- 前日の日付を返却 ---//
Date Date::preceding_day() const
{
    Date temp(*this);                  // *thisのコピーを作成
    return --temp;                     // コピーの前日を求めて返却
}

//--- 翌日の日付を返却 ---//
Date Date::following_day() const
{
    Date temp(*this);                  // *thisのコピーを作成
    return ++temp;                     // コピーの翌日を求めて返却
}

//--- 年内の経過日数を返却 ---//
int Date::day_of_year() const
{
    int days = d;    // 年内の経過日数
    for (int i = 1; i < m; i++)             // 1月～(m-1)月の日数を加える
        days += days_of_month(y, i);
    return days;
}

//--- 曜日を返却（日曜～土曜が0～6に対応）---//
int Date::day_of_week() const
{
    int yy = y;
    int mm = m;
    if (mm == 1 || mm == 2) {
        yy--;
        mm += 12;
    }
    return (yy + yy / 4 - yy / 100 + yy / 400 + (13 * mm + 8) / 5 + d) % 7;
}

//--- 文字列表現を返却 ---//
string Date::to_string() const
{
    ostringstream s;
    s << y << "年" << m << "月" << d << "日";
    return s.str();
}

//--- 1日進める（前置増分：++(*this)）---//
Date& Date::operator++()
{
    if (d < days_of_month(y, m))       // 月末より前であれば
        d++;                           //     日をインクリメントするだけ
    else {                             // 翌月に繰り上がる
        if (++m > 12) {                //     12月を超えるのであれば
            y++;                       //         翌年の…
            m = 1;                     //         1月に繰り上がる
        }
        d = 1;                         //     次の月の1日となる
    }
    return *this;
}

//--- 1日進める（後置増分：(*this)++）---//
Date Date::operator++(int)
{
    Date temp(*this);                  // インクリメント前の値をコピー
    ++(*this);                         // 前置増分演算子++によってインクリメント
    return temp;                       // コピーを返却
}
```

続く▶

- `void set_year(int yy);`
  年を設定するセッタです。年の設定を行った後に、日の値 d の調整を行います。
  たとえば、閏年である 2020 年 2 月 29 日と設定された日付 d に対して、`d.set_year(2021)` と呼び出した場合は、年を 2020 から 2021 に変更した上で、日を 28 に調整します。

- `void set_month(int mm);`
  月を設定するセッタです。設定は、月として正しい範囲である 1 ～ 12 に収まるように調整した上で行います。さらに、日の値 d の調整を行います。

- `void set_day(int dd);`
  日を設定するセッタです。設定は、y 年 m 月として正しい範囲内に収まるように調整した上で行います。

- `void set(int yy, int mm, int dd);`
  年月日を一括設定するセッタです。mm が 1 ～ 12 の範囲に収まるように調整し、さらに dd が yy 年 mm 月の日として正しい値となるように調整した上で、日付を yy 年 mm 月 dd 日に設定します。

- `Date preceding_day() const;`
  前日の日付を求めて返却します。第 2 版では、関数内での計算によって日付を求めていましたが、前置減分演算子 `--` を利用して求めるように変更されています。

- `Date following_day() const;`
  翌日の日付を求めて返却します。

- `int day_of_year() const;`
  年内の経過日数を返却します。

- `int day_of_week() const;`
  曜日を返却します。

- `std::string to_string() const;`
  文字列表現を返却します。

- `Date& operator++();`
  日付を 1 日進める前置増分演算子です。

- `Date operator++(int);`
  日付を 1 日進める後置増分演算子です。

- `Date& operator ();`
  日付を 1 日戻す前置減分演算子です。

- `Date operator--(int);`
  日付を 1 日戻す後置減分演算子です。

- `Date& operator+=(int n);`
  日付を n 日進める複合演算子です（Date に int を加えます）。

- `Date& operator-=(int n);`
  日付を n 日戻す複合演算子です（Date から int を減じます）。

- `Date operator+(int n) const;`
  日付の n 日後を求める加算演算子です（Date に int を加えます）。

- `friend Date operator+(int n, const Date& date);`
  日付 date の n 日後を求める加算演算子です（int に Date を加えます）。

List 3-12 [C] Date03/Date.cpp

```
//--- 1日戻す（前置減分：--(*this)) ---//
Date& Date::operator--()
{
    if (d > 1)                          // 月始めでなければ
        d--;                            //     日をデクリメントするだけ
    else {                              // 前月に繰り下がる
        if (--m <= 1) {                 //     1月を超えるのであれば
            y--;                        //         前年の…
            m = 12;                     //         12月に繰り下がる
        }
        d = days_of_month(y, m);        //     前月の月末となる
    }
    return *this;
}

//--- 1日戻す（後置減分：(*this)--) ---//
Date Date::operator--(int)
{
    Date temp(*this);                   // デクリメント前の値をコピー
    --(*this);                          // 前置減分演算子--によってデクリメント
    return temp;                        // コピーを返却
}

//--- 日付をn日進める（複合代入：*this += n) ---//
Date& Date::operator+=(int n)
{
    if (n < 0)                              // nが負であれば
        return *this -= -n;                 // 演算子-=に処理を委ねる
    d += n;                                 // 日にnを加える
    while (d > days_of_month(y, m)) {       // 日が月の日数内に収まるように年月を調整
        d -= days_of_month(y, m);
        if (++m > 12) {
            y++;
            m = 1;
        }
    }
    return *this;
}

//--- 日付をn日戻す（複合代入：*this -= int) ---//
Date& Date::operator-=(int n)
{
    if (n < 0)                              // nが負であれば
        return *this += -n;                 // 演算子+=に処理を委ねる
    d -= n;                                 // 日からnを減じる
    while (d < 1) {                         // 日が正になるように年月を調整
        if (--m < 1) {
            y--;
            m = 12;
        }
        d += days_of_month(y, m);
    }
    return *this;
}

//--- n日後を求める（加算：*this + n) ---//
Date Date::operator+(int n) const
{
    Date temp(*this);
    return temp += n;                           // 演算子+=を利用
}

//--- dayのn日後を求める（加算：d + day) ---//
Date operator+(int n, const Date& day)
{
    return day + n;                             // Date + intの演算子+に処理を委ねる
}
```

```
//--- n日前を求める（減算：*this - n）---//
Date Date::operator-(int n) const
{
    Date temp(*this);
    return temp -= n;                           // 演算子-=を利用
}

//--- 日付の差を求める（減算：*this - day）---//
long Date::operator-(const Date& day) const
{
    long count;
    long count1 = this->day_of_year();  // *thisの年内経過日数
    long count2 = day.day_of_year();    // day  の年内経過日数

    if (y == day.y)                                 // *thisとdayは同じ年
        count = count1 - count2;
    else if (y > day.y) {                           // *thisのほうが新しい年
        count = days_of_year(day.y) - count2 + count1;
        for (int yy = day.y + 1; yy < y; yy++)
            count += days_of_year(yy);
    } else {                                        // *thisのほうが古い年
        count = -(days_of_year(y) - count1 + count2);
        for (int yy = y + 1; yy < day.y; yy++)
            count -= days_of_year(yy);
    }

    return count;
}
```

続く▶

- `Date operator-(int n) const;`
  日付の n 日前を求める減算演算子です（Date から int を減じます）。

- `long operator-(const Date& day) const;`
  日付 day との差の日数を求める減算演算子です（Date 型である *this の日付から、引数として受け取った Date 型の日付 day を減じます）。

- `bool operator==(const Date& day) const;`
  day と同じ日付かどうかを判定する等価演算子です。

- `bool operator!=(const Date& day) const;`
  day と違う日付かどうかを判定する等価演算子です。

- `bool operator>(const Date& day) const;`
  day より後の日付であるかどうかを判定する関係演算子です。

- `bool operator>=(const Date& day) const;`
  day 以降の日付であるかどうかを判定する関係演算子です。

- `bool operator<(const Date& day) const;`
  day より前の日付であるかどうかを判定する関係演算子です。

- `bool operator<=(const Date& day) const;`
  day 以前の日付であるかどうかを判定する関係演算子です。

- `std::ostream& operator<<(std::ostream& s, const Date& x);`
  日付 x を出力ストリーム s に挿入する挿入子です。

- `std::istream& operator>>(std::istream& s, Date& x);`
  入力ストリーム s から読み込んだ日付を x に格納する抽出子です。

List 3-12 [D] Date03/Date.cpp

```
//--- dayと同じ日付か？（等価：*this == day）---//
bool Date::operator==(const Date& day) const
{
    return y == day.y && m == day.m && d == day.d;
}

//--- dayと違う日付か？（等価：*this != day）---//
bool Date::operator!=(const Date& day) const
{
    return !(*this == day);                         // 演算子==を利用
}

//--- dayより後の新しい日付か？（関係：*this > day）---//
bool Date::operator>(const Date& day) const
{
    if (y > day.y) return true;       // 年が異なる（新しい）
    if (y < day.y) return false;      //      〃      （古い）

    if (m > day.m) return true;       // 年が等しい － 月が異なる（新しい）
    if (m < day.m) return false;      //      〃                  （古い）

    return d > day.d;                 //      〃     － 月も等しい（日を比較）
}

//--- day以降の日付か？（関係：*this >= day）---//
bool Date::operator>=(const Date& day) const
{
    return !(*this < day);                          // 演算子<を利用
}

//--- dayより前の古い日付か？（関係：*this < day）---//
bool Date::operator<(const Date& day) const
{
    if (y < day.y) return true;       // 年が異なる（古い）
    if (y > day.y) return false;      //      〃      （新しい）

    if (m < day.m) return true;       // 年が等しい － 月が異なる（古い）
    if (m > day.m) return false;      //      〃                  （新しい）

    return d < day.d;                 //      〃     － 月も等しい（日を比較）
}

//--- day以前の日付か？（関係：*this <= day）---//
bool Date::operator<=(const Date& day) const
{
    return !(*this > day);                          // 演算子>を利用
}

//--- 出力ストリームsに日付xを挿入 ---//
ostream& operator<<(ostream& s, const Date& x)
{
    return s << x.to_string();
}

//--- 入力ストリームsから日付を抽出してxに格納 ---//
istream& operator>>(istream& s, Date& x)
{
    int yy, mm, dd;
    char ch;

    s >> yy >> ch >> mm >> ch >> dd;
    x = Date(yy, mm, dd);
    return s;
}
```

日付クラス第３版を利用するプログラム例を **List 3-13**（p.116）に示します。

▶ 右ページに示すのは、その実行例です。

実行例

```
日付dayを入力せよ。
年：2015↵
月：10↵
日：25↵
[1]情報表示 [2]日付の変更 [3]増減分演算子 [4]前後の日付 [5]比較 [0]終了：1↵
・日付2015年10月25日に関する情報
  曜日は日曜日  年内経過日数は298日  その年は閏年ではない。
[1]情報表示 [2]日付の変更 [3]増減分演算子 [4]前後の日付 [5]比較 [0]終了：2↵
[1]年変更 [2]月変更 [3]日変更 [4]年月日変更 [5]n日進める [6]n日戻す [0]戻る：1↵
年：2027↵
2027年10月25日に更新されました。
[1]年変更 [2]月変更 [3]日変更 [4]年月日変更 [5]n日進める [6]n日戻す [0]戻る：2↵
月：11↵
2027年11月25日に更新されました。
[1]年変更 [2]月変更 [3]日変更 [4]年月日変更 [5]n日進める [6]n日戻す [0]戻る：3↵
日：18↵
2027年11月18日に更新されました。
[1]年変更 [2]月変更 [3]日変更 [4]年月日変更 [5]n日進める [6]n日戻す [0]戻る：4↵
年：2028↵
月：9↵
日：27↵
2028年9月27日に更新されました。
[1]年変更 [2]月変更 [3]日変更 [4]年月日変更 [5]n日進める [6]n日戻す [0]戻る：5↵
日数：30↵
2028年10月27日に更新されました。
[1]年変更 [2]月変更 [3]日変更 [4]年月日変更 [5]n日進める [6]n日戻す [0]戻る：6↵
日数：40↵
2028年9月17日に更新されました。
[1]年変更 [2]月変更 [3]日変更 [4]年月日変更 [5]n日進める [6]n日戻す [0]戻る：0↵
[1]情報表示 [2]日付の変更 [3]増減分演算子 [4]前後の日付 [5]比較 [0]終了：3↵
[1]++day  [2]day++  [3]--day  [4]day-- [0]戻る：1↵
++day = 2028年9月18日
day   = 2028年9月18日
[1]++day  [2]day++  [3]--day  [4]day-- [0]戻る：2↵
day++ = 2028年9月18日
day   = 2028年9月19日
[1]++day  [2]day++  [3]--day  [4]day-- [0]戻る：3↵
--day = 2028年9月18日
day   = 2028年9月18日
[1]++day  [2]day++  [3]--day  [4]day-- [0]戻る：4↵
day-- = 2028年9月18日
day   = 2028年9月17日
[1]++day  [2]day++  [3]--day  [4]day-- [0]戻る：0↵
[1]情報表示 [2]日付の変更 [3]増減分演算子 [4]前後の日付 [5]比較 [0]終了：4↵
[1]翌日 [2]前日 [3]n日後(day+n) [4]n日後(n+day)[5]n日前 [0]戻る：1↵
それは2028年9月18日です。
[1]翌日 [2]前日 [3]n日後(day+n) [4]n日後(n+day)[5]n日前 [0]戻る：2↵
それは2028年9月16日です。
[1]翌日 [2]前日 [3]n日後(day+n) [4]n日後(n+day)[5]n日前 [0]戻る：3↵
日数：15↵
それは2028年10月2日です。
[1]翌日 [2]前日 [3]n日後(day+n) [4]n日後(n+day)[5]n日前 [0]戻る：4↵
日数：15↵
それは2020年10月2日です。
[1]翌日 [2]前日 [3]n日後(day+n) [4]n日後(n+day)[5]n日前 [0]戻る：5↵
日数：20↵
それは2028年8月28日です。
[1]翌日 [2]前日 [3]n日後(day+n) [4]n日後(n+day)[5]n日前 [0]戻る：0↵
[1]情報表示 [2]日付の変更 [3]増減分演算子 [4]前後の日付 [5]比較 [0]終了：5↵
比較対象の日付day2を入力せよ。
年：2030↵
月：11↵
日：18↵
day  = 2028年9月17日
day2 = 2030年11月18日
day  -  day2  = -792
day2 -  day   = 792
day  == day2  = false
day  != day2  = true
day  >  day2  = false
day  >= day2  = false
day  <  day2  = true
day  <= day2  = true
[1]情報表示 [2]日付の変更 [3]増減分演算子 [4]前後の日付 [5]比較 [0]終了：0↵
```

List 3-13 Date03/DateTest.cpp

```
// 日付クラスDate（第３版）の利用例
#include <iostream>
#include "Date.h"

using namespace std;

//--- 日付に関する情報を表示 ---//
void display(const Date& day)
{
    string dw[] = {"日", "月", "火", "水", "木", "金", "土"};
    cout << "・日付" << day << "に関する情報\n";
    cout << "  曜日は" << dw[day.day_of_week()] << "曜日";
    cout << "  年内経過日数は" << day.day_of_year() << "日";
    cout << "  その年は閏年で" << (day.leap_year() ? "ある" : "はない。") << '\n';
}

//--- 日付を変更 ---//
void change(Date& day)
{
    while (true) {
        cout << "[1]年変更 [2]月変更 [3]日変更 [4]年月日変更 "
             << "[5]n日進める [6]n日戻す [0]戻る：";
        int selected;
        cin >> selected;

        if (selected == 0) return;

        int y, m, d, n;
        if (selected == 1 || selected == 4) { cout << "年：";   cin >> y; }
        if (selected == 2 || selected == 4) { cout << "月：";   cin >> m; }
        if (selected == 3 || selected == 4) { cout << "日：";   cin >> d; }
        if (selected == 5 || selected == 6) { cout << "日数："; cin >> n; }

        switch (selected) {
         case 1: day.set_year(y);    break;      // y年に設定
         case 2: day.set_month(m);   break;      // m月に設定
         case 3: day.set_day(d);     break;      // d日に設定
         case 4: day.set(y, m, d);   break;      // y年m月d日に設定
         case 5: day += n;           break;      // n日進める
         case 6: day -= n;           break;      // n日戻す
        }
        cout << day << "に更新されました。\n";
    }
}

//--- 増分および減分演算子を適用 ---//
void inc_dec(Date& day)
{
    while (true) {
        cout << "[1]++day  [2]day++  [3]--day  [4]day-- [0]戻る：";
        int selected;
        cin >> selected;

        if (selected == 0) return;

        switch (selected) {
         case 1: cout << "++day = " << ++day << '\n';  break;   // 前置増分
         case 2: cout << "day++ = " << day++ << '\n';  break;   // 後置増分
         case 3: cout << "--day = " << --day << '\n';  break;   // 前置減分
         case 4: cout << "day-- = " << day-- << '\n';  break;   // 後置減分
        }
        cout << "day   = " << day << '\n';
    }
}

//--- 前後の日付を求める ---//
void before_after(Date& day)
{
    while (true) {
        cout << "[1]翌日 [2]前日 [3]n日後(day+n) [4]n日後(n+day) ";
        cout << "[5]n日前 [0]戻る：";
```

```
        int selected;
        cin >> selected;

        if (selected == 0) return;

        int n;
        if (selected >= 3 && selected <= 5) {
            cout << "日数：";  cin >> n;
        }

        cout << "それは";
        switch (selected) {
         case 1: cout << day.following_day();   break;  // 翌日
         case 2: cout << day.preceding_day();   break;  // 前日
         case 3: cout << day + n;               break;  // n日後 (Date + int )
         case 4: cout << n   + day;             break;  // n日後 (int  + Date)
         case 5: cout << day - n;               break;  // n日前 (Date - int )
        }
        cout << "です。\n";
    }
}

//--- 他の日付との比較 ---//
void compare(const Date& day)
{
    int y, m, d;
    cout << "比較対象の日付day2を入力せよ。\n";
    cout << "年：";  cin >> y;
    cout << "月：";  cin >> m;
    cout << "日：";  cin >> d;

    Date day2(y, m, d); // 比較対象の日付

    cout << boolalpha;
    cout << "day  = " << day  << '\n';
    cout << "day2 = " << day2 << '\n';
    cout << "day  - day2  = " << (day  - day2) << '\n';
    cout << "day2 - day   = " << (day2 - day ) << '\n';
    cout << "day  == day2  = " << (day  == day2) << '\n';
    cout << "day  != day2  = " << (day  != day2) << '\n';
    cout << "day  > day2   = " << (day  > day2) << '\n';
    cout << "day  >= day2  = " << (day  >= day2) << '\n';
    cout << "day  < day2   = " << (day  < day2) << '\n';
    cout << "day  <= day2  = " << (day  <= day2) << '\n';
}

int main()
{
    int y, m, d;
    cout << "日付dayを入力せよ。\n";
    cout << "年：";  cin >> y;
    cout << "月：";  cin >> m;
    cout << "日：";  cin >> d;

    Date day(y, m, d);  // 読み込んだ日付

    while (true) {
        cout << "[1]情報表示 [2]日付の変更 [3]増減分演算子 [4]前後の日付 "
             << "[5]比較 [0]終了：";

        int selected;
        cin >> selected;

        if (selected == 0) break;

        switch (selected) {
         case 1: display(day);      break;  // 日付に関する情報を表示
         case 2: change(day);       break;  // 日付を変更
         case 3: inc_dec(day);      break;  // 増分演算子・減分演算子
         case 4: before_after(day); break;  // 前後の日付を求める
         case 5: compare(day);      break;  // 他の日付との比較
        }
    }
}
```

まとめ

- クラスの内部で定義された識別子は、そのクラスの有効範囲の中に入る。そのような識別子を外部から利用する際は、**有効範囲解決演算子 ::** によって明示的に有効範囲を解決しなければならない。

- **フレンド関数**には、そのクラスの非公開メンバにアクセスする特権が与えられる。

- **変換関数**を定義すると、クラス型のオブジェクトの値を任意の型へと変換できるようになる。Type 型に変換するための変換関数の名前は "`operator Type`" である。必要に応じて暗黙裏に呼び出されるだけでなく、キャストによって明示的に呼び出すこともできる。

- 単一の実引数で呼び出せるコンストラクタが、**変換コンストラクタ**である。引数型からそのクラス型への変換を行う働きをもつ。

- 変換関数による変換と、変換コンストラクタによる変換の総称が、**ユーザ定義変換**である。

- **演算子関数**を定義すると、クラス型オブジェクトに対して演算子を適用できるようになる。演算子 `@` の関数名は "`operator @`" である。

- 演算子関数は、その演算子の本来の仕様と、可能な限り同一あるいは類似した仕様となるように定義するのが、原則である。

- 増分演算子 `++` と減分演算子 `--` は、前置形式と後置形式を区別して定義する。後置形式ではダミーの `int` 型引数を受け取る。

- メンバ関数として実現された２項演算子関数の左オペランドの型は、そのメンバ関数が所属するクラス型でなければならない。左オペランドに対して暗黙の型変換を適用すべき２項演算子は、非メンバ関数として実現すべきである。

- ある演算子 `@` 用の演算子関数を定義しても、それに対応する複合代入演算子 `@=` 用の演算子関数がコンパイラによって自動的に定義されることはない。

- 論理演算子 `&&` と `||` は多重定義すべきでない。短絡評価が行われないからである。

- 異なる型のオブジェクトへの参照と、定数への参照は、**`const` 参照**でなければならない。その参照の参照先は、自動的に生成される一時オブジェクトである。

- 同一型のオブジェクトの値による**初期化**と**代入**は、まったく異なる。前者は**コピーコンストラクタ**によって行われ、後者は**代入演算子**によって行われる。

- 関数の引数としてクラス型のオブジェクトを値渡しすると、そのオブジェクトのコピーがコピーコンストラクタによって作られる。一方、参照渡しでは、オブジェクトのコピーは作られない。

● クラス型のオブジェクトを引数として受渡しを行う場合、参照渡しでやりとりするのが原則である。関数内で値を書きかえない場合は const 参照とする。

● ヘッダ内で定義する非メンバ関数には、内部結合を与えなければならない。

chap03/TinyInt.h

```
#ifndef ___TinyInt
#define ___TinyInt

#include <limits>
#include <iostream>

//--- 豆整数クラス ---//
class TinyInt {
    int v;              // 値

public:
    TinyInt(int value = 0) : v(value) { }          //--- コンストラクタ ---//

    operator int() const { return v; }             //--- intへの変換関数 ---//

    bool operator!() const { return v == 0; }      //--- 論理否定演算子! ---//

    TinyInt& operator++() {                        //--- 前置増分演算子++ ---//
        if (v < std::numeric_limits<int>::max()) v++;   // 値の上限はintの最大値
        return *this;                                   // 自分自身への参照を返却
    }

    TinyInt operator++(int) {                    //--- 後置増分演算子++ ---//
        TinyInt x = *this;                         // インクリメント前の値を保存
        ++(*this);                                 // 前置増分演算子でインクリメント
        return x;                                  // 保存していた値を返却
    }

    friend TinyInt operator+(const TinyInt& x, const TinyInt& y) {  // x + y
        return TinyInt(x.v + y.v);
    }

    //--- 複合代入演算子 += ---//
    TinyInt& operator+=(const TinyInt& x) { v += x.v; return *this; }

    friend bool operator==(const TinyInt& x, const TinyInt& y) { return x.v == y.v; }
    friend bool operator!=(const TinyInt& x, const TinyInt& y) { return x.v != y.v; }
    friend bool operator> (const TinyInt& x, const TinyInt& y) { return x.v >  y.v; }
    friend bool operator>=(const TinyInt& x, const TinyInt& y) { return x.v >= y.v; }
    friend bool operator< (const TinyInt& x, const TinyInt& y) { return x.v <  y.v; }
    friend bool operator<=(const TinyInt& x, const TinyInt& y) { return x.v <= y.v; }

    friend std::ostream& operator<<(std::ostream& s, const TinyInt& x) {
        return s << x.v;
    }
};

#endif
```

chap03/TinyIntTest.cpp

```
#include <iostream>
#include "TinyInt.h"

using namespace std;

int main()
{
    TinyInt a, b(3), c(6);
    TinyInt d = (++a) + (b++) + (c += 3);

    cout << "a = " << a << '\n';
    cout << "b = " << b << '\n';
    cout << "c = " << c << '\n';
    cout << "d = " << d << '\n';
}
```

実行結果

```
a = 1
b = 4
c = 9
d = 13
```

第4章

資源獲得時初期化と例外処理

記憶域を動的に確保して、その領域を内部で利用するクラスは、コンストラクタ・デストラクタ・代入演算子などを適切に定義する必要があります。本章では、配列クラスの作成を通じて、それらの事項を学習します。

- explicit 関数指定子
- 明示的コンストラクタ
- = 形式と () 形式によるコンストラクタの呼出し
- オブジェクトの生存期間
- 動的記憶域期間のオブジェクトへのポインタをもつクラス
- 資源獲得時初期化（RAII）
- デストラクタ
- デフォルトデストラクタ
- オブジェクトの破棄とデストラクタ呼出しの順序
- 添字演算子の多重定義
- 代入演算子の多重定義
- 自己代入の判定
- コピーコンストラクタの多重定義
- 入れ子クラス
- 例外処理
- throw 式による例外の送出
- try ブロックと例外ハンドラによる例外の捕捉

4-1 資源獲得時初期化

本節では、コンストラクタについての学習を深めるとともに、コンストラクタと対照的な役割をもつデストラクタについて学習します。

整数配列クラス

本章では、《**配列クラス**》を通じて、クラス外部の資源管理についての学習を行います。まず最初に学習するのは、**List 4-1** の整数型配列を実現するクラス *IntArray* です。

▶ ヘッダ部のみでの実現です。第３版以降で、ヘッダ部とソース部とに分けて実現します。

List 4-1 IntArray01/IntArray.h

```
// 整数配列クラスIntArray（第１版）

#ifndef ___Class_IntArray
#define ___Class_IntArray

//===== 整数配列クラス ======//
class IntArray {
    int nelem;          // 配列の要素数
    int* vec;           // 先頭要素へのポインタ

public:
    //--- コンストラクタ ---//
    IntArray(int size) : nelem(size) { vec = new int[nelem]; }

    //--- 要素数を返す ---//
    int size() const { return nelem; }

    //--- 添字演算子[] ---//
    int& operator[](int i) { return vec[i]; }
};

#endif
```

オブジェクト外部の資源を確保

クラス *IntArray* のデータメンバは、要素数を表す *nelem* と、配列の先頭要素を指すポインタ *vec* の２個です。要素数 *nelem* の値は、メンバ関数 *size* で調べられます。

それでは、コンストラクタと添字演算子関数を理解していきましょう。

コンストラクタ

コンストラクタ本体では、記憶域を確保して配列本体を動的に生成します。生成する配列の要素数は、仮引数 *size* に受け取った値です。

オブジェクトが次のように定義された場合のコンストラクタの動作を考えましょう。

```
IntArray x(5);          // 要素数5の配列
```

まず、メンバ初期化子 *nelem(size)* の働きによって、データメンバ *nelem* が５で初期化されます。その後に実行されるコンストラクタ本体では、**new** 演算子で確保した *nelem* 個分の記憶域の先頭要素へのポインタを *vec* に代入します（**Fig.4-1**）。

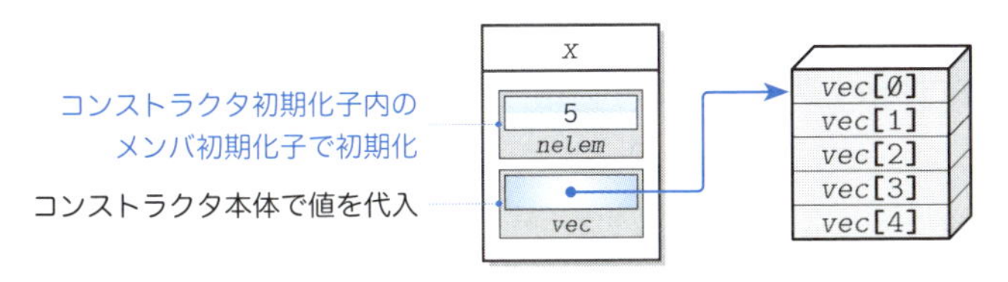

Fig.4-1 コンストラクタによる配列の生成

図からも分かるように、確保した記憶域は、オブジェクト *x* の外部に存在します。

クラス *IntArray* の内部では、*vec*[0]，*vec*[1]，…，*vec*[4] の各式で、生成した配列の各要素を先頭から順にアクセスできます（**Column 4-6**：p.147）。

添字演算子

配列の各要素を外部から手軽にアクセスできるように定義しているのが、添字演算子 [ ] です。その演算子関数 **operator[]** の返却値型は **int&** です。というのも、

```
a = x[2];          // 代入演算子の右オペランド：intでもint&でも可
```

と代入式の右辺でのみ使うのであれば **int** でも構わないのですが、以下のように、代入式の左辺に置けるようにするには、**int&** でなければならないからです。

```
x[3] = 10;         // 代入演算子の左オペランド：intでは不可でint&では可
```

クラス *IntArray* を利用するプログラム例を **List 4-2** に示します。

List 4-2 IntArray01/IntArrayTest.cpp

```
// 整数配列クラスIntArray（第１版）の利用例

#include <iostream>
#include "IntArray.h"

using namespace std;

int main()
{
    int n;

    cout << "要素数を入力せよ：";
    cin >> n;

    IntArray x(n);  // 要素数nの配列

    for (int i = 0; i < x.size(); i++)              // 各要素に値を代入
        x[i] = i;

    for (int i = 0; i < x.size(); i++)              // 各要素の値を表示
        cout << "x[" << i << "] = " << x[i] << '\n';
}
```

実行例

```
要素数を入力せよ：5
x[0] = 0
x[1] = 1
x[2] = 2
x[3] = 3
x[4] = 4
```

要素数 *n* の配列を生成して、全要素に添字と同じ値を代入・表示します。

クラスオブジェクトと資源の生存期間

以下に示す、*IntArray* クラスを使用する関数 *func* を考えましょう。

```
void func()
{
    IntArray x(5);        // xは要素数5の配列
    // …
}
```

IntArray 型オブジェクト *x* は、関数の中で定義されているため、自動記憶域期間が与えられます。そのため、その“生き様（ざま）”は **Fig.4-2** のようになります。

a 二つのメンバ *nelem* と *vec* をもつオブジェクト *x* が生成されます。

b コンストラクタによって、*x* の初期化が行われます。まず、データメンバ *nelem* が5で初期化されます。その後、5個の整数を格納する配列用の記憶域が **new** 演算子で確保され、その先頭要素へのポインタが *vec* に代入されます。

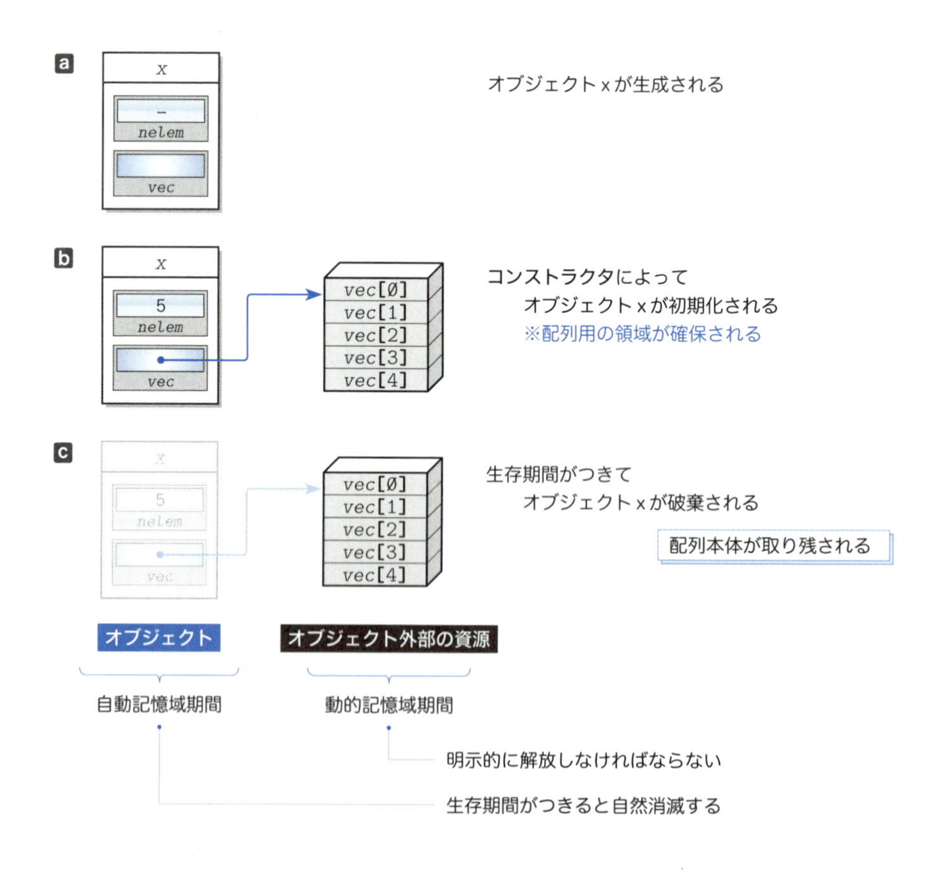

Fig.4-2 オブジェクトの生成と破棄

C 関数*func*の実行が終了します。このとき、自動記憶域期間をもつオブジェクト*x*は生存期間がつきて破棄されます。その一方で、**new**演算子で確保された動的記憶域期間をもつ配列本体用の領域は、解放されることなく記憶域上に取り残されます。

重要 コンストラクタで確保した動的記憶域期間をもつ領域が、オブジェクト破棄時に自動的に解放されることはない。

解放されない配列本体は、**どこからも指されない《宙ぶらりんな領域》**として記憶域上に取り残されます。そのため、関数*func*を複数回呼び出すと、そのたびに配列用の領域が新たに確保されていき、ヒープ領域がどんどん減少します。

プログラマが生存期間をコントロールできる動的記憶域期間をもつオブジェクトは、いつでも好きなときに生成・破棄できるという柔軟性がある反面、その作業を正しく行うのは**プログラマの責務**です。

*

動的に確保したオブジェクトは、プログラムの指示によって明示的に解放しなければなりません。そのためには、配列本体用の領域を解放する《メンバ関数》を定義するとよさそうです。

以下に示すのが、その関数の定義の一例です。

```
void IntArray::delete_vec()
{
    delete[] vec;              // 配列本体用に確保していた領域を解放
}
```

この関数を呼び出すように関数*func*を書きかえると、次のようになります。

```
void func()
{
    IntArray x(5);             // 配列本体用の領域を確保
    // …
    x.delete_vec();            // 配列本体用の領域を解放
}
```

これで、オブジェクト*x*の生存期間がつきる前に配列本体用の領域を解放できます。

*

しかし、この方法はスマートではありません。というのも：

1. メンバ関数*delete_vec*を**呼び出すのを忘れる**。
2. オブジェクトの利用がまだ終了していない時点で、メンバ関数*delete_vec*を**誤って呼び出してしまう**。

といったことが起こりうるからです。

*

オブジェクトの外部の資源を管理するクラスでは、確保や解放などの管理を徹底して責任をもって行わねばなりません。クラス*IntArray*を改良しましょう。

明示的コンストラクタ

List 4-3 に示すのが、配列クラス第２版のプログラムです。

▶ 第１版の《利用例》の **List 4-2** は、第２版でもそのまま動作します（"IntArray02/IntArrayTest.cpp"）。

List 4-3 IntArray02/IntArray.h

```
// 整数配列クラスIntArray（第２版）

#ifndef ___Class_IntArray
#define ___Class_IntArray

//===== 整数配列クラス =====//
class IntArray {
    int nelem;        // 配列の要素数
    int* vec;         // 先頭要素へのポインタ

public:
    //--- 明示的コンストラクタ ---//
    explicit IntArray(int size) : nelem(size) { vec = new int[nelem]; }

    //--- デストラクタ ---//
    ~IntArray() { delete[] vec; }

    //--- 要素数を返す ---//
    int size() const { return nelem; }

    //--- 添字演算子[] ---//
    int& operator[](int i) { return vec[i]; }
};

#endif
```


今回のコンストラクタの定義には、**explicit** が追加されています。このキーワードは、宣言するコンストラクタを、**明示的コンストラクタ**（*explicit constructor*）にするための関数指定子です。

さて、その明示的コンストラクタとは、**暗黙の型変換を抑止するコンストラクタ**です。以下の具体例で考えましょう。

```
1 IntAry a = 5;          // 第１版では可。第２版では不可。
2 IntAry b(5);           // 第１版・第２版の両方とも可。
```

コンストラクタに **explicit** の指定がないクラス *IntArray* 第１版では、1と2の両方が可能です。一方、コンストラクタが明示的コンストラクタとなっている第２版では、1はコンパイルエラーとなります。

1の宣言は、**“配列を整数で初期化している”** と誤解されかねません。そのような紛らわしい形式の初期化を、**explicit** が抑止します。

重要 単一引数のコンストラクタが = 形式で起動されるのを抑止するには、**explicit** を与えて**明示的コンストラクタ**として定義しよう。

デストラクタ

第２版で新しく追加された網かけ部は、**デストラクタ**（*destructor*）と呼ばれる特殊なメンバ関数です。

クラス名の前にチルダ~が付いた名前のデストラクタは、その**クラスのオブジェクトの生存期間がつきそうになったときに自動的に呼び出されるメンバ関数**です。ちょうど、コンストラクタと対照的な位置付けです。

重要 オブジェクトの生成時に呼び出されるメンバ関数であるコンストラクタとは対照的に、オブジェクトが破棄される際に呼び出されるメンバ関数が、**デストラクタ**である。

デストラクタが返却値をもたないのはコンストラクタと同じです。ただし、自動的に呼び出されるという性質上、**引数を受け取らない**点がコンストラクタとは異なります。

クラス IntArray 第２版のデストラクタは、外部資源（ポインタ vec が指す配列領域）の解放を行います。

Column 4-1 明示的コンストラクタ

明示的コンストラクタが利用できるのは、以下の文脈です。

- コンストラクタを ( ) 形式で明示的に呼び出す。
- キャスト演算子によって、コンストラクタを間接的に呼び出す。

なお、引数を与えずに呼び出せる**デフォルトコンストラクタ**を明示的コンストラクタとすることもできます（その場合は、コンストラクタを明示的に呼び出す必要がありません）。

以下にプログラム例を示します。

```
class C {
public:
    explicit C()    { /* …中略… */ }        // デフォルトコンストラクタ
    explicit C(int) { /* …中略… */ }        // 変換コンストラクタではない
    // ...
};
// ...
C a;                            // ＯＫ
C a1 = 1;                       // エラー：暗黙の変換がない
C a2 = C(1);                    // ＯＫ
C a3(1);                        // ＯＫ
C* p = new C(1);                // ＯＫ
C a4 = (C)1;                    // ＯＫ（キャスト）
C a5 = static_cast<C>(1);       // ＯＫ（キャスト）
```

単一の実引数で呼び出せるコンストラクタが**変換コンストラクタ**と呼ばれることは、前章で学習しました。explicit 付きで宣言された場合は例外であり、たとえ単一の実引数で呼び出せるコンストラクタであっても変換コンストラクタとは**なりません**。

なお、関数指定子 explicit をコンストラクタ以外の関数に適用することはできません。

p.124 では、以下の関数 *func* でのオブジェクト *x* の挙動を検討しました。デストラクタが追加されたクラス *IntArray* 第2版では、どうなるでしょうか。

```
void func()
{
    IntArray x(5);          // xは要素数5の配列
    // …
}
```

第2版での関数 *func* におけるオブジェクト *x* の“生き様”を示したのが **Fig.4-3** です。コンストラクタの働きを示した、図**a**と図**b**は、第1版と同じです。

図**c**は、デストラクタの働きを表した図です。オブジェクトの生存期間がつきる直前に（自動的に）呼び出されたデストラクタは、*vec* が指す領域を解放します。

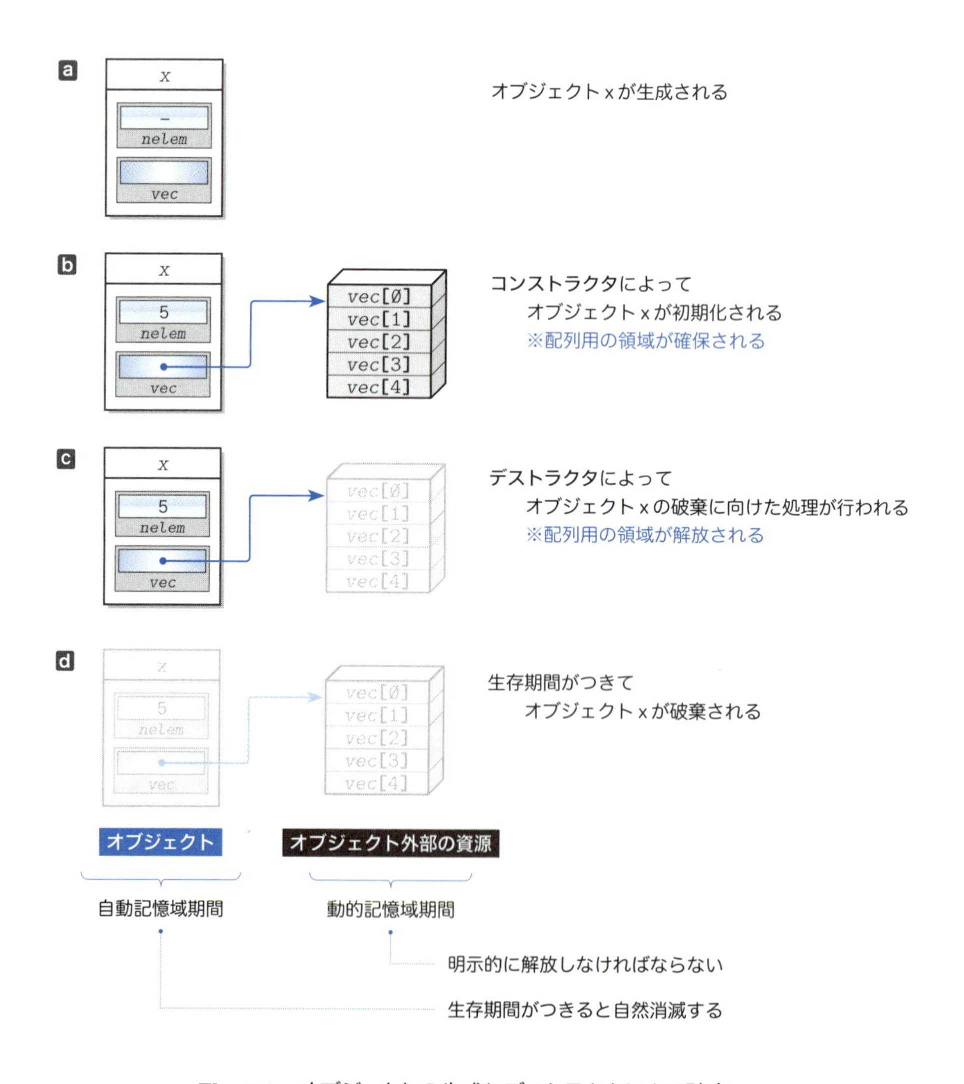

Fig.4-3　オブジェクトの生成とデストラクタによる破棄

関数 *func* の実行が終了してオブジェクト *x* の生存期間がつきる図**d**では、オブジェクト *x* そのものが破棄されます。

第２版では、デストラクタの働きによって、配列用の領域の取り残しがなくなります。うまく問題が解決できました。

重要 コンストラクタで確保した記憶域などの**外部資源**の解放処理は、**デストラクタ**の中で実行する。

オブジェクト生成時に、記憶域を始めとする必要な資源を確保して、オブジェクト破棄時に資源を確実に解放する手法は、**資源獲得時初期化**＝RAII（*Resource Acquisition Is Initialization*）と呼ばれます。

重要 オブジェクトが外部の資源を管理するクラスでは、**資源獲得時初期化**を行う。

▶ Resource Acquisition Is Initialization を直訳すると、『資源獲得とは、すなわち初期化のことである。』となります。私が参考文献8）の翻訳の際に、どのような訳語をあてるべきか、随分と悩みました。長たらしくなくて、シンプルな訳語にしたかったからです。《資源獲得則初期化》や《資源獲得是初期化》だと、理解してもらえなくなるため、《**資源獲得時初期化**》という言葉を作りました。

なお、デストラクタに `static` を付けて宣言して、静的メンバにすることはできません。この点は、コンストラクタと同じです。

また、デストラクタを定義しないクラスには、実質的に何も行わない**デフォルトデストラクタ**（*default destructor*）がコンパイラによって自動的に定義されます。

自動的に定義されるデストラクタが、`public` かつ `inline` であることも、コンストラクタと同じです。

重要 デストラクタを定義しないクラスには、本体が空で引数を受け取らない `public` で `inline` の**デフォルトデストラクタ**が、コンパイラによって自動的に定義される。

コンストラクタとデストラクタを対比した表を、**Table 4-1** に示します。

Table 4-1　コンストラクタとデストラクタ

	コンストラクタ	デストラクタ
機　能	オブジェクト生成時に呼び出されて、オブジェクトの初期化を行う	オブジェクト破棄時に呼び出されて、オブジェクト利用の後始末を行う
名　前	クラス名	~クラス名
返却値	なし	なし
引　数	任意の引数を受け取れる	受け取れない

▶ 本書では、“クラスと同じ名前” や “クラスと同じ名前に ~ が付いたもの” と解説していますが、文法の定義上は、コンストラクタとデストラクタには《名前がない》ことになっています。

4-2 代入演算子とコピーコンストラクタ

コンストラクタで外部の資源を動的に確保するクラスでは、デストラクタに加えて、代入演算子とコピーコンストラクタも定義するのが、一般的です。

代入演算子の多重定義

以下に示すコードを考えましょう。

```
IntArray a(2);        // aは要素数2の配列
IntArray b(5);        // bは要素数5の配列
a = b;
```

Fig.4-4 ⓐに示すのが、二つの *IntArray* 型オブジェクト a, b が生成された状態です。要素数2の配列領域Ⓐが a 用に確保され、要素数5の配列領域Ⓑが b 用に確保されます。

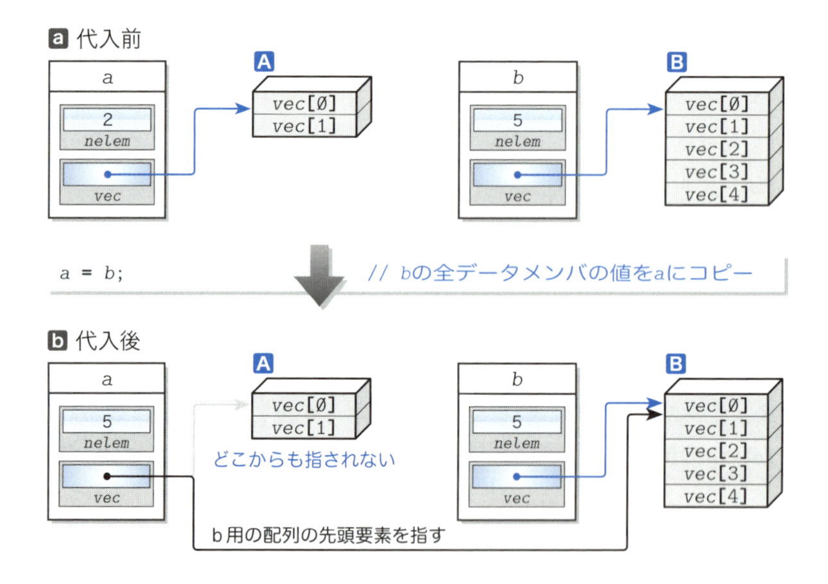

Fig.4-4 代入によるオブジェクトの変化

オブジェクト生成後に行われるのが、b から a への代入です。**メンバ単位のコピーによって**、*b.nelem* の値が *a.nelem* にコピーされ、*b.vec* の値が *a.vec* にコピーされます。

代入後の状態を示した図ⓑをよく見ましょう。ポインタ *a.vec* と *b.vec* が同じ領域（もともと b 用に確保していたⒷの領域）を指しています。

▶ たとえば b 用に確保された配列のアドレスが 214 番地であれば、*a.vec* と *b.vec* の値がともに 214 になります。

オブジェクトaに対して添字演算子[]を適用した式a[i]は、Bの配列要素vec[i]をアクセスする式となります。その上、もともとa用に確保していた配列Aが、どこからも指されない"宙ぶらりんな"領域となっています。

この状態で、オブジェクトaとbの生存期間がつきて、それらに対してデストラクタが呼び出されたらどうなるでしょう。

bのデストラクタが呼び出されると、Bの配列領域が解放されます。それからaのデストラクタが呼び出されると、解放ずみ領域Bの（2度目の）解放が試みられます。もちろん、Aの配列領域は解放されないまま残されます。

*

正しい代入を行うには、代入演算子=の多重定義が必要です。

Column 4-2 代入演算子を非メンバ関数として定義できない理由

代入演算子は非メンバ関数としては定義できずメンバ関数としてのみ定義できることを、前章で学習しました。

そのような文法仕様となっている理由を、以下のクラスで考えましょう。

```
class C {
    int x;
public:
    C(int z) : x(z) { }
};
```

もし仮に、このクラスに対して代入演算子を《非メンバ関数》として定義できるとします。その場合、代入演算子の実現は、以下のようになります。

```
friend C& operator=(C& a, const C& b)
{
    a.x = b.x;
}
```

そうすると、次の代入が"合法"になります。

```
C a(10);
int b;
b = a;        // int型の整数にクラス型オブジェクトを代入（？）
```

というのも、代入式の左オペランド（代入演算子関数の第1引数）が、単なるint型整数であるにもかかわらず、変換コンストラクタが呼び出されてC型へと変換されるからです。すなわち、以下のように解釈されます。

```
b = a;
  ⇩
operator=(b, a);
  ⇩
operator=(C(b), a);
```

代入演算子がメンバ関数としてのみ定義できることによって、このような不正な代入を防いでいることが分かりました。

なお、初期のC++の処理系には、代入演算子を非メンバ関数として定義できるものもありました。

代入演算子 = を以下のように定義します。

```
void IntArray::operator=(const IntArray& x)
{
  1 delete[] vec;                      // もともと確保していた領域を解放
  2 nelem = x.nelem;                   // 新しい要素数
  3 vec = new int[nelem];              // 新たに領域を確保
  4 for (int i = 0; i < nelem; i++)    // 全要素をコピー
        vec[i] = x.vec[i];
}
```

この代入演算子が与えられると、代入式 a = b は、次のように解釈されます。

```
a.operator=(b)          // オブジェクトaに対してメンバ関数が呼び出される
```

左オペランドであるオブジェクト a に対して、メンバ関数 operator= が呼び出され、その際、オペランドの b が引数として与えられます。

代入は、以下のステップで行われます（**Fig.4-5**）。

1. 現在メンバ vec が指している配列領域 A を解放する。
2. 配列の要素数をコピーする（データメンバ nelem の値が 2 から 5 に更新される）。
3. 配列本体用の領域 C を新たに確保する。
4. 配列 B の全要素の値を C にコピーする。

これで、うまくいくように感じられます。

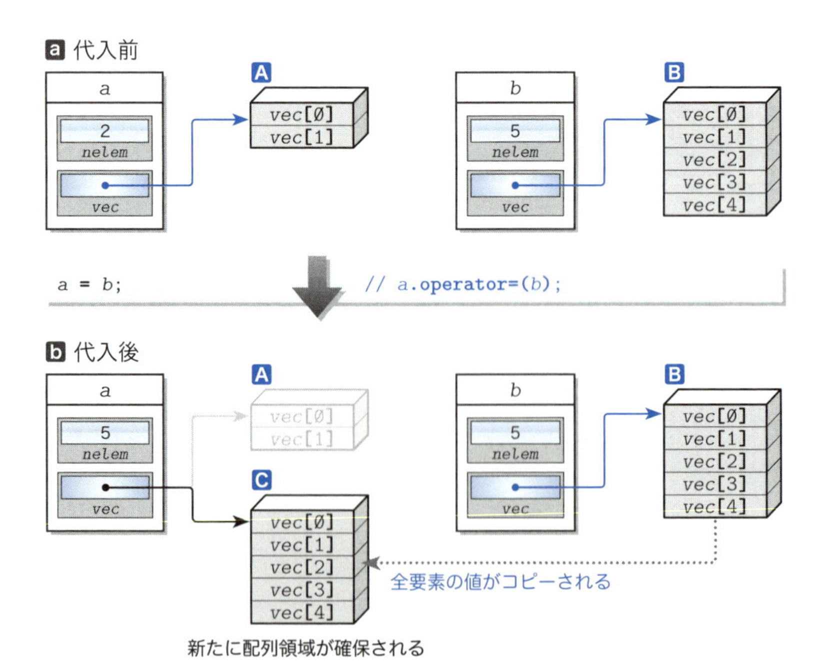

Fig.4-5　代入によるオブジェクトの変化

ところが、ここで定義した代入演算子には、以下に示す三つの問題が含まれています。

■ 記憶域の不要な解放・確保を行うこと

代入元と代入先の配列要素数が一致していれば、代入先の *vec* で確保ずみの配列領域がそのまま流用できます。いったん解放して再確保すると、余分なコストがかかります。

記憶域の解放と再確保を行うのは、代入元と代入先の配列要素数が異なる場合に限定すべきです。

■ 返却値型が void であるため連続代入が行えないこと

メンバ関数 **operator=** の返却値型が **void** であるため、組込み型オペランドに対する代入演算子と同じような使い方ができません。

たとえば、以下に示す代入では、Aはエラーとならないものの、Bがコンパイルエラーとなります。

```
A x = y;          // x.operator=(y);                      OK
B x = y = z;      // x.operator=(y.operator=(z));         エラー
```

それぞれの代入は、コメントに書かれているように解釈されます。

Bのコメント内の網かけ部の型は **void** であり、**const** *IntArray&* を受け取る関数の引数として与えるのは不可能です。

*

代入式を評価すると、代入後の左オペランドの型と値が得られます。また、関数の返却値を参照としておけば、代入式の左辺にも右辺にも置ける左辺値式となります。

代入演算子 operator= の返却値型は、そのクラスへの参照型とするのが一般的ですし、当然、代入後の左オペランド（代入演算子を起動したオブジェクト）を返却すべきです。

重要 代入演算子 **operator=** は、代入後の左オペランドへの参照を返却するように定義すべきである。

■ 自己代入に対応していないこと

自分自身の値を代入することを《**自己代入**》といいます。*IntArray* 型オブジェクトの自己代入を行ったらどうなるでしょう。

```
x = x;        // 左辺xの配列を解放した後で右辺xの配列の要素をコピー（？）
```

この代入は、うまくいきません。というのも、関数冒頭の1で配列を解放してしまい、全要素が消滅するからです。4の **for** 文では、破棄ずみ配列からのコピーを行うことになってしまいます。もちろん、そのようなことは不可能です。

以上の問題点を解決した代入演算子の定義を、以下に示します。

```
IntArray& IntArray::operator=(const IntArray& x)
{
      if (&x != this) {                          // 代入元が自分自身でなければ…
1         if (nelem != x.nelem) {                // 代入前後の要素数が異なれば…
    2         delete[] vec;                      // もともと確保していた領域を解放
              nelem = x.nelem;                   // 新しい要素数
              vec = new int[nelem];              // 新たに領域を確保
          }
          for (int i = 0; i < nelem; i++)        // 全要素をコピー
              vec[i] = x.vec[i];
      }
3     return *this;
}
```

代入元のクラス IntArray 型オブジェクトを const 参照として受け取って、代入先のオブジェクトへの参照を返却する仕様です。

それでは、関数の中身を理解していきましょう。

1の if 文では、引数として受け取ったオブジェクトへのポインタ &x と、自分自身へのポインタ this の等価性を判定します。

もし &x と this が等しければ《自己代入》ですから、そうでないときにのみ、実質的な代入処理を行います。

2の if 文では、コピー先である自分自身の配列の要素数と、引数として受け取ったコピー元配列 x の要素数の等価性を判定します。

両者が等しくないときにのみ、配列領域の解放・再確保の処理を行います。

3で関数が返却するのは、*this です。メンバ関数が所属するオブジェクトへの参照の返却を行います。

まとめると、次のようになります。

重要 同一クラスのオブジェクトの値を代入する際に、全メンバのコピーを行うべきでないクラス C には、**代入演算子**を以下の形式で多重定義するとよい。

```
C& C::operator=(const C&)
{
    // ...
    return *this;
}
```

返却するのは、メンバ関数が所属するオブジェクトへの参照である。

▶ 前ページで検討したように、“x = y = z;” は、以下のように解釈されます。

x.operator=(y.operator=(z));

本ページに示した代入演算子は *this を返却するため、網かけ部が y への参照となり、うまくいきます。

コピーコンストラクタの多重定義

ここまで同一型の値の《**代入**》について検討しました。《**初期化**》はどうでしょうか。以下のコードで考えましょう。

```
IntArray x(12);
IntArray y = x;            // yをxで初期化
```

*y*は*x*で初期化されており、*x*のデータメンバ*nelem*と*vec*の値が、*y*のメンバ*nelem*と*vec*にコピーされます。というのも、"全データメンバの値をメンバ単位でコピーする"コピーコンストラクタが、暗黙のうちに提供されるからです（第2章）。

その結果、二つのポインタ*y.vec*と*x.vec*が同一領域を指すことになり、**代入演算子を明示的に多重定義していない場合と同じ問題が生じます。**

*

クラス*IntArray*のオブジェクトを、同じ*IntArray*型の値で初期化できるようにするには、**コピーコンストラクタを多重定義する必要があります。**

以下に示すのが、クラス*IntArray*のコピーコンストラクタの定義です。

```
IntArray::IntArray(const IntArray& x)
{
    if (&x == this) {                      // 初期化子が自分自身であれば…
        nelem = 0;
        vec = NULL;
    } else {
        nelem = x.nelem;                   // 要素数をxと同じにする
        vec = new int[nelem];              // 配列本体を確保
        for (int i = 0; i < nelem; i++)    // 全要素をコピー
            vec[i] = x.vec[i];
    }
}
```

このコピーコンストラクタが**明示的コンストラクタ**ではないことに注意しましょう。その理由は、以下の宣言を検討すると、すぐに理解できます。

```
1 IntArray a(12);
2 IntArray b = a;
```

もしコピーコンストラクタが明示的コンストラクタであれば、2がコンパイルエラーとなってしまいます（もちろん明示的コンストラクタでなければエラーとはなりません）。

重要 同一クラスのオブジェクトの値で初期化する際に全データメンバの値をコピーすべきでないクラス*C*には、以下の形式の**コピーコンストラクタ**を定義する。

```
C::C(const C&);
```

コピーコンストラクタを明示的に多重定義すれば、"全データメンバの値をメンバ単位でコピーする"コピーコンストラクタが、コンパイラによって暗黙のうちに提供されるのを抑止できます。

代入演算子とコピーコンストラクタを追加して、整数配列クラスを改良しましょう。

クラス *IntArray* 第３版のヘッダ部を **List 4-4** に、ソース部を **List 4-5** に示します。

List 4-4 IntArray03/IntArray.h

```
// 整数配列クラスIntArray（第３版：ヘッダ部）

#ifndef ___Class_IntArray
#define ___Class_IntArray

//===== 整数配列クラス ======//
class IntArray {
    int nelem;          // 配列の要素数
    int* vec;           // 先頭要素へのポインタ

public:
    //--- 明示的コンストラクタ ---//
    explicit IntArray(int size) : nelem(size) { vec = new int[nelem]; }

    //--- コピーコンストラクタ ---//
    IntArray(const IntArray& x);

    //--- デストラクタ ---//
    ~IntArray() { delete[] vec; }

    //--- 要素数を返す ---//
    int size() const { return nelem; }

    //--- 代入演算子= ---//
    IntArray& operator=(const IntArray& x);

    //--- 添字演算子[] ---//
    int& operator[](int i) { return vec[i]; }

    //--- const版添字演算子[] ---//
    const int& operator[](int i) const { return vec[i]; }
};

#endif
```

List 4-5 IntArray03/IntArray.cpp

```
// 整数配列クラス（第３版：ソース部）

#include <cstddef>
#include "IntArray.h"

//--- コピーコンストラクタ ---//
IntArray::IntArray(const IntArray& x)
{
    if (&x == this) {                       // 初期化子が自分自身であれば…
        nelem = 0;
        vec = NULL;
    } else {
        nelem = x.nelem;                    // 要素数をxと同じにする
        vec = new int[nelem];               // 配列本体を確保
        for (int i = 0; i < nelem; i++)     // 全要素をコピー
            vec[i] = x.vec[i];
    }
}

//--- 代入演算子 ---//
IntArray& IntArray::operator=(const IntArray& x)
{
    if (&x != this) {                       // 代入元が自分自身でなければ…
        if (nelem != x.nelem) {             // 代入前後の要素数が異なれば…
            delete[] vec;                   // もともと確保していた領域を解放
            nelem = x.nelem;                // 新しい要素数
            vec = new int[nelem];           // 新たに領域を確保
        }
        for (int i = 0; i < nelem; i++)     // 全要素をコピー
            vec[i] = x.vec[i];
    }
    return *this;
}
```

List 4-6 に示すのが、クラス *IntArray* 第3版を利用するプログラム例です。

List 4-6 IntArray03/IntArrayTest.cpp

```
// 整数配列クラスIntArray（第3版）の利用例

#include <iomanip>
#include <iostream>
#include "IntArray.h"

using namespace std;

int main()
{
    int n;
    cout << "aの要素数：";
    cin >> n;

    IntArray a(n);          // 要素数nの配列

    for (int i = 0; i < a.size(); i++)
        a[i] = i;

    IntArray b(128);        // 要素数128の配列
    IntArray c(256);        // 要素数256の配列

    cout << "bとcの要素数は" << b.size() << "と" << c.size();
    c = b = a;                          // 代  入
    cout << "から" << b.size() << "と" << c.size() << "に変わりました。\n";

    IntArray d = b;                     // 初期化

    cout << "    a    b    c    d\n";
    cout << "--------------------\n";
    for (int i = 0; i < n; i++) {
        cout << setw(5) << a[i] << setw(5) << b[i]
             << setw(5) << c[i] << setw(5) << d[i] << '\n';
    }
}
```

実行例

```
aの要素数：8
bとcの要素数は128と256か
ら8と8に変わりました。
    a    b    c    d
--------------------
    0    0    0    0
    1    1    1    1
    2    2    2    2
    3    3    3    3
    4    4    4    4
    5    5    5    5
    6    6    6    6
    7    7    7    7
```

このプログラムでは、三つの *IntArray* 型の配列 a, b, c を使っています。

配列 a の要素数 n はキーボードから読み込みます。一方、配列 b と c の要素数は、定数値 128 と 256 です。配列 a を b に代入し、さらに代入後の b を c に代入する c = b = a によって、配列 b と c の要素数が 128 と 256 から n に変わります。第3版で定義した**代入演算子**が正しく働いていることが確認できます。

また、配列 d は b で初期化されています。やはり第3版で定義した**コピーコンストラクタ**が正しく働いていることが確認できます。

Column 4-3 デストラクタ呼出しの順序

データメンバの初期化は、コンストラクタ初期化子の順序とは無関係に、“クラス定義における**データメンバの宣言順**” に行われます（**Column 2-4**：p.57）。

デストラクタの実行の順は逆です。すなわち、“クラス定義における**データメンバの宣言の逆順**” にデストラクタが呼び出されて破棄されます。

4-3 例外処理の基礎

予期せぬ状況に遭遇した際に、柔軟に対処できるようにするための手段の一つが、例外処理です。本節では、例外処理の基本的な事項を学習します。

エラーに対する対処

クラス *IntArray* 型の配列要素に対する以下の代入を考えましょう。

```
IntArray x(15);           // xは要素数15の配列
x[24] = 256;              // 実行時エラー：添字がオーバしている!!
```

配列の領域を越えた不正な書込みが行われます。文法的に正しくコンパイルできるプログラムが、必ずしも論理的に正しいとは限りません。

このようなエラーに対する、最も簡単な対処法は、次の方針を採用することです。

何も対処を行わない。

すなわち、クラスの開発者も利用者も、実行時エラーの発生に対して無頓着（むとんちゃく）になります。いわゆる“普通の配列”は、そのように実現されています。

```
int a[15];                // aは要素数15の配列
a[24] = 256;              // 実行時エラー：プログラマが悪いんだよ!?
```

それに準じましょう。… しかし、これだと話が進みません。

配列の範囲を越えるアクセスは、容易にチェックできます。演算子関数 **operator[]** の中に **if** 文による条件判定を加えるだけです。

```
int& IntArray::operator[](int i)
{
    if (i < 0 || i >= nelem)
        // エラー発生に対する何らかの“対処”
    else
        return vec[i];
}
```

エラー発生の際は、具体的にどのような“対処”を行えばよいでしょうか。たとえば、次のような方策が考えられます。

1. プログラムを強制的に終了する。
2. エラーが発生したことを画面に表示して処理を続行する。
3. エラーの内容をファイルに書き込んでプログラムを終了する。

 ⋮

このような方策の中から対処法を一意に決めたら、どうなるでしょう。

不正な添字によるアクセスの検出時に、1のようにプログラムを強制終了するクラスを作るのは簡単です（標準ライブラリである **exit** 関数を呼び出すだけです）。

もっとも、**すべての利用者が、そのような解決法を望んでいるとは限りません。**

配列に限らず、関数やクラスなどの《部品》を開発する際には、次のような壁にぶつかります。

エラーの発生を見つけるのは容易だが、そのエラーに対してどのように対処すべきであるのかの決定が、困難あるいは不可能である。

というのも、**エラーに対する対処法は、部品の開発者ではなく利用者によって決められるべき場合が多い**からです。部品の利用者が、状況に応じた対処法を決定できるようにすれば、ソフトウェアは柔軟になります。

例外処理

エラー対処のジレンマを解消する手段が、**例外処理**（*exception handling*）です。たとえば、配列用の記憶域確保に失敗した際に“対処”するコードは、**Fig.4-6** のようになります。

プログラムの部品内で、何かうまく処理できそうにないことに遭遇すると、そのことが例外（*exception*）**として送出**（*throw*）**されます**（new 演算子が記憶域の確保に失敗した際は、*bad_alloc* という例外が送出されます）。

例外処理の構造

```
try {
    double* a = new double[30000];
}
catch (bad_alloc) {
    cout << "配列の生成に…";
    return 1;
}
```

以下のことを試してみる

もし生成エラー bad_alloc をキャッチしたら…

対処する

Fig.4-6 オブジェクト生成失敗時の例外処理

クラス *IntArray* の添字演算子関数では、以下のメッセージを送出すればよさそうです。

添字が配列の範囲を越えていますよ *!!*

発信されたメッセージに対して、何を行うかを決定するのは、部品を利用する側ですから、柔軟に対応できます。

---

a メッセージを無視する。
b メッセージを積極的に捕捉（*catch*）して、自分の好みの対処を行う。
⋮

例外の捕捉

メッセージを積極的に**捕捉**する意志を示すのが**try**です。tryに続くブロック{}である**tryブロック**で例外に出会ったら、続く**catch**でその例外を捕捉します。

捕捉した例外への対処を行う**catch {}**の部分が**例外ハンドラ**（*exception handler*）です。連続して複数置けるため、一般的な構造は**Fig.4-7**のようになります。

▶ 例外ハンドラは、必ずtryブロックの直後に置かなければなりません。

例外を積極的に監視して捕捉する

```
try {
    // tryブロック：何か行う（送出された例外を捕捉）
}
1 catch (ExpA) {
    // 例外ExpAに対する例外ハンドラ
}
2 catch (ExpB) {
    // 例外ExpBに対する例外ハンドラ
}
3 catch (...) {
    // ExpA，ExpB以外の例外に対する例外ハンドラ
}
```

Fig.4-7　tryブロックと例外ハンドラの一般的な形式

先頭の例外ハンドラは例外*ExpA*を捕捉し、２番目の例外ハンドラは例外*ExpB*を捕捉します。最後のハンドラの“...”は、**未捕捉のすべての例外**を捕捉するための記号です。

Fig.4-8は、例外の《**送出**》と《**捕捉**》を、ボールを“**投げる**”と“**キャッチする**”にたとえた図です。

図の左端からボールが投げられます。*ExpA*のボールだけをキャッチするキャッチャー、*ExpB*のボールだけをキャッチするキャッチャーがいます。

なお、それ以外のボールは最後のキャッチャーがキャッチします。

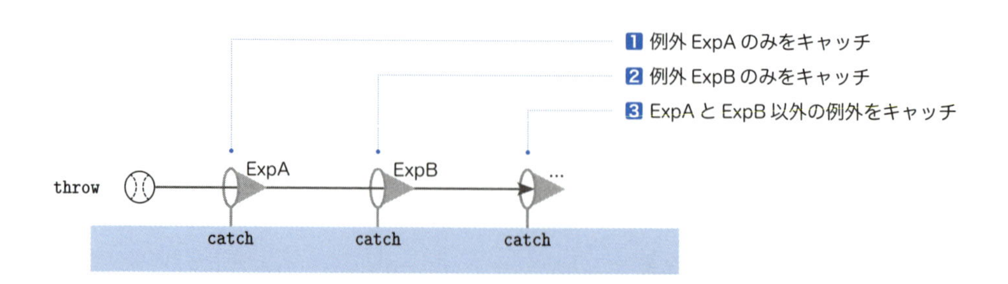

Fig.4-8　送出された例外の捕捉

ここに示したのは、送出された**すべての例外を捕捉**する例でした。例外を捕捉しなかったり、捕捉が漏れたりした場合を含めて、一般的な場合を考えましょう。

例外が送出されると、その例外を捕捉できる最も近い場所にある例外ハンドラに、その例外のコピーが渡されます。そして、プログラムの流れは、例外が発生した場所から、ハンドラへと移ります。

なお、“最も近い場所” とは、ソースプログラム上での距離でなく、プログラムの流れの上での距離です。

＊

ここでは、右に示すプログラム部分を例に考えていきましょう。

この図における例外の送出と捕捉を示したのが **Fig.4-9** です。

関数 *abc* の実行中に例外 *ErrA* が送出されたとします。その例外 *ErrA* は、例外ハンドラ**1**で捕捉されて対処されますので、関数 *def* 内の例外ハンドラ**2**では捕捉されません。

ただし、*ErrA* 以外の例外は、すべて**1**を素通りします。

そのため、もし送出された例外が *ErrB* であれば、関数 *def* 内の例外ハンドラ**3**で捕捉されます。

```
void abc(IntArray& x)
{
    try {
        g(x);
    }
    catch (ErrA) {
1       // 例外ErrAをキャッチ
    }
}

void def(IntArray& x)
{
    try {
        abc(x);
    }
    catch (ErrA) {
2       // 例外ErrAはキャッチできない
    }
    catch (ErrB) {
3       // 例外ErrBはキャッチできる
    }
}
```

もちろん、*ErrA* と *ErrB* 以外の例外は、素通りします。もしプログラムの流れが関数 *xyz* に移って、そこに *ErrC* に対する例外ハンドラがあれば、例外 *ErrC* はそのハンドラで捕捉されます。

▶ なお、例外ハンドラ中で『ここでは例外に対する処理を完結できない。』と判断した場合は、`throw` によって例外を再送出することも可能です（詳細は第 9 章で学習します）。

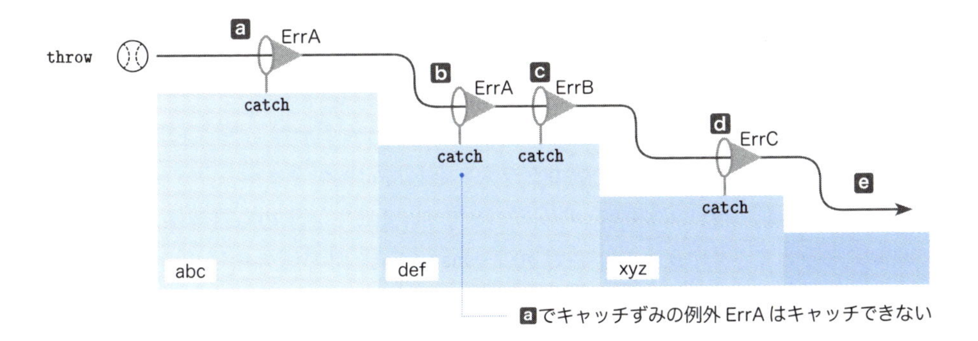

Fig.4-9 関数をまたがる例外の捕捉の様子

例外の送出

ここまでは、例外を捕捉して対処する方法でした。次に学習するのは、例外を**送出**する方法です。例外の送出は**throw 式**（*throw expression*）によって行います。

List 4-7 に示すのが、例外の送出と捕捉を行うプログラム例です。

List 4-7 chap04/throw.cpp

```
// 例外の送出と捕捉

#include <new>
#include <iostream>

using namespace std;

//=== オーバフロークラス ===//
class OverFlow { };

//--- xの２倍を返す ---//
int f(int x)
{
    if (x < 0)
        throw "おかしい。値が負になっています。\n";
    else if (x > 30000)
        throw OverFlow();
    else
        return 2 * x;
}

int main()
{
    int a;
    cout << "整数：";
    cin >> a;

    try {
        int b = f(a);
        cout << "その数の２倍は" << b << "です。\n";
    }
    catch (const char* str) {          // 文字列の例外を捕捉
        cout << "例外発生：" << str;
    }
    catch (OverFlow) {                 // OverFlow型の例外はここで捕捉
        cout << "オーバフローしました。プログラムを終了します。\n";
        return 1;
    }
}
```

const char* 型の例外を送出

OverFlow 型の例外を送出

例外は送出されない

実行例1
```
整数：-1
例外発生：おかしい。値が負になっています。
```

実行例2
```
整数：32767
オーバフローしました。プログラムを終了します。
```

実行例3
```
整数：5
その数の２倍は10です。
```

クラス OverFlow は、例外を表すクラスです。このような、発生したことだけを伝えればよい例外は、メンバをもたない“空のクラス”として定義できます。

関数 *f* が行うのは、*x* の２倍の値を求めることです。ただし、求める対象は 0 〜 30000 に限定します。そして、*x* が 0 より小さければ **const char*** 型の例外を送出し、*x* が 30000 より大きければクラス OverFlow 型の例外を送出します。

関数 *f* で送出された例外は、**main** 関数の中で、型に応じて捕捉されます。**throw** で送出されたオブジェクトの型に応じて、どのハンドラが例外を受け取るかが決定されます。

例外指定

関数を定義する際は、その関数が送出する可能性のある例外を明示できます。以下に示すのが、その形式です。

```
//---- 送出する例外を含む関数の定義 ---//
返却値型 関数名(仮引数の宣言) throw(例外型の並び)
{
    // ...
}
```

この関数の網かけ部は、**例外指定**（*exception specification*）と呼ばれます。

() の中の“例外型の並び”は、その関数が送出する可能性がある例外の型名（複数ある場合は、コンマで区切って並べたもの）です。なお、いかなる例外も送出しない場合は、() の中を空にします。

たとえば、関数 *f* は、`const char*` 型の例外と *Overflow* 型の例外を送出する可能性がありますので、以下のように宣言します。

```
int f(int x) throw(const char*, Overflow)
{
    if (x < 0)
        throw "おかしい。値が負になっています。\n";
    else if (x > 30000)
        throw Overflow();
    else
        return 2 * x;
}
```

これで、『関数 *f* は、`const char*` と *Overflow* 型の 2 種類の例外のみを送出する可能性がありますよ。』と表明できます。

なお、これら以外の型の例外を関数 *f* の中で送出しようとすると、***bad_exception*** 例外が送出されて ***unexpected*** 関数が呼び出されます。

例外の型のチェックは、コンパイル時ではなく実行時に行われます。***bad_exception*** 例外と ***unexpected*** 関数については、p.298 で詳しく学習します。

▶ C++11 からは、例外指定の宣言は推奨されません。

Column 4-4 **関数本体を通しての例外の捕捉**

メンバ関数やコンストラクタを含む関数の本体全体で例外処理を行う必要がある場合は、関数本体そのものを、`try` ブロックと例外ハンドラとで構成できます。

以下に示すのが、その一例です（p.141 に示した関数 abc を書きかえたものです）。

```
//--- 関数本体がtryブロック＋例外ハンドラとなった関数 ---//
void abc(IntArray& x) try {
    g(x);
} catch (ErrA) {
    // 例外ErrAをキャッチ
}
```

不正な添字によるアクセスに対して例外を送出するように、整数配列クラスを改良しましょう。**List 4-8** に示すのが、整数配列クラス *IntArray* 第４版のヘッダ部です。

▶ ソース部は第３版から変更ありませんので省略します（"IntArray04/IntArray.cpp"）。

List 4-8 IntArray04/IntArray.h

```
// 整数配列クラスIntArray（第４版：ヘッダ部）

#ifndef ___Class_IntArray
#define ___Class_IntArray

//===== 整数配列クラス ======//
class IntArray {
    int nelem;      // 配列の要素数
    int* vec;       // 先頭要素へのポインタ

public:
    //----- 添字範囲エラー -----//
    class IdxRngErr {
    private:
        const IntArray* ident;
        int idx;
    public:
        IdxRngErr(const IntArray* p, int i) : ident(p), idx(i) { }
        int index() const { return idx; }
    };

    //--- 明示的コンストラクタ ---//
    explicit IntArray(int size) : nelem(size) { vec = new int[nelem]; }

    //--- コピーコンストラクタ ---//
    IntArray(const IntArray& x);

    //--- デストラクタ ---//
    ~IntArray() { delete[] vec; }

    //--- 要素数を返す ---//
    int size() const { return nelem; }

    //--- 代入演算子= ---//
    IntArray& operator=(const IntArray& x);

    //--- 添字演算子[] ---//
    int& operator[](int i) {
        if (i < 0 || i >= nelem)
            throw IdxRngErr(this, i);               // 添字範囲エラー送出
        return vec[i];
    }

    //--- const版添字演算子[] ---//
    const int& operator[](int i) const {
        if (i < 0 || i >= nelem)
            throw IdxRngErr(this, i);               // 添字範囲エラー送出
        return vec[i];
    }
};

#endif
```

入れ子クラス

添字として範囲外の値を受け取った添字演算子関数 **operator[]** が送出するのが、クラス *IdxRngErr* 型の例外です。このクラスは、クラス *IntArray* のみで利用することを前提としているためクラス *IntArray* の中で定義しています。

クラス *IdxRngErr* のように、別のクラス内で定義されたクラスのことを、**入れ子クラス**（*nested class*）といいます。なお、入れ子クラスの有効範囲は、それを囲んでいるクラスの有効範囲の中に入ります。

クラス *IdxRngErr* には、二つのデータメンバがあります。

- *ident* … 例外を送出したオブジェクトへのポインタ。
- *idx* … 例外を送出するきっかけとなった添字の値。

コンストラクタは、これらの二つのデータメンバに対して、引数として受け取った値をそのまま設定します。

また、メンバ関数 *index* は、データメンバ *idx* のゲッタです。この関数を呼び出すことによって、例外が発生するきっかけとなった添字の値が調べられます。

＊

実際に例外を送出するのが、クラス *IntArray* の添字演算子関数 `operator[]` です。

```
int& operator[](int i) {
    if (i < 0 || i >= nelem)
        throw IdxRngErr(this, i);
    return vec[i];
}
```

網かけ部でクラス *IdxRngErr* 型のコンストラクタを呼び出すことによって、クラス *IdxRngErr* 型の一時オブジェクトを生成します。

このとき、一時オブジェクトのデータメンバ *ident* と *idx* には、添字演算子関数の呼出し元オブジェクトへのポインタ `this` と、添字 *i* の値が格納されます。

生成した一時オブジェクトを `throw` するわけですから、クラス *IdxRngErr* 型オブジェクトが、例外として送出されます。

▶ `const` 版の添字演算子 `[ ]` も同様です。

Column 4-5　デフォルト（default）の意味

C++ では、関数の引数のデフォルト値、デフォルトコンストラクタなど、**デフォルト**（*default*）という言葉が多用されます。

辞書レベルでの default の意味は、名詞としては『不履行』『怠慢（たいまん）』『債務不履行』『欠席』『欠場』であり、動詞としては『義務を怠る』『債務を履行しない』『欠席する』です。

ところが、IT 業界では、『最初から（初期状態で）設定されている値』『特に指定しなければ採用される値』といった、『既定』に近いニュアンスで使われます。

“怠慢をして（わざわざ値を渡さなくて）も設定されるため”、この言葉が当てられるようになり、広く使われています。

List 4-9 に示すのが、整数配列クラス *IntArray* 第４版を利用するプログラム例です。要素数 *size* の配列を作って、先頭 *num* 個の要素に値を代入します。

そのため、*num* の値が *size* より大きければ、配列の領域を越えるアクセスが行われて例外が送出される仕組みとなっています。

List 4-9 IntArray04/IntArrayTest.cpp

```
// 整数配列クラスIntArray（第４版）の利用例

#include <new>
#include <iostream>
#include "IntArray.h"

using namespace std;

//--- 要素数sizeの配列にnum個のデータを代入して表示 --//
void f(int size, int num)
{
    try {
        IntArray x(size);
        for (int i = 0; i < num; i++) {
            x[i] = i;
            cout << "x[" << i << "] = " << x[i] << '\n';
        }
    }

    catch (const IntArray::IdxRngErr& x) {
        cout << "添字オーバフロー：" << x.index() << '\n';
        return;
    }

    catch (bad_alloc) {
        cout << "メモリの確保に失敗しました。\n";
        exit(1);                    // 強制終了
    }
}

int main()
{
    int size, num;

    cout << "要素数：";
    cin >> size;

    cout << "データ数：";
    cin >> num;

    f(size, num);

    cout << "main関数終了。\n";
}
```

実行例1

```
要素数：5
データ数：5
x[0] = 0
x[1] = 1
x[2] = 2
x[3] = 3
x[4] = 4
main関数終了。
```

実行例2

```
要素数：5
データ数：6
x[0] = 0
x[1] = 1
x[2] = 2
x[3] = 3
x[4] = 4
添字オーバフロー：5
main関数終了。
```

クラス *IdxRngErr* のオブジェクトへの参照を捕捉するのが網かけ部です。

▶ クラス *C* 中で定義された、クラス有効範囲をもつ識別子 *id* は、クラスの外部から *C*::*id* でアクセスできますので、クラス *IntArray* の有効範囲内に入っている *IdxRngErr* を外部からアクセスする式は *IntArray*::*IdxRngErr* となります。

例外が送出されるきっかけとなった添字は、*x* の参照するオブジェクトに格納されています。その値をメンバ関数 index を呼び出すことによって調べた上で表示します。

Column 4-6 ポインタと配列

ポインタと配列の密接な関係について学習しましょう。

ここでは、要素型が int 型で、要素数が５の配列 a と、その a で初期化された int* 型のポインタ p を例にとります（Fig.4C-1）。

添字演算子 [ ] を伴わない配列名は、原則として、**その配列の先頭要素へのポインタ**と解釈されます。単なる a が &a[0] とみなされるため、ポインタ p は、配列 a ではなく、先頭要素 a[0] を指すように初期化されます。すなわち、p と a は、ともに a[0] を指すポインタです。

さて、一般に、ポインタ *ptr* が配列内のある要素 *e* を指すとき、以下の規則が成立します。

- *ptr* + *i* は、*e* の *i* 個だけ後方の要素を指すポインタとなる。
- *ptr* - *i* は、*e* の *i* 個だけ前方の要素を指すポインタとなる。

ポインタ p は a[0] を指していますから、p + 0, p + 1, p + 2, … は、それぞれ a[0], a[1], a[2] … を指します。同様に、a も a[0] を指していますので、a + 0, a + 1, a + 2, … は、それぞれ a[0], a[1], a[2] … を指します。

ポインタ *ptr* がオブジェクト *x* を指すとき、**ptr* は *x* のエイリアス（別名）になるという規則を、配列内の要素を指すポインタ *p* + *i* に応用すると、間接演算子 * を適用した式 *(*p* + *i*) は、*p* が指す要素の *i* 個後ろの要素のエイリアスとなります（たとえば、*(p + 2) は、a[2] のエイリアスです）。

もちろん、a も a[0] を指していますから、*(a + 2) も a[2] のエイリアスです。

さらに、配列内の要素を指すポインタについては、以下に示す重要な規則があります。

- *(*p* + *i*) は *p*[*i*] と表記できる。

すなわち、a[2] の別名である *(p + 2) は、p[2] と表記できます。

また、+ 演算子と [ ] 演算子のオペランドの順序は任意です（*c* + *d* と *d* + *c* は等価です）から、以下の８個の式はすべて同じものとなります。

a[2]　2[a]　p[2]　2[p]　*(p + 2)　*(2 + p)　*(a + 2)　*(2 + a)

なお、配列内の要素を指すポインタをインクリメントすると１個後方の要素を指すように更新され、デクリメントすると１個前方の要素を指すように更新されます。

また、同一配列内の要素へのポインタどうしを減算すると、それらが何要素分だけ離れているのかが、**<cstddef> ヘッダ**で定義されている符号付き整数型 **ptrdiff_t 型**の値として得られます。

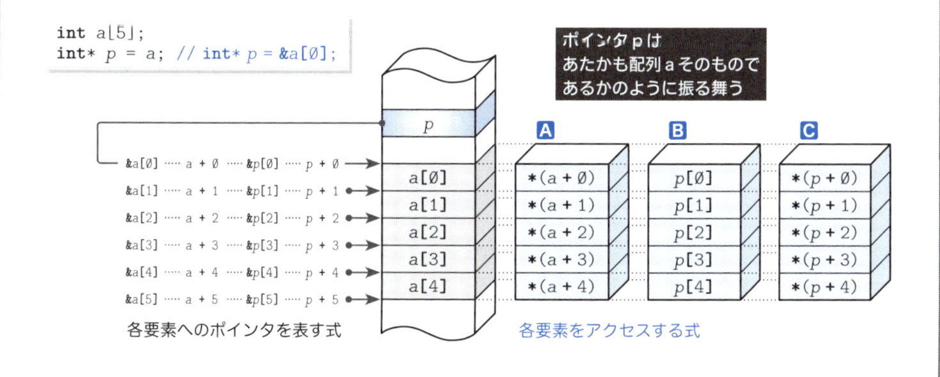

Fig.4C-1　ポインタと配列

まとめ

- 単一の実引数でのオブジェクトの構築・初期化を ( ) 形式のみに限定するには、コンストラクタの宣言に **explicit** を付けて、**明示的コンストラクタ**にするとよい。明示的コンストラクタは、= 形式によるオブジェクトの構築・初期化を抑止する。

- コンストラクタやメンバ関数で **new** 演算子によって確保した動的記憶域期間をもつ領域は、オブジェクトが破棄される際に自動的には解放されない。

- **デストラクタ**は、オブジェクトの生存期間がつきて破棄される直前に、自動的に呼び出されるメンバ関数である。引数を受け取らず返却値をもたない。多重定義することもできない。

- コンストラクタやメンバ関数で **new** 演算子によって確保した動的記憶域期間をもつ領域の解放などの処理は、デストラクタで行うとよい。

- 外部の**資源**を利用するクラスでは、オブジェクト生成時に必要な資源を確保して、オブジェクト破棄時に資源を確実に解放する**資源獲得時初期化**＝ RAII を実現すべきである。

- デストラクタを定義しないクラスには、本体が空であって引数を受け取らない、**public** かつ **inline** の**デフォルトデストラクタ**が、コンパイラによって自動的に定義される。

- 同一型オブジェクトの値によるオブジェクトの構築・初期化において全データメンバをコピーすべきでないクラスに対しては、**コピーコンストラクタ**を定義しなければならない。

- 同一型のクラスオブジェクトの代入において、全データメンバの値を単純にコピーすべきでないクラスに対しては、**代入演算子**をメンバ関数として多重定義しなければならない。

- 代入演算子を定義する場合、**自己代入**に対処する必要がある。自己代入であるかどうかは、所属するオブジェクトへのポインタ **this** と、代入元オブジェクトへのポインタとの等価性で判定できる。

- 関数やクラスなどの部品では、エラー発生の際の対処を一意に決められない。というのも、エラーに対する対処は、部品を利用する側が決める場合が多いからである。

- **例外処理の**メカニズムを導入すると、エラーに対する対処の決定を、部品の利用側で柔軟に決定できる。

- 関数やクラスなどの部品の実行中に、対処できないエラーに遭遇した場合は、**throw 式**で例外を**送出**して、部品の呼出し側に知らせることができる。

- 部品の利用側では、送出された例外を、**try ブロック**と**例外ハンドラ**で**捕捉**する。

- 別のクラス内で定義されたクラスのことを、**入れ子クラス**と呼ぶ。入れ子クラスの有効範囲は、それを囲んでいるクラスの有効範囲の中に入る。

chap04/IntStack.h

```
#ifndef ___IntStack
#define ___IntStack

#include <iostream>

//--- 整数スタッククラス ---//
class IntStack {
    int nelem;          // スタックの容量（配列の要素数）
    int* stk;           // 先頭要素へのポインタ
    int ptr;            // スタックポインタ（現在積まれているデータ数）

public:
    //--- 明示的コンストラクタ ---//
    explicit IntStack(int sz) : nelem(sz), ptr(0) { stk = new int[nelem]; }

    IntStack(const IntStack& x) {              //--- コピーコンストラクタ ---//
        nelem = x.nelem;                        // 容量をxと同じにする
        ptr = x.ptr;                            // スタックポインタを初期化
        stk = new int[nelem];                   // 配列本体を確保
        for (int i = 0; i < nelem; i++)         // 全要素をコピー
            stk[i] = x.stk[i];
    }

    ~IntStack() { delete[] stk; }              //--- デストラクタ ---//

    int size() const { return nelem; }         //--- 容量を返す ---//

    bool empty() const { return ptr == 0; }    //--- スタックは空か？ ---//

    IntStack& operator=(const IntStack& x) {   //--- 代入演算子= ---//
        if (&x != this) {                       // 代入元が自分自身でなければ…
            if (nelem != x.nelem) {             // 代入前後の要素数が異なれば…
                delete[] stk;                   // もともと確保していた領域を解放
                nelem = x.nelem;                // 新しい容量
                ptr = x.ptr;                    // 新しいスタックポインタ
                stk = new int[nelem];           // 新たに領域を確保
            }
            for (int i = 0; i < ptr; i++)       // 積まれている要素をコピー
                stk[i] = x.stk[i];
        }
        return *this;
    }

    //--- プッシュ：末尾にデータを積む ---//
    void push(int x) { if (ptr < nelem) stk[ptr++] = x; }

    //--- ポップ：末尾に積まれているデータを取り出す ---//
    int pop() { if (ptr > 0) return stk[--ptr]; else throw 1; }
};

#endif
```

chap04/IntStackTest.cpp

```
#include <iostream>
#include "IntStack.h"

using namespace std;

int main()
{
    IntStack s1(5);         // 容量5のスタック
    s1.push(15);            // s1 = {15}
    s1.push(31);            // s1 = {15, 31}

    IntStack s2(1);         // 容量1のスタック
    s2 = s1;                // s2にs1がコピーされる（s2の容量は5に変更される）
    s2.push(88);            // s2 = {15, 31, 88}

    IntStack s3 = s2;       // s3はs2のコピー
    s3.push(99);            // s3 = {15, 31, 88, 99}

    cout << "スタックs3に積まれているデータをすべてポップします。\n";
    while (!s3.empty())                 // 空でないあいだ
        cout << s3.pop() << '\n';       // ポップして表示
}
```

実行結果

```
スタックs3に積まれているデータ
をすべてポップします。
99
88
31
15
```

第5章

継　承

本章では、既存クラスの資産をそっくり《継承》しながら新しいクラスを作る《派生》を学習します。

- クラスの派生と継承
- 基底クラス（上位クラス）と派生クラス（下位クラス）
- クラス階層図
- 派生の形態（private 派生／protected 派生／public 派生）
- 基底クラス部分オブジェクト
- コンストラクタ初期化子
- 派生とデフォルトコンストラクタ
- スライシング
- 派生クラスオブジェクトの初期化
- コピーコンストラクタと代入演算子とデストラクタ
- 継承による差分プログラミング
- is-A の関係（kind-of-A の関係）
- public 派生とインタフェース継承
- 汎化と特化
- アップキャストとダウンキャスト
- private 派生と実装継承
- 同一名メンバ関数の再定義
- using 宣言／アクセス宣言によるアクセス権の調整
- 派生と静的メンバ

5-1 派生と継承

本節では、既存クラスの資産の《継承》によって、新しいクラスを作り出す《派生》について学習します。

会員クラスの実現

あるスポーツクラブの《会員》を表すクラスを考えていきます。**List 5-1** と **List 5-2** に示すのが、《一般会員クラス》のヘッダ部とソース部です。

▶ 《一般会員クラス》と呼ぶのは、この後で作成する《優待会員クラス》と区別するためです。

List 5-1 Member01/Member.h

```
// 一般会員クラス（第1版：ヘッダ部）

#ifndef ___Member
#define ___Member

#include <string>

//===== 一般会員クラス =====//
class Member {
    std::string full_name;  // 氏名
    int     number;         // 会員番号
    double weight;          // 体重

public:
    //--- コンストラクタ ---//
    Member(const std::string& name, int no, double w);

    //--- 氏名取得（full_nameのゲッタ）---//
    std::string name() const { return full_name; }

    //--- 会員番号取得（numberのゲッタ）---//
    int no() const { return number; }

    //--- 体重取得（weightのゲッタ）---//
    double get_weight() const { return weight; }

    //--- 体重設定（weightのセッタ）---//
    void set_weight(double w) { weight = (w > 0) ? w : 0; }

    //--- 会員情報表示---//
    void print() const;
};

#endif
```

体重が負にならないように調整

クラス Member のデータメンバは、以下の三つです。

- 氏名 full_name
- 会員番号 number
- 体重 weight

コンストラクタは、仮引数 name, no, w に受け取った三つの値で、対応するデータメンバ full_name, number, weight を初期化します。

コンストラクタの他に、5個のメンバ関数が定義されています。氏名を取得するゲッタ name、会員番号を取得するゲッタ no、体重を取得・設定するゲッタ get_weight とセッタ set_weight、会員情報の表示を行う print です。

List 5-2 Member01/Member.cpp

```
// 一般会員クラス（第１版：ソース部）

#include <iostream>
#include "Member.h"

using namespace std;

//--- コンストラクタ ---//
Member::Member(const string& name, int no, double w)
              : full_name(name), number(no)
{
    set_weight(w);                  // 体重を設定
}

//--- 会員情報表示 ---//
void Member::print() const
{
    cout << "No." << number << "：" << full_name << "（" << weight << "kg）\n";
}
```

体重（データメンバ weight）を設定するメンバ関数 set_weight は、weight が負値にならないように調整します（仮引数 w に負値を受け取ったら weight に 0 を代入します）。

コンストラクタ本体の黒網部では、その set_weight に体重の設定を委ねています。

なお、氏名 full_name と会員番号 number の初期化は、青網部のコンストラクタ初期化子で行っています。

*

List 5-3 に示すのが、一般会員クラスを利用するプログラム例です。クラス Member 型のオブジェクトを１個生成して、各ゲッタを呼び出すだけの単純なプログラムです。

List 5-3 Member01/MemberTest.cpp

```
// 一般会員クラス（第１版）の利用例

#include <iostream>
#include "Member.h"

using namespace std;

int main()
{
    Member kaneko("金子健太", 15, 75.2);

    double weight = kaneko.get_weight();      // 金子君の体重を取得
    kaneko.set_weight(weight - 3.7);          // 金子君の体重を更新（3.7kg減量）

    cout << "会員番号" << kaneko.no() << "の" << kaneko.name()
         << "は" << kaneko.get_weight() << "kgです。\n";
}
```

実行結果

```
会員番号15の金子健太は71.5kgです。
```

一般会員の金子健太君を表すのが、クラス Member 型のオブジェクト kaneko です。金子君の会員番号は 15 で、体重は 75.2kg です。ただし、3.7kg の減量を達成したため、メンバ関数 get_weight と set_weight を利用して体重を 71.5kg へと更新しています。

▶ メンバ関数 print を利用するプログラム例は、次章で学習します。

優待会員クラスの実現

さて、スポーツクラブでは、特典付きの《優待会員》の制度が新規に導入されました。会員ごとに内容が異なる特典を **string** 型のデータメンバで表す《優待会員クラス》を作りましょう。

一般会員クラス *Member* をもとにして優待会員クラスを作るのは、簡単です。**ヘッダ部とソース部の各ファイルをコピーして、部分的な追加と変更を施すだけです。**

この手順で作成した“試作版”の優待会員クラスのヘッダ部とソース部を、**List 5-4** と **List 5-5** に示します（便宜的にクラス名を *VipMember0* としています）。

▶ プログラムの追加箇所が青網部で、変更箇所が黒網部です。

List 5-4 Member01/VipMember0.h

Member.hを部分的に書きかえて作成

```
// 試作版・優待会員クラス（ヘッダ部）

#ifndef ___VipMember0
#define ___VipMember0

#include <string>

//===== 試作版・優待会員クラス =====//
class VipMember0 {
    std::string full_name;  // 氏名
    int    number;          // 会員番号
    double weight;          // 体重
    std::string privilege;  // 特典

public:
    //--- コンストラクタ ---//
    VipMember0(const std::string& name, int no, double w, const std::string& prv);

    //--- 氏名取得（full_nameのゲッタ） ---//
    std::string name() const { return full_name; }

    //--- 会員番号取得（numberのゲッタ） ---//
    int no() const { return number; }

    //--- 体重取得（weightのゲッタ） ---//
    double get_weight() const { return weight; }

    //--- 体重設定（weightのセッタ） ---//
    void set_weight(double w) { weight = (w > 0) ? w : 0; }

    //--- 会員情報表示---//
    void print() const;

    //--- 特典取得（privilegeのゲッタ） ---//
    std::string get_privilege() const { return privilege; }

    //--- 特典設定（privilegeのセッタ） ---//
    void set_privilege(const std::string& prv) {
        privilege = (prv != "") ? prv : "未登録";
    }
};

#endif
```

特典を表す **string** 型データメンバ *privilege* の導入に伴って、特典を取得・設定するゲッタ *get_privilege* とセッタ *set_privilege* とを追加しています。

▶ データメンバ *privilege* のセッタであるメンバ関数 *set_privilege* では、仮引数 *prv* に空文字列を受け取った場合は、文字列 "未登録" を *privilege* に代入します。

List 5-5　　Member01/VipMember0.cpp

```
// 試作版・優待会員クラス（ソース部）

#include <string>
#include <iostream>
#include "VipMember0.h"

using namespace std;

//--- コンストラクタ ---//
VipMember0::VipMember0(const string& name, int no, double w, const string& prv)
          : full_name(name), number(no)
{
    set_weight(w);                  // 体重を設定
    set_privilege(prv);             // 特典を設定
}

//--- 会員情報表示 ---//
void VipMember0::print() const
{
    cout << "No." << no() << "：" << name() << " (" << get_weight() << "kg) "
         << "特典＝" << privilege << '\n';
}
```

Member.cppを部分的に書きかえて作成

さらに、コンストラクタの仕様も変更されています。特典用の文字列を受け取る仮引数*prv*が増えるとともに、その値の設定処理が追加されています。

▶ データメンバ*privilege*への値の設定をメンバ関数*set_privilege*に委ねていますので、仮引数*prv*に空文字列を受け取った場合、*privilege*には"未登録"が代入されます。

会員情報を表示するメンバ関数*print*も、特典を表示するように変更されています。

*

試作版・優待会員クラス*VipMember0*を利用するプログラム例を**List 5-6**に示します。

List 5-6　　Member01/VipMember0Test.cpp

```
// 試作版・優待会員クラスの利用例

#include <iostream>
#include "VipMember0.h"

using namespace std;

int main()
{
    VipMember0 mineya("峰屋龍次", 17, 89.2, "会費全額免除");

    double weight = mineya.get_weight();     // 峰屋君の体重を取得
    mineya.set_weight(weight - 15.3);        // 峰屋君の体重を更新（15.3kg減量）

    cout << "会員番号" << mineya.no() << "の" << mineya.name()
         << "は" << mineya.get_weight() << "kgで"
         << "特典は" << mineya.get_privilege() << "です。\n";
}
```

実行結果

```
会員番号17の峰屋龍次は73.9kgで特典は会費全額免除です。
```

優待会員の峰屋龍次君を表すのが、クラス*VipMember0*型のオブジェクト*mineya*です。会員番号は17で、体重は89.2kgであり、特典は"会費全額免除"です。

▶ ただし、峰屋君は15.3kgの減量を達成したため、体重は73.9kgに更新されます。

それでは、一般会員クラス *Member* と優待会員クラス *VipMember0* の両方を利用するプログラムを作ってみましょう。**List 5-7** に示すのが、その一例です。

List 5-7 Member01/SlimOff0.cpp

```
// 一般会員クラス（第１版）と試作版・優待会員クラスの利用例

#include <iostream>
#include "Member.h"
#include "VipMember0.h"

using namespace std;

//--- 一般会員mの減量（体重がdw減る）---//
void slim_off(Member& m, double dw)
{
    double weight = m.get_weight(); // 現在の体重を取得
    if (weight > dw)
        m.set_weight(weight - dw);  // 体重を更新
}

//--- 優待会員mの減量（体重がdw減る）---//
void slim_off(VipMember0& m, double dw)
{
    double weight = m.get_weight(); // 現在の体重を取得
    if (weight > dw)
        m.set_weight(weight - dw);  // 体重を更新
}

int main()
{
    Member kaneko("金子健太", 15, 75.2);                    // 一般会員
    VipMember0 mineya("峰屋龍次", 17, 89.2, "会費全額免除");  // 優待会員

    slim_off(kaneko, 3.7);                     // 金子君が3.7kg減量
    cout << "No." << kaneko.no() << " : " << kaneko.name()
         << " (" << kaneko.get_weight() << "kg) \n";

    slim_off(mineya, 15.3);                    // 峰屋君が15.3kg減量
    cout << "No." << mineya.no() << " : " << mineya.name()
         << " (" << mineya.get_weight() << "kg) "
         << " 特典=" << mineya.get_privilege() << '\n';
}
```

仮引数 m の型のみが異なる関数を別々に作る必要がある

実行結果

```
No.15 : 金子健太 (71.5kg)
No.17 : 峰屋龍次 (73.9kg) 特典=会費全額免除
```

二つの *slim_off* は、会員の減量処理を行う関数です。**実質的に同じ処理を行う関数が各クラスごとに作られて多重定義されています**。このように実現しているのは、関数の処理対象である変数の《型》が異なるからです。

▶ これらの関数の違いは、第１仮引数 m の型のみです。それ以外は、まったく同じです。

＊

一般会員クラスと優待会員クラスの“見かけ”は似ていますが、コンパイラにとって、これら二つのクラスは、何の関係もない、まったく別のクラスです。

同一あるいは類似したクラスを、仕様の異なる別のクラスとして実現すると、**プログラムのあちこちに“似て非なる”クラスが溢れかえってしまい、プログラムの開発効率・保守性が低下します**。

派生と継承

このような問題を解決する手段の一つが、**派生**（*derive*）です。**派生とは、既存クラスの資産を継承**（*inheritance*）**するクラスを作り出すことです。**

▶ 派生の際は、データメンバやメンバ関数などの資産を単純に継承するだけでなく、追加したり、上書き（うわが）きしたりできます。

Fig.5-1 に示すのは、クラス *Base* と、その資産を継承するクラス *Derived* の定義です。クラス *Derived* の定義における、クラス名 *Derived* の後ろのコロン記号：に続く網かけ部の *Base* が、継承元のクラス名です。

基底クラス（派生の元になるクラス）

```
class Base {
    int a;
    int b;
public:
    void func() { /* 中略 */ }
};
```

派生

派生クラス（基底クラスの資産を継承）

基底クラス名

```
class Derived : Base {
    int x;
public:
    void method() { /* 中略 */ }
};
```

Fig.5-1　基底クラスと派生クラス

これら二つのクラスの関係は、以下のように表現します。

クラス *Derived* はクラス *Base* から派生している。

なお、派生の元になるクラスと、派生によって作られたクラスには、以下に示す呼び名があります。

- 派生元のクラス … **基底クラス** ／ **上位クラス** ／ **親クラス** ／ **スーパークラス**
- 派生したクラス … **派生クラス** ／ **下位クラス** ／ **子クラス** ／ **サブクラス**

C++ の世界で最もポピュラーなのは、**基底クラス**（*base class*）と**派生クラス**（*derived class*）です。そのため、「クラス *Base* からクラス *Derived* が派生している」ことは、以下のようにも表現されます。

- クラス *Derived* にとって、クラス *Base* は**基底クラス**である。
- クラス *Base* にとって、クラス *Derived* は**派生クラス**である。

派生クラスは、基底クラスのデータメンバやメンバ関数などの資産を継承しますので、基底クラスのメンバは、派生クラスの中に《**部分**》として含まれます。

▶ 基底クラスで《型》や《列挙定数》などが定義されていれば、それらも資産として継承されます。

基底クラス *Base* と派生クラス *Derived* がもつ資産の概略を表したのが、**Fig.5-2** です。

```
// 基底クラス
class Base {
    int a;
    int b;
public:
    void func() { /* 中略 */ }
};
```

派生

```
// 派生クラス
class Derived : Base {
    int x;
public:
    void method() { /* 中略 */ }
};
```

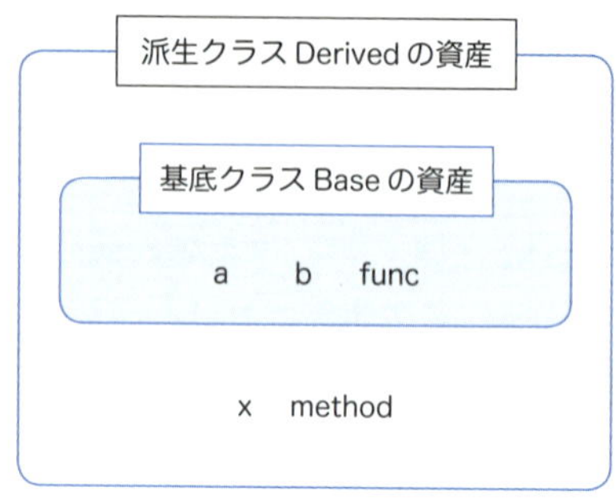

Fig.5-2 基底クラスと派生クラスの資産

この図を見ながら、各クラスの資産を確認しましょう。

- 基底クラス *Base*

データメンバは a と b の 2 個で、メンバ関数は *func* の 1 個のみです。

- 派生クラス *Derived*

クラス定義では、データメンバ x とメンバ関数 *method* だけが宣言・定義されています。とはいえ、クラス *Base* のデータメンバとメンバ関数を継承しているため、それらを合わせると、データメンバは 3 個で、メンバ関数は 2 個です。

重要 **派生クラス（下位クラス）は、基底クラス（上位クラス）の資産を継承するとともに、それを部分として含むクラスである。**

▶ コンパイラによって自動的に定義されるデフォルトコンストラクタ・デフォルトデストラクタ・代入演算子なども、各クラスの資産として含まれます（この図では省略しています）。
なお、派生によって、フレンド関係が継承されることはありません。

Column 5-1 **基底クラスと派生クラス**

C++ 以外のオブジェクト指向プログラミング言語では、派生クラスを**サブクラス**（*sub class*）と呼び、基底クラスを**スーパークラス**（*super class*）と呼ぶのが一般的です。

sub は『部分』という意味で、super は『部分を含んだ全体・完全』という意味です。《資産》の量という観点では、基底クラスは派生クラスの《部分》であり、sub や super のニュアンスとは反対です。このような紛らわしさを避けるため、C++ では、サブクラス／スーパークラスと呼ばずに、派生クラス／基底クラスと呼んでいます。

クラス階層図

派生クラスは、基底クラスから生まれた“子供”のようなものであり、その親子関係を表すのが、**Fig.5-3** に示す**クラス階層図**です。

派生クラス *Derived* の定義の“ : *Base*”の部分は、

『私の親はクラス *Base* です。』

という表明です。

すなわち、親であるクラス *Base* の知らないところで、子供が作られます。

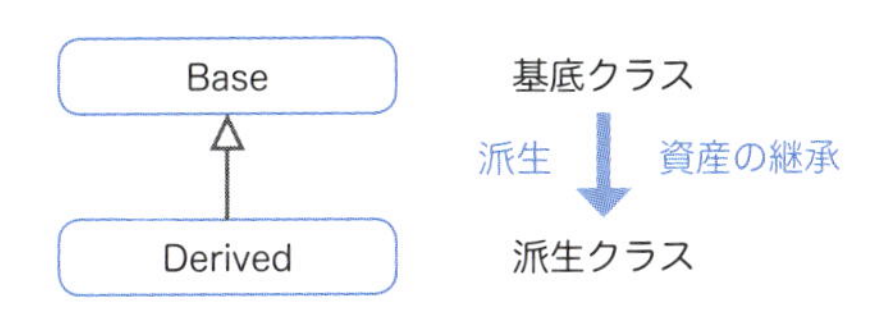

Fig.5-3 クラス階層図と資産の継承

子供（派生クラス）は親（基底クラス）を知っている一方で、親（基底クラス）は子供（派生クラス）を知りません。子供がいるのか、いるのであれば何人いるのか、といった情報を、親はもつことができません。基底クラス側で『このクラスを私の子供にします。』といった宣言は不可能です。

そのため、**矢印の向きは《派生クラス→基底クラス》となります。**

＊

さて、**派生は、1回に限定されず、何回も行えます。**

Fig.5-4 の具体例で考えましょう。クラス *A* からクラス *B* が派生し、クラス *B* からクラス *C* とクラス *D* が派生しています。クラス *B* はクラス *A* の子であり、クラス *C* とクラス *D* はクラス *B* の子です。すなわち、クラス *C* とクラス *D* はクラス *A* の孫です。

直接の親となるクラスを**直接基底クラス**（*direct base class*）と呼び、直接の親ではないものの先祖に当たるクラスを**間接基底クラス**（*indirect base class*）と呼びます。

たとえば、クラス *D* にとって、クラス *B* は直接基底クラスであって、クラス *A* は間接基底クラスです。

さらに、このことは、「クラス *D* はクラス *A* から**間接派生**している」、あるいは、「クラス *B* から**直接派生**している」と表現されます。

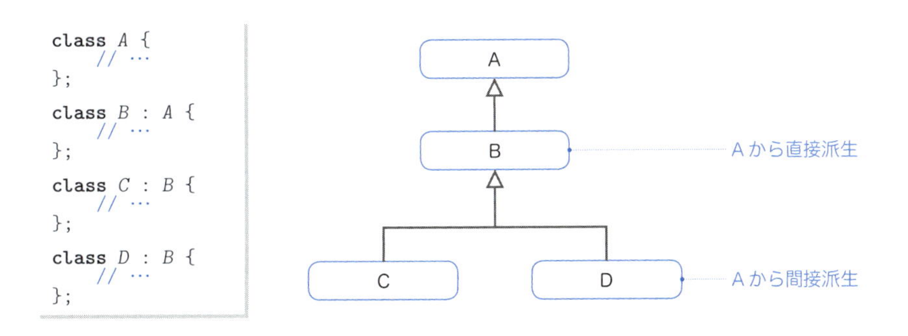

Fig.5-4 クラス階層図の一例

派生の形態

外部に公開すべきデータや手続きのみを公開し、そうでないものは非公開とするのが、クラス設計時の原則であることは、既に学習しました。**派生クラスは基底クラスの資産を継承するものの、それらをクラスの外部に公開するかどうかは別問題です。**

基底クラスと派生クラス内のメンバのアクセス性の関係は、以下に示す3種類の派生の形態に依存します。

- private 派生　　- protected 派生　　- public 派生

形態の指定は、派生クラスの定義における基底クラス名の前に **private**, **protected**, **public** のいずれかのアクセス指定子を置くことで行います。

たとえば、以下に示すクラス *Derived* は、クラス *Base* からの **public** 派生です。

```
// Baseからpublic派生
class Derived : public Base { /*-- 中略 --*/ };
```

なお、アクセス指定子を省略した場合は、自動的に《**private** 派生》となります。

▶ ただし、派生クラスを定義するキーワードが **class** ではなく **struct** であれば、《**public** 派生》となります。

それでは、**List 5-8** に示すクラス *Super* からの派生を例に、三つの派生形態について学習していきましょう。

▶ 3個のデータメンバのアクセス性が異なります。

List 5-8　　chap05/Super.h

```
// 基底クラスSuper

#ifndef ___Super
#define ___Super
                                    基底クラス
class Super {
private:
    int pri;        // 非公開
protected:
    int pro;        // 限定公開
public:
    int pub;        // 公開
};

#endif
```

private 派生

クラス *Super* から**private 派生**を行う例を示したのが、**List 5-9** です。

▶ コンパイルエラーとなる行は、// によってコメントアウトしています。なお、プログラムを実行しても何も表示されません。

private 派生を行うと、派生クラス *Sub* にとってのクラス *Super* は、**非公開基底クラス**（*private base class*）となります。この派生における、基底クラスと派生クラスのメンバのアクセス性を示したのが **Fig.5-5** です。

派生クラスの内部（派生クラスのメンバ関数とフレンド関数）からは、基底クラスの非公開メンバ🄰は**アクセス不能です**。

▶ もしも、派生クラス *Derived* のメンバ関数やフレンド関数から、基底クラス *Base* の非公開メンバ *pri* を自由にアクセスできるとしたら、クラスの派生を行うだけで、基底クラスの非公開部を扱えることになってしまいます。これでは情報隠蔽どころではありません。
　なお、基底クラスから継承したメンバが消滅するのではありません（派生クラスの中に部分として存在しているのにアクセスできないというだけです）。

List 5-9 chap05/Private.cpp

```
// private派生とメンバのアクセス性（注：エラーとなる行はコメントアウト）
#include "Super.h"                                          List 5-8

class Sub : private Super {
    void f() {
//      pri = 1;    // クラス内部でもアクセスできない  ←1
        pro = 1;
        pub = 1;
    }
};

int main()
{
    Sub x;
//  x.pri = 1;      // クラス外部からアクセスできない
//  x.pro = 1;      // クラス外部からアクセスできない  ←2
//  x.pub = 1;      // クラス外部からアクセスできない
}
```


また、基底クラスの限定公開メンバⒷと公開メンバⒸは、派生クラス内で**非公開メンバ**として扱われ、派生クラスの利用者に対して公開されません。

*

網かけ部がコンパイルエラーとなる理由を確認しましょう。

1 派生クラス *Sub* の内部（メンバ関数とフレンド関数：この場合はメンバ関数 *f* の本体）において、基底クラス *Super* の非公開メンバ *pri* のアクセスはできない。

2 基底クラス *Super* の全メンバは、派生クラス *Sub* の利用者に対して非公開である。

なお、プログラムと図は、以下のことを示しています。

重要 **限定公開メンバは、外部に対しては存在を隠すが、自分の子供である直接派生クラスに対しては存在を隠さない。**

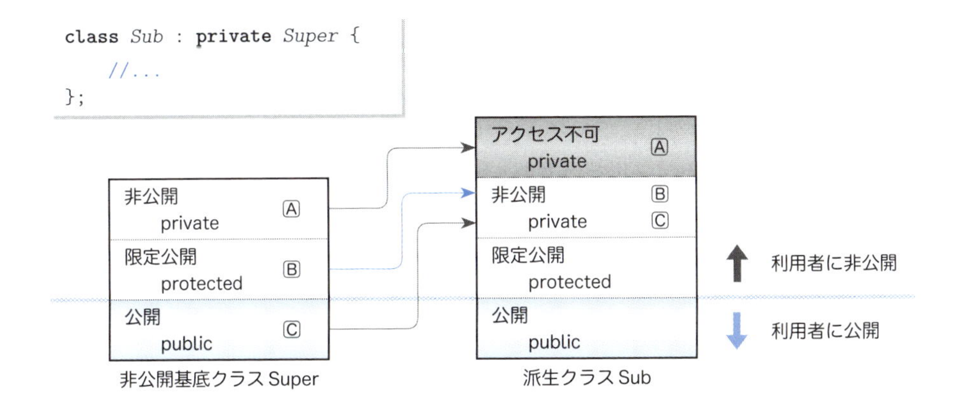

Fig.5-5 private 派生とメンバのアクセス性

protected 派生

クラス *Super* から **protected 派生**を行う例を示したのが、**List 5-10** です。

この派生では、派生クラス *Sub* にとっての基底クラス *Super* は、**限定公開基底クラス**（*protected base class*）となります。

List 5-10 chap05/Protected.cpp

```
// protected派生とメンバのアクセス性（注：エラーとなる行はコメントアウト）

#include "Super.h"                                         ← List 5-8

class Sub : protected Super {
    void f() {
//      pri = 1;    // クラス内部でもアクセスできない      ← 1
        pro = 1;
        pub = 1;
    }
};

int main()
{
    Sub x;

//  x.pri = 1;      // クラス外部からアクセスできない
//  x.pro = 1;      // クラス外部からアクセスできない      ← 2
//  x.pub = 1;      // クラス外部からアクセスできない
}
```

protected 派生におけるメンバのアクセス性を示したのが **Fig.5-6** です。

派生クラスのメンバ関数とフレンド関数から基底クラスの非公開メンバⒶをアクセスできない点は、private 派生と同じです。

ただし、基底クラスの限定公開メンバⒷと公開メンバⒸとが、派生クラス中で**限定公開メンバ**として扱われる点が、private 派生と異なります（当然、これらのメンバは、派生クラスの利用者である外部に対しては公開されません）。

▶ 限定公開メンバは、*Sub* から派生したクラス（*Super* の孫に相当するクラス）の内部ではアクセスできますが、その外部からはアクセスできなくなります。

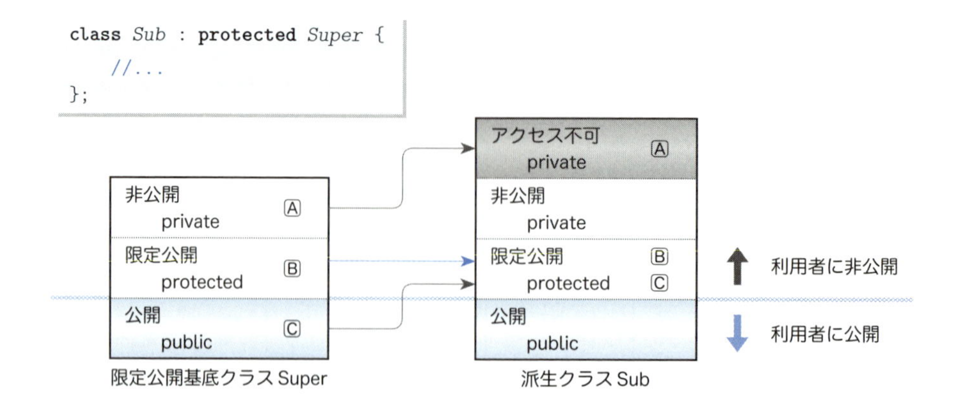

Fig.5-6 protected 派生とメンバのアクセス性

public 派生

クラス *Super* から **public 派生**を行う例を示したのが、**List 5-11** です。

この派生では、派生クラス *Sub* にとっての基底クラス *Super* は、**公開基底クラス**（*public base class*）となります。

List 5-11 chap05/Public.cpp

```
// public派生とメンバのアクセス性（注：エラーとなる行はコメントアウト）

#include "Super.h"                                    List 5-8

class Sub : public Super {
    void f() {
//      pri = 1;    // クラス内部でもアクセスできない   ❶
        pro = 1;
        pub = 1;
    }
};

int main()
{
    Sub x;

//  x.pri = 1;      // クラス外部からアクセスできない   ❷
//  x.pro = 1;      // クラス外部からアクセスできない
    x.pub = 1;      // 公開属性が維持される           ❸
}
```

public 派生におけるメンバのアクセス性を示したのが **Fig.5-7** です。

他の派生と同様に、派生クラスのメンバ関数とフレンド関数から、基底クラスの非公開メンバⒶをアクセスするのは不可能です。

基底クラスの限定公開メンバⒷは、派生クラス中においても**限定公開メンバ**としての扱いを受け、基底クラスの公開メンバⒸは、派生クラスでも**公開メンバ**として扱われるため、派生クラスの利用者に公開されます（❸）。すなわち、**基底クラスの非公開以外のメンバ（限定公開メンバと公開メンバ）のアクセス性が、派生クラスで維持されます。**

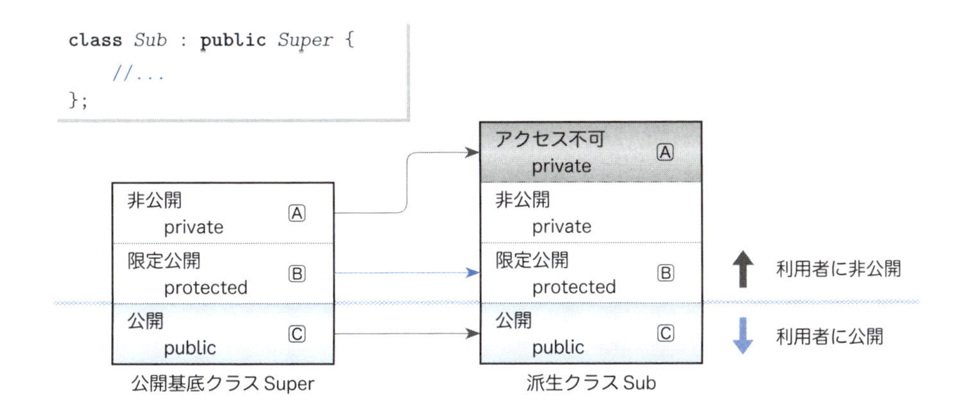

Fig.5-7 public 派生とメンバのアクセス性

三つの派生のまとめ

3種類の派生（private 派生、protected 派生、public 派生）に共通する原理や規則性をまとめると、以下のようになります。

- **どの派生でも、基底クラスの非公開メンバは、派生クラスからアクセスできない。**
- **“○○派生”を行うと、基底クラスの公開メンバが、派生クラスの“○○部”に所属するようになる。**
- **限定公開メンバは、外部には公開されないが、自分の子供（直接派生するクラス）には公開される。**

基底クラス部分オブジェクトとコンストラクタ初期化子

Fig.5-1（p.157）の派生を、実際にプログラムとして実現しましょう。**List 5-12** に示すのが、そのプログラムです。

List 5-12 chap05/BaseDerived.h

```
// 基底クラスと派生クラス

#ifndef ___Member
#define ___Member

#include <iostream>

//--- 基底クラス ---//
class Base {
    int a;
    int b;

public:
    Base(int aa, int bb) : a(aa), b(bb) { }

    void func() const {
        std::cout << "a = " << a << '\n';
        std::cout << "b = " << b << '\n';
    }
};

//--- 派生クラス ---//
class Derived : public Base {
    int x;

public:
    Derived(int aa, int bb, int xx) : Base(aa, bb), x(xx) { }

    void method() const {
        func();
        std::cout << "x = " << x << '\n';
    }
};

#endif
```

直接基底クラスのコンストラクタを呼び出す

メンバ初期化子

コンストラクタ初期化子

基底クラス部分オブジェクトの初期化を基底クラスのコンストラクタに委ねる

なお、ここでの派生は《public 派生》とし、さらに、両クラスに対して、コンストラクタを追加しています。

コンストラクタ初期化子

クラスの派生では、基底クラスの資産が継承されるのが原則ですが、コンストラクタとデストラクタは例外です。

重要 クラスの派生において、コンストラクタとデストラクタは継承されない。

もっとも、派生クラスにおいて、コンストラクタをゼロから作り直す必要があるかというと、そうではありません。

クラスDerivedのコンストラクタに注目します。点線部の中のメンバ初期化子x(xx)の働きによって、メンバxがxxの値で初期化されます。

もう一つのメンバ初期化子Base(aa, bb)は、以下に示す形式です。

基底クラス名 (仮引数宣言節)

これは、**直接基底クラスのコンストラクタの呼出し**の指示であり、**コンストラクタ初期化子**（*constructor initializer*）と呼ばれます。コンストラクタ初期化子Base(aa, bb)によって、基底クラスBaseのコンストラクタに、データメンバaとbの初期化を委ねます。

重要 基底クラスから継承したデータメンバの初期化は、**コンストラクタ初期化子**によって、直接基底クラスのコンストラクタに委ねるのが原則である。

なお、メンバ初期化子での初期化の指定は、直接基底クラスに限られます。間接基底クラス（親クラスでなく、お爺さん以上のクラス）は指定できません。

▶ クラスDerivedのコンストラクタを、以下のように定義するとコンパイルエラーとなります。

```
Derived(int aa, int bb, int xx) : a(aa), b(bb), x(xx) { }    // エラー
```

その理由は単純です。基底クラスBaseの非公開データメンバaとbに対するアクセスが、クラスDerived内では許可されないからです。

Column 5-2 基底クラス非公開部のアクセス

派生クラスを基底クラスのフレンドであると明示的に宣言すれば、基底クラスの非公開メンバにもアクセスできるようになります。

```
class Super {
    friend class Sub;    // Sub君は、僕のお友達ですよ!!
    // …
};
class Sub : Super {
    // クラスSuperの非公開部を自由にアクセスできる
};
```

クラスSubは、クラスのSuperの派生クラス（子供）でもあり、フレンドクラス（お友達）でもあるということになります。

※ただし、よほど特別な事情でもない限り、このような宣言を行うべきではありません。

基底クラス部分オブジェクト

派生クラス *Derived* を利用するプログラムを作りましょう。**List 5-13** に示すのが、その一例です。

List 5-13 chap05/BaseDerivedTest1.cpp

```
// 派生クラスの利用例

#include <iostream>
#include "BaseDerived.h"

using namespace std;

int main()
{
    Derived dv(1, 2, 3);

    cout << "dv.func()\n";    dv.func();     // Baseから継承したメンバ関数
    cout << "dv.method()\n";  dv.method();   // Derivedに所属するメンバ関数
}
```

実行結果

```
dv.func()
a = 1
b = 2
dv.method()
a = 1
b = 2
x = 3
```

main 関数では、クラス *Derived* 型のオブジェクト *dv* が定義されています。このオブジェクトには、クラス *Base* から継承したデータメンバ *a*, *b* と、クラス *Derived* で追加されたデータメンバ *x* とがあり、それぞれ 1, 2, 3 で初期化されます。

その初期化の様子を示したのが、**Fig.5-8** です。クラス *Derived* のコンストラクタが、データメンバ *a* と *b* の初期化をクラス *Base* のコンストラクタに委ねることは、前ページで学習したとおりです。

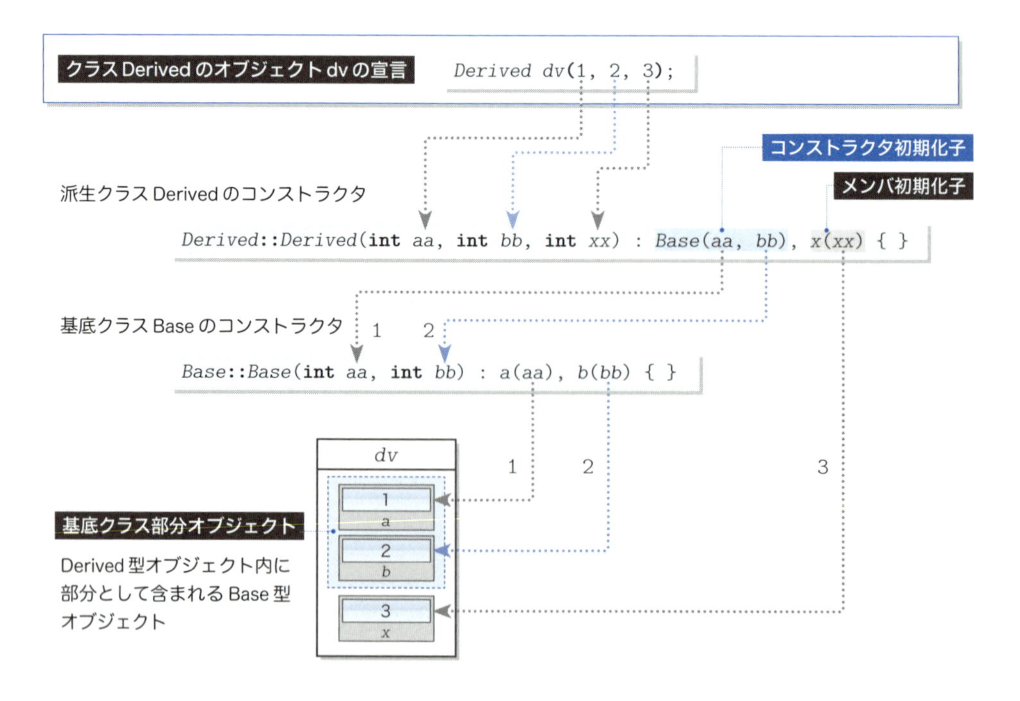

Fig.5-8 コンストラクタの働きと基底クラス部分オブジェクト

なお、図に示すように、派生クラス型のオブジェクト中に含まれる基底クラス型のオブジェクト（データメンバaとbとから構成されている部分）は、**基底クラス部分オブジェクト**（*base class sub-object*）と呼ばれます。

重要 派生クラス型のオブジェクトの中に部分として含まれている、基底クラス型のオブジェクトは、**基底クラス部分オブジェクト**と呼ばれる。

＊

さて、main関数では、オブジェクトdvに対して、二つのメンバ関数funcとmethodを呼び出しています。

- *dv.func()*

派生クラスDerived型のdvに対して基底クラスBaseのメンバ関数funcを呼び出すdv.func()によって、データメンバaとbの値が正しく表示されます。というのも：

基底クラスBaseのメンバ関数funcの定義

```
void Base::func() const {
    std::cout << "a = " << a << '\n';
    std::cout << "b = " << b << '\n';
}
```

- **public派生であるため、基底クラスBaseの公開メンバ関数funcが、派生クラスDerivedにおいても公開メンバ関数として継承されている。**
- **基底クラスBaseの非公開データメンバa, bは、クラスDerivedからアクセスできないものの、オブジェクトdvの内部に基底クラス部分オブジェクトとして含まれている。**

- *dv.method()*

関数method内の網かけ部では、基底クラスBaseのメンバ関数funcを呼び出します。

この呼出しによって表示されるのが、左ページ実行結果内の網かけ部です（基底クラス部分オブジェクト内のデータメンバaとbの値が表示されます）。

派生クラスDerivedのメンバ関数methodの定義

```
void Derived::method() const {
    func();
    std::cout << "x = " << x << '\n';
}
```

この実行結果から、次のことが分かります。

クラスDerivedの中では、クラスBaseから継承したメンバ関数funcを、あたかもクラスDerivedのメンバ関数であるかのように呼び出せる。

funcを呼び出す式の形式が“**関数名()**”であることに注意しましょう。他のクラスのメンバ関数であれば、その形式は“**オブジェクト名.関数名()**”となるはずです。

重要 基底クラスから継承したメンバ関数は、派生クラス型のメンバ関数およびフレンドの中では、あたかも派生クラス型のメンバ関数であるかのように利用できる。

▶ 当然ですが、基底クラスの非公開メンバ関数は呼び出せません。

スライシング

次に考える **List 5-14** は、クラス Base 型オブジェクトと Derived 型オブジェクトの両方を相互に代入するプログラムです。

List 5-14 chap05/BaseDerivedTest2.cpp

```
// スライシング

#include <iostream>
#include "BaseDerived.h"

using namespace std;

int main()
{
    Base bs(99, 99);                    // 基底クラス

    cout << "bsの初期状態\n";
    bs.func();

    Derived dv(1, 2, 3);                // 派生クラス

    bs = dv;                            // ＯＫ：スライシング ←1
    cout << "dvを代入した後\n";
    bs.func();

//  dv = bs;                            // コンパイルエラー ←2
}
```

実行結果

```
bsの初期状態
a = 99
b = 99
dvを代入した後
a = 1
b = 2
```

クラス Base 型のオブジェクト bs は、データメンバ a と b の両方が 99 となるように初期化されています。その bs に対してメンバ関数 func 関数を呼び出すと、二つのデータメンバ a と b の値が 99 と表示されます。

なお、クラス Derived 型のオブジェクト dv のデータメンバ a, b, x が 1, 2, 3 で初期化されるのは、前ページのプログラムと同じです。

最初の代入に着目しましょう。

```
1 bs = dv;              // スライシング：基底クラス⇦派生クラス
```

左辺の bs は基底クラス型で、右辺の dv は派生クラス型であり、**左右のオペランドの型が異なります**。

この代入の様子を示したのが、**Fig.5-9** 1です。派生クラス型オブジェクト dv 内のデータメンバ a と b の値だけがコピーされます。

オブジェクト dv 内の基底クラス部分オブジェクトが代入されて、クラス Derived に特有の情報（この場合は、データメンバ x の値）は切り捨てられて失われます。

このように、必要な情報のみが切り出されることを**スライシング**（*slicing*）といいます。

> **重要** 基底クラスオブジェクトに対して、派生クラスオブジェクトを代入すると、**スライシング**によって、派生クラスオブジェクト内の《基底クラス部分オブジェクト》の部分のみがメンバ単位でコピーされる。

▶ スライシングは、チーズなどの食材を薄切りにすることなどを表す動詞 slice に由来します。

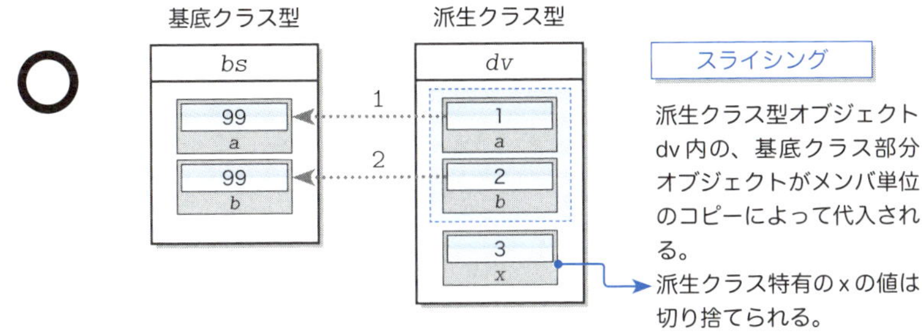

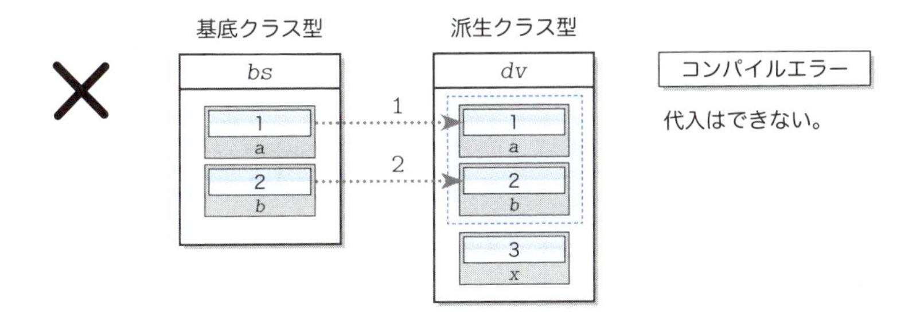

Fig.5-9 基底クラスと派生クラスのオブジェクト間の代入

なお、逆向きの代入、すなわち、派生クラス型オブジェクトへの基底クラス型オブジェクトの代入は不可能です。そのため、

```
2 dv = bs;          // エラー：派生クラス⇦基底クラス
```

はコンパイルエラーとなります。

▶ プログラムでは、コンパイルエラーの発生を抑止するためにコメントアウトしています。

重要 派生クラスオブジクトに対する、基底クラスオブジェクトの代入は行えない。

そうなっている理由は単純です。もし、このような代入が指示されても、データメンバxに代入すべき値を決定できないからです。

▶ まさか、データメンバに不定値を代入するわけにはいかないですから。

継承とデフォルトコンストラクタ

基底クラスのコンストラクタが派生クラスには継承されないことをp.165で学習しました。とはいえ、**コンストラクタは間接的な形で継承されます**。

このことを、**List 5-15** に示すプログラムで検討していきましょう。

List 5-15 chap05/constructor1.cpp

```
// 基底クラスと派生クラスのコンストラクタ
#include <iostream>

using namespace std;

//===== 基底クラス =====//
class Base {
    int x;

public:
    //--- コンストラクタ ---//
    Base() : x(99) { cout << "Base::xを99で初期化。\n"; }

    //--- xのゲッタ ---//
    int get_x() const { return x; }
};

//===== 派生クラス =====//
class Derived : public Base {

    // コンストラクタを含め何も定義しない
};

int main()
{
    Derived d;

    cout << "d.get_x() = " << d.get_x() << '\n';
}
```

実行結果

```
Base::xを99で初期化。
d.get_x() = 99
```

コンストラクタが存在しないにもかかわらず x は 99 で初期化される

コンパイラが生成するコンストラクタの正体は…

クラス*Base*がもつ唯一のデータメンバが、**int**型の*x*です。コンストラクタは、その*x*を99で初期化します。メンバ関数*get_x*は、データメンバ*x*のゲッタです。

クラス*Derived*は、クラス*Base*の派生クラスです。コンストラクタが1個も定義されていないため、下記のデフォルトコンストラクタAが自動的に定義されます。

```
✕ A Derived::Derived() { }          // コンパイラによって定義されるコンストラクタ？
```

▶ コンストラクタを定義しないクラスに対して、本体が空のコンストラクタが、コンパイラによって自動的に定義されることは、第1章で学習しました。

main関数では、クラス*Derived*型オブジェクト*d*を宣言しています。Aのコンストラクタによって、データメンバ*x*の初期値は不定値になるはずです。

ところが、オブジェクト*d*内に基底クラス部分オブジェクトとして含まれるデータメンバ*x*は99で初期化されます。

▶ 実行結果（メンバ関数*d.get_x*の呼出しによって99が返却されること）で確認できます。

実は、コンパイラによって自動的に定義されるデフォルトコンストラクタは、（概念上は）以下のようになっています。

```
B Derived::Derived() : Base() { }        // コンパイラが定義するコンストラクタ
```

すなわち、**直接基底クラスのデフォルトコンストラクタが暗黙裏に呼び出されます。**

メンバ*x*が99で初期化されるのは、網かけ部で直接基底クラス*Base*のデフォルトコンストラクタが呼び出されるからです。

重要 コンパイラによって定義されるデフォルトコンストラクタは、直接基底クラスのデフォルトコンストラクタを呼び出す。

＊

ここで、実験を行います。

まずは、基底クラス*Base*のコンストラクタ（黒網部）を、以下の定義に置きかえてみましょう（"chap05/constructor2.cpp"）。

```
1 Base(int xx) : x(xx) { cout << "Base::xを" << x << "で初期化。\n"; }
```

そうすると、クラス*Base*ではなくて、クラス*Derived*がコンパイルできなくなります。

クラス*Derived*に対して自動的に定義されるデフォルトコンストラクタBの網かけ部の*Base()*による“クラス*Base*のデフォルトコンストラクタを呼び出す処理”が行えなくなるからです。

＊

さて、デフォルトコンストラクタとは、“引数を受け取らないコンストラクタ”ではなく、“引数を与えずに呼び出せるコンストラクタ”でした。そのため、クラス*Base*のコンストラクタを以下のように定義すれば、コンパイルエラーを回避できます（"chap05/constructor3.cpp"）。

```
2 Base(int xx = 99) : x(xx) { cout << "Base::xを" << x << "で初期化。\n"; }
```

ここで検討した内容から、次のことが分かります。

重要 コンストラクタを定義しないクラスは、そのクラスの直接基底クラスが“引数を与えずに呼び出せるデフォルトコンストラクタ”をもっていなければ、コンパイルエラーとなる。

▶ デフォルト（default）には、『既定（値）』『省略時（指定がない場合）に採用される選択（値）』などの意味があります（**Column 4-5**：p.145）。

派生クラスオブジェクトの初期化

コンストラクタの実行に際して、コンストラクタの本体とコンストラクタ初期化子は、どのような順序で起動されてオブジェクトの初期化が行われるのでしょうか。

List 5-16 のプログラムで検証しましょう。単純な構造のクラスが三つあります。

List 5-16 chap05/initialize1.cpp

```
// 基底クラスとメンバの初期化を確認するクラス群
#include <iostream>

using namespace std;

//===== クラスDerivedの基底クラス =====//
class Base {
    int x;
public:
    Base(int a = 0) : x(a) { cout << "Base::xを" << x << "で初期化。\n"; }
};

//===== クラスDerivedにメンバとして含まれるクラス =====//
class Memb {
    int x;
public:
    Memb(int a = 0) : x(a) { cout << "Memb::xを" << x << "で初期化。\n"; }
};

//===== クラスDerivedはクラスBaseからpublic派生 =====//
class Derived : public Base {
    int y;
    Memb m1;
    Memb m2;
    void say() { y = 0; cout << "Derived::yを" << y << "で初期化。\n"; }
public:
    Derived()                                        { say(); }
    Derived(int a, int b, int c) : m2(a), m1(b), Base(c) { say(); }
};

int main()
{
    Derived d1;

    cout << '\n';

    Derived d2(1, 2, 3);
}
```

実行結果

```
Base::xを0で初期化。
Memb::xを0で初期化。
Memb::xを0で初期化。
Derived::yを0で初期化。

Base::xを3で初期化。
Memb::xを2で初期化。
Memb::xを1で初期化。
Derived::yを0で初期化。
```

▪ クラス *Base* とクラス *Memb*

これら二つのクラスは、int 型のデータメンバ *x* とコンストラクタのみをもつ、同じ構造です。コンストラクタは、仮引数 a に受け取った値でデータメンバ *x* を初期化して、その旨を表示します。

▪ クラス *Derived*

クラス *Base* から public 派生したクラスです。int 型のデータメンバ *y* に加えて、クラス *Memb* 型のデータメンバ *m1* と *m2* とがあります。

多重定義されている二つのコンストラクタは、いずれも、メンバ関数*say*を呼び出して、データメンバ*y*を0で初期化する旨のメッセージを表示します。

main関数では、クラス*Derived*のオブジェクト*d1*と*d2*が定義されています。各コンストラクタによる初期化の過程を詳しく見ていきましょう。

▪ *Derived::Derived()*による*d1*の初期化

基底クラス*Base*のコンストラクタと二つの*Memb*型のメンバのコンストラクタが自動的に呼び出されていることが、実行結果から分かります。

もちろん、呼び出されているのはデフォルトコンストラクタです（各クラスのコンストラクタのデフォルト実引数の値0がコンストラクタに渡されています）。

▶ 既に学習したように、もしクラス*Base*と*Memb*にデフォルトコンストラクタがなければ、このコンストラクタはコンパイルエラーとなります。

▪ *Derived::Derived(***int** *a*, **int** *b*, **int** *c)*による*d2*の初期化

コンストラクタ初期化子“*m2(a)*, *m1(b)*, *Base(c)*”によって、メンバ*m2*, *m1*のコンストラクタと基底クラス*Base*のコンストラクタが呼び出されて初期化が行われます。

ただし、初期化の順序は、コンストラクタ初期化子の並び“*m2*, *m1*, *Base*”とは一致しません。実行結果は、以下のことを示しています。

- 基底クラスの初期化よりも先にメンバの初期化を指定しているにもかかわらず、基底クラスのほうが先に初期化されている。
- 値1を指定された*m2*より、値2を指定された*m1*のほうが先に初期化されている。

コンストラクタの初期化作業は、次に示す順序で行われます。必ず覚えましょう。

1 基底クラスのコンストラクタによって基底クラス部分オブジェクトが初期化される。
2 宣言された順にデータメンバが初期化される。
3 コンストラクタの本体が実行される。

▶ 2の“宣言された順”は、コンストラクタ初期化子の並びの順ではなく、クラス定義におけるデータメンバ自体の宣言の順序です（**Column 2-4**：p.57）。

以下の方針をとるべきであることが分かりました。

重要 コンストラクタに指定するメンバ初期化子の並びの順序は、先頭を基底クラスコンストラクタ初期化子とし、その後に、データメンバの宣言と同じ順序でデータメンバ初期化子を並べる。

＊

なお、**デストラクタにおける後始末では、オブジェクトの解体が逆の順序で行われます。**プログラムを少し書きかえると、容易に確認できます（"chap05/initialize2.cpp"）

コピーコンストラクタとデストラクタと代入演算子

クラスの派生において、デフォルトコンストラクタが間接的な形で継承されることが分かりました。それでは、それ以外の《特殊なメンバ関数》である、**コピーコンストラクタ**、**デストラクタ**、**代入演算子**はどうでしょうか。

List 5-17 のプログラムで確認しましょう。

List 5-17 chap05/Array.cpp

```
// 基底クラスと派生クラスの代入演算子とデストラクタ
#include <iostream>

using namespace std;

//===== 超簡易配列クラス =====//
class Array {
    static const int num = 5;        // 要素数（固定）
    int* p;

public:
    //--- デフォルトコンストラクタ ---//
    Array() : p(new int[num]) { cout << "領域確保\n"; }

    //--- コピーコンストラクタ ---//
    Array(const Array& x) : p(new int[x.num]) {
        for (int i = 0; i < num; i++) p[i] = x.p[i];     // xの全要素をコピー
        cout << "コピー初期化\n";
    }

    //--- デストラクタ ---//
    ~Array() { delete[] p;  cout << "領域解放\n"; }

    //--- 代入演算子 ---//
    Array& operator=(const Array& x) {
        for (int i = 0; i < num; i++) p[i] = x.p[i];
        return *this;
    }

    //--- 全要素に値vを代入 ---//
    void set(int v) { for (int i = 0; i < num; i++) p[i] = v; }

    //--- 全要素の値を表示 ---//
    void print() const { for (int i = 0; i < num; i++) cout << p[i] << ' '; }
};

//===== 超簡易配列クラス（派生クラス）=====//
class ArrayX : public Array {
    // コンストラクタを含め何も定義しない
};

int main()
{
    ArrayX a1;
    a1.set(15);         // a1の全要素に15を代入

    ArrayX a2(a1);  // a1で初期化

    ArrayX a3;
    a3 = a1;            // a1の全要素をa3にコピー

    cout << "配列a1 : ";   a1.print();   cout << '\n';
    cout << "配列a2 : ";   a2.print();   cout << '\n';
    cout << "配列a3 : ";   a3.print();   cout << '\n';
}
```

実行結果

```
領域確保
コピー初期化
領域確保
配列a1 : 15 15 15 15 15
配列a2 : 15 15 15 15 15
配列a3 : 15 15 15 15 15
領域解放
領域解放
領域解放
```

クラス *Array* は、前章で学習した配列クラス *IntArray* を簡略化したものです。配列の要素数が 5 に固定されています。

▶ 各メンバ関数の働きは、以下のとおりです。
- デフォルトコンストラクタ：配列用の領域を確保する。
- コピーコンストラクタ：配列用の領域を確保して、仮引数 *x* に受け取ったコピー元配列の全要素をコピーする。
- デストラクタ：配列用の領域を解放する。
- 代入演算子：*x* の全要素を自身の配列にコピーする。
- メンバ関数 *set*：全要素に同一値 *v* を代入する。
- メンバ関数 *print*：全要素の値を表示する。

派生の働きを確認するための実験用クラス *ArrayX* は、クラス *Array* から **public** 派生したクラスです。このクラスの中では、データメンバやメンバ関数は、まったく定義されていません。

main 関数では、*ArrayX* 型のオブジェクト *a1*, *a2*, *a3* を定義しています。デフォルトコンストラクタ、コピーコンストラクタ、デストラクタ、代入演算子のいずれもが、基底クラス *Array* と同じ働きをしていることが、実験結果から確認できます。

重要 派生クラス内で、特殊メンバ関数（コピーコンストラクタ、デストラクタ、代入演算子）が定義されなければ、基底クラスのものと実質的に同一の働きをする関数が自動的に定義される。

なお、コンパイラによって自動的に定義される特殊メンバ関数は、いずれも **inline** かつ **public** です。

代入演算子についていえば、具体的には、以下のようになります。

重要 派生クラス *X* 内で代入演算子が定義されなければ、以下の形式の代入演算子が自動的に定義される。

```
X& X::operator=(const X&);
```

▶ 自動的に定義される代入演算子の形式が上記のようになるのは、以下の二つの条件のいずれもが満たされる場合です（基底クラスの名前が *B* であるとします）。

- 直接基底クラスが、**const** *B&*, **const volatile** *B&* あるいは *B* を仮引数の型とするコピー代入演算子をもつ。
- そのクラスのすべてのクラス型 *M*（あるいはその配列型）の非静的データメンバについて、それらのクラス型が、**const** *M&*, **const volatile** *M&* あるいは *M* を仮引数の型とするコピー代入演算子をもつ。

そうでない場合、暗黙裏に定義される代入演算子は、次の形式となります。

```
X& X::operator=(X&);
```

継承と差分プログラミング

派生に関する基礎的な学習が一通り終了しました。優待会員クラス VipMember を、一般会員クラス Member の《派生クラス》として実現しましょう。

そのヘッダ部が **List 5-18** で、ソース部が **List 5-19** です。

▶ 試作版はクラス名が VipMember0 でしたが、今回はクラス名を VipMember としています。

List 5-18 Member01/VipMember.h

```
// 優待会員クラス（第１版：ヘッダ部）

#ifndef ___VipMember
#define ___VipMember

#include <string>
#include "Member.h"

//===== 優待会員クラス（第１版：ヘッダ部）=====//
class VipMember : public Member {
    std::string privilege;   // 特典

public:
    //--- コンストラクタ ---//
    VipMember(const std::string& name, int no, double w, const std::string& prv);

    //--- 会員情報表示---//
    void print() const;

    //--- 特典取得（privilegeのゲッタ）---//
    std::string get_privilege() const { return privilege; }

    //--- 特典設定（privilegeのセッタ）---//
    void set_privilege(const std::string& prv) {
        privilege = (prv != "") ? prv : "未登録";
    }
};

#endif
```

List 5-1

List 5-19 Member01/VipMember.cpp

```
// 優待会員クラス（第１版：ソース部）

#include <iostream>
#include "VipMember.h"

using namespace std;

//--- コンストラクタ ---//
VipMember::VipMember(const string& name, int no, double w, const string& prv)
                         : Member(name, no, w)
{
    set_privilege(prv);     // 特典を設定
}

//--- 会員情報表示 ---//
void VipMember::print() const
{
    cout << "No." << no() << " : " << name() << " (" << get_weight() << "kg) "
         << "特典＝" << privilege << '\n';
}
```

コンストラクタ初期化子
基底クラス部分オブジェクトの初期化を
基底クラスのコンストラクタに委ねる

以下に示す三つのデータメンバは、基底クラス Member から継承されます。

▪ データメンバ　full_name, number, weight

ただし、派生クラス VipMember のメンバ関数の中ではアクセスできません。

なお、**クラス VipMember はクラス Member から《public 派生》している**ため、基底クラス Member の公開メンバは、派生クラス VipMember でも公開されます。すなわち、以下のメンバは、一般会員クラス Member から継承するとともに、クラス VipMember の外部から利用できる状態です（公開属性を維持しています）。

- メンバ関数　　*name*, *no*, *get_weight*, *set_weight*

また、優待会員クラスでは、以下のメンバが新しく定義されています。

- データメンバ　　*privilege*
- メンバ関数　　*print*, *get_privilege*, *set_privilege*
- コンストラクタ　　*VipMember*

コンストラクタでは、網かけ部のコンストラクタ初期化子によって、氏名、会員番号、体重の初期化を直接基底クラス Member のコンストラクタに委ねています。

＊

試作版・優待会員クラス VipMember0 を利用するプログラム例（**List 5-6**：p.155）を、第1版の優待会員クラス用に書きかえたのが **List 5-20** です。

List 5-20　　Member01/VipMemberTest.cpp

```
// 優待会員クラス（第１版）の利用例

#include <iostream>
#include "VipMember.h"

using namespace std;

int main()
{
    VipMember mineya("峰屋龍次", 17, 89.2, "会費全額免除");

    double weight = mineya.get_weight();     // 峰屋君の体重
    mineya.set_weight(weight - 15.3);        // 峰屋君の体重を更新（15.3kg減量）

    cout << "会員番号" << mineya.no() << "の" << mineya.name()
         << "は" << mineya.get_weight() << "kgで"
         << "特典は" << mineya.get_privilege() << "です。\n";
}
```

実行結果

```
会員番号17の峰屋龍次は73.9kgで特典は会費全額免除です。
```

基底クラスから継承した公開メンバ関数 *no*, *name*, *get_weight*, *set_weight* が、派生クラスである VipMember 型のオブジェクト mineya に適用できることが確認できます。

＊

継承のメリットの一つは、異なる部分や追加する部分のみを作成して開発コストを抑制する**差分プログラミング**（*incremental programming*）が行えることです。継承をうまく行えば、プログラム開発の効率アップや保守性の向上が図れます。

▶ 継承の本当のメリットは差分プログラミングではありません。次節で学習する is-A の関係の実現や、それを応用した（次章以降で学習する）**多相性（ポリモーフィズム）**の実現です。

5-2 is-A の関係

本節では、基底クラスと派生クラスとのあいだに成立する関係の一つであるis-Aの関係について学習します。

is-A の関係

前節のp.156では、一般会員クラスと試作版・優待会員クラスの両方のクラスを利用する**List 5-7**のプログラムを例に、類似したクラスを、仕様の異なる別々のクラスとして実現することの問題点を学習しました。

▶ 会員の減量を行う関数*slim_off*について、"一般会員*Member*用"と"優待会員*VipMember0*用"との2個の作成が必要でした。

一般会員クラスから優待会員クラスを派生すれば、問題は解消されます。**List 5-21**のプログラムで確認しましょう。

List 5-21 Member01/SlimOff.cpp

```
// 一般会員クラスと優待会員クラス（いずれも第1版）の利用例

#include <iostream>
#include "Member.h"
#include "VipMember.h"

using namespace std;

//--- 会員mの減量（体重がdw減る）---//
void slim_off(Member& m, double dw)
{
    double weight = m.get_weight();        // 現在の体重
    if (weight > dw)
        m.set_weight(weight - dw);         // 体重を更新
}

int main()
{
    Member kaneko("金子健太", 15, 75.2);
❶  slim_off(kaneko, 3.7);                                  Memberへの参照

    VipMember mineya("峰屋龍次", 17, 89.2, "会費全額免除");
❷  slim_off(mineya, 15.3);                                 VipMemberへの参照

    cout << "No." << kaneko.no() << "：" << kaneko.name()
         << "（" << kaneko.get_weight() << "kg）\n";

    cout << "No." << mineya.no() << "：" << mineya.name()
         << "（" << mineya.get_weight() << "kg）"
         << " 特典＝" << mineya.get_privilege() << '\n';
}
```

実行結果

```
No.15：金子健太（71.5kg）
No.17：峰屋龍次（73.9kg）特典＝会費全額免除
```

本プログラムでは、関数*slim_off*の定義は1個だけです。なお、この関数が受け取る第1引数*m*の型が、**Memberへの参照型**であることに注意しましょう。

main関数からの呼出しでは、この引数*m*に対して、❶では*Member*型である*kaneko*への参照を与えて、❷では*VipMember*型である*mineya*への参照を与えています。

後者の引数の受渡しが可能なのは、以下の規則があるからです。

重要 基底クラスへのポインタ／参照は、派生クラスのオブジェクトを指す／参照することができる。

すなわち、*Member** 型ポインタと *Member&* 型参照は、*Member* 型オブジェクトはもちろん、*VipMember* 型オブジェクトを指したり参照したりできるのです。

▶ *VipMember* 型のオブジェクトは、内部に *Member* 型のオブジェクトを基底クラス部分オブジェクトとして含んでいます。基底クラスへのポインタ／参照は、その基底クラス部分オブジェクトを指す／参照する、と理解しましょう（次ページでも詳細に検討します）。

上記の規則と、**public** 派生したクラス *VipMember* が基底クラス *Member* の資産を受け継いでいることをあわせると、以下のように表現できます。

VipMember は "Member の一種" である。

この関係は、**is-A の関係**あるいは **kind-of-A の関係**と呼ばれます。

▶ is-A という用語は、英語の "VipMember is a Member." という表現に由来します（そのため、A を小文字にして、is-a とする流儀もあります）。
　なお、is-A の逆の関係、すなわち『クラス *Member* はクラス *VipMember* の一種である。』との関係は成立しません。

基底クラスの公開メンバをそのまま公開メンバとして継承する public 派生は、is-A の実現手段です。クラスの利用者との接点＝インタフェースである公開部が、基底クラスから派生クラスへと引き継がれることから、**インタフェース継承**とも呼ばれます。

▶ **protected** 派生と **private** 派生は、基底クラスから資産を継承するものの、基底クラスで外部に公開されていた部分が、派生クラスでは外部に公開されない状態となります。インタフェースが継承されないため、is-A の関係は成立しません。

本プログラムで *slim_off* 関数を各クラスごとに作る必要がないのは、is-A の関係をうまく利用しているからです。

汎化と特化

汎化（はんか）（*generalization*）とは、複数のクラスに共通する部分を一般化してクラスを定義することです。

▶ たとえば、"円" や "四角形" といったクラスを一般化して "図形" という基底クラスを定義すると、"円は図形の一種である。" "四角形は図形の一種である。" という関係が成立します。この関係が汎化です。

なお、汎化の逆の関係は**特化**（とっか）（*specialization*）と呼ばれます。この例では、一般会員クラスを特化して優待会員クラスを作っているわけです。

派生とポインタ／参照

基底クラスへのポインタ／参照と派生クラスへのポインタ／参照に関する、前ページの《重要》をより詳しくすると、次のようになります。

重要 基底クラス型ポインタ／参照は、派生クラス型オブジェクトを指す／参照できる。
派生クラス型ポインタ／参照は、基底クラス型オブジェクトを指せない／参照できない。

これを検証するのが、**List 5-22** に示すプログラムです。**Fig.5-10** と対比しながら理解していきましょう（コンパイルエラーとなる箇所は、コメントアウトしています）。

List 5-22 Member01/pointer.cpp

```
// 一般会員クラスと優待会員クラスのポインタ

#include <iostream>
#include "Member.h"
#include "VipMember.h"

using namespace std;

int main()
{
    Member kaneko("金子健太", 15, 75.2);
    VipMember mineya("峰屋龍次", 17, 89.2, "会費全額免除");

    Member* pm1 = &kaneko;                                          ―❶
    cout << "pm1の氏名：" << pm1->name() << '\n';

    Member* pm2 = &mineya;
    cout << "pm2の氏名：" << pm2->name() << '\n';                  ―❷
//  cout << "pm2の特典：" << pm2->get_privilege() << '\n';

//  VipMember* pv1 = &kaneko;                                       ―❸
//  cout << "pv1の特典：" << pv1->get_privilege() << '\n';

    VipMember* pv2 = &mineya;                                       ―❹
    cout << "pv2の特典：" << pv2->get_privilege() << '\n';
}
```

実行結果

```
pm1の氏名：金子健太
pm2の氏名：峰屋龍次
pv2の特典：会費全額免除
```

❶ 基底クラスへのポインタが基底クラス型のオブジェクトを指す

*Member** 型ポインタ *pm1* が、*Member* 型のオブジェクト *kaneko* を指すように初期化されます。メンバ関数の呼出し *pm1->name()* では *kaneko* の氏名が得られます。

❷ 基底クラスへのポインタが派生クラス型のオブジェクトを指す

*Member** 型ポインタ *pm2* が、*VipMember* 型のオブジェクト *mineya* を指すように初期化されます。*VipMember* 型のオブジェクトは、基底クラス部分オブジェクトとして、*Member* 型オブジェクトを内部に含んでいます。基底クラスへのポインタ／参照は、その基底クラス部分オブジェクトを指す／参照します。

なお、メンバ関数の呼出し *pm2->get_privilege()* は、コンパイルエラーとなります。*Member* 型には、メンバ関数 *get_privilege* が存在しないからです。

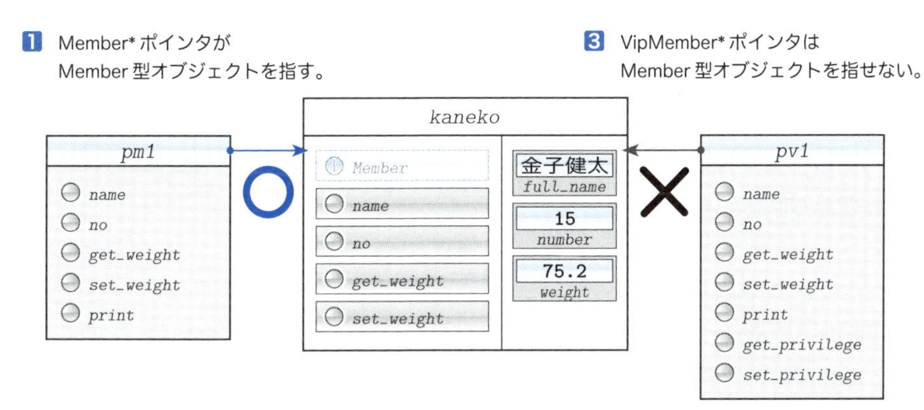

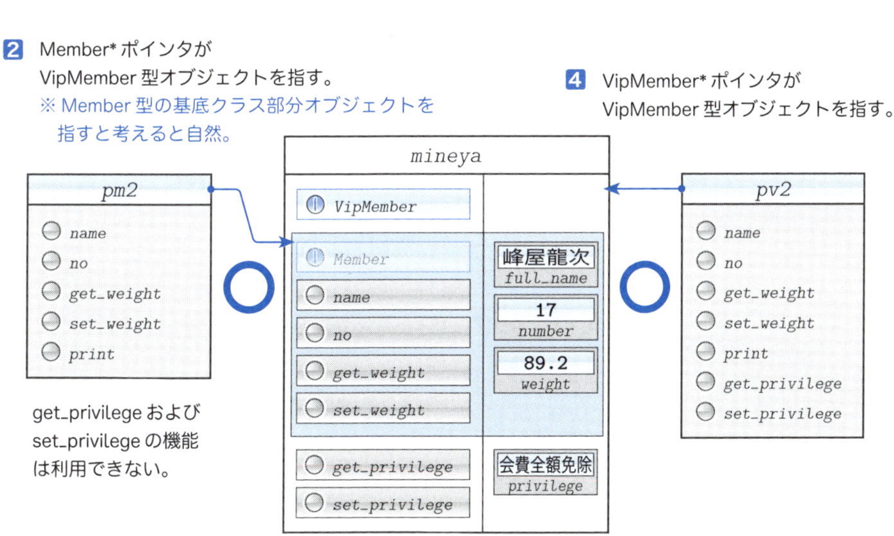

Fig.5-10 基底クラスと派生クラスのオブジェクトを指すポインタ

✕3 派生クラスへのポインタが基底クラス型のオブジェクトを指す（エラー）

*VipMember** 型ポインタ *pv1* が、*Member* 型のオブジェクト *kaneko* を指すように初期化されていますが、コンパイルエラーとなります。*Member* は *VipMember* の一種ではないからです。

仮に、*pv1* が *kaneko* を指せるとしたらどうなるでしょう。メンバ関数を呼び出す式である *pv1->get_privilege()* は、*kaneko* が有していないメンバ関数の呼出しとなります。そのようなことが行えるはずがありません。

4 派生クラスへのポインタが派生クラス型のオブジェクトを指す

*VipMember** 型ポインタ *pv2* が、*VipMember* 型のオブジェクト *mineya* を指すように初期化されます。このポインタを通じた *VipMember* 専用の特典の取得も可能です。

さて、前ページの図の`mineya`を指す二つのポインタ*pm2*と*pv2*に着目しましょう。

4の*pv2*が`mineya`の先頭を指しているのに対し、2のポインタ*pm2*は`mineya`の中に含まれる`Member`部分オブジェクトの先頭を指しています。

二つのポインタ*pm2*と*pv2*が`mineya`を指すとはいえ、**そのポインタの値（アドレス）が同一となる保証はありません**。

＊

派生クラス型オブジェクトへのポインタ／参照を基底クラス型オブジェクトへのポインタ／参照へと変換する型変換は、**アップキャスト**（*up cast*）と呼ばれます。**Fig.5-11**に示すように、クラス階層図の矢印を（上方向に）さかのぼる変換だからです。

なお、逆の変換は**ダウンキャスト**（*down cast*）です。

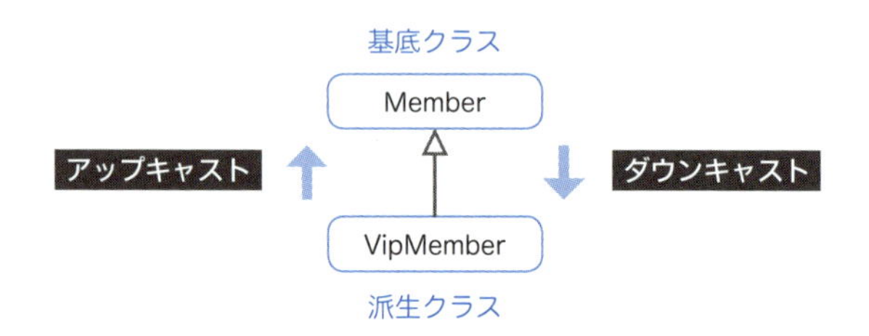

Fig.5-11 アップキャストとダウンキャスト

念のためにまとめましょう：

- **アップキャストは可能**（キャストに伴ってポインタの値が変化する可能性あり）。
- **ダウンキャストは不可能**。

▶ ダウンキャストは100%不可能というわけではありません。詳細は次章で学習します。

Column 5-3 アップキャストと派生の形態

派生クラスへのポインタから基底クラスへのポインタへの変換を行うアップキャストは、派生の形態によってキャストの実行可能性に制限が加えられます。自由にキャストできるのは、is-Aの関係が成立する`public`派生に限られます。

クラス`Base`から`Derived`を派生しているとして、`Derived*`を`Base*`に変換するアップキャストに関する規則をまとめると、以下のようになります。

- `private`派生の場合

アップキャストを行えるのは、クラス`Derived`のメンバとフレンドに限られます。

- `protected`派生の場合

アップキャストを行えるのは、クラス`Derived`のメンバとフレンド、さらにクラス`Derived`から派生したクラスのメンバとフレンドに限られます。

- `public`派生の場合

任意の関数で、アップキャストが可能です。

Column 5-4 継承とメンバへのポインタ

継承とクラス型オブジェクトへのポインタについて学習しました。クラスのメンバへのポインタになると、話はさらに複雑です。**List 5C-1** のプログラムで確認しましょう。
※コンパイルエラーが発生する箇所はコメントアウトしています。

List 5C-1 chap05/member_pointer.cpp

```
//--- 継承とメンバへのポインタ ---//
#include <iostream>

using namespace std;

//--- 基底クラス ---//
class Bas {
public:
    int a;
    void f() { cout << "Bas::f()\n"; }
};

//--- 派生クラス ---//
class Drv : public Bas {
public:
    int b;
    void g() { cout << "Drv::g()\n"; }
};

int main()
{
    Bas bas;
    Drv drv;

    int Bas::* ptr1 = &Bas::a;          bas.*ptr1 = 5;          drv.*ptr1 = 5;
//  int Bas::* ptr2 = &Drv::b;          bas.*ptr2 = 5;          drv.*ptr2 = 5;
    int Drv::* ptr3 = &Bas::a;       /* bas.*ptr3 = 5; */       drv.*ptr3 = 5;
    int Drv::* ptr4 = &Drv::b;       /* bas.*ptr4 = 5; */       drv.*ptr4 = 5;

    void (Bas::*fptr1)() = &Bas::f;     (bas.*fptr1)();         (drv.*fptr1)();
//  void (Bas::*fptr2)() = &Drv::g;     (bas.*fptr2)();         (drv.*fptr2)();
    void (Drv::*fptr3)() = &Bas::f;  /* (bas.*fptr3)(); */      (drv.*fptr3)();
    void (Drv::*fptr4)() = &Drv::g;  /* (bas.*fptr4)(); */      (drv.*fptr4)();
}
```

実行結果

```
Bas::f()
Bas::f()
Bas::f()
Drv::g()
```

このプログラムでは、基底クラス *Bas* と派生クラス *Drv*、それらのオブジェクト *bas* と *drv* とが定義されています。基底クラス *Bas* のメンバは、**int** 型のデータメンバ *a* と、メンバ関数 *f* です。派生クラス *Drv* は、それらのメンバを継承するとともに、**int** 型のデータメンバ *b* と、メンバ関数 *g* をメンバとしてもちます。メンバ関数 *f* と *g* は、返却値型が **void** で仮引数を受け取らないという点では同一です。

さて、**main** 関数中で定義されている *ptr1*, *ptr2*, *ptr3*, *ptr4* は**データメンバへのポインタ**で、*fptr1*, *fptr2*, *fptr3*, *fptr4* は**メンバ関数へのポインタ**です。

この中の *ptr2* と *fptr2* は、宣言の段階でエラーとなります。**基底クラスのメンバへのポインタが、派生クラスのメンバを指すことはできない**のです。なお、これ以外のポインタは、少なくとも宣言自体はエラーとはなりません。

宣言が通る一方で、アクセスが拒否されるのが、*ptr3*, *fptr3* と *ptr4*, *fptr4* を *bas* オブジェクトに適用した箇所（/*…*/ でコメントアウトしている 4 箇所）です。

なお、基底クラス *Bas* のメンバへのポインタである *ptr1* と *fptr1* は、基底クラスオブジェクト *bas* と派生クラスオブジェクト *drv* の両方に適用できます。

5-3 private 派生とアクセス権の調整

前節では、is-A の関係すなわちインタフェース継承を実現する public 派生を学習しました。本節では、実装継承を実現する private 派生を学習します。

private 派生による公開メンバ関数の制限

スポーツクラブを退会した会員を表す《**退会ずみ会員クラス**》を作成していきましょう。なお、このクラスは、メンバ関数の働きを以下のようにします。

- 氏名の取得は不可能（メンバ関数 *name* は呼び出せない）。
- 会員番号の取得は可能（メンバ関数 *no* は呼び出せる）。
- 体重の取得は不可能（メンバ関数 *get_weight* を呼び出すとエラーメッセージを表示）。
- 体重の更新は不可能（メンバ関数 *set_weight* は呼び出せない）。
- 会員情報の表示は不可能（メンバ関数 *print* は呼び出せない）。

一般会員クラス *Member* から派生して実現した、退会ずみ会員クラス *ResigningMember* を **List 5-23** に示します。

List 5-23 Member01/ResigningMember.h

```
// 退会ずみ会員クラスResigningMember

#ifndef ___Class_ResigningMember
#define ___Class_ResigningMember

#include <string>
#include <iostream>
#include "Member.h"

//===== 退会ずみ会員クラス =====//
class ResigningMember : private Member {     ← private 派生による実装継承
public:
    //--- コンストラクタ ---//
    ResigningMember(const std::string& name, int number, double w) :
                        Member(name, number, w) { }

    //--- 体重設定 ---//
    double get_weight() {
        std::cout << "退会した会員の体重の取得はできません。\n";
        return 0;
    }

    // メンバ関数noのアクセス権の調整
    using Member::no;     ← using 宣言によるアクセス権の調整
};

#endif
```

private 派生を行っているため、基底クラス *Member* で公開されているメンバ関数は、このクラスの外部に非公開となります（外部からは利用できません）。

このように、**利用者が呼び出せるメンバ関数を制限する private 派生や protected 派生では、is-A の関係が成立しません**。

体重の更新ができない退会ずみ会員クラスは、一般会員クラスの機能を完全には有していないのですから、ある意味“《会員》ではない”ということです。

もっとも、外部に対して公開されないとはいえ、基底クラスのメンバは、派生クラスの内部に含まれます。**private** 派生と **protected** 派生は**実装継承**と呼ばれ、is-implemented-in-terms-of の関係、あるいは is-implemented-using の関係と呼ばれる関係を実現します。

重要 **private 派生と protected 派生は実装継承を実現する手段である。**

二つの継承をまとめましょう。

- **インタフェース継承（is–A）**
  派生クラスは、基底クラスの一種である（基底クラスと同じように外部から扱える）。
- **実装継承（is–implemented–in–terms–of）**
  派生クラスは、基底クラスを使って実装される。

同一名メンバ関数の再定義

クラス *ResigningMember* では、メンバ関数 *get_weight* を再定義しています。この関数が行うのは、『退会した会員の体重の取得はできません。』と表示することです。

このように、基底クラスに存在する関数と同一形式のメンバ関数を上書きして再定議すれば、外部に公開されるメンバ関数の挙動を変更できます。

▶ 基底クラス *Member* のメンバ関数 *set_weight* と *get_weight* は、資産として継承されているため、クラス *ResigningMember* の内部からはアクセス可能です。
　なお、基底クラスのメンバ関数と同一名のメンバ関数を派生クラス内で定義すると、基底クラスのメンバ関数は“隠蔽（いんぺい）”されます。隠蔽については、次章で学習します。

using 宣言によるアクセス権の調整

網かけ部は、派生クラス *ResigningMember* で非公開となるはずの基底クラスのメンバ関数を**公開部に“引っ張り出す”**ための **using 宣言**（*using declaration*）です。

using 宣言を**公開部**もしくは**限定公開部**に置くと、メンバのアクセス権を公開あるいは限定公開に変更できます。宣言は、以下の形式です。

```
using クラス名 :: メンバ名 ;
```

なお、メンバの“名前”が分かればよいため、“型”の指定は不要です。

重要 基底クラスから継承した資産のアクセス権は **using 宣言**によって調整できる。

▶ なお、そもそも派生クラスにおいてアクセスできなくなっているメンバについては、アクセス権の調整は不可能です。

退会ずみ会員クラス *ResigningMember* を利用するプログラム例を **List 5-24** に示します。

▶ コンパイルエラーとなる箇所は、コメントアウトしています。

List 5-24 Member01/ResigningMemberTest.cpp

```
// 退会ずみ会員クラスResigningMemberの利用例

#include <iostream>
#include "ResigningMember.h"

using namespace std;

int main()
{
    ResigningMember oda("織田信子", 31, 48.7);

    cout << "番号＝" << oda.no() << '\n';
//  cout << "氏名＝" << oda.name() << '\n';
    cout << "体重＝" << oda.get_weight();
//  oda.set_weight(45.3);
}
```

実行結果
```
番号＝31
退会した会員の体重の取得はできません。
体重＝0
```

アクセス権を調整した結果、以下のようになっていることが確認できます。

- メンバ関数 *no* による会員番号の取得は可能である。
- メンバ関数 *name* と *set_weight* の呼出しは不可能である。
- 体重を取得するためのメンバ関数 *get_weight* の挙動が、基底クラスである *Member* とは異なっている。

Column 5-5 アクセス宣言によるアクセス権の調整

初期の C++ ではキーワード **using** が存在せず、**アクセス宣言**（*access declaration*）と呼ばれる手法でアクセス権の調整を行う方法がとられていました。退会ずみ会員クラスのクラス定義を、アクセス宣言を使って書きかえると、以下のようになります。

```
//--- 退会ずみ会員クラス ---//
class ResigningMember : private Member {

public:
    //--- コンストラクタ ---//
    ResigningMember(const std::string& name, int number, double w) :
                    Member(name, number, w) { }

    //--- 体重設定 ---//
    void get_weight(double w) {
        std::cout << "退会した会員の体重の取得はできません。\n";
    }

    // メンバ関数noのアクセス権の調整（アクセス宣言）
    Member::no;
};
```

アクセス宣言は、網かけ部のように、“クラス名 :: メンバ名 ;” という形式です。この場合、*Member*::*no* が **public** 部で宣言されているため、このメンバは **public** として扱われます。

なお、標準 C++ でもアクセス宣言は利用可能ですが、柔軟で多機能な **using** の利用が推奨されています。

クラス *ResigningMember* へのポインタからクラス *Member* へのポインタへのアップキャストが行えるかどうかを確認するのが、**List 5-25** です。

本プログラムによって、**Column 5-3**（p.182）の内容の一部が確認できます。

List 5-25 Member01/ResigningMemberUpCast.cpp

```
// 退会ずみ会員クラスResigningMemberのアップキャストが行えないことを確認

#include <iostream>
#include "ResigningMember.h"

using namespace std;

int main()
{
    ResigningMember oda("織田信子", 31, 48.7);

    Member* m = &oda;          // エラー：ResigningMemberはMemberの一種ではない
}
```

実行結果

コンパイルエラーとなるため
実行できません。

Column 5-6　継承と静的メンバ

静的データメンバが、そのクラス型のオブジェクトの個数とは無関係に、１個だけが存在することは、第２章でも学習しました。

静的メンバを含むクラスから派生したクラスは、基底クラスの静的メンバを、そのまま静的メンバとして継承します。そのため、基底クラスの静的データメンバは、事実上、派生クラスと共有されます。**List 5C-2** のプログラムで確認しましょう。

List 5C-2 chap05/static_member.cpp

```
//--- 静的データメンバの継承 ---//
#include <iostream>
using namespace std;
//--- 基底クラス ---//
class Base {
    static int s;
public:
    void static set_s(int x) { s = x; }
    int  static get_s() { return s; }
};

int Base::s = 0;
//--- 派生クラス ---//
class Derived : public Base {
public:
    Derived(int x) { set_s(x); }
};

int main()
{
    Derived d1(1);
    cout << "d1.s = " << d1.get_s() << '\n';

    Derived d2(2);
    cout << "d1.s = " << d1.get_s() << '\n';
    cout << "d2.s = " << d2.get_s() << '\n';
}
```

実行結果

```
d1.s = 1
d1.s = 2
d2.s = 2
```

まとめ

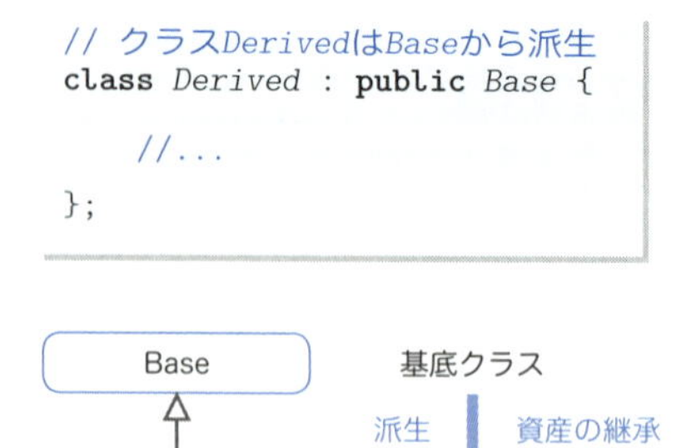

- クラスの**派生**によって、既存クラスの資産を**継承**した新しいクラスを作れる。
  継承の元となるクラスが**基底クラス**（スーパークラス／上位クラス）であり、継承で作られるのが**派生クラス**（サブクラス／下位クラス）である。

- 直接の派生元のクラスを**直接基底クラス**と呼び、２回以上派生を繰り返した場合の派生元のクラスを**間接基底クラス**と呼ぶ。

- **クラス階層図**では、派生クラスから基底クラスに向かって矢印を結ぶ。

- 派生クラスのオブジェクトの中に含まれる基底クラスのオブジェクトを、**基底クラス部分オブジェクト**と呼ぶ。

- 基底クラスオブジェクトに対して、派生クラスオブジェクトを代入すると、派生クラスオブジェクト内の基底クラス部分オブジェクトの部分が**スライシング**されて代入される。

- 派生クラスオブジェクトに対して、基底クラスオブジェクトを代入することはできない。

- 基底クラスから継承したメンバ関数は、派生クラス型のメンバ関数およびフレンドの中では、あたかも派生クラス型のメンバ関数であるかのように利用できる。

- 派生の形態には、**private 派生**、**protected 派生**、**public 派生**の３種類がある。いずれの派生においても、基底クラスの非公開メンバは、派生クラスからはアクセスできない。また、○○派生を行うと、基底クラスの公開メンバが派生クラスの○○部に所属する。

- 限定公開メンバは、クラスの外部には非公開であるものの、自分から派生するクラスに対してアクセスを許可するメンバである。

- public 派生は、“**派生クラスは基底クラスの一種である**” という **is-A の関係**を実現する手段である。この派生は、基底クラスの外部に対する公開部が継承されることから、**インタフェース継承**とも呼ばれる。

- private 派生と protected 派生では、基底クラスで公開されていたメンバのアクセス性が派生クラスで限定される。“派生クラスは基本クラスを使って実装される” ことから、**実装継承**とも呼ばれる。

- 派生クラスにおいて非公開となる基底クラスのメンバのアクセス権は、**using 宣言**（あるいは**アクセス宣言**）によって公開あるいは限定公開に変更できる。

- 複数のクラスに共通する部分を一般化してクラスを定義するのが**汎化**であり、その逆が**特化**である。

- 派生において、コンストラクタとデストラクタがそのまま継承されることはない。

- 派生クラスのコンストラクタで基底クラス部分オブジェクトを明示的に初期化しなければ、基底クラスのデフォルトコンストラクタが自動的に呼び出される。

- コンパイラによって定義されるデフォルトコンストラクタは、直接基底クラスのデフォルトコンストラクタを暗黙のうちに呼び出す。

- コンストラクタを定義しないクラスは、その直接基底クラスがデフォルトコンストラクタをもっていなければ、コンパイルエラーとなる。

- **コンストラクタ初期化子**によって、直接基底クラスのコンストラクタを呼び出せる。コンストラクタ初期化子による初期化は、コンストラクタ本体より先に実行される。

- 派生クラスのオブジェクトの初期化は、以下の順序で行われる。
  - 基底クラス部分オブジェクトが初期化される。
  - メンバ部分オブジェクトがメンバの宣言順に初期化される。
  - コンストラクタ本体が実行される。

  そのため、コンストラクタに指定するメンバ初期化子は、先頭を基底クラスコンストラクタ初期化子とし、その後に、データメンバの宣言と同じ順序でデータメンバ初期化子を並べたものとすべきである。

- デストラクタによる後始末では、コンストラクタの初期化とは逆の順でオブジェクトの解体が行われる。

- 派生クラス内で特殊メンバ関数（コピーコンストラクタ、デストラクタ、代入演算子）を定義しなければ、実質的に基底クラスのものと同一の働きをする関数が自動的に定義される。

- 派生クラスでは、基底クラスのものと同一名のメンバ関数を定義できる。派生クラスで定義されたほうの関数が優先されるため、メンバ関数の挙動を変えられる。なお、継承したものと新しく定義したものを使い分けるには、有効範囲解決演算子 `::` を適用するとよい。

- 継承によるクラス派生のメリットの一つが、異なる部分や追加部分のみを作成して新たなプログラムを作り出す**差分プログラミング**が可能になることである。

- 基底クラスへのポインタ／参照が派生クラスのオブジェクトを指す／参照できる一方で、派生クラスへのポインタ／参照は基底クラスのオブジェクトを指す／参照することは（原則として）不可能である。

  前者における型変換は、**アップキャスト**と呼ばれ、後者における型変換は**ダウンキャスト**と呼ばれる。これらのキャストでは、ポインタの値が変更される可能性がある。

第6章

仮想関数と多相性

クラス継承の最大のメリットでありオブジェクト指向の中核となるのが、本章で学習する、多相的クラスによるポリモーフィズムです。

- メンバ関数の隠蔽と使い分け
- データメンバの隠蔽と使い分け
- 静的な型と動的な型
- virtual 関数指定子
- 仮想関数
- 多相的クラス
- 静的結合・早い結合（静的束縛）
- 動的結合・遅い結合（動的束縛）
- オーバライダ／最終オーバライダ
- 多相性（ポリモーフィズム）
- オブジェクト指向プログラミング
- 仮想関数テーブル
- 仮想デストラクタ
- 実行時型情報と typeid 演算子
- type_info クラスと bad_typeid クラス
- 動的キャスト
- アップキャストとダウンキャスト
- bad_cast 例外

6-1 仮想関数と多相性

本節では、オブジェクト指向プログラミングを実現する重要な技術である、仮想関数と多相性について学習します。

長寿会員クラスの作成

前章のスポーツクラブの会員クラス群に、*SeniorMember* という《長寿会員クラス》を追加します。このクラスは、一般会員クラスに対して、以下のメンバを追加したものです。

- 要介護度を表す **int** 型のデータメンバ *care_level*
- 要介護度を取得・設定するゲッタ *get_care_level* およびセッタ *set_care_level*

長寿会員クラスのヘッダ部を **List 6-1** に、ソース部を **List 6-2** に示します。

List 6-1 Member01/SeniorMember.h

```
// 長寿会員クラス（第１版：ヘッダ部）

#ifndef ___SeniorMember
#define ___SeniorMember

#include <string>
#include "Member.h"

//===== 長寿会員クラス =====//
class SeniorMember : public Member {
    int care_level;       // 要介護度

public:
    //--- コンストラクタ ---//
    SeniorMember(const std::string& name, int no, double w, int level = 0);

    //--- 要介護度取得（care_levelのゲッタ）---//
    int get_care_level() const { return care_level; }

    //--- 要介護度設定（care_levelのセッタ）---//
    void set_care_level(int level) {
        care_level = (level >= 1 && level <= 5) ? level : 0;
    }

    //--- 会員情報表示---//
    void print() const;
};

#endif
```

List 5-1（p.152）

要介護度が 0 ～ 5 に収まるように調整

セッタの働きによって、要介護度 *care_level* の値は、必ず 0 以上 5 以下に収まります。

なお、メンバ関数 *print* は、要介護度を表示します。**Fig.6-1** に示すように、クラスによって表示項目が異なります。

```
No.15：金子健太（71.5kg）
No.17：峰屋龍次（89.2kg）特典＝会費全額免除
No.43：州崎賢一（63.7kg）要介護度＝3
```

一般会員：会員番号 氏名（体重）
優待会員：会員番号 氏名（体重）特典
長寿会員：会員番号 氏名（体重）要介護度

Fig.6-1 メンバ関数 print による会員情報の表示

List 6-2 Member01/SeniorMember.cpp

```
// 長寿会員クラス（第1版：ソース部）

#include <string>
#include <iostream>
#include "SeniorMember.h"

using namespace std;

//--- コンストラクタ ---//
SeniorMember::SeniorMember(const string& name, int no, double w, int level)
                          : Member(name, no, w)
{
    set_care_level(level);          // 要介護度を設定
}

//--- 会員情報表示 ---//
void SeniorMember::print() const
{
    cout << "No." << no() << "：" << name() << " (" << get_weight() << "kg) "
         << "要介護度＝" << care_level << '\n';
}
```

コンストラクタ初期化子
基底クラス部分オブジェクトの初期化を基底クラスのコンストラクタに委ねる

優待会員クラス *VipMember* と同様に、長寿会員クラス *SeniorMember* は、一般会員クラス *Member* の派生クラスですから、会員クラス群の構成は、**Fig.6-2** のようになります。

クラス *Member* から public 派生している長寿会員クラスは、**“(一般) 会員クラスの一種”** となります（is-A の関係が成立します）。

▶ これ以降、《退会ずみ会員クラス》は考えません。

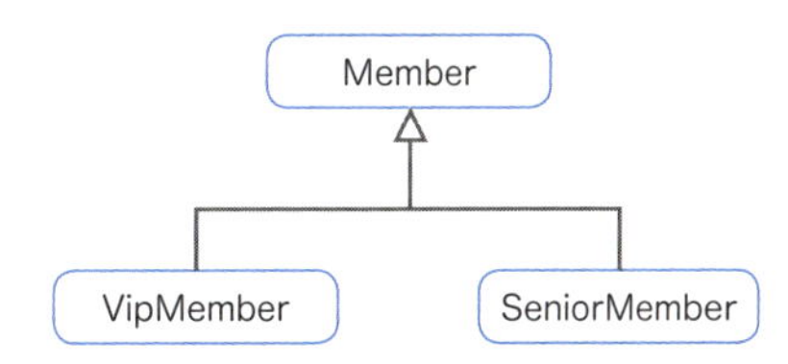

Fig.6-2 会員クラス群のクラス階層図

Column 6-1 typeid 演算子

typeid 演算子（*typeid operator*）は、型に関する情報を取得する演算子です。<typeinfo> ヘッダをインクルードしておけば、

```
typeid( 型 ).name()
typeid( 式 ).name()
```

によって、その型あるいは式の《型を表す文字列》が得られます。なお、得られる文字列は、処理系依存です。以下に示すのが、この演算子を利用する例です（"chap06/typeid.cpp"）。

```
char c;
short h;
int i;
long l;

cout << "変数c：" << typeid(c).name() << '\n';
cout << "変数h：" << typeid(h).name() << '\n';
cout << "変数i：" << typeid(i).name() << '\n';
cout << "変数l：" << typeid(l).name() << '\n';

cout << "文字リテラル'A'："    << typeid('A').name()   << '\n';
cout << "整数リテラル100："    << typeid(100).name()   << '\n';
cout << "整数リテラル100U："   << typeid(100U).name()  << '\n';
cout << "整数リテラル100L："   << typeid(100L).name()  << '\n';
cout << "整数リテラル100UL："  << typeid(100UL).name() << '\n';
```

```
変数c：char
変数h：short
変数i：int
変数l：long
文字リテラル'A'：char
整数リテラル100：int
整数リテラル100U：unsigned int
整数リテラル100L：long
整数リテラル100UL：unsigned long
```

メンバ関数の隠蔽

基底クラス *Member* にメンバ関数 *print* があり、派生クラスである *VipMember* と *SeniorMember* にもメンバ関数 *print* があります。このように、基底クラスのメンバ関数と同一名のメンバ関数が派生クラス内で定義されると、派生クラスのメンバ関数は、基底クラスのメンバ関数を**隠蔽**（いんぺい）（*hide*）します。

そのことを **List 6-3** で確認しましょう。優待会員 *VipMember* 型のオブジェクトと長寿会員 *SeniorMember* 型の各オブジェクトに対して、メンバ関数 *print* を呼び出すだけの単純なプログラムです。

List 6-3 Member01/MemberPrint1.cpp

```
// 会員情報の表示（優待会員と長寿会員のメンバ関数printを呼び出す）

#include <iostream>
#include "VipMember.h"
#include "SeniorMember.h"

using namespace std;

int main()
{
    VipMember mineya("峰屋龍次", 17, 89.2, "会費全額免除");
    SeniorMember susaki("州崎賢一", 43, 63.7, 3);

    mineya.print();      // 会員情報を表示（VipMemberのメンバ関数print）
    susaki.print();      // 会員情報を表示（SeniorMemberのメンバ関数print）
}
```

実行結果

```
No.17：峰屋龍次（89.2kg）特典＝会費全額免除
No.43：州崎賢一（63.7kg）要介護度＝3
```

mineya に対しては *VipMember::print* が呼び出され、*susaki* に対しては *SeniorMember::print* が呼び出されています。基底クラス *Member* のメンバ関数 *print* が隠蔽されることが確認できました。

この例では、関数 *print* の仮引数の型と個数が同一です。もっとも、関数名さえ同一であれば、仮引数の型や個数が異なっていても隠蔽は行われます。

重要 基底クラスのメンバ関数と同一名の派生クラスのメンバ関数は、仮引数の型や個数が異なっていても、基底クラスのメンバ関数を**隠蔽**する。

*

さて、クラス *VipMember* と *SeniorMember* は、is-A の関係を実現する **public** 派生によって、クラス *Member* から派生しています。そのため、クラス *Member* から継承したメンバ関数 *print* は、クラス *VipMember* と *SeniorMember* でも公開メンバとして存在します。

継承したメンバ関数は、名前が隠蔽されているだけであって、存在そのものが消滅するのではありません。実際、隠蔽されている基底クラス型のメンバ関数は、クラスの外部から呼び出せます。

それを確認するのが、**List 6-4** に示すプログラムです。

List 6-4 Member01/MemberPrint2.cpp

```
// 会員情報の表示（優待会員と長寿会員に対して一般会員のprintを呼び出す）
#include <iostream>
#include "VipMember.h"
#include "SeniorMember.h"

using namespace std;

int main()
{
    VipMember mineya("峰屋龍次", 17, 89.2, "会費全額免除");
    SeniorMember susaki("州崎賢一", 43, 63.7, 3);

    mineya.Member::print();       // 会員情報を表示（Memberのメンバ関数print）
    susaki.Member::print();       // 会員情報を表示（Memberのメンバ関数print）
}
```

実行結果

```
No.17：峰屋龍次（89.2kg）
No.43：州崎賢一（63.7kg）
```

網かけ部では、有効範囲解決演算子 :: を適用した式 Member::print() によって、基底クラス Member のメンバ関数 print を呼び出しています。

重要 基底クラスから継承したメンバと同名のメンバが派生クラス内に存在する場合、“基底クラス名 :: メンバ名” によって、基底クラスから継承した（隠蔽されている）メンバにアクセスできる。

Column 6-2 データメンバの隠蔽

本文では、メンバ関数名の隠蔽と使い分けについて学習しました。データメンバも、名前に関しては、メンバ関数と同様です。List 6C-1 のプログラムで確認しましょう。

List 6C-1 chap06/hidden.cpp

```
// 隠蔽されたデータメンバのアクセス
#include <iostream>

using namespace std;

class A {
public:
    int a;
    A(int aa = 55) : a(aa) { }
};

class B : public A {
public:
    double a;
    B(double aa = 3.14) : a(aa) { }
};

int main()
{
    B b(3.14);
    cout << "b.a    = " << b.a    << '\n';     // クラスBで追加されたa
    cout << "b.A::a = " << b.A::a << '\n';     // クラスAから継承したa
}
```

実行結果

```
b.a    = 3.14
b.A::a = 55
```

青網部の b.a は、派生クラスで宣言されたメンバ a であり、黒網部の b.A::a は、基底クラス A から継承したメンバ a です。

静的な型

次は、**List 6-5** を考えましょう。関数 *put_member* は、引数 *m* に受け取った会員の情報を表示します。その際、体重が 65kg 以上の会員に対しては、先頭に●印を付けます。

List 6-5 Member01/MemberPrintRef.cpp

```
// 会員情報の表示（参照を通じたメンバ関数の呼出し）

#include <iostream>
#include "Member.h"
#include "VipMember.h"
#include "SeniorMember.h"

using namespace std;

//--- 会員情報を表示（体重65kg以上の会員に●を付ける）---//
void put_member(const Member& m)
{
    cout << (m.get_weight() >= 65 ? "● " : "   ");
A   m.print();           // 会員情報を表示
}

int main()
{
    Member kaneko("金子健太", 15, 75.2);
    VipMember mineya("峰屋龍次", 17, 89.2, "会費全額免除");
    SeniorMember susaki("州崎賢一", 43, 63.7, 3);

1   put_member(kaneko);        // 会員情報を表示（実引数の型はMember&）
2   put_member(mineya);        //     〃     （   〃     VipMember&）
3   put_member(susaki);        //     〃     （   〃     SeniorMember&）
}
```

Member::print の呼出し

実行結果

```
● No.15：金子健太（75.2kg）
● No.17：峰屋龍次（89.2kg）
  No.43：州崎賢一（63.7kg）
```

関数 *put_member* が受け取る仮引数 *m* の型は、（**const** な）*Member&* 型です。**main** 関数からの３回の呼出し**1**～**3**で与えている実引数は、*Member* 型の *kaneko* への参照と、*VipMember* 型の *mineya* への参照と、*SeniorMember* 型の *susaki* への参照です。

このうち、**2**の実行結果から、以下のことが分かります。

1. 呼び出された関数 *put_member* の仮引数 *m* が、*VipMember* 型である *mineya* を参照すること（峰屋龍次という名前と 89.2kg という体重の表示から確認できます）。

2. **A**の黒網部で *m* に対して呼び出される *print* が、*VipMember::print* ではなく、*Member::print* であること（『特典』が表示されないことで確認できます）。

①は不思議なことではありません。基底クラスへのポインタ／参照は、派生クラスのオブジェクトを指す／参照できるからです（前章で学習しました）。

また、②のようになる理由も単純です。*m* の型が《*Member* への参照型》だからです。

基底クラスへのポインタ／参照が、派生クラスのオブジェクトを指せる／参照できるとはいえ、そのポインタ／参照が、指す／参照する式を評価して得られるのは、派生クラス型ではなく**基底クラス型**です。

このようなことから、*m* の型は、以下のように表現されます。

オブジェクト *m* の静的な型（*static type*）**は *Member* である。**

静的な型は、**typeid** 演算子を用いれば容易に確認できます。**List 6-6** に示すのが、そのプログラム例です。

▶ **typeid** 演算子の仕様上、name 関数が返却する文字列は処理系に依存します。

List 6-6 Member01/MemberStaticType.cpp

```
// 基底クラスへのポインタ／参照が、指す／参照するオブジェクトの型

#include <iostream>
#include <typeinfo>
#include "Member.h"
#include "VipMember.h"
#include "SeniorMember.h"

using namespace std;

int main()
{
    VipMember mineya("峰屋龍次", 17, 89.2, "会費全額免除");

    Member* ptr = &mineya;       // 基底クラス型のポインタ
    Member& ref =  mineya;       // 基底クラス型の参照

    cout << "ptrが指す先は" << typeid(*ptr).name() << "型オブジェクトです。\n";
    cout << "refの参照先は" << typeid(ref).name()  << "型オブジェクトです。\n";
}
```

実行結果一例

```
ptrが指す先はclass Member型オブジェクトです。
refの参照先はclass Member型オブジェクトです。
```

実行結果から、ポインタ *ptr* が指すオブジェクトと、参照 *ref* が参照するオブジェクトの静的な型は、いずれも *VipMember* 型ではなく *Member* 型であることが確認できます。

Column 6-3 静的な型と動的な型

ここで学習した**静的な型**と、このすぐ後で学習する**動的な型**について、標準 C++ では、以下のように定義されています。

- **静的な型**（*static type*）

式の型。その式がもたらす結果の型として、実行時の意味を考慮せずにプログラムを解析することで得られる。式の静的な型は、その式が位置するプログラムの形だけから決まり、プログラムの実行中に変わることがない。

- **動的な型**（*dynamic type*）

左辺値式の表す左辺値が指す最派生オブジェクトの型。

例　その静的な型が“クラス *B* へのポインタ”であるポインタ *p* が、クラス *B* から派生したクラス *D* のオブジェクトを指していたとすると、式 ***p** の動的な型は、“*D*”となる。参照も、同様に扱う。

右辺値式の動的な型は、それの静的な型とする。

仮想関数

基底クラスへのポインタ／参照が派生クラス型オブジェクトを指す／参照できるものの、実際の運用において、さまざまな制約を受けることが分かりました。

この問題を解決するのが、**仮想関数**（*virtual function*）です。仮想関数を用いて書きかえた一般会員クラス第２版のヘッダ部を **List 6-7** に示します。

List 6-7 Member02/Member.h

```
// 一般会員クラス（第２版：ヘッダ部）

#ifndef ___Member
#define ___Member

#include <string>

//===== 一般会員クラス =====//
class Member {
    std::string full_name;   // 氏名
    int    number;           // 会員番号
    double weight;           // 体重

public:
    //--- コンストラクタ ---//
    Member(const std::string& name, int no, double w);

    //--- 氏名取得（full_nameのゲッタ）---//
    std::string name() const { return full_name; }

    //--- 会員番号取得（numberのゲッタ）---//
    int no() const { return number; }

    //--- 体重取得（weightのゲッタ）---//
    double get_weight() const { return weight; }

    //--- 体重設定（weightのセッタ）---//
    void set_weight(double w) { weight = (w > 0) ? w : 0; }

    //--- 会員情報表示---//
    virtual void print() const;         // 仮想関数
};

#endif
```

第１版と異なるのは、メンバ関数 print を仮想関数とするために、関数宣言の冒頭部に関数指定子 virtual **が付加されていること**だけです。

なお、以下のプログラムは、第１版のヘッダ部・ソース部が**そのまま利用できます**。

- 一般会員クラスのソース部（"Member.cpp"）
- 優待会員クラスのヘッダ部／ソース部（"VipMember.h" と "VipMember.cpp"）
- 長寿会員クラスのヘッダ部／ソース部（"SeniorMember.h" と "SeniorMember.cpp"）

基底クラスの仮想関数と同一仕様のメンバ関数（関数名と仮引数の型の並びが同じ関数）は、virtual を付けなくても自動的に仮想関数とみなされます。

そのため、派生クラス *VipMember* と *SeniorMember* のメンバ関数 print は、自動的に仮想関数となります。

▶ もちろん、明示的に virtual を付けて宣言しても構いません。

さて、メンバ関数 *print* を仮想関数にするだけで、**List 6-5**（p.196）の黒網部である、以下の関数呼出しの挙動は大きく変わります。

```
A m.print()              // mはconst Member&型
```

Fig.6-3 に示すのが、プログラムの実行結果です。会員クラス第１版と第２版では、異なる実行結果が得られます。

a 会員クラス第１版

※ メンバ関数 print は非仮想関数

実行結果
● No.15：金子健太（75.2kg）
● No.17：峰屋龍次（89.2kg）
No.43：州崎賢一（63.7kg）

m の静的な型であるクラス Member に所属する print が呼び出される。

b 会員クラス第２版

※ メンバ関数 print は仮想関数

実行結果
● No.15：金子健太（75.2kg）
● No.17：峰屋龍次（89.2kg）特典＝会費全額免除
No.43：州崎賢一（63.7kg）要介護度＝3

mの参照先オブジェクトのクラス（Member / VipMember / SeniorMember）に所属する print が呼び出される。

Fig.6-3 会員クラスの版による List 6-5 の実行結果の違い

図a：会員クラス第１版の実行結果（メンバ関数 *print* が非仮想関数）

既に学習したとおり、呼び出されるのは、*m* の静的な型であるクラス *Member* に所属するメンバ関数 *print* です。すなわち、関数呼出し**A**は、

m の型であるクラス *Member* に所属するメンバ関数 *print* の呼出し

です。呼び出される関数は、**プログラムのコンパイル時に静的に決定されます**。

図b：会員クラス第２版の実行結果（メンバ関数 *print* が仮想関数）

第２版での関数呼出し**A**は、

m の参照先オブジェクトのクラスに所属するメンバ関数 *print* の呼出し

です。**基底クラスである *Member* 型への参照 *m* を通じて、*Member* のメンバ関数が呼び出されたり、派生クラスである *VipMember* や *SeniorMember* のメンバ関数が呼び出されたりする**ことを、実行結果が示しています。

当然、*m* の参照先のオブジェクトが、どのクラス（*Member*，*VipMember*，*SeniorMember*）であるのかは、コンパイル時には決定できません。

▶ 関数に *kaneko* が渡された場合は *Member* 型ですし、*mineya* が渡された場合は *VipMember* 型です。また、*susaki* が渡された場合は *SeniorMember* 型です。

そのため、どのクラスのメンバ関数 *print* を呼び出すべきであるのかは、コンパイル時ではなく、**プログラムの実行時に動的に決定されます**。

多相的クラスと動的な型

メンバ関数 *print* が仮想関数になるだけで、**List 6-5**（p.196）のプログラムの挙動が変わることを確認しました。

それでは、もう一つの **List 6-6**（p.197）の挙動はどうでしょうか。実行して確認してみましょう。その結果を示したのが、**Fig.6-4** です。

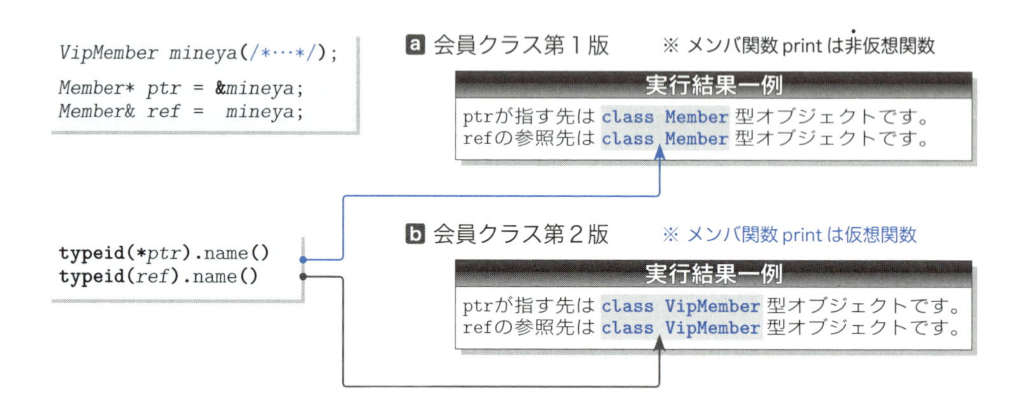

Fig.6-4　会員クラスの版による List 6-6 の実行結果の違い

ポインタ *ptr* が指す型と参照 *ref* の参照先の型は、第１版では *Member* でしたが、第２版では *VipMember* となります。

クラスに所属するメンバ関数のうちの、どれか１個が仮想関数となるだけで、そのクラス型の参照とポインタの性質が変わってしまうことが分かりました。

仮想関数を１個でも有するクラスは、**多相的クラス**（*polymorphic class*）と呼ばれる特殊なクラスとなります。メンバ関数 *print* が仮想関数ですから、第２版の会員クラス *Member*、*VipMember*、*SeniorMember* は、すべて多相的クラスです。

重要　仮想関数を１個でも有するクラスは、**多相的クラス**と呼ばれ、そうでないクラスとはまったく異なる性格を有する。

＊

さて、ポインタ *ptr* の型は *Member** であり、参照 *ref* の型は *Member&* です。これらの指す先／参照先のオブジェクトの型は、プログラム実行時に決定します。このように、プログラム実行時に決定する型は、**動的な型**（*dynamic type*）と呼ばれます。

第１版は非多相的クラスであったため、ポインタ *ptr* の指す先の型／参照 *ref* の参照先の型は、静的な型である *Member* と解釈されます。

一方、第２版は多相的クラスであるため、ポインタ *ptr* の指す先の型／参照 *ref* の参照先の型は、実行時に決定される動的な型である *VipMember* と解釈されます。

さて、**List 6-5**（p.196）の実行結果である**Fig.6-3**（p.199）を、もう一度検討しましょう。オブジェクト*m*の**動的な型**は、参照先に応じて以下のように変化します。

- 参照先が*Member*型のオブジェクト*kaneko*であるとき　　：*Member*型
- 参照先が*VipMember*型のオブジェクト*mineya*であるとき　：*VipMember*型
- 参照先が*SeniorMember*型のオブジェクト*susaki*であるとき：*SeniorMember*型

呼び出される関数の決定は、動的な型に基づいて行われます。

＊

なお、このプログラムでは、*m*は参照ですが、ポインタであっても同様です。そのことを、**List 6-8**のプログラムで確認しましょう。

List 6-8　Member02/MemberPrintPtr.cpp

```
// 会員情報の表示（ポインタを通じたメンバ関数の呼出し）

#include <iostream>
#include "Member.h"
#include "VipMember.h"
#include "SeniorMember.h"

using namespace std;

//--- 会員情報を表示（体重65kg以上の会員に●を付ける）---//
void put_member(const Member* p)
{
    cout << (p->get_weight() >= 65 ? "● " : "   ");
    p->print();         // 会員情報を表示
}

int main()
{
    Member kaneko("金子健太", 15, 75.2);
    VipMember mineya("峰屋龍次", 17, 89.2, "会費全額免除");
    SeniorMember susaki("州崎賢一", 43, 63.7, 3);

    put_member(&kaneko);          // 会員情報を表示
    put_member(&mineya);          // 会員情報を表示
    put_member(&susaki);          // 会員情報を表示
}
```

pが指すオブジェクトの型のprint関数を呼び出す

実行結果

```
● No.15：金子健太（75.2kg）
● No.17：峰屋龍次（89.2kg）特典＝会費全額免除
  No.43：州崎賢一（63.7kg）要介護度＝3
```

▶ ここに示すのは第2版での実行結果です。このプログラムを第1版に適用して実行すれば、特典や要介護度は表示されません（"Member01/MemberPrintPtr.cpp"）。

本プログラムは、**List 6-5**と基本的に同じプログラムです。唯一の違いは、関数*put_member*の引数が、*Member*への参照ではなく、ポインタとなっている点です。

▶ さらに、メンバアクセス演算子が、ドット演算子 **.** からアロー演算子 **->** に変更されています。

実行結果が示すように、呼び出される関数の決定は、動的な型に基づいて行われます。

重要　多相的クラス型への参照／ポインタを通じた仮想関数の呼出しでは、呼び出される関数の決定が、**動的な型**に基づいてプログラム実行時に行われる。

多相性とオブジェクト指向プログラミング

多相的クラス・動的な型を利用すると、階層関係にあるクラスのオブジェクトに対して、以下のことが可能になります。

- **基底クラス型へのポインタ／参照を通じて、異なるクラス型のオブジェクトに対して同一のメッセージを送る。**
- **メッセージを受け取ったオブジェクトは自分自身の型が何であるかを知っており、適切な行動を起こす。**

この手法は、**多相性＝ポリモーフィズム**（*polymorphism*）と呼ばれ、多相的クラス型のオブジェクトは**多相オブジェクト**（*polymorphic object*）と呼ばれます。

ここまで学習したとおり、**C++の多相性は、ポインタと参照を通じてのみ実現されます。**

▶ polymorphismは、『複数』『多』を表す接頭語polyと、『形』『形態』を表すmorphと、接尾語ismを合わせて作られた言葉です。圧力や温度などの条件によって化学組成の同じ物質が異なる結晶構造をとることや、同一種の生物の個体の形質・形態が多様であることを表します。
なお、多相性は、『**多様性**』あるいは『**多態性**』とも呼ばれます。

以下の三つは、**オブジェクト指向プログラミング**（*object oriented programming*）の三大要素と呼ばれます。

- **クラス**（*class*）による**カプセル化**（*encapsulation*）
- **継　承**（*inheritance*）
- **多相性**（*polymorphism*）

本書のここまでの内容をマスターしていれば、オブジェクト指向の基礎が身に付いています。

＊

ここで、**オブジェクト**（*object*）に関する用語を整理しておきましょう。

値を表現する記憶域であるオブジェクトは、他のオブジェクトを、以下に示す**部分オブジェクト**（*sub-object*）として含むことが可能です。

- **配列要素**
- **メンバ部分オブジェクト**（*member sub-object*）
- **基底クラス部分オブジェクト**（*base class sub-object*）

なお、他のオブジェクトの部分オブジェクトとなっていないオブジェクトは、**総体オブジェクト**（*complete object*）と呼ばれます。

基底クラス部分オブジェクトのクラス型と区別するために、クラス型の、総体オブジェクト、データメンバ、あるいは配列要素の型は、**最派生クラス**（*most derived class*）と呼ばれ、最派生クラス型のオブジェクトは**最派生オブジェクト**（*most derived object*）と呼ばれます。

動的結合とオーバライド

非仮想関数は、呼び出すべき関数がコンパイル時に決定され、その呼出しメカニズムは、**静的結合**（*static binding*）や**早い結合**（*early binding*）と呼ばれます。

＊

一方、仮想関数は、呼び出すべき関数が実行時に決定されますので、その呼出しメカニズムは、**動的結合**（*dynamic binding*）や**遅い結合**（*late binding*）と呼ばれます。

▶ binding には**束縛**（そくばく）という訳語が当てられることもあります。たとえば、遅い結合は**動的束縛**や**遅延束縛**とも呼ばれます。

基底クラスの仮想メンバ関数と、関数名と仮引数の型が同じ関数を、派生クラスで定義することは、オーバライドする（*override*）**と呼ばれます。**基底クラスのメンバ関数を無効にして、新しい関数を上書きして、そちらを優先させるからです。

第２版の会員クラスの場合、派生クラス *VipMember* と *SeniorMember* のメンバ関数 *print* は、いずれも基底クラス *Member* のメンバ関数 *print* をオーバライドしています。

▶ override は、『～に優先する』『踏みにじる』『無視する』『無効にする』『くつがえす』『征服する』といった意味の語句です。JIS C++ では、override に『**上書き**』という訳語が当てられていますが、『オーバライド』のほうが一般的です。

オーバライドした関数は、**オーバライダ**（*overrider*）と呼ばれます。

なお、多相クラスオブジェクトへの参照やポインタを通じて呼び出される仮想関数は、最終的にオーバライド（上書き）した関数であることから、**最終オーバライダ**（*final overrider*）と呼ばれます。

▶ JIS では、overrider には、『上書き関数』という訳語が当てられています。
C++11 からは、メンバ関数の宣言に **override** キーワードを付加できます。たとえば、クラス *VipMember* の定義中の *print* 関数の宣言は、以下のように行えます。

```
void print() override { /* …中略… */ } const;
```

＊

なお、文法の規則上、静的メンバ関数は、仮想関数にはなれません。当然ながら、オーバライドも行えません。

Column 6-4 仮想関数をもつクラスオブジェクトの大きさ

次ページ以降で学習するとおり、仮想関数をもつ多相的クラス型のオブジェクトの内部には、《仮想関数テーブルへのポインタ》が埋め込まれます。そのため、多相的クラスオブジェクトの大きさは、そうでないクラスに比べて大きくなります。

以下に示すクラス群で確認してみましょう（"chap06/sizeof.cpp"）。

```
class A { int x;         void f() { }                      } a;
class B { int x; virtual void f() { }                      } b;
class C { int x; virtual void f() { } virtual void g() { } } c;
```

あるコンパイラで確認したところ、**sizeof**(*a*) は 4 で、**sizeof**(*b*) と **sizeof**(*c*) は 8 でした。

仮想関数テーブル

多相オブジェクトへの参照とポインタ、さらには、それらを通じたメンバ関数の呼出しが、特殊な振舞いをすることを学習しました。

プログラム実行時の多相オブジェクトの型の動的決定は、クラスの中で定義されたデータメンバやメンバ関数ではなく、ある種の特別な情報に基づいて行われるのですが、その情報は、コンパイル時に処理系が生成します。

メンバ関数の動的結合の実現のために生成されるのは、**"どのクラスに所属するメンバ関数を呼び出すべきか"** という情報です。ほとんどの処理系では、この情報は、

呼び出すべき関数へのポインタをまとめた《仮想関数テーブル》を指すポインタ

として実現されます。このポインタは、プログラム上からアクセス不能な内部的なオブジェクトとして、すべての多相オブジェクトの中に埋め込まれます。

*

会員クラス群よりも階層構造が複雑な例で、仮想関数の呼出しと仮想関数テーブルについて理解していきましょう。**List 6-9** (p.206) に示すのが、そのためのプログラムです。

Column 6-5 オーバライド（上書き）とオーバロード（多重定義）

オーバライド（**上書き**）と、**オーバロード**（**多重定義**）とについて、**List 6C-2** に示すプログラムを例に考えます。

A, *B*, *C* の各クラスに *f* という名前のメンバ関数があります。まずは、各メンバ関数について整理しましょう。

▪ *A*::*f*()

virtual が与えられずに宣言されている、通常の非仮想関数です。

▪ *B*::*f*()

virtual が与えられて宣言されている仮想関数です。基底クラスのメンバ関数 *A*::*f*() と同じ形式（名前と仮引数の型が同一）ですが、*A*::*f*() を**オーバライドしているのではありません。**

既に学習したように、基底クラスのメンバ関数が仮想関数でなければ、オーバライドとはならないからです。

▪ *C*::*f*()

この関数は、仮想メンバ関数である *B*::*f*() と同一の形式です。宣言に **virtual** は与えられていませんが、*B*::*f*() をオーバライドする仮想関数となります。

▪ *C*::*f*(**int**)

この関数は、関数 *B*::*f*() とは仮引数の型が異なるため、仮想関数として働くことはありません。同一名をもつ『多重定義（オーバロード）された関数』として扱われます。

もちろん、この関数は非仮想関数です。

List 6C-2 chap06/overload.cpp

```
// オーバライド（上書き）とオーバロード（多重定義）
#include <iostream>

using namespace std;

class A {
public:
    void f() { cout << "A::f()\n"; }            // ［非］仮想関数
};

class B : public A {
public:
    virtual void f() { cout << "B::f()\n"; }  // 仮想関数
};

class C : public B {
public:
    void f()    { cout << "C::f()\n"; }         // 仮想関数のオーバライド（上書き）
    void f(int) { cout << "C::f(int)\n"; }      // オーバロード（多重定義）
};

int main()
{
    A  a;
    B  b;
    C  c;
    A* p = &b;
    B* q = &c;

    a.f();
    b.f();
    c.f();
    c.f(1);
    p->f();       // 動的結合は行われない
    q->f();       // 動的結合が行われる
//  q->f(1);      // コンパイルエラー
}
```

実行結果

```
A::f()
B::f()
C::f()
C::f(int)
A::f()
C::f()
```

main関数内の最初の四つの関数呼出しは、単純です。後半の三つに着目しましょう。

■ p->f()

A* 型のポインタ p が指すのは、B 型の b です。既に学習したとおり、B::f() 自体は仮想関数であるものの、これは A::f() をオーバライドしているのではありません。

動的結合が行われることはありませんので、ポインタが指すオブジェクトのメンバ関数 B::f() ではなく、基底クラスのメンバ関数 A::f() が呼び出されます。

■ q->f()

B* 型のポインタ q が指すのは、C 型の c です。既に学習したとおり、C::f() は B::f() をオーバライドしていますので、動的結合が行われます。

ポインタが指すオブジェクトのメンバ関数 C::f() が呼び出されます。

■ q->f(1)

ポインタ q が指すのが C 型の c であるとはいえ、ポインタ q は B* 型です。動的結合が行われるわけではありません。

また、呼び出すべき B::f(int) という関数が存在しないため、コンパイルエラーとなります。

List 6-9 chap06/virtual_table.cpp

```
// 仮想関数の呼出し
#include <iostream>

using namespace std;

//===== 基底クラス =====//
class A {
public:
    virtual void f1() { cout << "A::f1()です。\n"; }
    virtual void f2() { cout << "A::f2()です。\n"; }
};

//===== 派生クラス =====//
class B : public A {
public:
    // 注：f1はオーバライドしていない
    void f2() { cout << "B::f2()です。\n"; }
};

//===== 派生クラス =====//
class C : public B {
public:
    void f1() { cout << "C::f1()です。\n"; }
    // 注：f2はオーバライドしていない
};

//===== 派生クラス =====//
class D : public B {
public:
    void f1() { cout << "D::f1()です。\n"; }
    void f2() { cout << "D::f2()です。\n"; }
};

int main()
{
    A* p;
    A a;   p = &a;   cout << "p→a\n";   p->f1();  p->f2();  cout << '\n';
    B b;   p = &b;   cout << "p→b\n";   p->f1();  p->f2();  cout << '\n';
    C c1;  p = &c1;  cout << "p→c1\n";  p->f1();  p->f2();  cout << '\n';
    C c2;  p = &c2;  cout << "p→c2\n";  p->f1();  p->f2();  cout << '\n';
    D d;   p = &d;   cout << "p→d\n";   p->f1();  p->f2();  cout << '\n';
}
```

実行結果

```
p→a
A::f1()です。
A::f2()です。

p→b
A::f1()です。
B::f2()です。

p→c1
C::f1()です。
B::f2()です。

p→c2
C::f1()です。
B::f2()です。

p→d
D::f1()です。
D::f2()です。
```

A
B
C D

このプログラムでは、4個のクラスが定義されています。クラス*B*は*A*から派生しており、クラス*C*と*D*はいずれも*B*から派生しています。基底クラス*A*では、仮想関数*f1*と*f2*が定義されています。派生したクラスでは、その関数をそのまま継承するか、あるいは、オーバライドして別の定義を与えています。

▶ すべてのクラスの関数*f1*, *f2*は、いずれも『クラス名::関数名()です。』と表示します。

各クラス型のオブジェクトへのポインタを通じたメンバ関数*f1*と*f2*の呼出しによって、どの関数が呼び出されるのか、すなわち、どの関数が《最終オーバライダ》であるのかは、実行結果で確認できます。

▶ たとえば、クラス*B*型オブジェクトへのポインタに対しては、以下のようになります。
f1()によって*A*::*f1*が呼び出される（クラス*B*で*A*::*f1*を継承しているため）。
f2()によって*B*::*f2*が呼び出される（クラス*B*でオーバライドしているため）。

さて、各オブジェクトへのポインタ（あるいは参照）を通じて行われる、仮想関数の動的結合を実現するための内部的な情報のイメージを示したのが、**Fig.6-5**です。

多相的クラスには、最終オーバライダへのポインタをまとめた仮想関数テーブル（*virtual function table*）**が各クラスごとに用意されます。**この場合、クラス *A*, *B*, *C*, *D* の仮想関数テーブルは、それぞれ、図中の**1**、**2**、**3**、**4**です。

▶ たとえば、クラス *C* のオブジェクトへの参照／ポインタに対する *f1*() では *C*::*f1* が呼び出されて、*f2*() では *B*::*f2* が呼び出されます。これらの関数へのポインタをまとめたものが、クラス *C* 用の仮想関数テーブル**3**です。

さらに、**各オブジェクトには、そのクラス用の仮想関数テーブルへのポインタが埋め込まれます。**たとえば、クラス *C* 型のオブジェクトである *c1* と *c2* のそれぞれに、クラス *C* 用の仮想関数テーブル**3**へのポインタが埋め込まれます。これは、コンパイラがオブジェクト内部に埋め込むものですから、ここでは便宜上《隠れポインタ》と呼びます。

▶ 隠れポインタは、各オブジェクトごとに埋め込まれます。そのため、多相的クラス型のオブジェクトは、隠れポインタのための記憶域を余分に占有します（**Column 6-4**：p.203）。

クラス *C* 型の *c1* あるいは *c2* への参照／ポインタを通じた仮想関数 *f1* あるいは *f2* の呼出しが行われた場合、まず、隠れポインタの指す仮想関数テーブルを参照し、それから、仮想関数テーブルに格納されたポインタが指している関数である *C*::*f1* あるいは *B*::*f2* を呼び出す、という原理です。

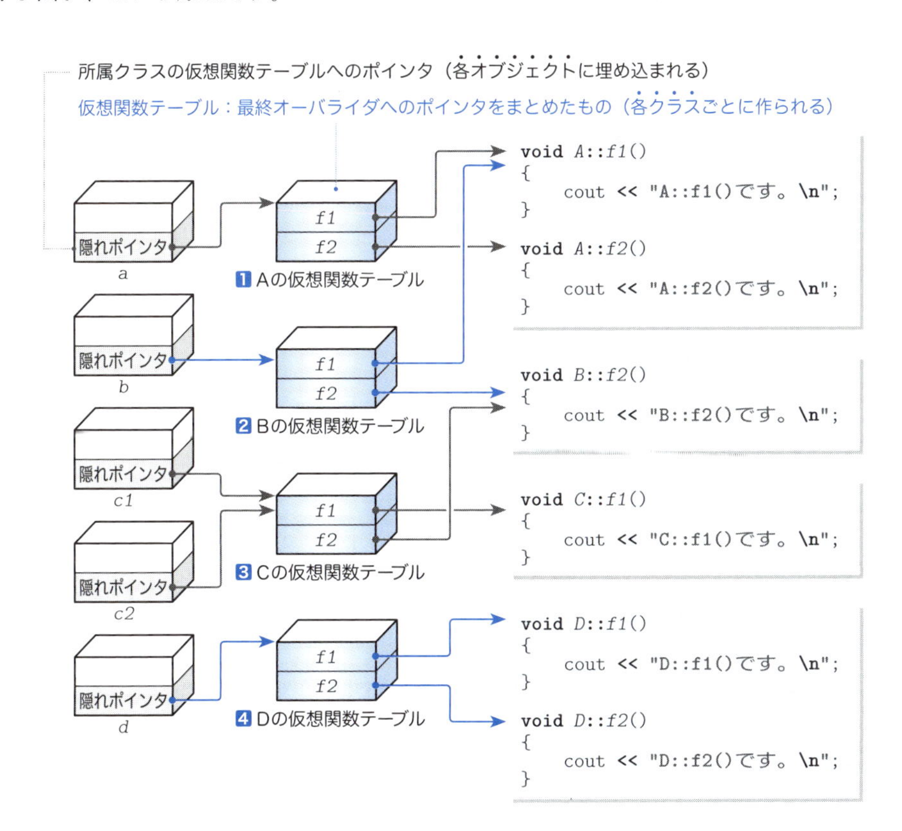

Fig.6-5 動的結合実現のための仮想関数テーブル

仮想デストラクタ

次に考えるのは、List 6-10 のプログラムです。

List 6-10 chap06/destructor.cpp

```
// 継承とデストラクタ

#include <iostream>

using namespace std;

//===== 基底クラス =====//
class Base {
public:
    Base() { cout << "Baseのコンストラクタ\n"; }     // コンストラクタ
   ~Base() { cout << "Baseのデストラクタ\n"; }      // デストラクタ
};

//===== 派生クラス =====//
class Derived : public Base {
    int* a;
public:
    Derived() { a = new int[10]; cout << "配列を生成。\n"; } // コンストラクタ
   ~Derived() { delete[] a;      cout << "配列を解放。\n"; } // デストラクタ
};

int main()
{
  1 Base* ptr = new Derived;          // Derivedを作成

  2 delete ptr;                       // Baseを消去
}
```

誤

実行結果
```
a Baseのコンストラクタ
b 配列を生成。
c Baseのデストラクタ
```

クラス *Base* からクラス *Derived* が **public** 派生しています。

■ 基底クラス *Base*

コンストラクタとデストラクタは、呼び出された旨を表示します。

■ 派生クラス *Derived*

コンストラクタは **int** 型配列 a を動的に生成して、デストラクタはその配列を解放します（いずれも、配列の生成・解放を行った旨を表示します）。

■ **main** 関数

1では、クラス *Derived* のオブジェクトを **new** 演算子によって生成し、そのポインタを *ptr* の初期値とします。2では、*ptr* の指すオブジェクトを **delete** 演算子で解放します。

それぞれの実行結果を検証しましょう。

1 コンストラクタの呼出しで表示されるのがaとbです。派生クラスのオブジェクトの生成にあたっては、まず基底クラス部分オブジェクトが生成されますので、

a クラス *Base* のコンストラクタの呼出し

b クラス *Derived* のコンストラクタの呼出し

の順で行われます。

2 ptrの指すオブジェクトをdelete演算子で解放します。ここで表示されるのがⒸです。**基底クラスBaseのデストラクタは呼び出されているものの、派生クラスDerivedのデストラクタが呼び出されていません。**

このような結果となる理由は単純です。ptrの型が"基底クラスBaseへのポインタ"であって、かつ、クラスBaseとDerivedが多相的クラスではないため、ポインタptrの静的な型であるBaseのデストラクタが呼び出されるからです。

配列aの領域が解放されずに残ってしまうという問題が明らかになりました。

*

この問題の解決法は、デストラクタを仮想関数として定義することです。そのように書きかえたのが、**List 6-11** に示すクラスBaseです。

List 6-11 chap06/virtual_destructor.cpp

```
//===== 仮想デストラクタをもつ基底クラス =====//
class Base {
public:
    Base()          { cout << "Baseのコンストラクタ\n"; }
    virtual ~Base() { cout << "Baseのデストラクタ\n"; }
};
```

正

実行結果

```
Baseのコンストラクタ
配列を生成。
配列を解放。
Baseのデストラクタ
```

▶ ここでは、クラスBaseの定義のみを示しています。実行結果は、**List 6-10** のプログラムのクラスBaseの定義部を、**List 6-11** に入れかえたときに得られるものです。

変更点は、デストラクタの宣言にvirtualを付けたことだけです。なお、このように定義されたデストラクタは、**仮想デストラクタ**（*virtual destructor*）と呼ばれます。

基底クラスの仮想関数を継承した関数が派生クラスでも仮想関数になる（p.198）のと同じ理由で、派生クラスのデストラクタはvirtualを付けて宣言しなくても仮想デストラクタとなります。もちろん、クラスDerivedのデストラクタの宣言に明示的にvirtualを付けても構いません。

*

デストラクタが仮想関数となってクラスBaseとクラスDerivedが多相的クラスとなることで、ptrの型に所属するデストラクタでなく、ptrが指すオブジェクトの型に所属するデストラクタが呼び出されます。その結果、配列も正しく解放されます。

重要 他のクラスの基底クラスとなる可能性があるクラスのデストラクタは、仮想デストラクタとして定義するとよい。

なお、コンストラクタを仮想関数とすることはできません（仮想関数とする必要性がないからです）。

*

基底クラス型への参照／ポインタによって参照されている／指されている多相的な派生クラスのオブジェクトが破棄される際は、**まず派生クラスのデストラクタが呼び出され、それから基底クラスのデストラクタが呼び出されます。**実行結果で確認できます。

6-2 実行時型情報と動的キャスト

本節では、実行時型情報と動的キャストについて学習します。

実行時型情報（RTTI）

本節では、多相的クラスと、多相オブジェクトへのポインタ／参照に対する理解を深めていきます。まずは、List 6-12 のプログラムを、会員クラス第１版と第２版の両方に適用して実行しましょう。

List 6-12　Member01/Typeid.cpp　Member02/Typeid.cpp

```
// 基底クラスへのポインタ／参照が指す／参照するオブジェクトの型

#include <iostream>
#include <typeinfo>
#include "Member.h"
#include "VipMember.h"
#include "SeniorMember.h"

using namespace std;

//--- ptrが指す先／refの参照先の型情報を表示 ---//
void ptr_ref(const Member* ptr, const Member& ref)
{
    cout << "ptrが指す先は" << typeid(*ptr).name() << "型オブジェクトです。\n";
    cout << "refの参照先は" << typeid(ref).name()  << "型オブジェクトです。\n\n";
}

int main()
{
    Member       kaneko("金子健太", 15, 75.2);
    VipMember    mineya("峰屋龍次", 17, 89.2, "会費全額免除");
    SeniorMember susaki("州崎賢一", 43, 63.7, 3);

    cout << kaneko.name() << '\n';  ptr_ref(&kaneko, kaneko);

    cout << mineya.name() << '\n';  ptr_ref(&mineya, mineya);

    cout << susaki.name() << '\n';  ptr_ref(&susaki, susaki);
}
```

関数 *ptr_ref* は、*Member** 型のポインタ *ptr* と *Member&* 型の参照 *ref* を引数として受け取って、それらが指す／参照する先の型情報を表示する関数です。**main** 関数では、この関数に対して、*Member* 型、*VipMember* 型、*SeniorMember* 型のポインタ／参照を渡して、合計３回呼び出しています。

Fig.6-6 に示すプログラムの実行結果を検討しましょう。

多相的クラスではない第１版（図a）では、ポインタ *ptr* と参照 *ref* の指す／参照する先の型は、静的な型である *Member* となります。一方、多相的クラスとなっている第２版（図b）では、動的な型が表示されます。

Column 6-1 （p.193）で簡単に学習した **typeid 演算子**は、**int** や **double** などの基本型に対しても適用できますが、**多相的クラスに適用したときにこそ本領を発揮します。**

a 会員クラス第１版（非多相的クラス）での実行結果一例

```
金子健太
ptrが指す先はclass Member型オブジェクトです。
refの参照先はclass Member型オブジェクトです。
峰屋龍次
ptrが指す先はclass Member型オブジェクトです。
refの参照先はclass Member型オブジェクトです。
州崎賢一
ptrが指す先はclass Member型オブジェクトです。
refの参照先はclass Member型オブジェクトです。
```

※ptrとrefの静的な型が表示される。

b 会員クラス第２版（多相的クラス）での実行結果一例

```
金子健太
ptrが指す先はclass Member型オブジェクトです。
refの参照先はclass Member型オブジェクトです。
峰屋龍次
ptrが指す先はclass VipMember型オブジェクトです。
refの参照先はclass VipMember型オブジェクトです。
州崎賢一
ptrが指す先はclass SeniorMember型オブジェクトです。
refの参照先はclass SeniorMember型オブジェクトです。
```

※ptrとrefの動的な型が表示される。

Fig.6-6　基底クラスへのポインタ／参照が、指す／参照するオブジェクトの型情報

もともと**typeid**演算子は、実行時に型が決定する文脈における**実行時型情報＝RTTI** (*run-time type information*) を取得するために導入された演算子です（**Table 6-1**）。

▶ RTTIという語句は、実行時の型情報を用いて型を識別するというrun–time type identification ＝**実行時型識別**を表す用語として使われることもあります。

Table 6-1　typeid演算子

typeid *x*	*x*の型識別のための情報を生成する。

typeid演算子のオペランドは、式あるいは型のいずれかです。オペランドが式である場合、**typeid**演算子の適用によって生成される結果は、次のように定義されています。

静的な型**const** ***type_info***または動的な型**const** ***type_info***の左辺値、または**const** *name*とする。ここで、*name*は、***type_info***から派生した処理系定義のクラスである。

type_info **クラス**について、学習しましょう。

type_info クラス

type_info クラスは、<typeinfo> ヘッダで提供されるクラスです。以下に示すのが、その定義例です。

type_info

```
class type_info {
public:
    virtual ~type_info();
    bool operator==(const type_info&) const;
    bool operator!=(const type_info&) const;
    bool before(const type_info&) const;
    const char* name() const;

private:
    type_info(const type_info&);                // コピーコンストラクタを無効化
    type_info& operator=(const type_info&); // 代入演算子を無効化
};
```

このクラスは、処理系が生成する《型情報》を表すクラスです。このクラスのオブジェクトは、以下に示す二つの情報をもちます。

- **型名を表す文字列へのポインタ**
- **型の同等性や順序を比較するための符号化された値**

なお、**これらの具体的な表現法は処理系に依存します**。

▶ これらの値が参照するオブジェクトの生存期間は、プログラム終了までです。なお、プログラム終了時に type_info オブジェクトのデストラクタが呼び出されるか否かについては、標準 C++ では規定されていません。

クラス内で定義されているメンバ関数の概略は、次のとおりです。

`bool operator==(const type_info& rhs) const;`

現在のオブジェクトを *rhs* と比較して、二つの値が同じ型を表せば **true** を、そうでなければ **false** を返却する。

`bool operator!=(const type_info& rhs) const;`

現在のオブジェクトを *rhs* と比較して、二つの値が同じ型を表せば **false** を、そうでなければ **true** を返却する。

`bool before(const type_info& rhs) const;`

現在のオブジェクトを *rhs* と比較する。処理系が定める順序に基づいて、***this** が *rhs* より前にあれば **true** を、そうでなければ **false** を返却する。

`const char* name() const;`

処理系定義の NTBS を返却する。

▶ NTBS（null-terminated byte string）は、末尾文字がナル文字であるバイトの並びとして表される文字列、すなわちC言語形式の文字列のことです。

このクラスでは、コピーコンストラクタと代入演算子が、非公開部で宣言されています。これは、コピーコンストラクタと代入演算子を、クラス型の利用者から隠して、クラス型のオブジェクトのコピーを禁止するテクニックです。

重要 コピーコンストラクタと代入演算子の形式を非公開部で宣言すると、オブジェクトのコピーを抑止できる。

▶ C++11からは、暗黙裏に定義されるメンバ関数の削除を行う**delete宣言**が利用できます。publicで以下のように宣言します。

```
type_info(const type_info&) = delete;            // コピーコンストラクタを無効化
type_info& operator=(const type_info&) = delete;  // 代入演算子を無効化
```

*

さて、**typeid**が多相的クラス型の左辺値の《式》に作用した場合の結果は、その左辺値が参照する動的な型のオブジェクト型を表す***type_info***オブジェクトの参照となります。なお、ポインタが空ポインタのときは***bad_typeid***例外が送出されます。

*

typeid式中に空ポインタが含まれる場合に、処理系が例外として送出するオブジェクトの型が、***bad_typeid***です。**<typeinfo>**ヘッダで提供されるこのクラスは、***exception***クラスの派生クラスです。以下に示すのが、その定義例です。

▶ *exception*クラスについては、第9章で学習します。

bad_typeid

```
class bad_typeid : public exception {
public:
    bad_typeid() throw();
    bad_typeid(const bad_typeid&) throw();
    bad_typeid& operator=(const bad_typeid&) throw();
    virtual ~bad_typeid() throw();
    virtual const char* what() const throw();
};
```

本クラス内で定義されているコンストラクタとメンバ関数の概略は、次のとおりです。

`bad_typeid() throw();`
クラス**bad_typeid**のオブジェクトを生成するデフォルトコンストラクタ。

`bad_typeid(const bad_typeid&) throw();`
クラス**bad_typeid**のオブジェクトを生成するコピーコンストラクタ。

`bad_typeid& operator=(const bad_typeid&) throw();`
クラス**bad_typeid**のオブジェクトをコピーする代入演算子。

`virtual const char* what() const throw();`
処理系定義のNTBSを返却する。

動的キャスト

派生クラスへのポインタ／参照から、基底クラスへのポインタ／参照への型変換である**動的キャスト**（*dynamic cast*）を行う際に利用するのが、**dynamic_cast 演算子**です。

▶ dynamic_cast を含む全キャスト演算子の概略は、**Column 6-6**（p.218）にまとめています。

dynamic_cast 演算子の変換の対象は**仮想関数をもつ多相的クラス**でなければならず、変換時には型の検査が行われます。変換に失敗した際の挙動は、ポインタへのキャストと参照へのキャストで以下のように異なります。

- **ポインタ型へのキャストに失敗した場合**
  キャストによって生成される値は、変換先の型をもつ空ポインタ値となる。
- **参照型へのキャストに失敗した場合**
  例外 ***bad_cast*** が送出される。

以上のことを **List 6-13** のプログラムで確認しましょう。

List 6-13 chap06/dynamic_cast.cpp

```
// 動的キャストと失敗時の挙動

#include <iostream>
#include <typeinfo>

using namespace std;

//===== 基底クラス =====//
class Base {
    virtual void f() { }        // 仮想関数
};

//===== 派生クラス =====//
class Derived : public Base { };

int main()
{
    Base bs;
    Derived dv;

    Derived* p1 = dynamic_cast<Derived*>(&bs);        // 失敗：空ポインタとなる
    cout << "p1 = " << p1 << '\n';

    Derived* p2 = dynamic_cast<Derived*>(&dv);        // 成功
    cout << "p2 = " << p2 << '\n';

    try {
        Derived& r1 = dynamic_cast<Derived&>(bs);     // 失敗：bad_castを送出
        cout << "r1はbsを参照しています。\n";          // 実行されない
    } catch (bad_cast) {
        cout << "bsのキャストに失敗しました。\n";
    }

    try {
        Derived& r2 = dynamic_cast<Derived&>(dv);     // 成功
        cout << "r2はdvを参照しています。\n";
    } catch (bad_cast) {
        cout << "dvのキャストに失敗しました。\n";      // 実行されない
    }
}
```

(1 ×, 2 ○, 3 ×, 4 ○)

実行結果一例

```
p1 = 00000000
p2 = 0013FF44
bsのキャストに失敗しました。
r2はdvを参照しています。
```

クラス*Base*で仮想関数*f*が定義されているため、基底クラス*Base*と派生クラス*Derived*は、いずれも多相的クラスです。**main**関数で定義されている*bs*と*dv*は、それらのクラスのオブジェクトです。

既に学習したように、派生グラフの矢印の向きと同一方向のアップキャストしか行えないのが原則である（**Fig.6-7**）ことを踏まえて、本プログラムで行われている四つのキャストを理解していきましょう。

✕**1** *bs*へのポインタを派生クラスへのポインタ型にキャストします。基底クラスへのポインタを派生クラスへのポインタにキャストすることは（原則として）できないため、キャストに**失敗します**。そのため、*p1*には空ポインタが入ります。

▶ 変換に失敗する理由は、“*Derived*は*Base*の一種である”のに対し、“*Base*は*Derived*の一種ではない”からです。

○**2** *dv*へのポインタを派生クラスへのポインタ型にキャストします。同一型へのキャストですから**成功します**。*p2*には、オブジェクト*dv*のアドレスが入ります。

✕**3** *bs*への参照を派生クラスへの参照にキャストします。この変換は許されませんので、キャストに**失敗します**。***bad_cast***例外が送出されます。

○**4** *dv*への参照を派生クラスへの参照型にキャストします。同一型へのキャストですから**成功します**。*r2*の参照先は、オブジェクト*dv*となります。

派生クラスへのポインタ／参照から基底クラスへのポインタ／参照へのアップキャストは可能。

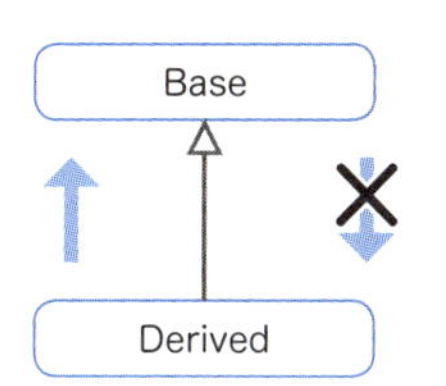

基底クラスへのポインタ／参照から派生クラスへのポインタ／参照へのダウンキャストは原則として不可能。

Fig.6-7 アップキャストとダウンキャスト

本プログラムでは、キャストを行っているだけです。しかし、もしキャスト失敗後のポインタ／参照を通じてメンバ関数を呼び出す処理を行えば、実行時エラーが発生します。そのため、以下の点に留意する必要があります。

重要 **dynamic_cast 演算子**による**動的キャスト**を行った場合は、変換後のポインタが空ポインタでないかどうか、あるいは、例外が投げられていないかどうかの確認が必要である。

ダウンキャスト

原則としてアップキャストが可能で、ダウンキャストは不可能であることを学習しましたが、実はダウンキャストはまったく不可能というわけではありません。

実際にダウンキャストを行う **List 6-14** のプログラムを例にとって、そのことを学習していきましょう。

List 6-14 Member02/MemberDownCast.cpp

```
// dynamic_cast演算子によるダウンキャストの例

#include <iostream>
#include <typeinfo>
#include "Member.h"
#include "VipMember.h"
#include "SeniorMember.h"

using namespace std;

//--- 長寿会員のみの情報を表示 ---//
void senior_print(Member* p)
{
    SeniorMember* d = dynamic_cast<SeniorMember*>(p);    // ダウンキャストを試みる
    if (d)                   // キャストに成功したときのみ
        d->print();          // 表示
}

int main()
{
    Member       kaneko("金子健太", 15, 75.2);
    VipMember    mineya("峰屋龍次", 17, 89.2, "会費全額免除");
    SeniorMember susaki("州崎賢一", 43, 63.7, 3);

    senior_print(&kaneko);    何も表示されない
    senior_print(&mineya);
    senior_print(&susaki);
}
```

実行例
```
No.43：州崎賢一（63.7kg）要介護度=3
```


関数*senior_print*は、仮引数*p*に受け取ったポインタの指す先が長寿会員かどうかを判定して、そうである場合にのみ、会員の情報を表示します。

*p*は、基底クラスである*Member*へのポインタ型ですから、一般会員・優待会員・長寿会員など、*Member*を含め、そこから派生したクラス型オブジェクトへのポインタであれば何でも受け取れます。

＊

main関数では、関数*senior_print*を3回呼び出しています。引数として渡すポインタの型は、先頭から順に、*Member** 型、*VipMember** 型、*SeniorMember** 型です。

会員クラス群のクラス階層図を **Fig.6-8** に示しています。本来、ポインタの静的な型のみを考えた場合、基底クラス*Member*から派生クラス*SeniorMember*への型変換（図の上から下への変換）は行えません。

▶ ポインタ*p*が、*SeniorMember*でない会員型のオブジェクトを指しているかもしれないからです。

しかし、**ポインタpの指す先が（一般会員や優待会員のオブジェクトではない）長寿会員オブジェクトであれば、*SeniorMember*へのポインタに変換できて当然のはずです。**

そのため、ダウンキャストを行う網かけ部では、pの指す先のオブジェクトが（本当に）*SeniorMember*型であれば、キャストに成功します。

もちろん、それ以外の場合は、キャストは失敗します。

重要 ポインタ／参照の指す先のオブジェクトが、変換先のオブジェクトへのポインタ／参照型と等しいときは、動的キャストによって基底クラスへのポインタ／参照を派生クラスへのポインタ／参照に変換する**ダウンキャスト**が可能である。

そのため、関数*senior_print*の挙動は以下のようになります。

▪ 仮引数pに長寿会員オブジェクトへのポインタを受け取ったとき

ダウンキャストを行う動的キャストに成功します。*d*は空ポインタでない値となりますので、**if**文の制御によって*d->print()*が実行され、長寿会員の会員情報の表示が行われます。

▪ 仮引数pに一般会員・優待会員オブジェクトへのポインタを受け取ったとき

dynamic_cast演算子による動的キャストに失敗し、ポインタ*d*は空ポインタとなります。そのため、**if**文での関数呼出し*d->print()*が実行されることは**ありません**。すなわち、画面への表示は行われません。

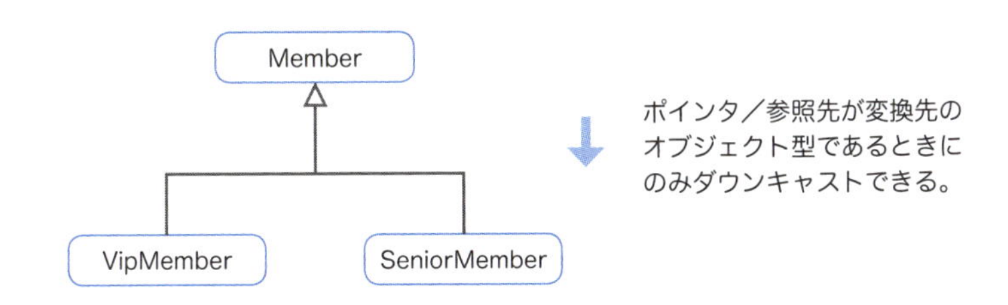

Fig.6-8 クラス階層図とダウンキャスト

ダウンキャストは、ポインタではなく、参照でも行えます。関数*senior_print*の引数を参照に変更したプログラムで確認しましょう（"Member02/MemberDownCastRef.cpp"）。

Column 6-6　キャスト演算子

C言語では、整数から浮動小数点数へといった正当な型変換だけでなく、本来ならば変換できないはずの型間での変換など、ありとあらゆる型変換が**キャスト記法**による型変換に押しつけられていました。その反省から、C++ ではまず最初に**関数的記法**による型変換が追加されました。

これら二つの演算子の総称が**明示的型変換演算子**です。その概略を示したのが、Table 6C-1 です。

Table 6C-1　明示的型変換（キャスト）演算子

(型)x	x を指定された型に変換した値を生成（キャスト記法）。
型(x)	x を指定された型に変換した値を生成（関数的記法）。

これらの演算子を用いると、double 型の 3.14 を int 型にキャストする式は、以下のようになります。

```
(int)3.14          // キャスト記法（C言語でもOK）
int(3.14)          // 関数的記法（C言語では使えない）
```

ちなみに、他動詞の cast は非常に多くの意味をもつ語句です。『役を割り当てる』『投げかける』『ひっくりかえす』『計算する』『曲げる』『ねじる』などの意味があります。

*

関数的記法の演算子の導入後、さらに４種類のキャスト演算子が追加されました。Table 6C-2 ～ Table 6C-5 に示すのが、それらの演算子の概略です。

Table 6C-2　動的キャスト演算子

dynamic_cast<型>(x)	x を指定された型に変換した値を生成。 基底クラスへのポインタ／参照を、派生クラスへのポインタ／参照に変換する場合に利用。

Table 6C-3　静的キャスト演算子

static_cast<型>(x)	x を指定された型に変換した値を生成。 主として、整数と浮動小数点数間の変換のように、x を型に暗黙裏に変換できるような、正当な型変換に対して利用。

Table 6C-4　強制キャスト演算子

reinterpret_cast<型>(x)	x を指定された型に変換した値を生成。 主として、整数からポインタへ、ポインタから整数へといった、型変更ともいうべき型変換を行う場合に利用。

Table 6C-5　定値性キャスト演算子

const_cast<型>(x)	x を指定された型に変換した値を生成。 定値性や揮発性の属性を付けたり外したりするための変換で利用。

いずれも、型変換を行うという点では共通です。変換の対象によって、これらの一つのみが適用できるケースと、複数のものが適用できるケースがあります。

複数のものが適用できるケースでは、その文脈に最適な演算子を利用すると、読みやすく分かりやすいプログラムになります。

▪ 動的キャスト（dynamic cast）

本章で学習したように、仮想関数をもった派生クラスへのポインタ／参照を、基底クラスへのポインタ／参照に変換するアップキャストで利用します。変換先のオブジェクトの型によっては、ダウンキャストも可能です。

参照のキャストに失敗した場合は例外 **bad_cast** が送出され、ポインタのキャストに失敗した場合は、キャストの結果が、変換先の型をもつ空ポインタ値となります。

▪ 静的キャスト（static cast）

この演算子は、暗黙の型変換が適用される文脈や、それに準じた文脈での《自然な型変換》に適した演算子です。たとえば、以下のように、整数と浮動小数点数とのあいだの型変換に適しています。

```
// double ➡ int
int pn = static_cast<int>(3.14);
```

この他にも、列挙と整数間での型変換、任意の型へのポインタと **void** へのポインタとのあいだの型変換などで利用されます。

▪ 強制キャスト（reinterpret cast）

整数とポインタ（記憶域上のアドレス）間の変換などの、《型変更》ともいうべき型変換に利用します。以下に示すのが、その一例です。

```
int n;
// int* ➡ unsigned long
unsigned long adrs = reinterpret_cast<unsigned long>(&n);
```

これは、ポインタを **unsigned long** 型に変換する例です。

▪ 定値性キャスト（const cast）

const 宣言された定値オブジェクトと **volatile** 宣言された揮発性オブジェクトや、それらへのポインタ／参照から、定値性・揮発性の属性を付けたり外したりする型変換に利用します。以下に、一例を示します。

```
const int c = 35;
// const int ➡ int
int n = const_cast<int>(c);
```

これは、**const int** 型の *c* の値を **int** 型として取り出す例です。

まとめ

- 基底クラスのメンバ関数と同一名の派生クラスのメンバ関数は、仮引数の型や個数が異なっていても、基底クラスのメンバ関数を**隠蔽**する。同様に、基底クラスのデータメンバと同一名のデータメンバは、型が異なっていても、基底クラスのデータメンバを隠蔽する。

- 基底クラスから継承したメンバと同名のメンバが派生クラス内に存在する場合は、"**基底クラス名 :: メンバ名**" によって、基底クラスから継承した（隠蔽されている）メンバにアクセスできる。

- **virtual** 付きで定義されたメンバ関数は**仮想関数**である。派生クラスで定義された、関数名と仮引数の型と個数の並びが同一のメンバ関数は、**virtual** を付けずに宣言しても、自動的に仮想関数となる。

- 基底クラスへのポインタ型のポインタが、派生クラス型オブジェクトを指すとき、そのポインタが指すオブジェクトの《**静的な型**》は、基底クラス型である。ポインタを通じてメンバ関数を呼び出すと、基底クラスの関数が呼び出される。

- 非仮想関数は、プログラムのコンパイル時に呼び出す関数の決定が行われる。このメカニズムは、**静的結合**／**早い結合**／**静的束縛**などと呼ばれる。

- 仮想関数の呼出し式の評価・実行において、どのクラスのメンバ関数を呼び出すかは、プログラム実行時に動的に決定される。このメカニズムは、**動的結合**／**遅い結合**／**遅延束縛**などと呼ばれる。

- 派生クラス型オブジェクトを指す基底クラスへのポインタ型のポインタに対して仮想関数が呼び出される文脈では、そのポインタが指すオブジェクトの《**動的な型**》は、派生クラス型となる。

- 仮想関数を１個でも有するクラスは**多相的クラス**となる。多相的クラスを利用すると**多相性**すなわち**ポリモーフィズム**を実現できる。なお、多相的クラス型のオブジェクトは**多相オブジェクト**と呼ばれる。

- 多相的クラスに対しては、**仮想関数テーブル**が作られる。
  個々の多相オブジェクトは、その仮想関数テーブルへのポインタを内部にもつ。

- 動的結合によって、基底クラスのメンバ関数ではなく派生クラスのメンバ関数が呼び出されることを**オーバライド**（**上書き**）という。

- オーバライドした関数は、**オーバライダ**と呼ばれる。また、多相クラスオブジェクトへの参照やポインタを通じて呼び出される仮想関数は、最終的にオーバライドした関数であることから、**最終オーバライダ**と呼ばれる。

- **オブジェクト指向プログラミング**の三大要素は、クラスによるカプセル化・継承・多相性である。

- 他のクラスの基底クラスとなる可能性があるクラスのデストラクタは、**仮想デストラクタ**として定義するとよい場合が多い。

- プログラム実行時に型が決定する文脈における型情報＝**実行時型情報**（RTTI）を生成するのが**typeid 演算子**である。なお、この演算子は、静的な型の型情報も生成できる。

- typeid 演算子が生成する型は、**<typeinfo> ヘッダ**で定義されている ***type_info* クラス**である。その詳細は処理系によって異なる。

- 基底クラスと派生クラス間のポインタ／参照の**動的キャスト**には **dynamic_cast<> 演算子**を利用する。

- dynamic_cast<> 演算子による動的キャストを行った場合は、変換後のポインタが空ポインタでないかどうか、あるいは、***bad_cast* 例外**が投げられていないかどうかの確認が必要である。

- 基底クラスへのポインタ／参照を、派生クラスへのポインタ／参照型へと**ダウンキャスト**することは原則として行えない。ただし、基底クラスへのポインタ／参照が、型変換先の型のオブジェクトを指す／参照しているときに限り、派生クラスへのポインタ／参照へとダウンキャストできる。

- オブジェクトは、他のオブジェクトを部分オブジェクトとして含むことができる。部分オブジェクトは、**配列要素**、**メンバ部分オブジェクト**、**基底クラス部分オブジェクト**である。なお、他のオブジェクトの部分オブジェクトとなっていないオブジェクトは、**総体オブジェクト**と呼ばれる。

- クラス型の、総体オブジェクト、データメンバ、あるいは配列要素の型は、基底クラス部分オブジェクトのクラス型と区別するため、**最派生クラス**と呼ばれる。また、最派生クラス型のオブジェクトは、**最派生オブジェクト**と呼ばれる。

- オブジェクトのコピーを抑止するには、コピーコンストラクタと代入演算子の形式を非公開部で宣言するとよい。なお、C++11 からは、**delete 宣言**でも行える。

第7章

抽象クラス

本章では、操作の概念を表現する純粋仮想関数と、それを有して抽象的な概念を表す抽象クラスについて学習します。

- 純粋仮想関数
- 純粋指定子
- 抽象クラス
- オーバライドと共変的な返却値型
- クラス内で本体が定義されていない仮想関数の呼出し
- 関数本体をもつ純粋仮想関数
- 多相的な振舞いをする挿入子の定義
- 純粋仮想デストラクタ

7-1 抽象クラス

前章までで、オブジェクト指向プログラミングの基礎を学習しました。本章と次章では、さらに一歩進んだことがらを学習します。本節で学習するのは、抽象クラスです。

図形クラスの設計

前章では、仮想関数と多相的クラスについて学習しました。本章では、これらの技術を応用して、《図形》を表すクラス群を作っていきます。

最初に考える図形クラスは、《点》と《長方形》の二つです。両方のクラスに、描画のためのメンバ関数 *draw* をもたせ、以下のように設計します。

点クラス Point

点クラス *Point* は、データメンバをもちません。以下に示すように、メンバ関数 *draw* は、記号文字 '+' を 1 個だけ表示します。

```
// 点クラスPointの描画（メンバ関数draw）
Point::draw() const {
    std::cout << '+';
}
```

```
+
```

長方形クラス Rectangle

長方形クラス *Rectangle* は、幅と高さを表す **int** 型データメンバ *width* と *height* とをもちます。以下に示すように、メンバ関数 *draw* は、記号文字 '*' を縦横に並べて、行数（高さ）が *height* で、列数（幅）が *width* の長方形を表示します。

```
// 長方形クラスRectangleの描画（メンバ関数draw）
Rectangle::draw() const {
    for (int i = 1; i <= height; i++) {
        for (int j = 1; j <= width; j++)
            std::cout << '*';
        std::cout << '\n';
    }
}
```

```
*******
*******
*******
```

▶ 実行例は、幅（*width*）が 7 で高さ（*height*）が 3 の長方形の場合です。

バラバラに定義されたクラスで同一名のメンバ関数 *draw* を作っても、それらは無関係なものとなります。前章で学習した《多相性》を有効に活用できるように、以下のように設計します。

図形クラスから点クラスと長方形クラスを派生する。

この方針にしたがって、図形クラス *Shape* を設計していきましょう。

図形クラス Shape

点や長方形などのクラスは、図形クラス *Shape* から直接的あるいは間接的に派生するものとします。まずは、以下の二点を考えます。

▪ メンバ関数 draw は何を行えばよいでしょう？

関数 *draw* では何を表示すべきでしょう。適切なものは見当たらないようです。

▪ どのようにオブジェクトを生成すればよいでしょう？

点クラスと長方形クラスのコンストラクタに関してはまだ設計していませんでしたが、おそらく以下のようにオブジェクトを生成するはずです。

- 点クラス　　　… *Point p;*　　　　　　※引数を与えない。
- 長方形クラス　… *Rectangle r(7, 3);*　※幅と高さを引数として与える。

クラス *Shape* のオブジェクト生成時に与えるべき引数は思いあたりませんし、そもそも、オブジェクトを生成すべきではありません。

＊

クラス *Shape* は、（具体的な）図形ではなく、図形という抽象的な《**概念**》を表す設計図です。クラス *Shape* のように、

- **オブジェクトを生成できない、あるいは、生成すべきでない。**
- **メンバ関数の本体が定義できない。その内容は派生クラスで具体化すべきである。**

といった性質をもつのが、**抽象クラス**（*abstract class*）です。

＊

抽象クラスとしてのクラス *Shape* の定義は、以下のようになります。

```
//===== 図形クラスShape =====/
class Shape {
    virtual void draw() = 0;          // 描画（純粋仮想関数）
};
```

メンバ関数 *draw* は、**純粋指定子**（*pure specifier*）と呼ばれる = 0 付きで宣言されています。このように、純粋指定子付きで宣言された仮想関数は、**純粋仮想関数**（*pure virtual function*）となります（次ページ以降で詳細を学習します）。

▶ 仮想関数でないメンバ関数の宣言に純粋指定子 = 0 を与えると、コンパイルエラーになります。

＊

クラス *Shape* を抽象クラスとし、そこからクラス *Point* とクラス *Rectangle* を public 派生するように実現したプログラムを、次ページの **List 7-1** に示します。

▶ 派生形態を public 派生とするのは、is-A によるインタフェース継承を行うためです。なお、本来は、個々のクラスを独立したヘッダ部やソース部として実現すべきですが、スペース節約の意味もあって、単一のヘッダにまとめています。

List 7-1 Shape01/Shape.h

```
//--- 図形クラス群Shape, Point, Rectangle (第1版) ---//

#ifndef ___Class_Shape
#define ___Class_Shape

#include <iostream>

//===== 図形クラス(抽象クラス) =====//
class Shape {
public:
    //--- 描画 ---//
    virtual void draw() const = 0;       // 純粋仮想関数
};

//===== 点クラス =====//
class Point : public Shape {
public:
    //--- 描画 ---//
    void draw() const {
        std::cout << "+\n";
    }
};

//===== 長方形クラス =====//
class Rectangle : public Shape {
    int width;       // 幅
    int height;      // 高さ

public:
    //--- コンストラクタ ---//
    Rectangle(int w, int h) : width(w), height(h) { }

    //--- 描画 ---//
    void draw() const {
        for (int i = 1; i <= height; i++) {
            for (int j = 1; j <= width; j++)
                std::cout << '*';
            std::cout << '\n';
        }
    }
};

#endif
```

抽象クラス

純粋仮想関数

純粋指定子 = 0 付きで宣言されたクラス *Shape* のメンバ関数 *draw* が**純粋仮想関数**となることは、前ページで簡単に学習しました。

純粋指定子のニュアンスは、以下のように理解しておくとよいでしょう。

メンバ関数である私が所属するこのクラスでは、関数本体を定義しませんから、このクラスから派生したクラスで、必要に応じて定義してくださいね!!

▶ 実際には、純粋仮想関数の宣言時に関数本体を定義することも可能です(具体例は、p.239 で学習します)。

抽象クラス

純粋仮想関数を1個でも有するクラスは**抽象クラス**となります。

重要 純粋仮想関数を1個でも有するクラスは**抽象クラス**である。

ここでは、以下に示すクラス*A*を例にとって、抽象クラスについて理解を深めます。

```
class A {                          // 抽象クラス
    // …
    virtual Type f1(...) = 0;      // 純粋仮想関数
    virtual Type f2(...) = 0;      // 純粋仮想関数
    // …
};
```

抽象クラス型のオブジェクトは生成できません。そのため、仮引数の型・関数返却値の型・明示的変換の型としての利用は不可能です。

いくつかの具体例を考えましょう：

```
A  x;              // エラー：抽象クラスのオブジェクトは定義できない
A* ptr;            // ＯＫ　：ポインタ
void g(A);         // エラー：仮引数の型にはなりえない
A f();             // エラー：返却値の型にはなりえない
A& h(A&);          // ＯＫ　：参照
```

抽象クラスから派生したクラスで純粋仮想関数の《実体》を定義するオーバライドを行わなければ、その関数は、純粋仮想関数のまま継承されます。

```
class B : public A {               // 抽象クラスAから派生
    // …
    Type f1(...) { /*…*/ };        // 実体を定義（純粋仮想ではなくなる）
    // f2を定義しない。そのため、f2は純粋仮想関数として継承される
    // その結果、純粋仮想関数をもつクラスBは抽象クラスとなる
};
```

クラス*B*では、実体が定義されていない*f2*は、純粋仮想関数として継承されます。その結果、クラス*B*は自動的に**抽象クラスとなります**。

なお、クラス*B*から派生したクラスでメンバ関数*f2*の実体を定義すれば、そのクラスは抽象クラスではなくなります。

＊

図形クラスに戻りましょう。**《図形》の概念を表す***Shape*は、純粋仮想関数*draw*をメンバとしてもっているため、抽象クラスとなります。

一方、クラス*Shape*から派生したクラス*Point*とクラス*Rectangle*は、メンバ関数*draw*の実体を定義していますので、抽象クラスではなく、普通の（非抽象の）クラスです。

抽象クラスは、**他のクラスの基底クラスとなる**ことで存在価値を発揮します。

重要 概念を表すクラスであって、かつ、メンバ関数を具体的に定義できないようなクラスは、**純粋仮想関数**をもつ**抽象クラス**として定義するとよい。

三つの図形クラスのクラス階層図を表したのが、**Fig.7-1** です。本書のクラス階層図では、抽象クラスの名前を***斜体***で表現します。

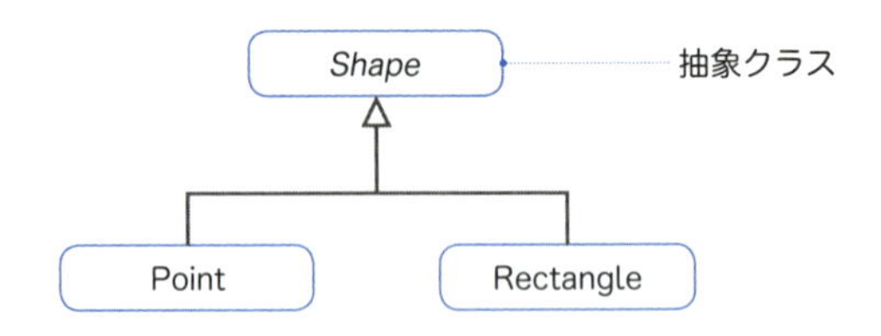

Fig.7-1　図形クラス群（第１版）のクラス階層図

図形クラス群を利用する **List 7-2** のプログラムで、抽象クラスへの理解を深めましょう。

List 7-2　Shape01/ShapeTest.cpp

```
// 図形クラス群Shape, Point, Rectangle（第１版）の利用例

#include <iostream>
#include "Shape.h"

using namespace std;

int main()
{
    // 以下の宣言はエラーとなるのでコメントアウト
    // Shape s;      // エラー：抽象クラスのオブジェクトは生成できない

    Shape* a[2];

    a[0] = new Point;                    // 点
    a[1] = new Rectangle(7, 3);          // 長方形

    for (int i = 0; i < 2; i++) {
        cout << "a[" << i << "]\n";
        a[i]->draw();                    // 図形を描画
        cout << '\n';
    }

    delete a[0];
    delete a[1];
}
```

実行結果

```
a[0]
+

a[1]
*******
*******
*******
```

▪ 抽象クラス型のオブジェクトは生成できない

抽象クラス型のオブジェクトは生成できませんので、クラス *Shape* 型オブジェクト *s* の宣言は、コンパイルエラーとなります。

▶ 本プログラムでは、エラーを抑止するためにコメントアウトしています。

▪ 抽象クラスと多相性

配列 a の要素型は *Shape** ですから、その要素 a[0] と a[1] は、*Shape* から派生したクラスのオブジェクトを指せます。

▶ クラス型のポインタ／参照が、下位クラスのオブジェクトを指す／参照できることは、既に学習したとおりです。

a[0] と a[1] の指す先は、**new** 演算子で生成した *Point* 型のオブジェクトと *Rectangle* 型オブジェクトです（**Fig.7-2**）。

▶ 純粋仮想関数をもたないクラス *Point* とクラス *Rectangle* は、非抽象クラスです。これらのクラス型のオブジェクトが生成可能であることは、いうまでもありません。

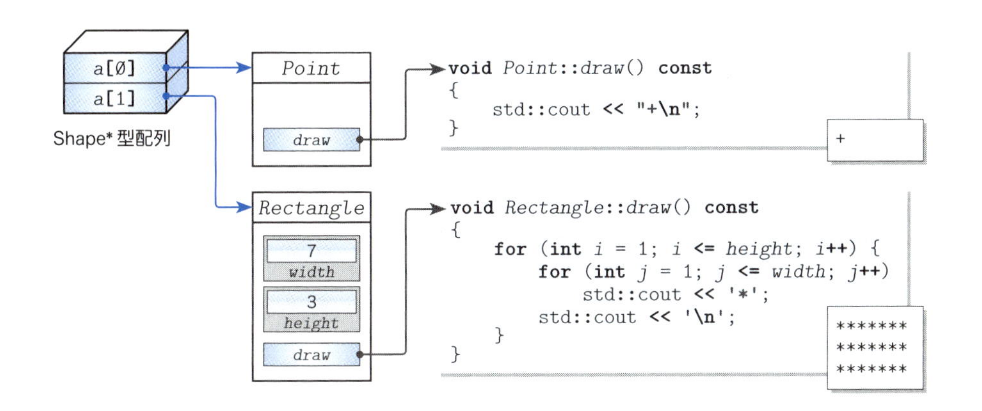

Fig.7-2　配列 a と図形クラスのオブジェクト

for 文内の網かけ部では、配列 a の要素に対してメンバ関数 *draw* を呼び出しています。実行結果が示すように、メンバ関数は以下のように呼び出されます。

a[0]->*draw*() … クラス *Point* のメンバ関数 *draw* が呼び出される。
a[1]->*draw*() … クラス *Rectangle* のメンバ関数 *draw* が呼び出される。

ポインタ a[0] と a[1] が *Shape** 型であるにもかかわらず、各ポインタが指すオブジェクトの型に所属するメンバ関数 *draw* が呼び出されるのは、仮想関数であるメンバ関数 *draw* が多相的に振る舞うからです（この原理は前章で学習しました）。

抽象クラス *Shape* は、具体的な図形ではなく、図形の概念を表すクラスです。実体を生成できない不完全なクラスではあるものの、自身を含め、派生したクラスに対して、**《血縁関係》**をもたせる役目を果たします。

重要 下位クラスをグループ化して多相性を有効活用するためのクラスに具体的な実体がなければ、抽象クラスとして定義するとよい。

*

さて、**main** 関数の終盤では、**delete** 演算子によって a[0] と a[1] に対してデストラクタが呼び出されます。呼び出されるのは、*Shape* 型のデストラクタです。*Point* 型と *Rectangle* 型ではありません。もし、*Shape* から派生したクラスで記憶域などの外部資源を動的に確保・解放するようなことがあれば、まずいことになります。

クラス *Shape* にはデストラクタが必要であることが分かりました（次節で作成します）。

7-2 純粋仮想関数の設計

前節の例では、各クラスに所属するメンバ関数には、純粋仮想関数と非純粋仮想関数とがありました。本節では、純粋仮想関数と非純粋仮想関数が複雑に入り組んだ構造のメンバ関数を学習します。

図形クラス群の改良

前節で作成した図形クラス群に対して、以下の変更・追加を行いましょう。

1 メンバ関数 to_string の追加

図形に関する情報を表す文字列を返却するメンバ関数 *to_string* を各図形クラスに対して追加します。なお、返却する文字列は、クラス *Point* では **"Point"**、クラス *Rectangle* では **"Rectangle(width:7, height:3)"** といった形式とします。

2 複製関数 clone の追加

オブジェクトを複製するメンバ関数 *clone* を各図形クラスに追加します。自身と同じ状態のオブジェクトを動的に生成し、そのポインタを返却する仕様とします。

3 直線クラス HorzLine と VertLine の追加

水平直線クラス *HorzLine* と垂直直線クラス *VertLine* を追加します。両クラスとも、長さを表す **int** 型のデータメンバ *length* が必要です。

4 情報解説付き描画メンバ関数 print の追加

メンバ関数 *to_string* が返却する文字列の表示と、メンバ関数 *draw* による描画とを、連続して行うメンバ関数 *print* を追加します。

たとえば、点は1のように表示し、幅7で高さ3の長方形は2のように表示します。

1
```
Point
+
```

2
```
Rectangle(width:7, height:3)
*******
*******
*******
```

5 デバッグ用情報表示メンバ関数 debug の追加

プログラムのデバッグ時に利用するためのメンバ関数 *debug* を追加します。オブジェクトの型、アドレス、全データメンバの値を表示する仕様とします。

6 挿入子 << の追加

出力ストリームへの出力を行う挿入子 **<<** を追加します。メンバ関数 *to_string* が返却する文字列をそのまま出力する仕様とします。

7 デストラクタの追加

クラス *Shape* にデストラクタを追加します（その必要性は前ページで学習しました）。

*

それでは、これらを順に考えていきましょう。

図形情報の文字列表現を返却するメンバ関数to_stringの追加

図形に関する情報を表す文字列を返却するメンバ関数 *to_string* の宣言を含む各クラスの定義を示したのが、**Fig.7-3** です。

```
// 図形クラス
class Shape {
    // ...
public:
    virtual std::string to_string() const = 0;   ← 純粋仮想関数
    // ...
};

// 点クラス
class Point : public Shape {
    // ...
public:
    std::string to_string() const {
        return "Point";
    }
    // ...
};

// 長方形クラス
class Rectangle : public Shape {
    // ...
public:
    std::string to_string() const {
        std::ostringstream os;
        os << "Rectangle(width:" << width << ", height:"
           << height << ")";
        return os.str();
    }
    // ...
};
```

Fig.7-3 図形クラス群におけるメンバ関数to_string

ここで、以下に示す点に着目しましょう。

クラス *Shape* でメンバ関数 *to_string* を**純粋仮想関数**として宣言している。

このようにした理由は単純です。図形の概念であって、具体的な図形ではないクラス *Shape* は、（状態をもたないこともあり）適切な文字列として表現できないからです。

メンバ関数を純粋仮想関数と宣言することは、子や孫などの下位クラスに対して、メンバ関数のオーバライドを強要する役割をもっています。というのも、すべての純粋仮想関数に対して実体を与えるオーバライドを行っていないクラスは、抽象クラスとなってオブジェクトが生成できない（p.227）からです。

▶ 点クラスや長方形クラスが、メンバ関数 *to_string* 本体の定義を含まなければ、それらのクラス型のオブジェクトを定義するプログラムはコンパイルエラーとなります。そのため、下位クラスの定義時に、“うっかりメンバ関数 *to_string* のオーバライドを忘れてしまう（あるいは関数名の綴りを間違えて宣言してしまう）” といったミスが回避できます。

複製関数 clone の追加

次に作るのは、図形を複製するメンバ関数 *clone* です。この関数は、自身と同じ状態のオブジェクトを動的に生成して、そのポインタを返却します。

各クラスにおけるメンバ関数 *clone* の宣言を示したのが、**Fig.7-4** です。

```
// 図形クラス
class Shape {
    // ...
public:
    virtual Shape* clone() const = 0;      ← 純粋仮想関数
    // ...
};

// 点クラス
class Point : public Shape {
    // ...
public:
    Point* clone() const {
        return new Point;
    }
    // ...
};

// 長方形クラス
class Rectangle : public Shape {
    // ...
public:
    Rectangle* clone() const {
        return new Rectangle(width, height);
    }
    // ...
};
```

返却型が異なるものの共変的

Fig.7-4 図形クラス群におけるメンバ関数clone

■ 図形クラス Shape のメンバ関数 clone

クラス *Shape* では、メンバ関数 *clone* は純粋仮想関数として宣言されています。そもそも *Shape* 型のオブジェクトは生成できないからです。

■ 点クラス Point のメンバ関数 clone

点クラス *Point* には、オブジェクトの状態を表すデータメンバがありません。メンバ関数 *clone* は、式 **new** *Point* によって新しい *Point* オブジェクトを動的に生成して、そのポインタをそのまま返却します。

■ 長方形クラス Rectangle のメンバ関数 clone

長方形クラス *Rectangle* には、幅と高さを表す二つのデータメンバがあります。メンバ関数 *clone* は、式 **new** *Rectangle(width, height)* によって、幅が *width* で高さが *height* の *Rectangle* オブジェクト（すなわち自身と同じ状態のオブジェクト）を動的に生成して、そのポインタを返却します。

三つのクラスのメンバ関数 *clone* は、**仮引数を受け取らないことは共通ですが、返却値型が異なります**。そのため、以下のように感じられるかもしれません。

メンバ関数 *clone* の返却値型が異なるため、クラス *Shape* のメンバ関数

Shape Shape::clone()* **const**;

は、派生クラス *Point* や *Rectangle* で正しくオーバライドされていないのでは？

しかし、心配は無用です。というのも、オーバライドする関数の返却値の型に関しては、以下の規則があるからです。

オーバライドする関数の返却値型は、オーバライドされる関数の返却値型と同一であるか、または、二つの関数のクラスで共変的（*convariant*）**であるかのいずれかでなければならない。**

さて、『**二つの関数の返却値型が共変的である。**』ことの定義は、次のとおりです。

関数 *Derived::f* が関数 *Base::f* をオーバライドしているときに、以下に示す全条件が成立すること。

1. 両者の返却値の型が、クラスへのポインタあるいはクラスへの参照である。
2. *Base::f* の返却値型のクラスが *Derived::f* の返却値の型のクラスと同じであるか、または、それが *Derived::f* の返却値の型のクラスの、曖昧性がなくてアクセス可能な、直接もしくは間接の基底クラスとなっている。
3. ポインタまたは参照が同一の cv 修飾をもち、*Derived::f* の返却値のクラス型の cv 修飾が、*Base::f* の返却値のクラス型の cv 修飾より多くない。

▶ cv 修飾は、**const** 修飾と **volatile** 修飾のことです。

この図に示した、メンバ関数 *clone* の返却値型 *Shape**, *Point**, *Rectangle** は、いずれも共変的となっています。そのため、クラス *Point* と *Rectangle* で定義されているメンバ関数 *clone* は、図形クラス *Shape* の *clone* を正しくオーバライドしています。

重要 オーバライドする関数の返却値型は、オーバライドされる関数の返却値型と同一でなくても、**共変的**であればよい。

▶ ちなみに、“共変的” の反対は、“**反共的**（*contravariant*）” といいます。

水平直線クラスHorzLineと垂直直線クラスVertLineの追加

次は、水平直線クラス *HorzLine* と垂直直線クラス *VertLine* の追加です。両クラスとも、クラス *Shape* から派生して作りますので、その宣言は、**Fig.7-5** のようになります。

▶ この図では、メンバ関数 *to_string* と *clone* の定義は省略しています。

```
// 水平直線クラス
class HorzLine : public Shape {
    int length;         // 長さ
public:
    HorzLine(int len) : length(len) { }
    void draw() const {
        for (int i = 1; i <= length; i++)
            std::cout << '-';
        std::cout << '\n';
    }

};
```

```
// 垂直直線クラス
class VertLine : public Shape {
    int length;         // 長さ
public:
    VertLine(int len) : length(len) { }
    void draw() const {
        for (int i = 1; i <= length; i++)
            std::cout << '|\n';
    }

};
```

Fig.7-5 個別に定義された水平直線クラスと垂直直線クラス

これらのクラスに対して、長さを表すデータメンバ *length* のアクセッサであるセッタとゲッタを追加することを検討しましょう。

値を取得するゲッタ *get_length* と、値を設定するセッタ *set_length* は、右に示すように、両クラスともまったく同じ定義となります。

```
// lengthのゲッタ
int get_length() const {
    return length;
}

// lengthのセッタ
void set_length(int len) {
    len = length;
}
```

水平直線と垂直直線の共通部を、《直線クラス》として独立させて、そのクラスから水平直線クラスと垂直直線クラスを派生したほうがよさそうです。

*

直線クラス *Line* を定義して、そのクラスから水平直線クラス *HorzLine* と垂直直線クラス *VertLine* を **public** 派生するように作りかえたのが、右ページの **Fig.7-6** です。

ここで、直線クラス *Line* が抽象クラスであることに注意しましょう。

▶ クラス *Line* はメンバ関数 *draw* をオーバライドしていないため、クラス *Shape* のメンバ関数 *draw* を、純粋仮想関数として継承します。継承したすべての純粋仮想関数をオーバライドして具体的な定義を与えない限り、そのクラスも抽象クラスとなりますので、直線クラス *Line* は必然的に抽象クラスとなります。

直線クラス *Line* の資産である、データメンバ *length* と、メンバ関数 *get_length* および *set_length* は、派生クラスに継承されます。そのため、クラス *HorzLine* と *VertLine* では、コンストラクタとメンバ関数 *draw* のみが定義されています。

当然、*HorzLine* と *VertLine* は、いずれも“*Line* の一種である”という is-A の関係が成立します。

```
// 直線クラス
class Line : public Shape {
protected:
    int length;      // 長さ
public:
    // コンストラクタ
    Line(int len) : length(len) { }
    // lengthのゲッタ
    int get_length() const { return length; }
    // lengthのセッタ
    void set_length(int len) { length = len; }
};
```

Shape::draw をオーバライドしていないため、自動的に抽象クラスとなる。

派生クラスに継承される

```
// 水平直線クラス
class HorzLine : public Line {
public:
    HorzLine(int len) : Line(len) { }
    void draw() const {
        for (int i = 1; i <= length; i++)
            std::cout << '-';
        std::cout << '\n';
    }
};
```

```
// 垂直直線クラス
class VertLine : public Line {
public:
    VertLine(int len) : Line(len) { }
    void draw() const {
        for (int i = 1; i <= length; i++)
            std::cout << '|\n';
    }
};
```

Fig.7-6 抽象クラスLineから派生した水平直線クラスと垂直直線クラス

メンバ関数drawをオーバライドせずに純粋仮想関数として継承するクラスLineは抽象クラスです。一方、メンバ関数drawをオーバライドして定義を与えているクラスHorzLineとVertLineは、抽象クラスではありません。

クラスLineは、抽象クラスであるがゆえに、**コンストラクタが定義されているにもかかわらず、そのクラス型のオブジェクトの生成は不可能です**。

一方、クラスHorzLineとVertLineは非抽象クラスですから、それらのクラス型のオブジェクトは生成できます。まとめると、以下のようになります。

```
Line a(3);          // エラー：Lineは抽象クラス
HorzLine h(3);      // ＯＫ：長さ3の水平直線
VertLine v(3);      // ＯＫ：長さ3の垂直直線
```

クラスLineのコンストラクタは、外部から直接は呼び出せないものの、その派生クラスのコンストラクタから間接的に呼び出される、という性格です。

情報解説付き描画メンバ関数 print の追加

次に考えるのは、情報解説付きの描画を行うメンバ関数 *print* です。この関数は、以下の二つの処理を連続して順次実行します。

1 メンバ関数 *to_string* が返却する文字列を表示する。
2 メンバ関数 *draw* による描画を実行する。

点クラス *Point* と長方形クラス *Rectangle* を例にとって考えましょう。このメンバ関数 *print* は、**Fig.7-7** のように定義できます。


```
// 点クラス
class Point : public Shape {
    // ...
public:
    // ...
    void print() const {
        std::cout << to_string() << '\n';
        draw();
    }
};
```

```
// 長方形クラス
class Rectangle : public Shape {
    // ...
public:
    // ...
    void print() const {
        std::cout << to_string() << '\n';
        draw();
    }
};
```

まったく同じ

Fig.7-7 各図形クラスで個別に定義されたメンバ関数print

ここで、注目すべきは、以下の点です。

両クラスのメンバ関数 print の本体が、まったく同じである。

理由は単純です。両クラスとも、1と2の処理を順に行うからです。ここには示していないものの、垂直直線クラスや水平直線クラスも同様です。

すべての図形クラスで、まったく同じ本体のメンバ関数を宣言・定義するのは、明らかに無駄な作業です。共通の資産は、基底クラスにくくり出すべきです。図形クラス *Shape* の中でメンバ関数 *print* を定義するように書き直したのが、**Fig.7-8** です。

▶ メンバ関数 *print* は、クラス *Shape* から派生したクラスに継承されますので、下位クラスでオーバライドする必要はありません。そのため、**Fig.7-7** に示した、クラス *Point* やクラス *Rectangle* 内のメンバ関数 *print* の定義は不要です。

```
//===== 図形クラス（抽象クラス） =====//
class Shape {
public:
    virtual std::string to_string() const = 0;  // 図形情報の文字列化
    virtual void draw() const = 0;              // 描画
    void print() const {                        // 情報解説付き描画
      1 std::cout << to_string() << '\n';
      2 draw();
    }
};
```

すべての図形クラスに継承される

Fig.7-8 図形クラスShapeにくくり出した仮想関数print

メンバ関数*print*の定義は、何気ないように見えますが、その見かけよりも複雑な挙動をします。まず、以下の点に着目しましょう。

非純粋仮想関数*print*の中で、クラス*Shape*内では本体が定義されていない純粋仮想関数*to_string*と*draw*を呼び出している。

これは、以下のことを示しています。

重要 そのクラス内で本体が定義されていない《純粋仮想関数》を呼び出す式は、コンパイルエラーとならない。

さて、このメンバ関数は、どのように働くのでしょうか。*p*が*Shape**型のクラス型変数であって、以下のようにメンバ関数*print*を呼び出す例で考えましょう。

```
p->print();
```

メンバ関数*print*の内部では、メンバ関数*to_string*の呼出しとメンバ関数*draw*の呼出しが行われます。その際、**Fig.7-9**に示すように、*p*が指すオブジェクトの型（*Point*, *Rectangle*, … ）に応じて適切なものが選ばれます。

▶ ポインタの指す先の型に応じたメンバ関数が呼び出され、動的結合が行われます。

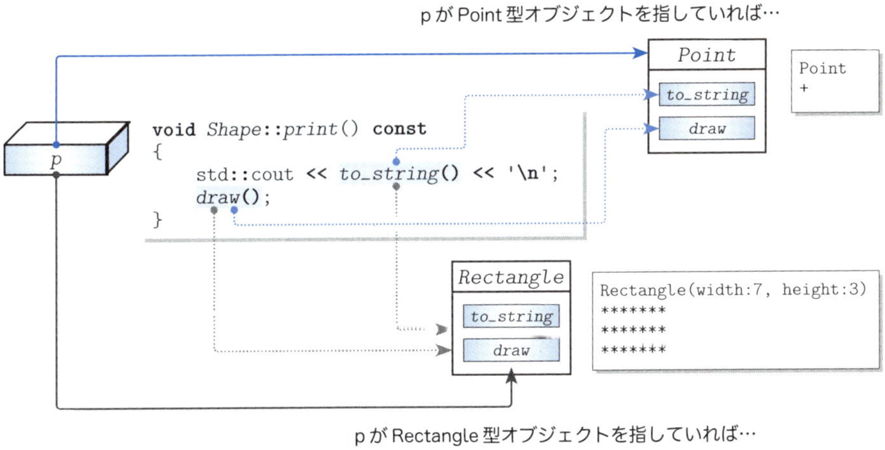

pがPoint型オブジェクトを指していれば…

```
void Shape::print() const
{
    std::cout << to_string() << '\n';
    draw();
}
```

Point: to_string / draw

```
Point
+
```

Rectangle: to_string / draw

```
Rectangle(width:7, height:3)
*******
*******
*******
```

pがRectangle型オブジェクトを指していれば…

Fig.7-9 非純粋仮想関数から呼び出される純粋仮想関数

なお、メンバ関数*print*をクラス*Shape*にくくり出したことによって、メンバ関数*print*の仕様変更も容易になっています。

▶ たとえば、“解説表示” と “描画” の順序を逆にするといった変更を施すとします。もし個々の図形クラスでメンバ関数*print*を定義していれば、全図形クラスのメンバ関数*print*を手作業で修正しなければなりません。しかし、**Fig.7-8**の例では、**1**と**2**を逆にするだけでOKです。

デバッグ用情報表示メンバ関数 debug の追加

次に考えるのは、デバッグ用情報表示メンバ関数 *debug* です。この関数は、オブジェクトの型とアドレスと全データメンバの値を表示します。

クラス *Shape*, *Point*, *Rectangle* における *debug* の宣言を示したのが、**Fig.7-10** です。

▶ この図では、直線クラス群の定義は省略します（完全なプログラムは後で示します）。

```
// 図形クラス
class Shape {
    // ...
public:
    //--- デバッグ用情報表示 ---//
    virtual void debug() const = 0;
    // ...
};

//--- デバッグ用情報表示 ---//
inline void Shape::debug() const
{
    std::cout << "-- デバッグ情報 --\n";
    std::cout << "型：" << typeid(*this).name() << '\n';
    std::cout << "アドレス：" << this << '\n';
}
```

純粋仮想関数の本体の定義

```
// 点クラス
class Point : public Shape {
    // ...
public:
    void debug() const {
        Shape::debug();          // 1
    }
    // ...
};
```

```
// 長方形クラス
class Rectangle : public Shape {
    // ...
public:
    void debug() const {
        Shape::debug();          // 2
        std::cout << "width  : " << width << '\n';
        std::cout << "height : " << height << '\n';
    }
    // ...
};
```

Fig.7-10 図形クラス群におけるメンバ関数 debug

各クラスのメンバ関数 *debug* の中身を理解していきましょう。

■ 図形クラス Shape のメンバ関数 debug

クラス *Shape* では、メンバ関数 *debug* は純粋仮想関数として宣言されています。

ただし、**本体が定義されている**という点で、作成ずみの純粋仮想関数 *draw* および *to_*

string とは、大きく異なります。

p.226 でも簡単に学習したように、純粋仮想関数の定義には《本体》を与えることができます。

重要 純粋仮想関数は本体を与えずに定義するのが一般的だが、関数本体を定義することも可能である。

なお、純粋指定子 = 0 と、本体の定義を一つの宣言内に混在させることは不可能です。そのため、**純粋仮想関数の本体は、クラス定義の外で定義する必要があります。**

*

さて、関数 *debug* の本体では、まず『-- デバッグ情報 --』の表示を行って、その後、オブジェクトの型と **this** の値を表示します。

▪ 点クラス Point のメンバ関数 debug

1 でクラス *Shape* のメンバ関数 *debug* を呼び出します。なお、クラス *Point* にはデータメンバがないため、それ以上のことは行いません。

▪ 長方形クラス Rectangle のメンバ関数 debug

2 でクラス *Shape* のメンバ関数 *debug* を呼び出して、型とアドレスの表示を行います（クラス *Point* のメンバ関数 *debug* と同じです）。その後、データメンバ *width* と *height* の値を表示します。

なお、**本体が定義された公開属性をもつ純粋仮想関数は、外部から呼び出せます。**そのため、長方形クラス *Rectangle* 型に対して、*Shape::debug* と *Rectangle::debug* とを使い分けることも可能です。**Fig.7-11** に示すのが、その具体例です。

▶ データメンバの値を表示せずに、型とアドレスのみを表示したい場合に、*Shape::debug* を呼び出せばよいわけです。

```
Shape* s = new Rectangle(7, 3);
```

Shape::debug が呼び出される。

```
s->Shape::debug();
```

```
デバッグ情報
型：Rectangle
アドレス：2257
```

Rectangle::debug が呼び出される。

```
s->debug();
```

```
デバッグ情報
型：Rectangle
アドレス：2257
width ：7
height：3
```

Fig.7-11 純粋仮想関数の呼出し

挿入子 << の追加

次に考えるのは、挿入子 << の追加です。挿入子の設計にあたっては、以下の２点を考慮する必要があります。

第１点目は、**挿入子が図形クラスのメンバ関数とはならない**ことです。というのも、挿入子を実現する関数 operator<< の第１引数が *ostream&* 型だからです。

第２点目は、**挿入子には多相的な振舞いが要求されること**です。挿入子 << は、以下のような利用が想定されます。

```
Shape* s[] = { new Point, new Rectangle(7, 3) };

for (int i = 0; i < sizeof(s) / sizeof(s[0]); i++)
    cout << "s[" << i << "] = " << s[i] << '\n';
```

当然、s[0] は「Point」と表示されて、s[1] は「Rectangle(7, 3)」と表示されることが期待されます。

挿入子 << は、非メンバ関数でありながら、多相的に振る舞わねばなりません。

難しく感じられるかもしれませんが、その実現は、実は単純です。p.237 で学習した、**本体が定義されていない純粋仮想関数を呼び出せることを利用する**だけです。

挿入子の宣言・定義は、**Fig.7-12** のようになります。

```
//===== 図形クラス（抽象クラス） =====//
class Shape {
public:
    std::string to_string() const = 0;   // 図形情報の文字列化
    // ...
};

//--- 図形クラス群用の挿入子 ---//
inline std::ostream& operator<<(std::ostream& os, const Shape& s)
{
    return os << s.to_string();        // to_stringが返却する文字列を表示
}
```

多相的に振る舞う関数に処理を委ねる

Fig.7-12 図形クラス群用挿入子の定義

第２引数にクラス *Shape&* 型の引数 *s* を受け取ります。その *s* に対して関数 *to_string* を呼び出して、返却された文字列を出力します。定義するのは、この関数１個だけでよく、各図形クラス型のそれぞれに対して関数を作る必要はありません。

演算子関数 operator<< そのものは非多相的な関数ではあるものの、多相的に振る舞うメンバ仮想関数 *to_string* に表示内容の取出し作業を委ねるからです。

▶ 関数 operator<< は、引数 *s* に *Point* 型オブジェクトへの参照が渡されたら *Point::to_string* を呼び出しますし、*Rectangle* 型オブジェクトへの参照が渡されたら *Rectangle::to_string* を呼び出します。

仮想デストラクタの追加

最後に考えるのは、クラス *Shape* への仮想デストラクタの追加です。デストラクタが正しく機能するには、関数本体が必要です。そこで、クラス定義内で純粋仮想関数として宣言しておき、その本体をクラス外部で宣言します。

なお、このようなデストラクタは、**純粋仮想デストラクタ**（*pure virtual destructor*）と呼ばれます。

▶ クラス *Shape* の純粋仮想デストラクタの宣言と定義は、**List 7-3** の網かけ部です。

改良した図形クラス

これまでの設計をもとに作成した図形クラス群のプログラムを **List 7-3** に示します。

直線クラス用のメンバ関数 *debug* は、クラス *Line* で定義されており、水平直線クラス *HorzLine* と垂直直線クラス *VertLine* では、そのメンバ関数を継承しています。

List 7-3 Shape02/Shape.h

```
// 図形クラス群Shape, Point, Line, HorzLine, VertLine, Rectangle（第２版）

#ifndef ___Class_Shape
#define ___Class_Shape

#include <string>
#include <sstream>
#include <iostream>

//===== 図形クラス（抽象クラス）=====//
class Shape {
public:
    //--- 純粋仮想デストラクタ ---//                     宣言
    virtual ~Shape() = 0;

    //--- 複製 ---//
    virtual Shape* clone() const = 0;                    // 純粋仮想関数

    //--- 描画 ---//
    virtual void draw() const = 0;                       // 純粋仮想関数

    //--- 文字列表現 ---//
    virtual std::string to_string() const = 0;           // 純粋仮想関数

    //--- 情報解説付き描画 ---//
    void print() const {
        std::cout << to_string() << '\n';
        draw();
    }

    //--- デバッグ用情報表示 ---//
    virtual void debug() const = 0;                      // 純粋仮想関数
};

//--- 純粋仮想デストラクタ ---//
inline Shape::~Shape() { }                               定義

//--- デバッグ用情報表示 ---//
inline void Shape::debug() const
{
    std::cout << "-- デバッグ情報 --\n";
    std::cout << "型：" << typeid(*this).name() << '\n';
    std::cout << "アドレス：" << this << '\n';
}
```

```
//===== 点クラス =====//
class Point : public Shape {
public:
    //--- 描画 ---//
    void draw() const {
        std::cout << "*\n";
    }

    //--- 複製 ---//
    Point* clone() const {
        return new Point;
    }

    //--- 文字列表現 ---//
    std::string to_string() const {
        return "Point";
    }

    //--- デバッグ用情報表示 ---//
    void debug() const {
        Shape::debug();
    }
};

//===== 直線クラス（抽象クラス） =====//
class Line : public Shape {
protected:                                  仮想関数drawをオーバライドしていないので抽象クラス
    int length;             // 長さ

public:
    //--- コンストラクタ ---//
    Line(int len) : length(len) { }

    //--- 長さ（length）のゲッタ ---//
    int get_length() const { return length; }

    //--- 長さ（length）のセッタ ---//
    void set_length(int len) { length = len; }

    //--- デバッグ用情報表示 ---//
    void debug() const {
        Shape::debug();
        std::cout << "length : " << length << '\n';
    }
};

//===== 水平直線クラス =====//
class HorzLine : public Line {
public:
    //--- コンストラクタ ---//
    HorzLine(int len) : Line(len) { }

    //--- 複製 ---//
    virtual HorzLine* clone() const {
        return new HorzLine(length);
    }

    //--- 描画 ---//
    void draw() const {
        for (int i = 1; i <= length; i++)
            std::cout << '-';
        std::cout << '\n';
    }

    //--- 文字列表現 ---//
    std::string to_string() const {
        std::ostringstream os;
        os << "HorzLine(length:" << length << ")";
        return os.str();
    }
};
```

```
//===== 垂直直線クラス =====//
class VertLine : public Line {
public:
    //--- コンストラクタ ---//
    VertLine(int len) : Line(len) { }

    //--- 複製 ---//
    virtual VertLine* clone() const {
        return new VertLine(length);
    }

    //--- 描画 ---//
    void draw() const {
        for (int i = 1; i <= length; i++)
            std::cout << "|\n";
    }

    //--- 文字列表現 ---//
    std::string to_string() const {
        std::ostringstream os;
        os << "VertLine(length:" << length << ")";
        return os.str();
    }
};

//===== 長方形クラス =====//
class Rectangle : public Shape {
    int width;      // 幅
    int height;     // 高さ

public:
    //--- コンストラクタ ---//
    Rectangle(int w, int h) : width(w), height(h) { }

    //--- 複製 ---//
    Rectangle* clone() const {
        return new Rectangle(width, height);
    }

    //--- 描画 ---//
    void draw() const {
        for (int i = 1; i <= height; i++) {
            for (int j = 1; j <= width; j++)
                std::cout << '*';
            std::cout << '\n';
        }
    }

    //--- 文字列表現 ---//
    std::string to_string() const {
        std::ostringstream os;
        os << "Rectangle(width:" << width << ", height:" << height << ")";
        return os.str();
    }

    //--- デバッグ用情報表示 ---//
    void debug() const {
        Shape::debug();
        std::cout << "width  : " << width << '\n';
        std::cout << "height : " << height << '\n';
    }
};

//--- 図形クラス群用の挿入子 ---//
inline std::ostream& operator<<(std::ostream& os, const Shape& s)
{
    return os << s.to_string(); // to_stringが返却する文字列を表示
}

#endif
```

多相的に振る舞う非メンバ関数

Fig.7-13 に示すのが、第２版の図形クラス群のクラス階層図です。クラス *Shape* と *Line* が抽象クラスです。

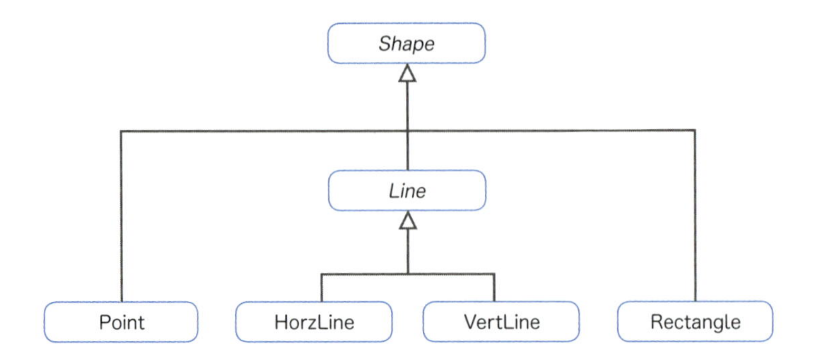

Fig.7-13　図形クラス群（第２版）のクラス階層図

第２版の図形クラス群を利用するプログラム例を **List 7-4** に示します。

List 7-4　Shape02/ShapeTest.cpp

```
// 図形クラス群（第２版）の利用例（配列に格納）

#include <iostream>
#include "Shape.h"

using namespace std;

int main()
{
    Shape* a[] = {
        new Point(),           // 点
        new HorzLine(9),       // 水平直線
        new VertLine(6),       // 垂直直線
        new Rectangle(7, 3),   // 長方形
    };

    for (int i = 0; i < sizeof(a) / sizeof(a[0]); i++) {
        cout << "a[" << i << "]\n";
        a[i]->print();       // 図形に関する情報を表示
        a[i]->debug();       // デバッグ情報を表示
        cout << '\n';
    }

    for (int i = 0; i < sizeof(a) / sizeof(a[0]); i++)
        delete a[i];
}
```

実行結果一例

```
a[0]
Point
*
-- デバッグ情報 --
型：class Point
アドレス：007151E0

a[1]
HorzLine(length:9)
---------
-- デバッグ情報 --
型：class HorzLine
アドレス：0071CC00
length：9

a[2]
VertLine(length:6)
|
|
|
|
|
|
… 以下省略 …
```

このプログラムでは、クラス *Shape** 型の配列を使って多相性の効果を確認しています。配列の要素 a[0] ～ a[3] は、それぞれ点 *Point*、水平直線 *HorzLine*、垂直直線 *VertLine*、長方形 *Rectangle* のオブジェクトを参照します。

for 文では、すべての要素に対して、メンバ関数 *print* と *debug* を起動しています。期待どおりの実行結果が得られることが確認できます。

各図形オブジェクトを、プログラムの実行時に生成するように書きかえましょう。**List 7-5** に示すのが、そのプログラムです。

List 7-5 Shape02/ShapeVector.cpp

```
// 図形クラス群（第２版）の利用例（ベクトルに動的に格納）

#include <vector>
#include <iostream>
#include "Shape.h"

using namespace std;

int main()
{
    vector<Shape*> v;

    int count = 0;
    while (true) {
        int type;
        cout << "No." << count << "の図形の種類" <<
                " (1…点／2…水平直線／3…垂直直線／4…長方形／0…終了) ：";
        cin >> type;
        if (type == 0) break;

        Shape* s;
        switch (type) {
         case 1 : s = new Point();  break;                  // 点
         case 2 :
         case 3 : {                                         // 直線
                     int len;
                     cout << "長さ：";  cin >> len;
                     if (type == 2)
                         s = new HorzLine(len);             // 水平直線
                     else
                         s = new VertLine(len);             // 垂直直線
                   } break;
         case 4 : {                                         // 長方形
                     int width, height;
                     cout << "横幅：";  cin >> width;
                     cout << "高さ：";  cin >> height;
                     s = new Rectangle(width, height);
                   } break;
        }
        v.push_back(s);
    }

    for (vector<Shape>::size_type i = 0; i < v.size(); i++) {
        cout << "a[" << i << "]\n";
        v[i]->print();          // 図形に関する情報を表示
        v[i]->debug();          // デバッグ情報を表示
        cout << '\n';
    }

    for (vector<Shape>::size_type i = 0; i < v.size(); i++) {
        delete v[i];
    }
}
```

▶ プログラムの実行例は省略します。なお、ここで利用しているベクトルライブラリ **vector** については、第 11 章で詳細に学習しますので、そこでの学習が終わってから、このプログラムを理解するとよいでしょう。

まとめ

- **純粋仮想関数**は、**純粋指定子 = 0** 付きで宣言された仮想関数である。関数本体をもたないのが一般的だが、本体を定義することも可能である。
- 本体をもつ純粋仮想関数は、クラス定義の外で定義する。本体が定義されている純粋仮想関数は、クラスの外部からも呼び出すことが可能である。
- 純粋仮想関数を１個でも有するクラスは、**抽象クラス**である。抽象的な概念を表して、メンバ関数を具体的に定義できないようなクラスは、抽象クラスとして定義するとよい。
- 抽象クラス型のオブジェクトは作れない。また、仮引数の型・関数返却値の型・明示的変換の変換先の型として使うこともできない。
- 抽象クラスから派生したクラスで、基底クラスから継承したすべての純粋仮想関数に定義を与えなければ、その派生クラスも抽象クラスとなる。
- メンバ関数を純粋仮想関数と宣言すると、子や孫などの下位クラスに対して、メンバ関数のオーバライドを強要でき、派生クラスでオーバライドし忘れるのを防げる。
- 抽象クラスのコンストラクタは、外部から直接呼び出せないが、派生クラスのコンストラクタからは呼び出せる。
- 抽象クラスは、他のクラスの基底クラスとなることで存在価値を発揮する。また、派生した下位クラス群をグループ化して《血縁関係》をもたせる働きをする。
- オーバライドする関数の返却値型は、オーバライドされる関数の返却値と“同一”であるか、**“共変的”**であるかのいずれかでなければならない。
- あるメンバ関数から、そのクラス内で本体が定義されていない純粋仮想関数を呼び出す式がコンパイルエラーとなることはない。
- **純粋仮想デストラクタ**は、クラス定義内で純粋仮想関数として宣言しておき、その本体をクラス外部で宣言する。
- 非メンバ関数として定義する挿入子 **<<** を多相的に振る舞わせるには、表示内容を文字列として返却する純粋仮想関数の返却値を出力するものとして定義する。

> ▶ 右ページの動物クラス *Animal* で宣言されている純粋仮想関数 *bark* は、図形クラス *Shape* のメンバ関数 *draw* に相当します。

```
//--- 動物クラス（抽象クラス）---//
class Animal {
    std::string name;   // 名前
public:
    Animal(const std::string& n) : name(n) { }
    virtual ~Animal() = 0;                          // 純粋仮想デストラクタ
    virtual void bark() = 0;                        // 吠える
    virtual std::string to_string() = 0;            // 文字列表現を返却
    std::string get_name() { return name; } // 名前を返却
    void introduce() {                              // 自己紹介
        std::cout << to_string() + "だ";
        bark();
        std::cout << '\n';
    }
};

inline Animal::~Animal() { }
```

```
//--- 犬クラス ---//
class Dog : public Animal {
    std::string type;   // 犬種
public:
    Dog(const std::string& n, const std::string& t) : Animal(n), type(t) { }
    virtual void bark() { std::cout << "ワンワン!!"; }
    virtual std::string to_string() { return type + "の" + get_name(); }
};
```

```
//--- 猫クラス ---//
class Cat : public Animal {
    std::string fav;    // 好物
public:
    Cat(const std::string& n, const std::string& f) : Animal(n), fav(f) { }
    virtual void bark() { std::cout << "ニャ～ン!!"; }
    virtual std::string to_string() { return fav + "が大好きな"
                                                 + get_name(); }
};
```

Animal

Dog　Cat

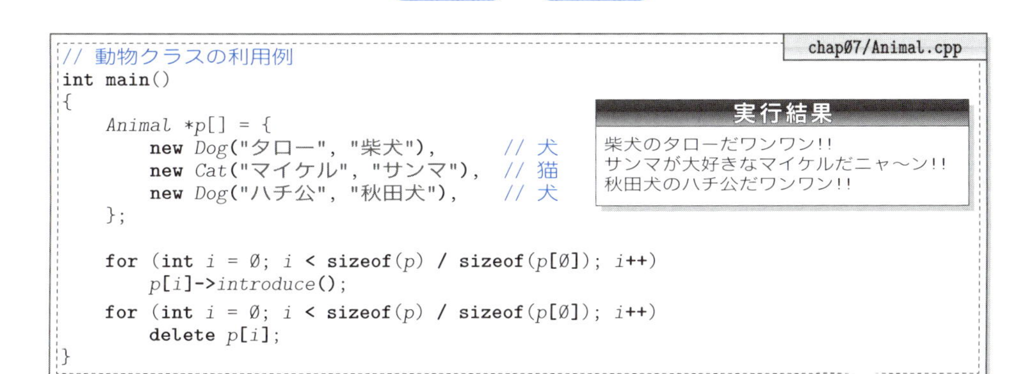

chap07/Animal.cpp

```
// 動物クラスの利用例
int main()
{
    Animal *p[] = {
        new Dog("タロー", "柴犬"),       // 犬
        new Cat("マイケル", "サンマ"),   // 猫
        new Dog("ハチ公", "秋田犬"),     // 犬
    };

    for (int i = 0; i < sizeof(p) / sizeof(p[0]); i++)
        p[i]->introduce();
    for (int i = 0; i < sizeof(p) / sizeof(p[0]); i++)
        delete p[i];
}
```

実行結果

```
柴犬のタローだワンワン!!
サンマが大好きなマイケルだニャ～ン!!
秋田犬のハチ公だワンワン!!
```

第8章

多重継承

第5章から前章まで、クラスの継承について学習してきました。本章では、複数のクラスの資産を継承する《多重継承》を学習します。

- 単一継承と多重継承
- 基底指定子並び
- 多重継承と曖昧さ
- 基底クラス部分オブジェクトの初期化の順序
- 多重継承とクラスオブジェクトへのポインタ
- 抽象基底クラス
- 抽象基底クラスと純粋仮想デストラクタ
- クロスキャスト
- 仮想派生
- 仮想基底クラス
- 仮想基底クラス型の部分オブジェクト
- 非仮想基底クラス型の部分オブジェクト
- 仮想派生を行ったクラス型オブジェクトの初期化
- 仮想基底クラスの実現
- 処理系限界

8-1 多重継承

これまで学習してきた派生は、単一クラスの資産の継承を行うものでした。本章では、複数のクラスの資産を継承する《多重継承》を学習します。

多重継承

ここまでの派生は、単一クラスの資産を継承する**単一継承**（*single inheritance*）でした。C++ では、複数のクラスの資産を継承する**多重継承**（*multiple inheritance*）がサポートされています。

以下に示すのが、多重継承を行うクラス定義の一例です。

```
class C : public A, private B {
    // クラスAからpublic派生、クラスBからprivate派生
};
```

クラス *C* は、二つのクラス *A* と *B* から派生しています。

基底クラスを指定する網かけ部は、**基底指定子並び**（*base specifier list*）と呼ばれます。基底指定子並びは、単一継承では単一の基底クラス名ですが、多重継承では基底クラス名をコンマ , で区切って並べたものです。

なお、派生形態を指定するアクセス指定子（**public**, **protected**, **private**）は、個々の基底クラスに指定できます。この例では、クラス *A* からの派生は **public** 派生で、クラス *B* からの派生は **private** 派生です。

▶ アクセス指定子を省略した場合は、自動的に **private** 派生とみなされます。ただし、キーワード **class** ではなくて **struct** を利用して定義されたクラスは、**public** 派生となります（いずれも、単一継承の場合と同じです）。

クラス *A*, *B*, *C* のクラス階層図を **Fig.8-1** に示します。クラス *C* にとって、クラス *A* とクラス *B* は、いずれも直接基底クラスです。

二つのクラスからの多重継承を行う例を学習しましたが、三つ以上の基底クラスからの派生も行えます。

＊

なお、**直接基底クラスとして同一のクラスを2回以上指定することはできません**。

たとえば、姓名を表現するクラス *FullName* を、std::*string* 型の“姓”と std::*string* 型の“名”からの多重継承であるとして、次のような派生を行うことはできません。

クラスAとBは
クラスCの直接基底クラス。

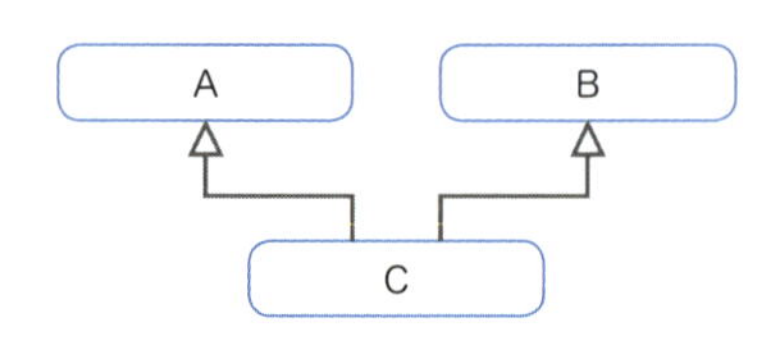

Fig.8-1 多重継承のクラス階層図

```
// エラー：複数の同一クラスを直接基底クラスとすることはできない
class FullName : public std::string, public std::string {
    // … :
};
```

既存クラスの性質を複数にわたって表現したいのであれば、

```
class FullName {
    std::string FamilyName;     // 姓
    std::string FirstName;      // 名
    // …
};
```

と、それぞれをメンバとしてもつべきです。クラス *FullName* は **string** の一種ではなく、２個の **string** をもっているだけですから。

もっとも、**間接基底クラスとしてであれば、同一のクラスが２個以上含まれてもよいこと**になっています。以下に示すのが、その一例です。

```
class A { /* … */ };
class X : public A { /* … */ };
class Y : public A { /* … */ };
class Z : public X, public Y { /* … */ };
```

これら四つのクラスのクラス階層図と、クラス *Z* 型オブジェクトの内部のイメージを **Fig.8-2** に示しています。

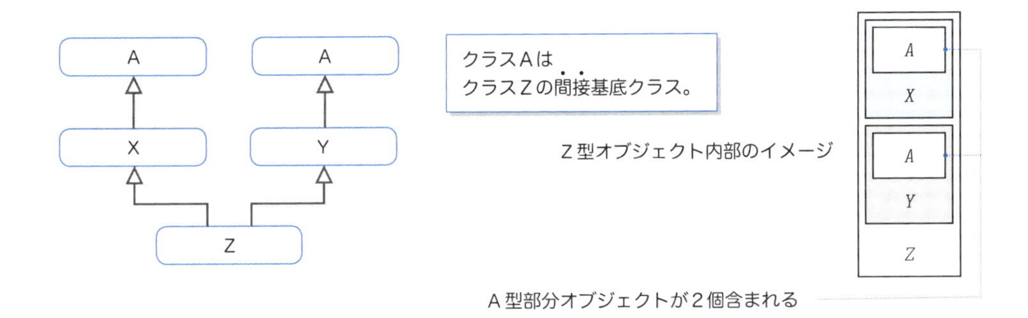

Fig.8-2　間接基底クラスとして複数含まれるクラス

ここでの派生は、いずれも is-A の関係を実現する **public** 派生です。そのため、クラス *X* と *Y* は、いずれも *A* の一種であり、クラス *Z* は、*X* の一種であると同時に *Y* の一種でもある、ということになります。

重要　多重継承では、同一のクラスを直接基底クラスとしてもつことはできないが、間接基底クラスとしてであれば複数もつことができる。

なお、図に示すように、クラス *Z* 型のオブジェクトの内部には、クラス *A* 型の基底クラス部分オブジェクトが２個含まれます。

基底クラスの初期化と曖昧さの制御

実際に多重継承を行うクラスを作ってみましょう。

まずは、**List 8-1** に示すプログラムです。二つのクラス *Base1* と *Base2* とから **public** 派生しているクラス *Derived* は、"*Base1* の一種" であり、かつ、"*Base2* の一種" です。

List 8-1 chap08/multiple1.cpp

```
// 多重継承（基底クラスの初期化・曖昧さの制御を検証）

#include <iostream>

using namespace std;

//===== 基底クラス１ =====//
class Base1 {
public:
    int x;

    Base1(int a = 0) : x(a) {                  // コンストラクタ
        cout << "Base1::xを" << x << "に初期化しました。\n";
    }

    void print() { cout << "Base1クラスです：x = " << x << '\n'; }
};

//===== 基底クラス２ =====//
class Base2 {
public:
    int x;

    Base2(int a = 0) : x(a) {                  // コンストラクタ
        cout << "Base2::xを" << x << "に初期化しました。\n";
    }

    void print() { cout << "Base2クラスです：x = " << x << '\n'; }
};

//===== 派生クラス =====//
class Derived : public Base1, public Base2 {   // 多重継承（Base1 とBase2 から派生）
    int y;                     1        2
public:
    Derived(int a, int b, int c) : y(c), Base2(a), Base1(b) { // コンストラクタ
        cout << "Derived::yを" << y << "に初期化しました。\n";
    }

    void func(int a, int b) {
    //  x = a;                   // エラー：曖昧
        Base1::x = a;
        Base2::x = b;
    }
};

int main()
{
    Derived z(1, 2, 3);

    z.func(1, 2);
//  z.print();                   // エラー：曖昧
    z.Base1::print();
    z.Base2::print();
}
```

実行結果

```
Base1::xを2に初期化しました。
Base2::xを1に初期化しました。
Derived::yを3に初期化しました。
Base1クラスです：x = 1
Base2クラスです：x = 2
```

三つのクラスのコンストラクタは、いずれも、データメンバの初期化を行った旨を、その値を含めて表示します。

短く単純ですが、多重継承にまつわる“複雑さ”が露呈するプログラムです。ここでは、以下の２点を考えていきます。

- 基底クラス部分オブジェクトの初期化の順序
- 曖昧さの解決

基底クラス部分オブジェクトの初期化の順序

まずは、基底クラス部分オブジェクトの初期化の順序を理解しましょう。以下の規則に基づいて初期化が行われます。

重要 多重継承によって作られたクラスのオブジェクト内の基底クラス部分オブジェクトは、基底指定子並びの宣言順に初期化される。

クラス *Derived* の基底指定子並び**1**が“**public** *Base1*, **public** *Base2*”ですから、基底クラス部分オブジェクトの初期化の順序は、*Base1* ⇨ *Base2* です。

また、基底クラス部分オブジェクトが初期化された後に、メンバ部分オブジェクトが初期化される規則（p.173）に基づいて、クラス *Derived* 内の **int** 型データメンバ *y* は、最後に初期化されます。

そのため、全体の順序は **Fig.8-3** のようになります。

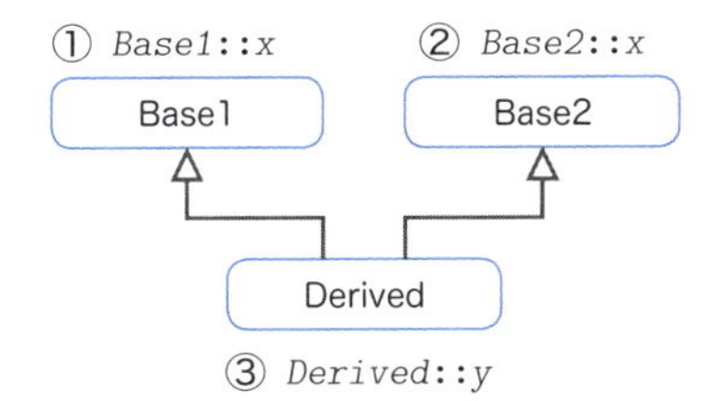

①② … 基底指定子並びの宣言順に基底クラス部分オブジェクトが初期化される。
③ … メンバ部分オブジェクト y が初期化される。

Fig.8-3 多重継承とオブジェクトの初期化の順序

初期化の順序が、**2**のコンストラクタ初期化子“*y*(c), *Base2*(a), *Base1*(b)”の宣言順ではないことに注意しましょう。

紛らわしさを排除してプログラムの可読性を高めるには、このコンストラクタ初期化子は“*Base1*(b), *Base2*(a), *y*(c)”とすべきです。

重要 多重継承を行うクラスでの初期化処理が、基底クラスのコンストラクタを呼び出す順序に依存するのであれば、基底指定子並びにおける基底クラスの順序を考慮して宣言すべきである。

曖昧さの解決

二つの基底クラス*Base1*と*Base2*には、同一名のデータメンバxがあります。そのため、クラス*Derived*のメンバ関数中で"*x*"といっても、*Base1*から継承したxなのか、それとも*Base2*から継承したxなのかが明確ではありません。

そこで、クラス*Derived*のメンバ関数*func*は、曖昧さの発生を抑止しています。

```
void Derived::func(int a, int b) {
//  x = a;                 // エラー：曖昧
    Base1::x = a;          // Base1から継承したx
    Base2::x = b;          // Base2から継承したx
}
```

複数の基底クラスから同一名のメンバを継承している場合、有効範囲解決演算子 **::** を利用して曖昧さを回避します。ここでは、クラス*Base1*と*Base2*から継承したデータメンバxを、式*Base1*::xあるいは式*Base2*::xでアクセスしています。

▶ 単なるxだと、曖昧なため、コンパイルエラーとなってしまうことに注意しましょう。
なお、xという名前のデータメンバが、クラス*Derived*の中で独自に定義されていれば、そのメンバは、単なる"*x*"でアクセスできます。

＊

ここまでは、クラス内部での使い分けでした。クラス外部からの使い分けも同様です。それを行っているのが、**main**関数からのメンバ関数*print*の呼出しです。

```
//  z.print();                  // エラー：曖昧
    z.Base1::print();           // Base1から継承したprint
    z.Base2::print();           // Base2から継承したprint
```

先頭の関数呼出し式*z.print*()は、曖昧なため、コンパイルエラーとなります。

基底クラス*Base1*と*Base2*から継承した同一名のメンバ関数*print*を呼び出す際は、有効範囲解決演算子 **::** を利用した使い分けが必要です。

▶ もし、クラス*Derived*の中で*print*という名前のメンバ関数が独自に定義されていれば、そのメンバ関数は、式*z.print*()で呼び出せます。

重要 同一名のメンバをもつ基底クラスを多重継承したクラスでは、有効範囲解決演算子 :: を用いてメンバを使い分ける。

▶ クラス*Derived*の内部で*Base1*::*print*と*Base2*::*print*を使い分ける方法は、データメンバの場合と同じです。以下に示すのが、プログラム例です。

```
void Derived::print() {
    Base1::print();
    Base2::print();
    cout << "Derivedクラスです：y = " << y << '\n';
}
```

```
Base1クラスです：x = 1
Base2クラスです：x = 2
Derivedクラスです：y = 3
```

このメンバ関数*Derived*::*print*は、自身と同じ名前の*Base1*::*print*と*Base2*::*print*を呼び出します（"chap08/multiple2.cpp"）。

Column 8-1 多重継承とクラスオブジェクトへのポインタ

基底クラスへのポインタ／参照は、派生クラスオブジェクトを指す／参照できます（第5章からずっと利用しています）が、その際、派生クラスオブジェクトへのポインタ／参照を、基底クラス型へのポインタ／参照に変換する型変換が行われます。この型変換に伴って、具体的なポインタの値が変わる可能性があることも、既に学習しました。

多重継承を行ったクラスでは、ポインタの値が（ほぼ確実に）変わります。**List 8C-1** のプログラム例で検証しましょう。

List 8C-1 chap08/down_cast.cpp

```
// 多重継承とダウンキャストにおけるポインタ

#include <iostream>

using namespace std;

class A {
    int a;
};

class B {
    int b;
};

class C : public A, public B {
    int c;
};

int main()
{
    C c;
    A* ptr_a = &c;        // ptr_aはcを指す
    B* ptr_b = &c;        // ptr_bはcを指す

    cout << "ptr_a = " << ptr_a << '\n';     // cを指すptr_aの値を表示
    cout << "ptr_b = " << ptr_b << '\n';     // cを指すptr_bの値を表示
    cout << "&c    = " << &c << '\n';        // cへのポインタ値を表示
}
```

実行結果一例

```
ptr_a = 1234
ptr_b = 1238
&c    = 1234
```

a
b
c

※実行によって表示されるポインタの値は、あくまでも一例です。

クラス*A*とクラス*B*から多重継承したクラス*C*のオブジェクトには、以下の部分オブジェクトが含まれます。

- **A** … クラス*A*型の基底クラス部分オブジェクト（クラス*A*のデータメンバ*a*）
- **B** … クラス*B*型の基底クラス部分オブジェクト（クラス*B*のデータメンバ*b*）
- **C** … クラス*C*型のメンバ部分オブジェクト（データメンバ*c*）

*A** 型のポインタ *ptr_a* は**A**を指し、*B** 型のポインタ *ptr_b* は**B**を指します。いずれも **&***c* の値で初期化されていますが、そのアドレスの値が同一になるわけではありません（なお、多くの処理系で、*ptr_a* の値と **&***c* の値が同一となります）。

8-2 抽象基底クラス

本節では、仮想関数だけで構成される《抽象基底クラス》を学習します。

抽象基底クラス

前章で学習した**図形クラス群**中の図形は、点や線のように面積をもたない図形と、長方形のように面積をもつ“2次元”の図形とがあります。

2次元クラス *TwoDimensional* を作成するとともに、2次元の図形クラスを、図形クラス *Shape* と2次元クラス *TwoDimensional* の両方から派生させるように仕様変更しましょう。

まずは、図形クラス *Shape* です。そのプログラムを **List 8-2** に示します。

List 8-2　　Shape03/Shape.h

```
// 図形クラスShape（第３版）

#ifndef ___Class_Shape
#define ___Class_Shape

#include <string>
#include <iostream>

//===== 図形クラス（抽象クラス） =====//
class Shape {
public:
    //--- 純粋仮想デストラクタ ---//
    virtual ~Shape() = 0;

    //--- 複製 ---//
    virtual Shape* clone() const = 0;                    // 純粋仮想関数

    //--- 描画 ---//
    virtual void draw() const = 0;                       // 純粋仮想関数

    //--- 文字列表現 ---//
    virtual std::string to_string() const = 0;           // 純粋仮想関数

    //--- 情報解説付き描画 ---//
    void print() const {
        std::cout << to_string() << '\n';
        draw();
    }

    //--- デバッグ用情報表示 ---//
    virtual void debug() const = 0;                      // 純粋仮想関数
};

//--- 純粋仮想デストラクタ ---//
inline Shape::~Shape() { }

//--- デバッグ用情報表示 ---//
inline void Shape::debug() const
{
    std::cout << "-- デバッグ情報 --\n";
    std::cout << "型：" << typeid(*this).name() << '\n';
    std::cout << "アドレス：" << this << '\n';
}

//--- 図形クラス群用の挿入子 ---//
inline std::ostream& operator<<(std::ostream& os, const Shape& s)
{
    return os << s.to_string(); // to_stringが返却する文字列を表示
}

#endif
```

新しく追加する２次元クラス *TwoDimensional* のプログラムが、**List 8-3** です。このクラスは、長方形や三角形などの**面積をもつ２次元図形**を表すための**抽象クラス**であり、純粋仮想デストラクタと面積を返却する純粋仮想関数 *get_area* だけをメンバとしてもちます。

List 8-3 Shape03/TwoDimensional.h

```
// ２次元クラスTwoDimensional

#ifndef ___Class_TwoDimensional
#define ___Class_TwoDimensional

//===== ２次元クラス（抽象基底クラス）=====//                抽象基底クラス
class TwoDimensional {
public:
    //--- 純粋仮想デストラクタ ---//
    virtual ~TwoDimensional() = 0;

    //--- 面積を求める ---//
    virtual double get_area() const = 0;              // 純粋仮想関数
};

//--- 純粋仮想デストラクタ ---//
inline TwoDimensional::~TwoDimensional() { }

#endif
```

クラス *TwoDimensional* は、データメンバをもちません。また、デストラクタを含むメンバ関数は、いずれも純粋仮想関数です。このように、仮想関数だけで構成された抽象クラスは、**抽象基底クラス**（*abstract base class*）と呼ばれます。

重要 データメンバをもたず、仮想関数だけで構成されるクラスは、**抽象基底クラス**と呼ばれる。

抽象基底クラスには、コンストラクタは不要ですが、純粋仮想デストラクタが必要です。

▶ 抽象基底クラスは、頭文字をとってABCとも呼ばれます。なお、抽象基底クラスには、仮想関数だけでなく、定数や列挙型などの宣言を含めることができます（定数でないデータメンバを含めると、抽象基底クラスとはいえなくなります）。
　なお、Javaでは、抽象基底クラスに相当するものを、`class` キーワードで定義する《クラス》ではなくて、`interface` キーワードで定義する《インタフェース》として実現します。

残りの図形クラス群を理解していきましょう。

① 点 *Point* ／直線 *Line* ／水平直線 *HorzLine* ／垂直直線 *VertLine*

面積をもたない２次元未満の図形クラス群です。これらのクラスは、クラス *Shape* から派生しており、２次元クラス *TwoDimensional* とは無関係です。

クラス *Point* が **List 8-4** で、直線クラス群が **List 8-5** です（プログラムは、次ページ以降に示しています）。

▶ 前章のプログラムは、すべての図形を単一のヘッダに格納していましたが、ここでは、各クラスごとにファイルを独立させています。
　左ページのクラス *Shape* は、独立したヘッダとして実現したことを除くと、基本的には第２版と同一です。

List 8-4　Shape03/Point.h

```
// 点クラスPoint（第３版）

#ifndef ___Class_Point
#define ___Class_Point

#include <string>
#include <iostream>
#include "Shape.h"

//===== 点クラス =====//
class Point : public Shape {
public:
    //--- 描画 ---//
    void draw() const {
        std::cout << "*\n";
    }

    //--- 複製 ---//
    Point* clone() const {
        return new Point;
    }

    //--- 文字列表現 ---//
    std::string to_string() const {
        return "Point";
    }

    //--- デバッグ用情報表示 ---//
    void debug() const {
        Shape::debug();
    }
};

#endif
```

List 8-5　Shape03/Line.h

```
// 直線クラス群（第３版）
//      Line
//      HorzLine
//      VertLine

#ifndef ___Class_Line
#define ___Class_Line

#include <string>
#include <sstream>
#include <iostream>
#include "Shape.h"

//===== 直線クラス（抽象クラス） =====//
class Line : public Shape {
protected:
    int length;          // 長さ

public:
    //--- コンストラクタ ---//
    Line(int len) : length(len) { }

    //--- 長さ（length）のゲッタ ---//
    int get_length() const { return length; }

    //--- 長さ（length）のセッタ ---//
    void set_length(int len) { length = len; }
```

```
    //--- デバッグ用情報表示 ---//
    void debug() const {
        Shape::debug();
        std::cout << "length : " << length << '\n';
    }
};

//===== 水平直線クラス =====//
class HorzLine : public Line {
public:
    //--- コンストラクタ ---//
    HorzLine(int len) : Line(len) { }

    //--- 複製 ---//
    HorzLine* clone() const {
        return new HorzLine(length);
    }

    //--- 描画 ---//
    void draw() const {
        for (int i = 1; i <= length; i++)
            std::cout << '-';
        std::cout << '\n';
    }

    //--- 文字列表現 ---//
    std::string to_string() const {
        std::ostringstream os;
        os << "HorzLine(length:" << length << ")";
        return os.str();
    }
};

//===== 垂直直線クラス =====//
class VertLine : public Line {
public:
    //--- コンストラクタ ---//
    VertLine(int len) : Line(len) { }

    //--- 複製 ---//
    VertLine* clone() const {
        return new VertLine(length);
    }

    //--- 描画 ---//
    void draw() const {
        for (int i = 1; i <= length; i++)
            std::cout << "|\n";
    }

    //--- 文字列表現 ---//
    std::string to_string() const {
        std::ostringstream os;
        os << "VertLine(length:" << length << ")";
        return os.str();
    }
};

#endif
```

▶ 点クラス Point を独立したヘッダとして実現し、三つの直線クラスを一つのヘッダとしてまとめて実現しています。これらのクラスも、独立したヘッダとして実現したことを除くと、基本的には第２版と同一です。

2 長方形 Rectangle

List 8-6 に示すのは、２次元図形である長方形クラス Rectangle です。黒網部からも分かるように、クラス Shape とクラス TwoDimensional の両方を多重継承するように改変されています。

List 8-6 Shape03/Rectangle.h

```
// 長方形クラスRectangle（第３版）

#ifndef ___Class_Rectangle
#define ___Class_Rectangle

#include <string>
#include <sstream>
#include <iostream>
#include "Shape.h"
#include "TwoDimensional.h"

//===== 長方形クラス =====//
class Rectangle : public Shape, public TwoDimensional {
    int width;      // 幅
    int height;     // 高さ

public:
    //--- コンストラクタ ---//
    Rectangle(int w, int h) : width(w), height(h) { }

    //--- 複製 ---//
    Rectangle* clone() const {
        return new Rectangle(width, height);
    }

    //--- 描画 ---//
    void draw() const {
        for (int i = 1; i <= height; i++) {
            for (int j = 1; j <= width; j++)
                std::cout << '*';
            std::cout << '\n';
        }
    }

    //--- 文字列表現 ---//
    std::string to_string() const {
        std::ostringstream os;
        os << "Rectangle(width:" << width << ", height:" << height << ")";
        return os.str();
    }

    //--- デバッグ用情報表示 ---//
    void debug() const {
        Shape::debug();
        std::cout << "width  : " << width << '\n';
        std::cout << "height : " << height << '\n';
    }

    //--- 面積を求める ---//
    double get_area() const {
        return width * height;
    }
};

#endif
```

多重継承（Shape と TwoDimensional から派生）

TwoDimensional のメンバ関数をオーバライド

２次元クラス TwoDimensional で純粋仮想関数として宣言されたメンバ関数 get_area をオーバライドしているのが、青網部です。width と height の乗算によって面積を求め、その値を返却します。

③ 直角二等辺三角形 *RectEquilTriangle*

２次元図形が一つだけだと面白くありませんので、図形クラスを増やしましょう。

ここでは、画面への描画が容易な《**直角二等辺三角形クラス**》を作ります。斜めに傾いた三角形を考えなければ、**Fig.8-4** に示す４種類があります。

▶ 図に示すのは、短辺の長さが5である場合の *draw* 関数の実行結果です。直角二等辺三角形に限定しているのは、文字のみによる描画が容易であるとともに、面積を求めやすいからです。

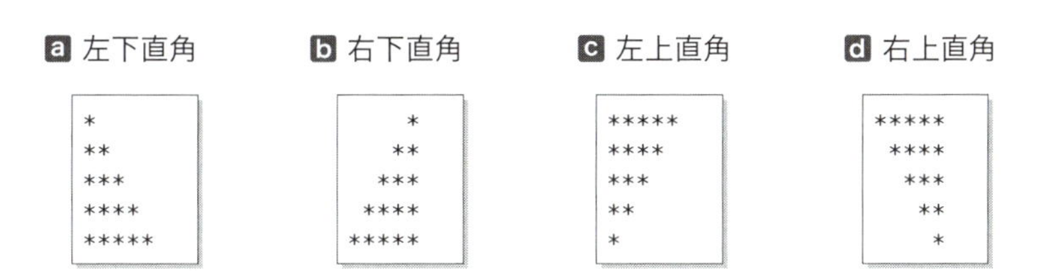

Fig.8-4　直角二等辺三角形

このうち、**ａの左下直角の二等辺三角形**と**ｄの右上直角の二等辺三角形**を作りましょう。

なお、直角二等辺三角形クラス *RectEquilTriangle* を作って、そこから左下直角の二等辺三角形 *RectEquilTriangleLB* と右上直角の二等辺三角形 *RectEquilTriangleRU* を派生させます。

それらのクラス群のプログラムが、次ページの **List 8-7** です。

▪ **直角二等辺三角形クラス** *RectEquilTriangle*

直角二等辺三角形クラスに共通する特性を表す《**抽象クラス**》です。

このクラスのコンストラクタが行うのは、一辺の長さを受け取って、その値をデータメンバ *length* に設定することです。

図形クラス *Shape* の仮想メンバ関数 *draw* や *to_string* などのオーバライドは行っていません。ただし、直角二等辺三角形の面積は、図形の向きとは無関係に、一辺の長さから求められるため、抽象基底クラス *TwoDimensional* のメンバ関数 *get_area* をオーバライドしています。

▪ **左下直角の二等辺三角形** *RectEquilTriangleLB*

このクラスでは、図形クラスの仮想関数メンバ関数である *clone*、*draw*、*to_string*、*debug* のオーバライドを行っています。

なお、面積を求めるメンバ関数は、親クラス *RectEquilTriangle* でオーバライドずみですから、このクラスでは定義されていません。

▪ **右上直角の二等辺三角形** *RectEquilTriangleRU*

左下直角の二等辺三角形と同様に定義されています。図形クラスの仮想関数メンバ関数のオーバライドを行っており、面積を求めるメンバ関数のオーバライドは行っていません。

List 8-7 Shape03/RectEquilTriangle.h

```
// 直角二等辺三角形クラス群（第３版）
//      RectEquilTriangle
//      RectEquilTriangleLB
//      RectEquilTriangleRU

#ifndef ___Class_RectEquilTriangle
#define ___Class_RectEquilTriangle

#include <string>
#include <sstream>
#include <iostream>
#include "Shape.h"
#include "TwoDimensional.h"

//===== 直角二等辺三角形クラス（抽象クラス）=====//
class RectEquilTriangle : public Shape, public TwoDimensional {
protected:
    int length;           // 短辺の長さ

public:
    //--- コンストラクタ ---//
    RectEquilTriangle(int len) : length(len) { }

    //--- 面積を求める ---//
    double get_area() const {
        return length * length / 2.0;
    }
};

//===== 左下直角二等辺三角形クラス =====//
class RectEquilTriangleLB : public RectEquilTriangle {
public:
    //--- コンストラクタ ---//
    RectEquilTriangleLB(int len) : RectEquilTriangle(len) { }

    //--- 複製 ---//
    RectEquilTriangleLB* clone() const {
        return new RectEquilTriangleLB(length);
    }

    //--- 描画 ---//
    void draw() const {
        for (int i = 1; i <= length; i++) {
            for (int j = 1; j <= i; j++)
                std::cout << '*';
            std::cout << '\n';
        }
    }

    //--- 文字列表現 ---//
    std::string to_string() const {
        std::ostringstream os;
        os << "RectEquilTriangleLB(length:" << length << ")";
        return os.str();
    }

    //--- デバッグ用情報表示 ---//
    void debug() const {
        Shape::debug();
        std::cout << "クラス：RectEquilTriangleLB\n";
        std::cout << "アドレス" << this << '\n';
        std::cout << "length：" << length << '\n';
    }
};
```

多重継承（Shape と TwoDimensional から派生）

抽象クラス

TwoDimensional のメンバ関数をオーバライド

```
//===== 右上直角二等辺三角形クラス =====//
class RectEquilTriangleRU : public RectEquilTriangle {
public:
    //--- コンストラクタ ---//
    RectEquilTriangleRU(int len) : RectEquilTriangle(len) { }

    //--- 複製 ---//
    RectEquilTriangleRU* clone() const {
        return new RectEquilTriangleRU(length);
    }

    //--- 描画 ---//
    void draw() const {
        for (int i = 1; i <= length; i++) {
            for (int j = 1; j <= i - 1; j++)
                std::cout << ' ';
            for (int j = 1; j <= length - i + 1; j++)
                std::cout << '*';
            std::cout << '\n';
        }
    }

    //--- 文字列表現 ---//
    std::string to_string() const {
        std::ostringstream os;
        os << "RectEquilTriangleRU(length:" << length << ")";
        return os.str();
    }

    //--- デバッグ用情報表示 ---//
    void debug() const {
        Shape::debug();
        std::cout << "クラス：RectEquilTriangleRU\n";
        std::cout << "アドレス" << this << '\n';
        std::cout << "length：" << length << '\n';
    }
};

#endif
```


図形クラス群のクラス階層図を **Fig.8-5** に示します。クラス *Shape* と *TwoDimensional* とのあいだには直接の派生関係などは**ありません**。新しく作成した *RectEquilTriangleLB* と *RectEquilTriangleRU* は、*Shape* の孫であり、かつ、*TwoDimensional* の孫です。

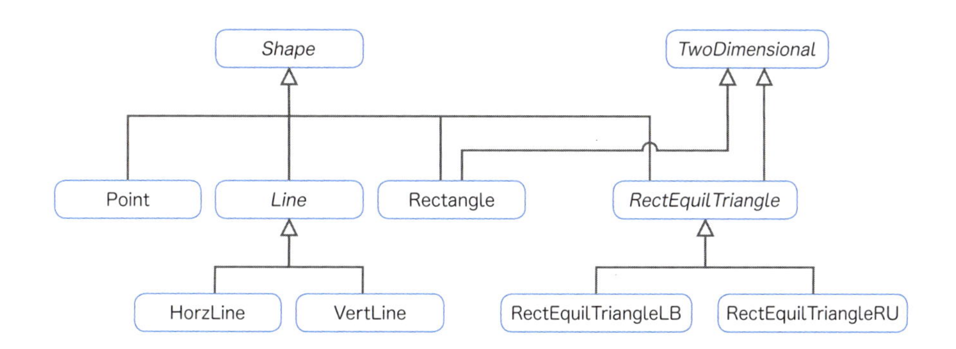

Fig.8-5　図形クラス群（第3版）のクラス階層図

第３版の図形クラス群を利用するプログラム例を **List 8-8** に示します。

List 8-8 Shape03/ShapeTest.cpp

```
// 図形クラス群（第３版）の利用例（Shapeとしての多相性）

#include <iostream>
#include "Shape.h"
#include "TwoDimensional.h"
#include "Point.h"
#include "Line.h"
#include "Rectangle.h"
#include "RectEquilTriangle.h"

using namespace std;

int main()
{
    Shape* s[] = {                                  各要素は《図形》の一種
        new Point(),                                // 点
        new HorzLine(6),                            // 水平直線
        new VertLine(3),                            // 垂直直線
        new Rectangle(7, 3),                        // 長方形
        new RectEquilTriangleLB(5),                 // 左下直角二等辺三角形
        new RectEquilTriangleRU(4),                 // 右上直角二等辺三角形
    };

    for (int i = 0; i < sizeof(s) / sizeof(s[0]); i++) {
        cout << "s[" << i << "]\n";
1──────s[i]->print();            // 図形に関する情報を表示
        cout << '\n';
    }

    for (int i = 0; i < sizeof(s) / sizeof(s[0]); i++)
        delete s[i];
}
```

実行結果

```
s[0]
Point
*

s[1]
HorzLine(length:6)
------

s[2]
VertLine(length:3)
|
|
|

s[3]
Rectangle(width:7,
height:3)
*******
*******
*******

s[4]
RectEquilTriangleLB
(length:5)
*
**
***
****
*****

--- 以下省略 ---
```

本プログラムは、全図形クラスの“*Shape* としての多相性”をテストします。

配列 *s* の各要素は、先頭から順に、*Point*, *HorzLine*, *VertLine*, *Rectangle*, *RectEquilTriangleLB*, *RectEquilTriangleRU* のオブジェクトを指すように初期化されます。

最初の **for** 文では、配列 *s* の全要素に対して、メンバ関数 *print* を呼び出します。

続く２番目の **for** 文では、全オブジェクトを破棄します。

直角二等辺三角形クラス群が追加された点を除くと、前章のプログラムと同様です。

＊

２次元の図形クラスには、“*TwoDimensional* としての多相性”があります。その性質をテストするプログラムが、右ページの **List 8-9** です。

配列 *t* の各要素は、*Rectangle*, *RectEquilTriangleLB*, *RectEquilTriangleRU* のオブジェクトを指すように初期化されています。

最初の **for** 文では、配列 *t* の全要素に対して、メンバ関数 *get_area* を呼び出して、全図形の面積を求めます。また、２番目の **for** 文では、全オブジェクトを破棄します。

＊

多相性については、第６章以降、いろいろなプログラム例で学習を続けてきましたから、これら二つのプログラムは容易に理解できるでしょう。

List 8-9 Shape03/TwoDimensionalTest.cpp

```
// 図形クラス群（第３版）の利用例（TwoDimensionalとしての多相性）

#include <iostream>
#include "Shape.h"
#include "TwoDimensional.h"
#include "Rectangle.h"
#include "RectEquilTriangle.h"

using namespace std;

int main()
{
    TwoDimensional* t[] = {                    各要素は《２次元》の一種
        new Rectangle(7, 3),                   // 長方形
        new RectEquilTriangleLB(5),            // 左下直角二等辺三角形
        new RectEquilTriangleRU(4),            // 右上直角二等辺三角形
    };

    for (int i = 0; i < sizeof(t) / sizeof(t[0]); i++)
2       cout << "t[" << i << "]の面積は" << t[i]->get_area() << "です。\n";

    for (int i = 0; i < sizeof(t) / sizeof(t[0]); i++)
        delete t[i];
}
```

実行結果

```
t[0]の面積は21です。
t[1]の面積は12.5です。
t[2]の面積は8です。
```

さて、左ページの **List 8-8** の配列 *s* の要素型は *Shape** です。**1**では、その要素であるポインタ s[*i*] を通じて、以下のようにメンバ関数を呼び出しています。

○ `s[i]->print();` // 図形に関する情報を表示

抽象クラス *Shape* 内で定義された関数 *print* の内部で、各図形クラスでオーバライドされた関数が動的結合によって呼び出されます。

＊

ここで、*Shape* のメンバ関数ではなく、２次元 *TwoDimensional* 特有のメンバ関数である *get_area* を s[*i*] に対して呼び出せないことに注意しましょう。すなわち、以下のコードを書いても、コンパイルエラーとなります。

× `s[i]->get_area();` // エラー：get_areaはShapeのメンバ関数ではない

なお、**List 8-9** の**2**も同様です。*TwoDimensional** 型の t[*i*] に対してメンバ関数 *get_area* を呼び出していますが、*print* は呼び出せません。

すなわち、以下の二つのことは**実現不可能**です。

- **List 8-8** のプログラムにおいて：
  ポインタ s[*i*] の指す先が２次元図形クラスであれば、その面積を求めて表示する。

- **List 8-9** のプログラムにおいて：
  ポインタ t[*i*] の指す先が図形クラスであれば、その図形を描画する。

しかし、これだと困ります。この問題を解決しましょう。

クロスキャスト

前ページで考えた問題点を解決するのが、**クロスキャスト**（*cross cast*）と呼ばれるキャストです。クロスキャストを行うと、無関係であるはずの *Shape* と *TwoDimensional* とのあいだでのキャストが行えます。

dynamic_cast 演算子を使って行うクロスキャストは、第6章の p.216 で学習した《**ダウンキャスト**》を応用した型変換です。

▶ 厳密に説明すると、クロスキャストが行えるのは、ポインタ *Shape** と *TwoDimensional** 間のキャスト、あるいは、参照 *Shape&* と *TwoDimensional&* 間のキャストです。

List 8-10 に示すのが、クロスキャストを行うプログラム例です。

List 8-10 Shape03/ShapeCrossCast.cpp

```
// 図形クラス間のクロスキャスト

#include <iostream>
#include "Shape.h"
#include "Line.h"
#include "TwoDimensional.h"
#include "Rectangle.h"

using namespace std;

int main()
{
    Shape* s = new HorzLine(5);                        // sが指すのは水平直線

    // sが指すのが２次元であれば（成立しない）
1   if (TwoDimensional* w = dynamic_cast<TwoDimensional*>(s))
        cout << "面積は" << w->get_area() << "です。\n";    // 面積を求めて表示

    Shape* r = new Rectangle(3, 5);                    // rが指すのは長方形

    // rが指すのが２次元であれば（成立する）
2   if (TwoDimensional* w = dynamic_cast<TwoDimensional*>(r))
        cout << "面積は" << w->get_area() << "です。\n";    // 面積を求めて表示

    TwoDimensional* t = new Rectangle(6, 4);           // tが指すのは長方形

    // tが指すのが図形であれば（成立する）
3   if (Shape* s = dynamic_cast<Shape*>(t))
        s->draw();                                         // 描画

    delete s;
    delete r;
    delete t;
}
```

実行例

```
2 面積は15です。
3 ******
  ******
  ******
  ******
```

1 *HorzLine* オブジェクトを指す *Shape を *TwoDimensional** にキャスト（失敗）**

*Shape** 型の *s* は、水平直線オブジェクトを指しています。そのポインタ *s* を *TwoDimensional* へのポインタ型にキャストしようと試みます。もっとも、水平直線は“２次元の一種”ではないため、キャストは失敗します。

ポインタ *w* が空ポインタとなり、**if** 文の本体は実行されません。

キャストに失敗することは、**Fig.8-6** からも明らかです。*HorzLine* と *TwoDimensional* は何の関係もありません。

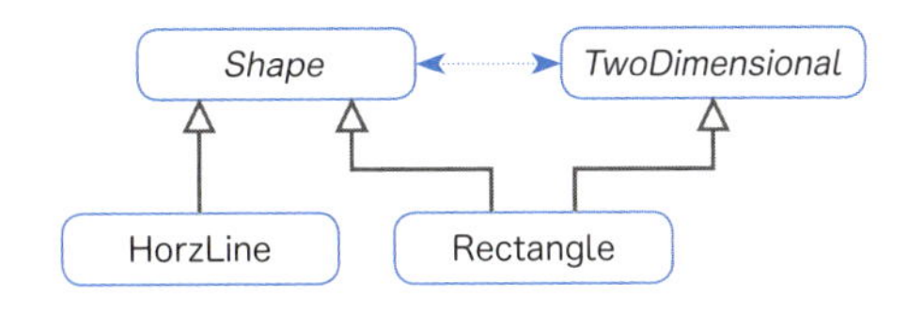

Fig.8-6 クロスキャスト

2 Rectangle オブジェクトを指す Shape* を TwoDimensional* にキャスト（成功）

*Shape** 型の *r* は、長方形オブジェクトを指しています。そのポインタを *TwoDimensional* へのポインタ型にキャストしようと試みます。長方形は“２次元の一種”なので、キャストは成功します。

キャストの結果、*TwoDimensional** 型ポインタの *w* は長方形オブジェクトを指します。**if** 文の本体が実行されて、長方形の面積が表示されます。

▶ *Shape* へのポインタが *TwoDimensional* へのポインタに変換された結果、*TwoDimensional* のメンバ関数を呼び出せるようになります。

ここでは、*Rectangle** を介して、その上位にある、もともと無関係のクラスへのポインタである *Shape** と *TwoDimensional** 間のキャストを行いました。これが、クロスキャストです。

3 Rectangle オブジェクトを指す TwoDimensional* を Shape* にキャスト（成功）

*TwoDimensional** 型の *t* は、長方形オブジェクトを指しています。そのポインタを *Shape* へのポインタ型にキャストしようと試みます。長方形は“図形の一種”ですから、キャストは成功します。

キャストの結果、*Shape** 型ポインタの *s* は長方形オブジェクトを指します。**if** 文の本体が実行されて、長方形が描画されます。

▶ *Rectangle* へのポインタが *Shape* へのポインタに変換された結果、*Shape* のメンバ関数を呼び出せるようになります。

ここで成功したクロスキャストは、2とは逆方向ですが、*Rectangle** を介して、その上位にあるクラス間でのキャストである点では同一です。

> **重要** **dynamic_cast** 演算子を利用すると、多重継承を行った親同士（へのポインタ／参照）間のキャストである**クロスキャスト**が可能である。

ここでは、ポインタで考えましたが、クロスキャストは参照でも行えます。

＊

クロスキャストを使って、p.265 で考えた問題を解決していきましょう。

まずは、“*Shape* としての多相性” をテストする **List 8-8** を、以下の仕様に変更します。

*Shape** 型ポインタ s[*i*] の指す先が２次元図形クラスであれば、面積を求めて表示する。

List 8-11 に示すのが、そのプログラムです。

List 8-11 Shape03/ShapeCast.cpp

```
// 図形クラス群（第３版）の利用例（Shapeとしての多相性＋クロスキャスト）

#include <iostream>
#include "Shape.h"
#include "TwoDimensional.h"
#include "Point.h"
#include "Line.h"
#include "Rectangle.h"
#include "RectEquilTriangle.h"

using namespace std;

int main()
{
    Shape* s[] = {
        new Point(),                 // 点
        new HorzLine(6),             // 水平直線
        new VertLine(9),             // 垂直直線
        new Rectangle(7, 3),         // 長方形
        new RectEquilTriangleLB(5),  // 左下直角二等辺三角形
        new RectEquilTriangleRU(4),  // 右上直角二等辺三角形
    };

    for (int i = 0; i < sizeof(s) / sizeof(s[0]); i++) {
        cout << "s[" << i << "]\n";
        s[i]->print();        // 図形に関する情報を表示
        // s[i]の指すオブジェクトが２次元図形であれば…
        if (TwoDimensional* t = dynamic_cast<TwoDimensional*>(s[i]))
            cout << "面積は" << t->get_area() << "です。\n";     // 面積を表示
        cout << '\n';
    }

    for (int i = 0; i < sizeof(s) / sizeof(s[0]); i++)
        delete s[i];
}
```

クロスキャスト

実行結果

```
s[0]
Point
*

--- 中略 ---

s[3]
Rectangle(width:7, height:3)
*******
*******
*******
面積は21です。

s[4]
RectEquilTriangleLB(length:5)
*
**
***
****
*****
面積は12.5です。
--- 以下省略 ---
```

仕様変更に伴って変更した網かけ部では、*Shape** 型ポインタ s[*i*] を、*TwoDimensional** 型へとキャストします。

このクロスキャストに成功するのは、s[*i*] が指しているオブジェクトが、２次元の一種である、すなわち、*TwoDimensional* の派生クラスであるときのみです。

キャストに成功した場合は、*get_area* 関数によって面積を求めて、その値を表示します。

▶ 具体的には、ポインタ s[*i*] の指す先が長方形と三角形の場合にのみ、面積を求めて表示します。

8 多重継承

次は、"*TwoDimensional* としての多相性" をテストする **List 8-9** のプログラムの仕様変更です。以下のようにします。

*TwoDimensional** 型ポインタ t[i] の指す先が図形クラスであれば、その図形を描画する。

List 8-12 に示すのが、そのプログラムです。

List 8-12 Shape03/TwoDimensionalCast.cpp

```
// 図形クラス群（第３版）の利用例（TwoDimensionalとしての多相性＋クロスキャスト）

#include <iostream>
#include "Shape.h"
#include "TwoDimensional.h"
#include "Rectangle.h"
#include "RectEquilTriangle.h"

using namespace std;

int main()
{
    TwoDimensional* t[] = {
        new Rectangle(7, 3),           // 長方形
        new RectEquilTriangleLB(5),    // 左下直角二等辺三角形
        new RectEquilTriangleRU(4),    // 右上直角二等辺三角形
    };

    for (int i = 0; i < sizeof(t) / sizeof(t[0]); i++) {
        cout << "t[" << i << "]の面積は" << t[i]->get_area() << "です。\n";
        // t[i]の指すオブジェクトが図形であれば…
        if (Shape* s = dynamic_cast<Shape*>(t[i]))     ← クロスキャスト
            s->draw();  // 描画
        cout << '\n';
    }

    for (int i = 0; i < sizeof(t) / sizeof(t[0]); i++)
        delete t[i];
}
```

実行結果

```
t[0]の面積は21です。
*******
*******
*******
t[1]の面積は12.5です。
*
**
***
****
*****
-- 以下省略 --
```

仕様変更に伴って変更した網かけ部では、*TwoDimensional** 型ポインタ t[i] を、*Shape** 型へとキャストします。

このクロスキャストに成功するのは、t[i] が指しているオブジェクトが、図形の一種である、すなわち、*Shape* の派生クラスであるときのみです。

キャストに成功した場合は、*draw* 関数を呼び出して描画を行います。

▶ 本プログラムでは、配列 t の全要素の指す先が図形オブジェクト（*Shape* から派生したクラスのオブジェクト）であるため、全要素に対してクロスキャストが成功して描画が行われます。

8-3 仮想派生

本節では、多重定義の複雑さを回避する《仮想派生》を学習します。

仮想派生と仮想基底クラス

派生クラスを定義する際は、基底クラスに対してキーワード **virtual** を付加できます。**virtual** を付けて定義された基底クラスは、**仮想基底クラス**（*virtual base class*）となり、その派生は**仮想派生**（*virtual derivation*）と呼ばれます。

▶ これまで学習してきた派生は、すべて非仮想基底クラスからの非仮想派生でした。

以下に示すのが、仮想派生を行う例です。

```
class A { /* … */ };
class X : virtual public A { /* … */ };        // Aは仮想基底クラス
class Y : virtual public A { /* … */ };        // Aは仮想基底クラス
class Z : public X, public Y { /* … */ };
```

▶ アクセス指定子と **virtual** の順序は任意です（すなわち、**virtual** は **public** の後にもってきても構いません）。

ここで定義されているクラス群のクラス階層図を示したのが **Fig.8-7** です。破線は仮想派生の継承関係を表します。

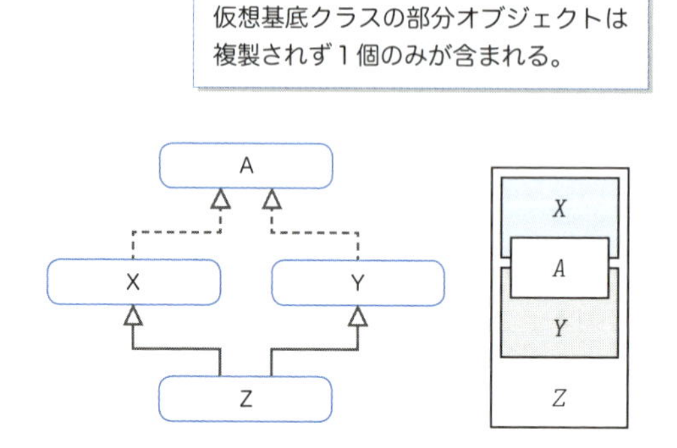

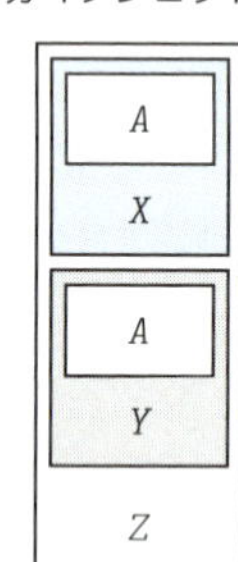

Fig.8-7 仮想派生の例（その1）

さて、ある仮想基底クラスを複数個もつように派生を行っても、その仮想基底クラスの実体は複製されません。そのため、図に示すように、*Z* 型オブジェクトの内部に含まれる *A* 型の基底クラス部分オブジェクトは、**1 個だけ**です。

重要 派生クラス型のオブジェクトは、**仮想基底クラス**型の部分オブジェクトを１個しか含まない。

なお、同一型のクラスを、仮想基底クラスと非仮想基底クラスの両方としてもつこともできます。その場合、仮想基底クラスのオブジェクトは**1個だけ**が含まれ、非仮想基底クラスのオブジェクトは派生ごとに**1個ずつ**含まれます。

以下に示すのが、その一例です。

```
class A { /* … */ };
class X : virtual public A { /* … */ };
class Y : virtual public A { /* … */ };
class V : public A { /* … */ };
class W : public X, public Y, public V { /* … */ };
```

Fig.8-8 に示すように、クラス *W* には、*X* と *Y* が共有するクラス *A* の基底クラス部分オブジェクトが1個含まれ、*V* の非仮想基底クラスとしての *A* 型の基底クラス部分オブジェクトが1個含まれます。すなわち、クラス *W* のオブジェクトには、クラス *A* の基底クラス部分オブジェクトが全部で2個含まれます。

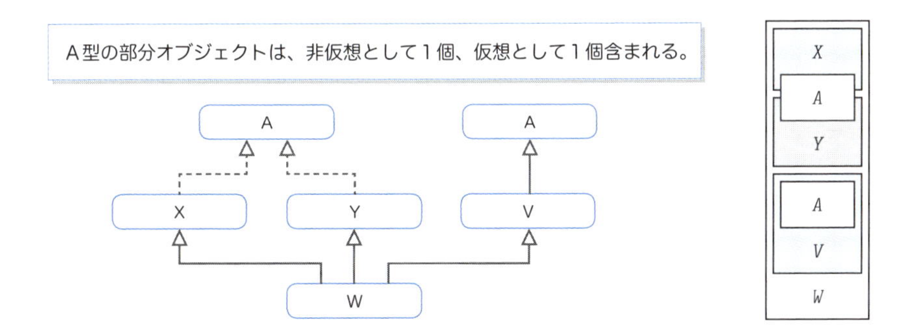

Fig.8-8 仮想派生の例（その2）

ここまで考えた二つの例では、*X* と *Y* の両方のクラスが、クラス *A* から仮想派生しています。クラス *X* とクラス *Y* にとってみると、クラス *A* が仮想であるか、非仮想であるかによって、何かが大きく変わるわけではありません。

▶ というのも、*X* 型のオブジェクトの中には *A* 型の部分オブジェクトが1個含まれますし、*Y* 型のオブジェクトの中にも *A* 型の部分オブジェクトが1個含まれるからです。

しかし、*X* と *Y* から派生したクラス *Z* や *W* にとっては、クラス *A* が仮想基底クラスである（クラス *A* の部分オブジェクトを1個だけ含む）ことが重要な意味をもちます。

クラス *X* と *Y* におけるクラス *A* の `virtual` 宣言は、以下の表明であると理解すればよさそうです。

私を継承して新しいクラスを作るときは、私の基底クラスである *A* のメンバを重複させないでください。

▶ クラス *X* と *Y* にとって、クラス *A* が非仮想基底クラスと変わらないというのは、論理的な話です。コンパイルの結果生成されるコードには違いがあります（p.278 で学習します）。

派生クラス型オブジェクト内に含まれる仮想基底クラス型の部分オブジェクトが1個だけであることを、**List 8-13** に示すプログラムで確認しましょう。

List 8-13 chap08/virtual.cpp

```
// 派生クラスオブジェクトに含まれる仮想基底クラス部分オブジェクトは1個のみ

#include <iostream>

using namespace std;

//===== クラスA =====/
class A {
    int a;
public:
    A() : a(0) { }                              // コンストラクタ
    int  get_a()       { return a; }            // aのゲッタ
    void set_a(int v) { a = v;     }            // aのセッタ
};

//===== クラスX =====/                          クラスAから仮想派生
class X : virtual public A {
public:
    int  get_a()       { return A::get_a(); }
    void set_a(int v) { A::set_a(v); }
};

//===== クラスY =====/                          クラスAから仮想派生
class Y : virtual public A {
public:
    int  get_a()       { return A::get_a(); }
    void set_a(int v) { A::set_a(v); }
};

//===== クラスZ =====/
class Z : public X, public Y {
    // ここでは何も定義しない
};

int main()
{
    Z obj;          // デフォルトコンストラクタによってA::aは0に初期化される

    cout << "X::get_a() = " << obj.X::get_a() << '\n';
    cout << "Y::get_a() = " << obj.Y::get_a() << '\n';

    obj.X::set_a(5);

    cout << "X::get_a() = " << obj.X::get_a() << '\n';
    cout << "Y::get_a() = " << obj.Y::get_a() << '\n';
}
```

実行結果

```
X::get_a() = 0
Y::get_a() = 0
X::get_a() = 5
Y::get_a() = 5
```


四つのクラス *A*, *X*, *Y*, *Z* 間の関係は、p.270 の **Fig.8-7** で考えたとおりです。

クラス*A*には、**int**型のメンバaがあります。コンストラクタは、その値を0に設定します。また、その値の取得と設定を行うのが、ゲッタ *get_a* とセッタ *set_a* です。

クラス*X*と*Y*で定義されたメンバ関数*get_a*とセッタ*set_a*は、クラス*A*の*get_a*とセッタ*set_a*を呼び出すだけの働きをします。すなわち、これらの関数が行うのは、クラス*A*から継承したデータメンバaの値の取得と設定です。

なお、クラス*Z*では、データメンバもメンバ関数も定義されていません。

main関数では、クラスZ型のオブジェクトobjに対して、基底クラスから継承したメンバ関数X::get_a、Y::get_a、X::set_aを呼び出しています。

プログラムと実行結果を対比すると、クラスAから継承したデータメンバaが1個しか存在しないことが確認できます。どのメンバ関数も、obj内に含まれる“唯一のa”の値の取得や設定を行っています。

*

クラスXとクラスYの派生がvirtualでなければ、obj内には、クラスAから継承したデータメンバaが2個含まれます（"chap08/nonvirtual.cpp"）。

その場合、プログラムの実行結果は右のようになります（Xのaは5で、Yのaは0です）。

```
X::get_a() = 0
Y::get_a() = 0
X::get_a() = 5
Y::get_a() = 0
```


Column 8-2 処理系限界

コンピュータの資源は無限ではありませんので、クラスが保有できるメンバ数、基底クラスとして指定できるクラス数などは有限です。これらの上限値は、処理系に依存するとともに、処理系はその上限値を明示しなければならないことになっています。

以下に示すのは、標準C++で推奨されている上限値の最小値です（すなわち、処理系は少なくとも、ここに示す値をクリアすることが推奨されています）。

Table 8C-1 推奨される処理系限界の推奨値（一部を抜粋）

要素	
一つの論理ソース行内の文字数	65,536
文字列リテラルまたはワイド文字列リテラルの連結後の文字数	65,536
一つの関数定義内の仮引数の個数	256
一つの関数呼出しでの実引数の個数	256
atexit関数で登録できる関数の個数	32
一つのオブジェクトの大きさ	262,144
一つのコンストラクタ定義内のメンバ初期化子の個数	6,144
一つのクラス内のアクセス制御宣言の個数	4,096
一つのメンバ・構造体または共用体内のデータメンバの個数	16,384
一つのクラス内の静的メンバの個数	1,024
一つのクラスに対する直接基底クラスの個数	1,024
一つのクラス内で宣言されるメンバの個数	4,096
一つのクラスの直接仮想基底クラスと間接基底クラスの合計数	1,024
一つのクラスの中の（アクセスできないものも含めた）最終上書き仮想関数の個数	16,384
一つのクラス内のフレンド関数の個数	4,096
直接基底クラスと間接基底クラスの合計の個数	16,384
一つのテンプレート宣言内のテンプレート実引数の個数	1,024
テンプレート具現化を再帰的に入れ子にできる段数	17
一つのtryブロックのハンドラの個数	256
一つの関数宣言に対する割込み送出指定の個数	256

仮想派生を行ったクラス型オブジェクトの構築

仮想基底クラスと非仮想基底クラスをもつクラス型のオブジェクトの構築の際は、以下に示す規則が適用されます。

重要 仮想基底クラス部分オブジェクトは、すべての非仮想基底クラス部分オブジェクトよりも先に構築・初期化される。

List 8-14 のプログラムで確認してみましょう。

List 8-14 chap08/initialize.cpp

```
// 仮想基底クラスと非仮想基底クラスの構築と解体

#include <iostream>

using namespace std;

class V1 {
public:
     V1() { cout << "V1を構築\n"; }
    ~V1() { cout << "V1を解体\n"; }
};

class V2 {
public:
     V2() { cout << "V2を構築\n"; }
    ~V2() { cout << "V2を解体\n"; }
};

class X : virtual public V1, virtual public V2 {
public:
     X() { cout << "Xを構築\n"; }
    ~X() { cout << "Xを解体\n"; }
};

class Y : virtual public V2, virtual public V1 {
public:
     Y() { cout << "Yを構築\n"; }
    ~Y() { cout << "Yを解体\n"; }
};

class Z : public X, public Y {
public:
     Z() { cout << "Zを構築\n"; }
    ~Z() { cout << "Zを解体\n"; }
};

int main()
{
    Z dummy;
    cout << "--------\n";
}
```

宣言の順序が逆

実行結果

```
V1を構築
V2を構築
Xを構築
Yを構築
Zを構築
--------
Zを解体
Yを解体
Xを解体
V2を解体
V1を解体
```

本プログラムのクラス群のクラス階層図を示したのが **Fig.8-9** です。クラス *V1* と *V2* は、クラス *X* とクラス *Y* の仮想基底クラスです。

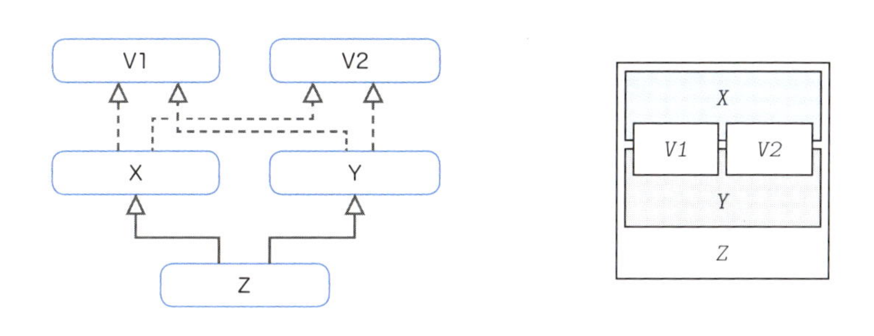

Fig.8-9 複数の仮想基底クラスをもつクラスからの派生

そのため、図にも示すように、クラス*Z*型のオブジェクトは、クラス*V1*と*V2*の基底クラス部分オブジェクトを**1個だけ**もちます。

クラス*X*は“*V1*⇨*V2*”の順で派生を行って、クラス*Y*は“*V2*⇨*V1*”の順で派生を行っていますので、このクラス階層図では、初期化の順序の詳細は表現できません。

Fig.8-10のようにグラフを分解しましょう。そうすると、分かりやすくなります。

基底クラスよりも先に仮想基底クラスが構築・初期化されることは、プログラムの実行結果からも確認できます。

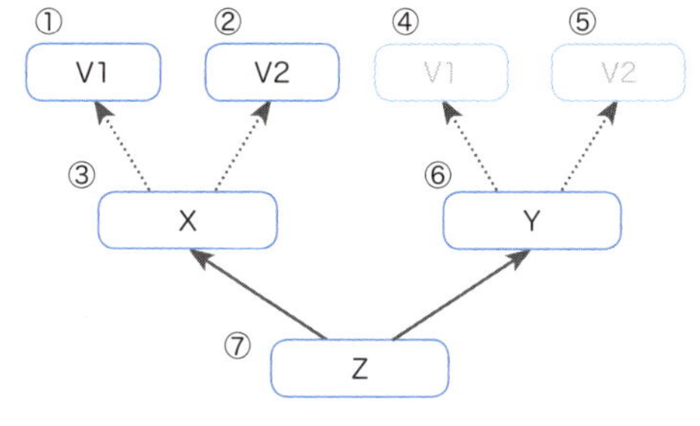

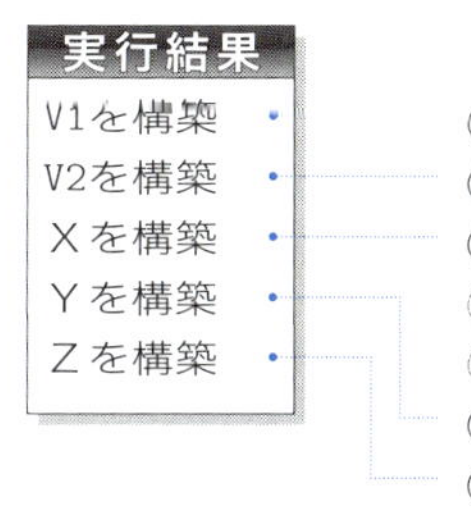

① Xの仮想基底クラス部分オブジェクトV1を構築・初期化
② Xの仮想基底クラス部分オブジェクトV2を構築・初期化
③ Xを初期化
④ Yの仮想基底クラス部分オブジェクトV2を構築・初期化 … 既に完了している
⑤ Yの仮想基底クラス部分オブジェクトV1を構築・初期化 … 既に完了している
⑥ Yの基底クラス部分オブジェクトを構築・初期化
⑦ Zに含まれるメンバ部分オブジェクトを構築・初期化

Fig.8-10 仮想基底クラスをもつクラスのオブジェクトの初期化

なお、**デストラクタによるオブジェクト解体の順序は、コンストラクタとは逆**です。

仮想基底クラスをもつ簡易配列クラス

本節のここまでは、文法規則を検証するためのテスト的なプログラムを例に、仮想派生について学習してきました。

次に考える **List 8-15** は、もう少し“現実的な”プログラム例です。

List 8-15 chap08/IOBuf.cpp

```
// 簡易配列クラス（仮想基底クラスの応用例）

#include <iostream>

using namespace std;

//===== バッファ =====//
class Buf {
    int a[5];
protected:
    int  element(int i) const { return a[i]; }      // a[i]を返却
    int& element(int i)       { return a[i]; }      // a[i]への参照を返却
};

//===== 読込みのみが可能なバッファ =====//
class InBuf : virtual public Buf {
public:
    int get(int i) const { return element(i); }     // a[i]の読込み
};

//===== 書込みのみが可能なバッファ =====//
class OutBuf : virtual public Buf {
public:
    void put(int i, int v) { element(i) = v; }      // a[i]への書込み
};

//===== 読み書きが可能なバッファ =====//
class IOBuf : public InBuf, public OutBuf {
    // ここでは何も定義しない
};

int main()
{
    IOBuf a;

    for (int i = 0; i < 5; i++)
        a.put(i, i * 10);

    for (int i = 0; i < 5; i++)
        cout << a.get(i) << " ";
    cout << '\n';
}
```

実行結果

```
0 10 20 30 40
```


Fig.8-11 簡易配列クラス群

四つのクラス *Buf*, *InBuf*, *OutBuf*, *IOBuf* の関係は、**Fig.8-11** のとおりです。プログラムで定義されている順に理解していきましょう。

▶ クラス *Buf* から *InBuf* への派生と、クラス *Buf* から *OutBuf* への派生は仮想派生で、クラス *InBuf* と *OutBuf* からの *IOBuf* への派生は非仮想派生です。

■ クラス *Buf*

このクラスは、要素数５の **int** 型配列の要素をアクセスするクラスです。以下の二つのメンバをもちます。

- データメンバ a　　… 要素数５の **int** 型配列。
- メンバ関数 *element* … 配列 a 中の任意の要素にアクセスする関数。

なお、多重定義されたメンバ関数 *element* は、限定公開属性をもっています。そのため、直接派生クラスである *InBuf* と *OutBuf* のメンバ関数からはアクセス可能ですが、間接派生クラスである *IOBuf* のメンバ関数からはアクセスできません。

■ クラス *InBuf*

クラス *Buf* から仮想派生したクラスであり、基底クラス *Buf* 内の**配列の読込み**のみを行うクラスです。

メンバ関数 *get* は、クラス *Buf* 内の配列 a の任意の要素の値を取り出します（基底クラス *Buf* の **const** 版のメンバ関数 *element* をゲッタとして利用しています）。

■ クラス *OutBuf*

クラス *Buf* から仮想派生したクラスであり、基底クラス *Buf* 内の**配列への書込み**のみを行うクラスです。

メンバ関数 *put* は、クラス *Buf* 内の配列 a の任意の要素に値を書き込みます（基底クラス *Buf* のメンバ関数 *element* をセッタとして利用しています）。

■ クラス *IOBuf*

クラス *InBuf* とクラス *OutBuf* からの多重継承によって作られたクラスです。このクラスでは、メンバが定義されていないものの、クラス *InBuf* のメンバ関数 *get* と、クラス *OutBuf* のメンバ関数 *put* の両方を受け継ぎます。

両方の派生が is-A を実現する **public** 派生ですから、*IOBuf* は、“*InBuf* の一種である”とともに、“*OutBuf* の一種である”、という関係が成立します。

メンバ関数 *get* と *put* がアクセスする配列 a は、クラス *Buf* 型の部分オブジェクトとして１個だけが含まれます。

すなわち、クラス *IOBuf* は、一つのバッファを共有し、しかも *InBuf* と *OutBuf* の両方の機能をあわせもつクラスというわけです。

▶ 標準ライブラリで提供される《入出力ストリーム》は、これと似たような構造です。あるクラスから仮想派生した《入力ストリーム》と《出力ストリーム》がクラスとして定義されており、そこから《入出力ストリーム》が多重継承によって作られる、という構造となっています。詳細は、第13章で学習します。

仮想基底クラスの実現

仮想関数の動的呼出しの実現のために、**仮想関数テーブル**が用意されて、そのテーブルへの《隠れポインタ》がオブジェクト内部に埋め込まれることを第5章で学習しました。

実は、仮想基底クラスの実現も似ています。**仮想派生によって作られたクラス型のオブジェクトの内部には、こっそりと《隠れポインタ》が埋め込まれます。**

以下の例で考えましょう（この継承はp.271に示したものと同一です）。

```
class A { /* … */ };
class X : virtual public A { /* … */ };
class Y : virtual public A { /* … */ };
class V : public A { /* … */ };
class W : public X, public Y, public V { /* … */ };
```


クラス*X*とクラス*Y*にとってのクラス*A*が、**virtual**ではない通常の基底クラスと（表面上は）何ら変わらないことは、既に学習しました。

▶ そして、クラス*X*や*Y*から派生したクラス*W*の立場になると、クラス*A*が仮想基底クラスであること（すなわち、*X*と*Y*を経由して継承したクラス*A*型の基底クラス部分オブジェクトが1個しか含まれないこと）の効果が重要な意味をもちます。

だからといって、クラス*X*とクラス*Y*をコンパイルする際に、それらのクラス型オブジェクト中に、クラス*A*型の基底クラス部分オブジェクトを内部に含んでしまうようなコードを生成するわけにいきません。

これらのクラス型のオブジェクトの内部が、どのように実現されるかの概略を示したのが、**Fig.8-12**です。

▶ ここに示すのは、一般的な例です。生成されるイメージは、コンパイラによって違います。

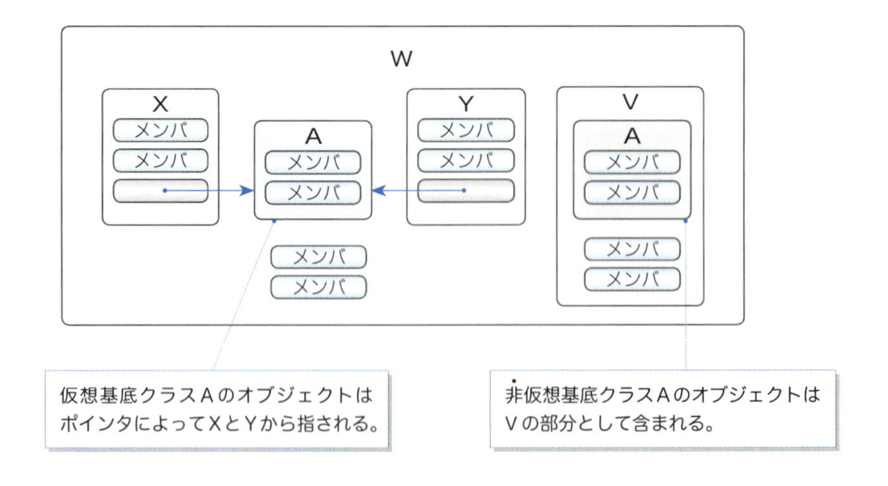

Fig.8-12 仮想基底クラスと非仮想基底クラスのオブジェクト

クラス*X*とクラス*Y*のオブジェクトは、基底クラスである*A*型の部分オブジェクトをそのまま内部にもつのではなく、**A型のオブジェクトを指す《隠れポインタ》**を内部にもつようにコンパイルされます。

この図からも分かるように、*X*内のポインタと*Y*内のポインタは、同じオブジェクトを指します。

そのため、クラス*W*は、クラス*X*と*Y*を経由して継承したクラス*A*型の部分オブジェクトを重複せずに、1個だけ有することになるのです。

*

なお、クラス*V*は、クラス*A*から非仮想の派生を行っていますので、クラス*V*の内部には、クラス*A*型の部分オブジェクトがそっくり含まれます。

また、クラス*W*は、クラス*V*から非仮想の派生を行っていますので、やはり、その*V*型の部分オブジェクトをそっくり含みます。

重要 非仮想派生によって作られたクラス型のオブジェクトが、基底クラス部分オブジェクトを内部にそのまま含むのとは異なり、仮想派生によって作られたクラス型のオブジェクトは、基底クラス型の部分オブジェクトへのポインタを内部にもつように実現される（のが一般的である）。

仮想基底クラス部分オブジェクト（この場合、クラス*A*のデータメンバ）のアクセスは、いったん《隠れポインタ》を経由して行われます。

Column 8-3 仮想基底クラスをもつクラスオブジェクトの大きさ

仮想基底クラスをもつクラス型のオブジェクトは、仮想基底クラス部分オブジェクトへの"隠れポインタ"が埋め込まれるため、そうでないクラスのオブジェクトに比べて大きくなるのが一般的です。

以下のクラス群で確認しましょう（"chap08/sizeof_virtual.cpp"）。

```
class A             { int x; } a;
class B : A         { int x; } b;
class C : virtual A { int x; } c;

cout << "sizeof(A) = " << sizeof(A) << '\n';
cout << "sizeof(B) = " << sizeof(B) << '\n';
cout << "sizeof(C) = " << sizeof(C) << '\n';
```

あるコンパイラで確認したところ、sizeof(a)は4で、sizeof(b)は8でsizeof(c)は12でした。

まとめ

- クラス定義の際に、複数の基底クラスを基底指定子並びで指定することによって、複数クラスの資産を継承する**多重継承**が実現できる。

- 複数個の同一のクラスを直接基底クラスとしてもつことはできない。

- 複数個の同一のクラスを間接基底クラスとしてもつことはできる。

- 多重継承によって作られたクラスオブジェクト内の基底クラス部分オブジェクトは、**基底指定子並び**の宣言順に初期化される。

- 多重継承によって作られたクラスオブジェクトの初期化処理が、基底クラスのコンストラクタを呼び出す順序に依存する際は、基底指定子並びにおける基底クラスの順序を考慮して宣言すべきである。

- 同一名のメンバをもつ基底クラスを多重継承したクラスでは、有効範囲解決演算子 `::` を用いて、メンバを使い分ける。

- 仮想関数だけで構成されるクラスは、**抽象基底クラス**（ABC）と呼ばれる。抽象基底クラスは、そのクラスから派生したクラスのオブジェクトが、どのように操作されるのかを概念として定義するクラスである。

- 抽象基底クラスにはコンストラクタは不要であるが、**純粋仮想デストラクタ**を定義すべきである。

- `dynamic_cast<>` 演算子を利用すると、多重継承を行った親クラスどうし（へのポインタ／参照）間の型変換を行う**クロスキャスト**が可能である。

- 派生クラスの定義の際に、基底クラスに対して `virtual` を付加すると、その基底クラスは、**仮想基底クラス**となり、その派生は**仮想派生**となる。

- 派生クラス型のオブジェクトは、間接基底クラスとして同一の仮想基底クラスが複数あったとしても、その仮想基底クラス型の部分オブジェクトを１個しか含まない。

- 仮想基底クラス部分オブジェクトは、すべての非仮想基底クラス部分オブジェクトよりも先に初期化される。

- 非仮想派生によって作られたクラス型のオブジェクトが、基底クラス部分オブジェクトを内部にそのまま含むのとは異なり、仮想派生によって作られたクラス型のオブジェクトは、基底クラス型の部分オブジェクトへのポインタを内部にもつように実現される（のが一般的である）。

抽象基底クラス

```
//--- 色クラス ---//
class Color {
public:
    enum { RED,  GREEN, BLUE };      // 色
    virtual ~Color() = 0;                        // 純粋仮想デストラクタ
    virtual void change_color(int color) = 0;    // 色変更
};
inline Color::~Color() { }                       // 純粋仮想デストラクタ
```

抽象基底クラス

```
//--- ウェアラブルクラス ---//
class Wearable {
public:
    virtual ~Wearable() = 0;              // 純粋仮想デストラクタ
    virtual void put_on() = 0;            // 着る
    virtual void put_off() = 0;           // 脱ぐ
};
inline Wearable::~Wearable() { }          // 純粋仮想デストラクタ
```

```
//--- ウェアラブルコンピュータクラス ---//
class WearableComputer : public Wearable {
    std::string name;    // 名前
public:
    WearableComputer(std::string n) : name(n) { }
    virtual void put_on()  { std::cout << name << " ON!!\n"; }
    virtual void put_off() { std::cout << name << " OFF!!\n"; }
};
```

```
//--- ウェアラブルロボットクラス ---//
class WearableRobot : public Color, public Wearable {
    int color;  // 色
public:
    WearableRobot(int c) : color(c) { }
    void change_color(int color) { this->color = color; }
    std::string to_string() {
        switch (color) {
         case Color::RED:   return "赤ロボット";
         case Color::GREEN: return "緑ロボット";
         case Color::BLUE:  return "青ロボット";
        }
    }
    void put_on()  { std::cout << to_string() << " 装着!!\n"; }
    void put_off() { std::cout << to_string() << " 解除!!\n"; }
};
```

chap08/WearableTest.cpp

```
int main()
{
    Wearable* w[] = {
        new WearableComputer("HAL"),    // コンピュータ
        new WearableRobot(Color::RED),  // 赤ロボット
        new WearableRobot(Color::BLUE), // 青ロボット
    };
    for (int i = 0; i < sizeof(w) / sizeof(w[0]); i++) {
        w[i]->put_on();
        w[i]->put_off();
    }
    for (int i = 0; i < sizeof(w) / sizeof(w[0]); i++)
        delete w[i];
}
```

実行結果

```
HAL ON!!
HAL OFF!!
赤ロボット 装着!!
赤ロボット 解除!!
青ロボット 装着!!
青ロボット 解除!!
```

第9章

例外処理

本章では、例外の送出・捕捉などの例外処理の機構や、例外処理のためのライブラリなどを学習します。

- 例外処理
- 送出式による例外の送出
- 例外オブジェクト
- try ブロックと catch ハンドラによる例外の捕捉
- 関数本体を通しての例外の捕捉
- 例外宣言
- 例外の再送出
- 非多相的クラスによる例外クラスの階層化
- 多相的クラスによる例外クラスの階層化
- 例外処理クラス exception と <exception>
- bad_exception クラスと set_unexpected 関数
- bad_alloc クラスと set_new_handler 関数
- bad_cast クラスと bad_typeid クラス
- 標準例外と <stdexcept>
- 論理エラー
- domain_error, invalid_argument, length_error, out_of_range クラス
- 実行時エラー
- range_error, overflow_error, underflow_error クラス

9-1 例外の再送出

例外を捕捉した際に、その例外には対処できない、あるいは、対処すべきでない、と判断される場合に行うのが、例外の再送出です。本節では、例外の再送出を学習します。

例外の再送出

第4章で学習した例外処理のプログラム例は、捕捉した例外に対する対処が可能なものでした。ところが、状況によっては、捕捉した例外に対処不能なこともあります。

そのような場合、例外を再び送出して、エラーに対する処理を複数のハンドラに分散させる、というのが定石です。

右に示すのが、その一例です。

オペランドのない送出式を実行すると、**現在対処中の例外と同じ例外が再送出（*rethrow*）されます。**

```
void func()
{
    try {
        // 球を投げるコード
    }
    catch (変化球) {
        if (速度も遅くてカーブもゆるい) {
            // 何らかの対処を行う
            return;
        } else {
            // できるだけのことをする
            // それでもダメなら…
            throw; // 例外の再送出
        }
    }
}
```

なお、対処中の例外とは異なる型の例外として送出することも可能であり、その場合は、オペランドを指定した上で、別の例外として送出します。

重要 例外を捕捉したものの、それに対する処理が完了できなければ、その例外をそのまま再送出するか、あるいは別の例外として送出するとよい。

具体例を、**List 9-1** のプログラムで理解していきましょう。

関数 *func* は、キーボードから読み込んだ数値に応じて、例外を送出／再送出します。このプログラムの挙動は、以下のとおりです。

- **実行例①**：x に読み込んだ値は 1，7，99 以外

例外は送出されません。

- **実行例②**：x に読み込んだ値は 1

まず **int** 型の 1 が送出されます。**int** 型用の例外ハンドラに捕捉され、『func：int 型の例外を捕捉しました。』と表示します。これで、例外に対する処理は完結します。

- **実行例③**：x に読み込んだ値は 7

まず **double** 型の 7.0 が送出されます。**double** 型用の例外ハンドラに捕捉され、『func：double 型の例外を捕捉しました。』と表示し、さらに❶で "ラッキーセブン" という文字列リテラルの例外を送出します。すなわち、**double** 型の例外を受け取った後に、**const char*** という別の型の例外として送出します。

List 9-1 chap09/rethrow.cpp

```
// 例外を再送出

#include <iostream>

using namespace std;

// 読み込んだ値に応じて例外を送出/再送出
void func()
{
    int x;
    cout << "整数値を入力せよ：";
    cin >> x;

    try {
        switch (x) {
         case  1: throw 1;
         case  7: throw 7.0;
         case 99: throw "99例外";
        }
    }
    catch (int) {
        cout << "func：int型の例外を捕捉しました。\n";
    }
    catch (double) {
        cout << "func：double型の例外を捕捉しました。\n";
        throw "ラッキーセブン";          // 文字列例外として送出        ←1
    }
    catch (const char*) {
        cout << "func：文字列型の例外を捕捉しました。\n";
        throw;                          // 文字列例外をそのまま再送出  ←2
    }
}

int main()
{
    try {
        func();
    }
    catch (const char* str) {
        cout << "main：文字列\"" << str << "\"を捕捉。\n";
    }
}
```

実行例1
```
整数値を入力せよ：0
```

実行例2
```
整数値を入力せよ：1
func：int型の例外を捕捉しました。
```

実行例3
```
整数値を入力せよ：7
func：double型の例外を捕捉しました。
main：文字列"ラッキーセブン"を捕捉。
```

実行例4
```
整数値を入力せよ：99
func：文字列型の例外を捕捉しました。
main：文字列"99例外"を捕捉。
```

送出された例外は、main関数中の文字列（const char*型）用の例外ハンドラで捕捉され、『main：文字列"ラッキーセブン"を捕捉。』と表示されます。

▶ 文字列リテラルの型は、C言語ではchar*型ですが、C++ではconst char*型です。

■ **実行例4**：xに読み込んだ値は99

まず文字列型の"99例外"が送出されます。文字列（const char*型）用の例外ハンドラに捕捉され、『func：文字列型の例外を捕捉しました。』と表示し、さらに、2で受け取った例外をそのまま再送出します。

再送出された例外は、main関数中の文字列用の例外ハンドラで捕捉され、『main：文字列"99例外"を捕捉。』と表示されます。

例外の再送出を行う、別のプログラム例を List 9-2 に示します。これは、**ある特定の範囲に限定して整数を読み込むプログラム**です。

本プログラムでは、数値の読込みに工夫を施しています。たとえば、int 型の整数値を抽出子 >> で cin から読み込もうとしているときに、アルファベットや記号文字などの文字が入力されると、不都合が生じます。そこで、**キーボードからの入力を文字列として読み込んでおき、それを解析して数値に変換する**、ということを行っています。

*

■ **関数 *string_to_int***

関数 *get_int* と関数 *get_int_bound* から下請的に呼び出される関数です。

仮引数 *str* に受け取った文字列を int 型の整数値に変換します。ただし、"13X" のように、整数値とみなせない場合は、1で *FormatError* 例外を送出します。

▶ 数値とみなせる文字より前の空白類文字（スペースやタブなど）は読み飛ばします。たとえば、文字列 "␣␣␣13" は、整数値 13 に変換されます（ここで、␣はスペース文字です）。

■ **関数 *get_int***

キーボードからの入力をいったん文字列として読み込んでおき、関数 *string_to_int* に依頼して整数値に変換して、その値を返却する関数です。

FormatError 例外を捕捉した場合は、『数字以外の文字が入力されました。』と表示します。表示後は、2で例外を再送出します。

もし再送出を行わなければ、本関数を呼び出した **main** 関数では、例外を捕捉できません（すなわち、整数値を正しく読み込めたかどうかの判断が行えません）。

■ **関数 *get_int_bound***

関数 *get_int* と同様に、文字列として整数値を読み込んで返却する関数です。ただし、キーボードから入力される整数が *low* 以上 *high* 以下（**main** 関数の指示によって、10 以上 99 以下）であることを期待して読み込む点が異なります。読み込んだ整数が期待した範囲内でなければ、3で *ValueError* 例外を送出します。

本関数で整数値を読み込んでいる際に、数字とは認識できない文字が入力された場合の挙動を考えましょう。

この関数は、内部で関数 *get_int* を呼び出していますが、そこからさらに関数 *string_to_int* が呼び出されます。

例外が送出されるのは1です。この例外が捕捉されるのは、関数 *get_int* の **try** ブロックに続く例外ハンドラです。『数字以外の文字が入力されました。』と表示が行われ、その後、例外 *FormatError* が再送出されて、プログラムの制御は関数 *get_int_bound* へと戻ります。関数 *get_int_bound* 内の例外ハンドラでは *FormatError* は捕捉されませんので、ここは素通りされます。

そのため、最終的に例外が捕捉されるのは、**main** 関数の **try** ブロックに続く例外ハンドラとなります。

List 9-2　chap09/get_int.cpp

```
// 二つの数値を読み込んで和を表示（例外の再送出）

#include <cctype>
#include <string>
#include <iostream>

using namespace std;

class FormatError { };      // 不正な書式（数字以外の文字が含まれている）
class ValueError  { };      // 不正な値（指定された範囲ではない値となっている）

//--- 文字列strをint型の値に変換 ---//
int string_to_int(const string& str)
{
    int i = 0;
    int no = 0;                       // 変換後の数値
    int sign = 1;                     // 符号

    while (isspace(str[i]))           // 空白類文字を読み飛ばす
        i++;

    switch (str[i]) {
     case '+' : i++;              break;     // 正符号
     case '-' : i++;  sign = -1;  break;     // 負符号
    }

    while (i < str.length()) {
        if (!isdigit(str[i]))                      // 不正な文字を見つけたら
            throw FormatError();                   // 例外を送出              ―❶
        no = no * 10 + (str[i] - '0');
        i++;
    }
    return no *= sign;
}

//--- 整数値を読み込む ---//
int get_int()
{
    int no = 0;
    string temp;

    try {
        cin >> temp;                     // いったん文字列として読み込んで
        no = string_to_int(temp);        // 整数値に変換
        return no;
    } catch (FormatError&) {
        cout << "数字以外の文字が入力されました。\n";
        throw;                           // 再送出                             ―❷
    }
}

//--- low以上high以下の整数値を読み込む ---//
int get_int_bound(int low, int high)
{
    int no = low;

    try {
        no = get_int();
        if (no < low || no > high)   // 指定された範囲外の値であれば
            throw ValueError();      // 例外を送出                             ―❸
        return no;
    } catch (ValueError&) {
        cout << "不正な値が入力されました。\n";
        throw;                       // 再送出                                 ―❹
    }
}

int main()
{
    try {
        cout << "aの値：";            int a = get_int();
        cout << "bの値(10～99)：";    int b = get_int_bound(10, 99);
        cout << "a + bは" << a + b << "です。\n";
    } catch (...) {
        cout << "入力エラー発生!!\n";
    }
}
```

実行例❶

```
aの値：X
数字以外の文字が入力されました。
入力エラー発生!!
```

実行例❷

```
aの値：125
bの値(10～99)：125
不正な値が入力されました。
入力エラー発生!!
```

二つの形式の送出式について、まとめましょう。

A throw	**捕捉ずみで現在対処中の例外を再送出する**
B throw 式	**式のコピーを例外として送出する**

なお、形式Aで例外を再送出しようとする際に、送出すべき例外が存在しなければ、<exception>ヘッダで宣言されている*terminate*関数が呼び出されます。

void ***terminate***();

引数と返却値がvoidである関数を呼び出して、プログラムを強制終了（異常終了）する。標準状態では、標準ライブラリ void *abort*() を呼び出す。

さて、*terminate*関数から*abort*関数が呼び出される結果として、プログラムは（自動的に）異常終了します。この*terminate*関数の挙動は、***set_terminate*関数**を使うことで自由に変更できます。

terminate_handler ***set_terminate***(*terminate_handler f*) throw();

*terminate_handler*型の関数を登録することによって、*terminate*の振舞いを変更する。返却値は、事前に登録されていた関数へのポインタ。

なお、*terminate_handler*は、*terminate*関数実行時に呼ばれる関数を表す型であり、以下のように宣言されています。

typedef void (**terminate_handler*)();

*terminate*関数実行時に呼ばれる関数の型。

以下に示すのが、*set_terminate*関数の呼出しによって、*terminate*関数の挙動を変更するコードの一例です（"chap09/set_terminate_test.cpp"）。

```
//--- 例外関連のエラーが発生したことを表示してプログラムを強制終了 ---//
void exception_error()
{
    cout << "例外関連のエラーが発生しました。\n";
    abort();
}
// ...
set_terminate(exception_error);
```

なお、プログラムが異常終了するのを避けるには、万能な例外ハンドラをmain関数の末尾に配置して、以下のように実現するとよいでしょう（"chap09/catch_all_exception.cpp"）。

```
int main() try {
    // 処理
} catch (...) {
    // 最後まで捕捉されなかった例外に対する処理（空でも可）
}
```

プログラム開発時は、例外処理について適切な処理が行えるよう、常に留意する必要があります。**発生した例外に対して適切な処理を行うことを例外安全といい、すべての例外を呼出し側に伝えることを例外中立といいます。**

Column 9-1 例外処理とオブジェクトの構築・解体

例外を送出する際は、例外の《コピー》が一時オブジェクトとして作られます。そのことを、**List 9C-1** のプログラムで検討してみましょう。

List 9C-1 chap09/exception_object.cpp

```
// 例外の送出とオブジェクトの構築・解体

#include <string>
#include <iostream>

using namespace std;

class C {
    string name;
public:
    // コンストラクタ（stringからの変換コンストラクタ）
    C(const string& n) : name(n) {        cout << name << "を構築\n"; }

    // コピーコンストラクタ
    C(const C& c) { name = c.name + "'"; cout << name << "をコピー構築\n"; }

    // デストラクタ
    ~C() {                                  cout << name << "を解体\n"; }
};

void func()
{
    C c1(string("c1"));

    try {
        C c2(string("c2"));
        throw c2;                        // 例外を送出
    } catch (int) {
        cout << "int型例外を捕捉\n";      // 捕捉されない
    }
    cout << "tryブロック終了\n";          // 実行されない
}

int main()
{
    try {
        func();
    } catch (const C& c) {
        cout << "C型例外を捕捉\n";        // ここで捕捉される
    }
}
```

実行結果

```
1 c1を構築
2 c2を構築
3 c2'をコピー構築
4 c2を解体
5 c1を解体
6 C型例外を捕捉
7 c2'を解体
```

クラス*C*のコンストラクタ、コピーコンストラクタ、デストラクタは、それぞれ、構築、コピー構築、解体されたことを表示します。

＊

関数*func*中の**try**ブロックの中では、*C*型の*c2*を作ります。**throw**による例外送出の前に、まず*c2*のコピーが作られます（**3**）。例外を送出するということはプログラムの制御が戻ってこない、ということですから、*c2*のコピーを送出する直前に、*c2*のオリジナルが解体されます（**4**）。

なお、続く**catch**節で例外が捕捉されることはなく、関数*func*の実行は途中終了します。このとき、**try**ブロックの外で定義されている*c1*の解体が行われます（**5**）。プログラムの流れが、ブロックの外へ飛び出す際に、その前に構築された局所オブジェクトは解体されることが保証されます。

プログラムの流れは**main**関数に戻り、例外は例外ハンドラで捕捉されます（**6**）。例外が捕捉されて処理が完了すると、送出された*c2*のコピーが解体されます（**7**）。

9-2 例外クラスの階層化

例外を表す型としては、基本型やクラス型など多くの型が利用できます。本節では、例外を表すクラス間に派生の関係をもたせて階層化する手法を学習します。

算術演算の例外

本節では、値の範囲を0以上99以下に制限した、**《符号無し整数値の加減乗除を行うプログラム》**を例に、例外処理について学習していきます。

ここで、発生する可能性があるエラーとして、以下の3種類を考えます。

- *DividedByZero* ：0による除算が行われた。
- *Overflow* ：演算結果が99を超えてオーバフローした。
- *Underflow* ：演算結果が0を超えてアンダフローした。

これら三つのエラーをクラスとして実現したのが、**List 9-3** です。

List 9-3 MathException01/MathException.h

```
// 数値演算例外クラス群（第１版）

#ifndef ___Math_Exception
#define ___Math_Exception

//--- 0による除算 ---//
class DividedByZero { };

//--- オーバフロー ---//
class Overflow {
    int v;          // 演算結果
public:
    Overflow(int val) : v(val) { }
    int value() const { return v; }
};

//--- アンダフロー ---//
class Underflow {
    int v;          // 演算結果
public:
    Underflow(int val) : v(val) { }
    int value() const { return v; }
};

#endif
```

クラス*DividedByZero*は、ユーザ定義のメンバを一切もたないクラスです。

一方、クラス*Overflow*と*Underflow*は、演算結果を格納するデータメンバ*v*と、コンストラクタと、*v*のゲッタであるメンバ関数*value*をもちます。

これらの例外クラスを利用して、実際に加減乗除を行うプログラムを作ってみましょう。それが、**List 9-4** に示すプログラムです（網かけ部が例外ハンドラです）。

List 9-4　MathException01/MathExceptionTest1.cpp

```
// 二つの整数値の加減乗除を行う（演算結果は0以上99以下でなければならない）

#include <iostream>
#include "MathException.h"

using namespace std;

/*--- valueは0以上99以下か？ ---*/
int check(int value)
{
    if (value <  0) throw Underflow(value);
    if (value > 99) throw Overflow(value);
    return value;
}

/*--- xにyを加えた値を返却 ---*/
int add2(int x, int y)
{
    return check(x + y);
}

/*--- xからyを減じた値を返却 ---*/
int sub2(int x, int y)
{
    return check(x - y);
}

/*--- xにyを乗じた値を返却 ---*/
int mul2(int x, int y)
{
    return check(x * y);
}

/*--- xをyで除した値を返却 ---*/
int div2(int x, int y)
{
    if (y == 0) throw DividedByZero();
    return check(x / y);
}

int main()
{
    int x, y;         // 加減乗除する値（0～99でなければならない）

    do { cout << "xの値：";  cin >> x; } while (x < 0 || x > 99);
    do { cout << "yの値：";  cin >> y; } while (y < 0 || y > 99);

    try {
        cout << "x + y = " << add2(x, y) << '\n';    // 加算
        cout << "x - y = " << sub2(x, y) << '\n';    // 減算
        cout << "x * y = " << mul2(x, y) << '\n';    // 乗算
        cout << "x / y = " << div2(x, y) << '\n';    // 除算
    }
    catch (const DividedByZero&) {
        cout << "0による除算が発生!!\n";
    }
    catch (const Overflow& e) {
        cout << "オーバフロー発生!! (" << e.value() << ")\n";
    }
    catch (const Underflow& e) {
        cout << "アンダフロー発生!! (" << e.value() << ")\n";
    }
    cout << "プログラム終了!!\n";
}
```

実行例1

```
xの値：7
yの値：0
x + y = 7
x - y = 7
x * y = 0
0による除算が発生!!
プログラム終了!!
```

実行例2

```
xの値：25
yの値：18
x + y = 43
x - y = 7
オーバフロー発生!! (450)
プログラム終了!!
```

実行例3

```
xの値：18
yの値：25
x + y = 43
アンダフロー発生!! (-7)
プログラム終了!!
```

例外クラスの階層化

前ページのプログラムでは、３種類の例外の捕捉のために、３個の例外ハンドラが並んでいます。例外の種類が多くなれば、それに応じて例外ハンドラの数も増えます。また、新しい種類の例外が追加されると、例外ハンドラのコードに手直しが必要です。

派生を用いると、例外を表すクラス群の分類や構造化が可能です。 ここでは、数値演算による例外を表すクラス *MathException* を基底クラスとして定義して、*DividedByZero*, *Overflow*, *Underflow* の各クラスを派生することにしましょう。そうすると、数値演算例外クラス群の定義は、**List 9-5** のようになります。

List 9-5 MathException02/MathException.h

```
// 数値演算例外クラス群（第２版）

#ifndef ___Math_Exception
#define ___Math_Exception

//--- 数値演算による例外 ---//
class MathException { };

//--- 0による除算 ---//
class DividedByZero : public MathException { };

//--- オーバフロー ---//
class Overflow : public MathException {
    int v;        // 演算結果
public:
    Overflow(int val) : v(val) { }
    int value() const { return v; }
};

//--- アンダフロー ---//
class Underflow : public MathException {
    int v;        // 演算結果
public:
    Underflow(int val) : v(val) { }
    int value() const { return v; }
};

#endif
```

ここで定義する全例外クラスの基底クラス

前ページの **List 9-4** のプログラムを、この第２版に適用すると、第１版の場合と同じ実行結果が得られます（"MathException02/MathExceptionTest1.cpp"）。

＊

基底クラスへのポインタ／参照が、派生クラス型オブジェクトを指す／参照できることを例外ハンドラ内で応用すると、第２版のメリットが生まれます。

List 9-4 の網かけ部を、次のコードに置きかえてみましょう（"MathException02/MathExceptionTest2.cpp"）。

1
```
// MathExceptionとその下位クラス型の例外を捕捉 ---//
catch (const MathException& e) {
    cout << "MathExceptionを捕捉：何らかの算術例外が発生!!\n";
}
```

このハンドラは、*MathException*クラス型の例外だけでなく、そこから派生した下位クラスの例外も捕捉します。すなわち、1個のハンドラで、*DividedByZero*, *Overflow*, *Underflow*の3種類の例外のすべてが捕捉可能です。

このハンドラには、他にもメリットがあります。*DividedByZero*, *Overflow*, *Underflow*以外に**MathExceptionから派生した例外が新しく追加された場合でも、その例外を確実に捕捉できる**ことです。

重要 例外クラスを階層化すると、例外の分類や構造化が可能になるとともに、柔軟な捕捉が行える。

ただし、欠点もあります。それは、**派生クラス独自の情報**が、静的な型eを通じてだとアクセスできないことです。

▶ この場合は、*Overflow*例外と*Underflow*例外のオブジェクト内に含まれるデータメンバ*v*にアクセスできません。

＊

先ほどの1を、次のコードに置きかえてみましょう（"MathException02/MathExceptionTest3.cpp"）。

2
```
// 下位型例外→上位型例外の順で捕捉 ---//
catch (const DividedByZero&) {
    cout << "DividedByZeroを捕捉：0による除算が発生!!\n";
}
catch (const MathException&) {
    cout << "MathExceptionを捕捉：0による除算以外の算術例外が発生!!\n";
}
```

例外*DividedByZero*のみが最初のハンドラで捕捉され、それ以外の例外は、2番目のハンドラで捕捉されます。というのも、派生クラスへのポインタ／参照は、原則として基底クラス型オブジェクトを指す／参照することはできないからです。

それでは、2の二つのハンドラの順序が逆だと、どうなるでしょう（"MathException02/MathExceptionTest4.cpp"）。

3 ×
```
// 上位型例外→下位型例外の順で捕捉？ ---//
catch (const MathException&) {
    cout << "MathExceptionを捕捉：0による除算以外の算術例外が発生!!\n";
}
catch (const DividedByZero&) {
    cout << "DividedByZeroを捕捉：0による除算が発生!!\n";
}
```

これだと、*DividedByZero*を含めた、すべての例外が最初のハンドラで捕捉されてしまい、*DividedByZero*を特別扱いできなくなります。

すなわち、以下のようにすべきです。

重要 クラスの階層構造を利用した例外ハンドラでは、上位のクラスをより先頭側に配置して、下位のクラスをより末尾側に配置する。

多相的クラスによる例外クラスの階層化

第２版の例外クラスには、階層化によるメリットがある一方で、各派生クラス独自の情報にアクセスできないというデメリットがあることも分かりました。

このデメリットを解消する方法の一つが、仮想関数の導入によって、数値演算例外クラス群を《**多相的クラス**》にすることです。

そのように実現した数値演算例外クラス群（第３版）を **List 9-6** に示します。すべての例外クラスに、例外の内容を画面に表示する仮想関数 *display* を追加しています。

List 9-6 MathException03/MathException.h

```
// 数値演算例外クラス群（第３版）

#ifndef ___Math_Exception
#define ___Math_Exception

#include <string>

//--- 数値演算による例外 ---//                    ここで定義する全例外クラスの基底クラス
class MathException {
public:
    virtual void display() const { std::cout << "数値演算例外\n"; }
};

//--- 0による除算 ---//
class DividedByZero : public MathException {
public:
    void display() const { std::cout << "0による除算\n"; }
};

//--- オーバフロー ---//
class Overflow : public MathException {
    int v;        // 演算結果
public:
    Overflow(int val) : v(val) { }
    int value() const { return v; }
    void display() const { std::cout << "オーバフロー（値は" << v << "）\n"; }
};

//--- アンダフロー ---//
class Underflow : public MathException {
    int v;        // 演算結果
public:
    Underflow(int val) : v(val) { }
    int value() const { return v; }
    void display() const { std::cout << "アンダフロー（値は" << v << "）\n"; }
};

#endif
```

もちろん、**List 9-4**（p.291）のプログラムを、この第３版に適用しても、得られる実行結果は第１版の場合と同じです（"MathException03/MathExceptionTest1.cpp"）。

*

それでは、**List 9-4** の網かけ部を、次のコードに置きかえてみましょう（"MathException03/MathExceptionTest2.cpp"）。

```
// MathExceptionとその下位クラス型の例外を捕捉 ---//
catch (const MathException& e) {
    cout << "MathExceptionを捕捉\n";
    e.display();
}
```

そうすると、プログラムの実行例は **Fig.9-1** のようになります。三つの実行例すべてで『MathException を捕捉』と表示されます。引数に受け取った例外の *e* の**静的な型**が *MathException* であることを示しています。

Fig.9-1　多相的な例外クラスの処理

その一方で、関数 *display* は、例外の型に応じて異なるメッセージを表示します。というのも、関数 *display* が、例外 *e* の**動的な型**に基づいて呼び出されるからです。

第２版とは異なり、単一の例外ハンドラで、三つの例外に対して適切なメッセージの出力が実現できました。

▶ 関数 *display* は、（問答無用で画面への出力が行われることから）使い勝手が悪いものです（画面への出力を行ってほしくないときに都合が悪いからです）。次節では、改良を行った第４版を作成します。

9-3 例外処理のためのライブラリ

C++の標準ライブラリでは、数多くの種類の例外処理クラスが提供されます。一通り学習しましょう。

例外処理クラス

本節では、標準ライブラリで提供される各種の例外クラスライブラリについて学習していきます。

例外処理に関するクラス型や関数は、<exception>などのヘッダで定義されています。主要な例外クラスの概要と階層を示したのが、**Fig.9-2**です。

上から順に学習していきましょう。

exceptionクラス

exception **クラス**は、標準C++ライブラリが送出する、すべての例外型の基底クラスであり、**<exception>ヘッダ**で定義されています。以下に示すのが、定義の一例です。

exception

```
class exception {
public:
    exception() throw();                                  // デフォルトコンストラクタ
    exception(const exception&) throw();                  // コピーコンストラクタ
    exception& operator=(const exception&) throw();       // 代入演算子
    virtual ~exception() throw();                         // デストラクタ
    virtual const char* what() const throw();
};
```

定番のデフォルトコンストラクタ、コピーコンストラクタ、代入演算子、仮想デストラクタに加えて、例外発生の原因などを記述した文字列を返却する仮想メンバ関数whatが定義されています。

▶ 代入演算子を呼び出した後にwhat関数を呼び出した場合の挙動は、処理系に依存します。
what関数が返却するのは、C言語形式の文字列であり、*string*型ではありません（何だかんだいっても、C言語形式の文字列のほうが、いろいろな意味で手軽だからです）。
なお、返却する文字列は、*wstring*に変換可能であって、*wstring*として表示可能な、C言語形式の多バイト文字列であってもよいことになっています。
返却された文字列は、少なくとも、確保された例外オブジェクトが解体されるまでか、あるいは、例外オブジェクトの非定値のメンバ関数が呼び出されるまでは、正しくアクセスできることが保証されます。
what関数の利用例は、*exception*から派生したクラスを例にして、この後で学習します。

すべてのメンバ関数の例外指定がthrow()となっています。すなわち、例外を一切送出しないことが宣言されています。

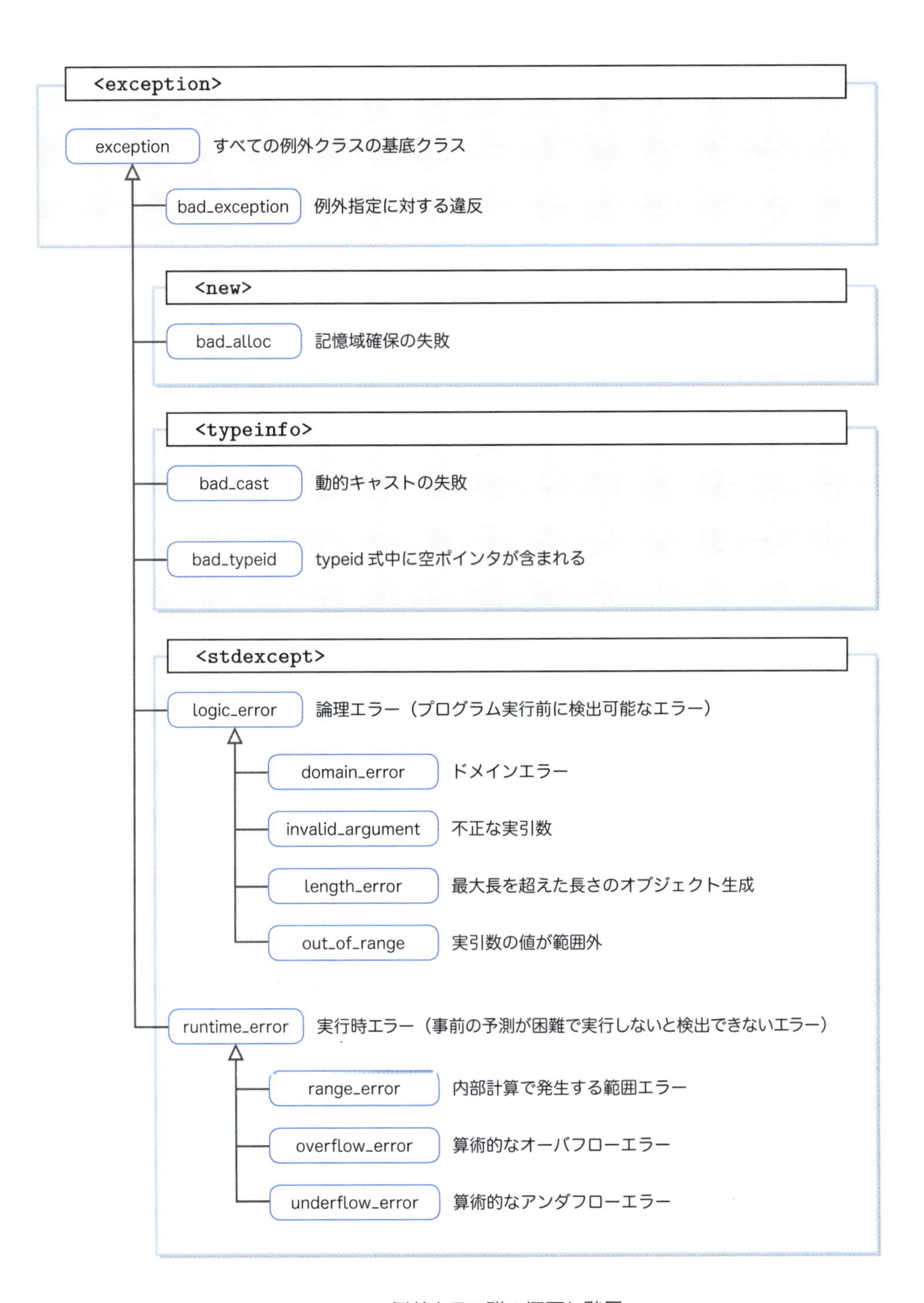

Fig.9-2 例外クラス群の概要と階層

▶ この図には示していませんが、入出力ストリームライブラリのエラーを報告するための、例外 ***ios_base::failure*** が <ios> ヘッダで宣言されています。

bad系クラス群

名前が **bad_** で始まる四つの例外 ***bad_exception***、***bad_alloc***、***bac_cast***、***bad_typeid*** は、いずれも ***exception*** からの **public** 派生によって作られたクラスです。

▪ bad_exception

***bad_exception* 例外**は、"例外指定に対する違反" を表す例外であり、p.143 で学習しました。関数が《例外指定》で宣言していない例外を送出したときに、この例外が送出されます。

▶ たとえば、`void func() throw(E1);` と宣言された関数が *E1* 以外の例外を送出したときに、この例外が送出されます。

例外 ***bad_exception*** は、***exception*** と同様に <exception> ヘッダで定義されています。以下に示すのが、その定義の一例です。

bad_exception

```
class bad_exception : public exception {
public:
    bad_exception() throw();                           // デフォルトコンストラクタ
    bad_exception(const bad_exception&) throw();       // コピーコンストラクタ
    exception& operator=(const bad_exception&) throw();    // 代入演算子
    virtual ~bad_exception() throw();                  // デストラクタ
    virtual const char* what() const throw();
};
```

exception クラスと同じく、5個のメンバ関数が宣言されています。

＊

bad_exception 例外が送出されると、**unexpected** 関数が呼び出されます。その **unexpected** 関数は、**terminate** 関数を呼び出して、プログラムを異常終了させます。

ただし、**unexpected** 関数の挙動は、以下に示す **set_unexpected** 関数で変更できます。

```
unexpected_handler set_unexpected(unexpected_handler f) throw();
```

unexpected_handler 型の関数 *f* を登録することによって、**unexpected** の振舞いを変更する。返却値は、事前に登録されていたハンドラ関数へのポインタである。

なお、**unexpected_handler** は、**unexpected** 関数実行時に呼ばれる関数を表す型であり、以下のように宣言されています。

```
typedef void (*unexpected_handler)();
```

unexpected 関数実行時に呼ばれる関数の型。

以上のことを、**List 9-7** に示すプログラムで確認してみましょう。

1 ***bad_exception*** 例外を明示的に送出するとともに、その例外を e として捕捉します。関数呼出し `e.what()` によって得られる、エラー内容の文字列を表示します。

▶ what 関数が返却する文字列は、処理系によって異なります。

List 9-7 chap09/bad_exception.cpp

```
// bad_exception例外

#include <iostream>
#include <exception>

using namespace std;

//--- int型例外を送出すると宣言していながらdouble型例外を送出 ---//
void func() throw(int)
{
    throw 3.14;
}

//--- unexpected関数の代わりに呼び出されるハンドラ関数 ---//
void my_handler()
{
    std::cout << "例外指定されていない例外が送出されました。\n";
}

int main()
{
    try {
        throw bad_exception();
    }
    catch (const bad_exception& e) {
        cout << "bad_exceptionを捕捉：エラー内容は" << e.what() << '\n';
    }

    set_unexpected(my_handler);

    func();
}
```

実行結果一例

```
bad_exceptionを捕捉：エラー内容はbad_exception
例外指定されていない例外が送出されました。
```

2 まず **set_unexpected** 関数を呼び出して、関数 *my_handler* をハンドラ関数として登録します。

次に、関数 *func* を実行します。関数 *func* の例外指定は、**int** 型の例外を送出する旨を宣言していますが、実際には **double** 型の例外を送出します。そのため、関数 *func* を実行すると、***bad_exception*** 例外が送出される結果、事前に登録しておいた *my_handler* 関数が実行されます。そのため、『例外指定されていない例外が送出されました。』と表示されます。

▶ なお、Visual C++ などのように例外指定に対応していない処理系では、プログラムを実行しても、*my_handler* が呼び出されることなく異常終了します。

Column 9-2 **正常プログラム終了と異常プログラム終了**

C++ のプログラムが終了すると、OS などの実行環境に制御が戻ります。

main 関数を（つつがなく）終了した場合や、**exit** 関数の働きによって終了した場合は、プログラムは《正常終了》します。

一方、**abort** 関数の働きによって終了するのが、《異常終了》です。

なお、関数呼出し **raise(SIGABRT)** を行うと、**失敗終了**（*unsuccessful termination*）状態を処理系定義の形式でホスト環境に返せます。

9-3 例外処理のためのライブラリ

▪ bad_alloc

***bad_alloc* 例外**は記憶域の確保に失敗したときに送出される例外クラスであり、**<new>ヘッダ**で定義されています。以下に示すのが、その定義の一例です。

bad_alloc

```
class bad_alloc : public exception {
public:
    bad_alloc() throw();                                    // デフォルトコンストラクタ
    bad_alloc(const bad_alloc&) throw();                    // コピーコンストラクタ
    exception& operator=(const bad_alloc&) throw();         // 代入演算子
    virtual ~bad_alloc() throw();                           // デストラクタ
    virtual const char* what() const throw();
};
```

▶ この例外は、第４章で学習しました。

new 演算子あるいは new[] 演算子による記憶域確保の処理が失敗すると、<new> ヘッダで宣言されている ***set_new_handler* 関数**で指定された関数が呼び出されます。そのため、*set_new_handler* 関数を呼び出すと、new 演算子と new[] 演算子による記憶域確保失敗時の挙動を変更できます。

```
new_handler set_new_handler(new_handler new_p) throw();
```

new_p が指す関数を、新たな *new_handler* とする。最初の呼出しでは 0 を返却し、その以降の呼出しでは、直前の *new_handler* の値を返却する。

なお、*new_handler* は、記憶域確保に失敗したときに呼び出されるハンドラ関数の型であり、以下のように定義されています。

```
typedef void (*new_handler)();
```

operator new() あるいは operator new[]() が新たな記憶域割付けの要求を満足できなかった場合に呼び出されるハンドラ関数の型を表す。

なお、*new_handler* は，次のいずれかの動作を行う。

- より多くの記憶域を割付け可能にしてから戻る。
- *bad_alloc* 型あるいは *bad_alloc* の派生クラス型の例外を送出する。
- abort 関数または exit 関数を呼び出す。

記憶域確保に失敗したときの挙動を *set_new_handler* によって変更するプログラムを作りましょう。**List 9-8** に示すのが、その一例です。

関数 *new_error* は、記憶域の確保に失敗した旨を表示するとともに、abort 関数を呼び出して、プログラムを異常終了させる関数です。

main 関数では、この関数へのポインタを、*set_new_handler* の実引数として渡すことによって、登録作業を行います。

関数の登録後は、無限ループによって記憶域の確保を行うため、必ず確保に失敗します。失敗した際は、関数 *new_error* が呼び出されます。『new 演算子による記憶域の確保に失敗しました。』と表示され、プログラムは異常終了します。

List 9-8　chap09/bad_alloc.cpp

```
// new演算子による記憶域の確保失敗時の挙動を変える

#include <new>
#include <cstdlib>
#include <iostream>

using namespace std;

//--- bad_alloc発生時のハンドラ関数 ----//
void new_error()
{
    cout << "new演算子による記憶域の確保に失敗しました。\n";
    abort();
}

int main()
{
    set_new_handler(new_error);      // 関数new_errorを登録

    while (true)             // 記憶域を確保し続けて恣意的に例外を発生させる
        new char[10000];
}
```

実行結果

```
new演算子による記憶域の確保に失敗しました。
```


■ bad_cast

bad_cast **例外**は動的キャストに失敗したときに送出される例外であり、**<typeinfo>**ヘッダで定義されています。以下に示すのが、定義の一例です。

bad_cast

```
class bad_cast : public exception {
public:
    bad_cast() throw();                          // デフォルトコンストラクタ
    bad_cast(const bad_cast&) throw();           // コピーコンストラクタ
    exception& operator=(const bad_cast&) throw();     // 代入演算子
    virtual ~bad_cast() throw();                 // デストラクタ
    virtual const char* what() const throw();
};
```

■ bad_typeid

bad_typeid **例外**は、typeid式中に空ポインタが含まれるときに送出される例外であり、**<typeinfo>**ヘッダで定義されています。以下に示すのが、定義の一例です。

bad_typeid

```
class bad_typeid : public exception {
public:
    bad_typeid() throw();                        // デフォルトコンストラクタ
    bad_typeid(const bad_typeid&) throw();       // コピーコンストラクタ
    exception& operator=(const bad_typeid&) throw();     // 代入演算子
    virtual ~bad_typeid() throw();               // デストラクタ
    virtual const char* what() const throw();
};
```

▶ *bad_cast* と *bad_typeid* については、第6章で学習しました。

標準例外

<stdexcept>ヘッダでは、数多くの例外が定義されています。《**標準例外**》と呼ばれる、これらの例外は、**論理エラー**と**実行時エラー**の大きく２種類に分類されます。

論理エラー

論理エラー（*logical error*）は、たとえば、論理的な条件に対する違反などの、プログラム実行の前に検出可能であって、理論的には“**回避可能なエラー**”です。

論理エラーを表すのが、*exception*クラスから直接派生した*logic_error*クラスと、その子クラスである*domain_error*，*invalid_argument*，*length_error*，*out_of_range*の各例外クラスです。

以下に示すのが、*logic_error*の定義例です。

logic_error

```
class logic_error : public exception {
public:
    explicit logic_error(const string& what_arg);
};
```

is-Aを実現するpublic派生ですから、*exception*クラスの公開メンバ関数は、公開属性のまま引き継がれます。

*logic_error*独自の公開メンバは、const string&型の引数を受け取るコンストラクタのみです。引数what_argに受け取った文字列は、（*exception*クラスから継承した）メンバ関数whatで取得できます。

なお、*logic_error*から派生する各クラスも、*logic_error*と同様に、独自の公開メンバは、const string&型の引数を受け取るコンストラクタのみです。各クラスの概要は、以下のとおりです。

- *domain_error*

ドメインエラーを報告する際に利用する例外オブジェクト型です。

- *invalid_argument*

不正な実引数を報告する際に利用する例外オブジェクト型です。

- *length_error*

最大長を超えた長さのオブジェクトを生成しようとしたことを報告する際に利用する例外オブジェクト型です。

- *out_of_range*

実引数の値が範囲外であることを報告する際に利用する例外オブジェクト型です。

いずれのクラスにも、デフォルトコンストラクタが定義されていないため、これらのクラス型オブジェクトを利用する際は、必ず実引数を与える必要があります。

＊

論理エラーを利用するプログラム例を **List 9-9** に示します。

List 9-9 chap09/logic_error.cpp

```
// 0以上99以下の二つの整数値を加算する

#include <iostream>
#include <exception>
#include <stdexcept>

using namespace std;

/*--- 0以上99以下のv1とv2を加算 ---*/
int add(int v1, int v2)
{
    if (v1 < 0 || v1 > 99)
        throw out_of_range("v1の値が不正。");

    if (v2 < 0 || v2 > 99)
        throw out_of_range("v2の値が不正。");

    return v1 + v2;
}

int main()
{
    int x, y;          // 加算する値（0～99でなければならない）

    cout << "xの値(0～99)：";
    cin >> x;

    cout << "yの値(0～99)：";
    cin >> y;

    try {
        cout << "加算した値は" << add(x, y) << "です。\n";
    } catch (const logic_error& e) {
        cerr << "論理エラー発生：" << e.what() << '\n';
    }
}
```

実行例1
```
xの値(0～99)：18
yの値(0～99)：25
加算した値は43です。
```

実行例2
```
xの値(0～99)：135
yの値(0～99)：28
論理エラー発生：v1の値が不正。
```

実行例3
```
xの値(0～99)：18
yの値(0～99)：128
論理エラー発生：v2の値が不正。
```

関数 *add* は、*v1* と *v2* の和を求めて返却する関数です。ただし、いずれか一方でも 0 以上 99 以下でなければ、*out_of_range* 例外を送出します。

送出の際に *out_of_range* のコンストラクタに渡しているのが、文字列リテラル "v1の値が不正。" と "v2の値が不正。" です。

＊

main 関数では、例外を *logic_error* として捕捉しています（捕捉できるのは、*out_of_range* が *logic_error* の子クラスだからです。もちろん、直接 *logic_error* として捕捉しても構いません）。

捕捉した例外の内容（すなわち、コンストラクタに対して与えた文字列）をメンバ関数 what によって取得できることが、実行結果からも分かります。

標準例外クラスから派生した例外クラスの作成

前節で作成した、数値演算例外クラス群（第３版）の関数 *display* は、画面への表示を行うため、使い勝手が悪く、文脈によっては利用できません。エラーの内容を画面に表示するのではなく、文字列を返却する仕様に変更しましょう。以下の方針をとります。

- **数値演算クラス群を *logic_error* クラスの下位クラスとする**

こうすれば、すべての数値演算例外クラスを“*logic_error* の一種”として扱えるようになります。

- **エラー内容を表す文字列の返却を what 関数で行う**

エラー内容を表す文字列の返却は、***exception*** クラスで宣言されて、すべての下位クラスに引き継がれている what 関数で行います。

このように書きかえたのが、**List 9-10** に示す第４版です。第３版までと大きく異なるのは、以下の２点です。

- **クラス *MathException* でコンストラクタが定義されている**

logic_error クラスで定義されているのは、文字列を受け取るコンストラクタのみであり、デフォルトコンストラクタがありません。ここでは、文字列 "数値演算例外" を渡して、親クラスである *logic_error* クラスのコンストラクタを呼び出します。

- **各クラスで what 関数が定義されている**

第３版までは、文字列を表す文字列を直接 cout に挿入していました。第４版では、C 言語形式の文字列を返す what 関数を定義しています（*logic_error* クラスの what 関数をオーバライドしているのが、４箇所の網かけ部です）。

なお、クラス *Overflow* と *Underflow* の what 関数は複雑です。第２章で学習した文字列ストリームクラス ***ostringstream*** を利用して、文字列を作成しています。

▶ 作成した文字列を返却するためにＣ言語の **static** 配列を利用していることに注意しましょう。なお、文字列ストリームに対して str() を適用して得られるのは、***string*** 型の文字列です。その文字列をＣ言語形式の文字列に変換するために c_str() を適用しています。

＊

もちろん、**List 9-4**（p.291）のプログラムを、この第４版に適用しても、第１版の場合と同じ実行結果しか得られません（"MathException04/MathExceptionTest1.cpp"）。

＊

それでは、**List 9-4** の網かけ部を、次に示すコードに置きかえてみましょう（"MathException04/MathExceptionTest2.cpp"）。

```
// MathExceptionとその下位クラス型の例外を捕捉 ---//
catch (const MathException& e) {
    cout << "MathExceptionを捕捉\n";
    cout << e.what() << '\n';
}
```

List 9-10　MathException04/MathException.h

```
// 数値演算例外クラス群（第４版）

#ifndef ___Math_Exception
#define ___Math_Exception

#include <string>
#include <cstring>
#include <sstream>
#include <exception>
#include <stdexcept>

//--- 数値演算による例外 ---//
class MathException : public std::logic_error {
public:
    // コンストラクタ
    MathException() : logic_error("数値演算例外") { }

    virtual const char* what() const { return "数値演算例外"; }
};

//--- 0による除算 ---//
class DividedByZero : public MathException {
public:
    const char* what() const { return "0による除算"; }
};

//--- オーバフロー ---//
class Overflow : public MathException {
    int v;        // 演算結果
public:
    Overflow(int val) : v(val) { }

    int value() const { return v; }

    const char* what() const {
        static char buff[128];       // 返却する文字列領域
        std::ostringstream s;
        s << "オーバフロー（値は" << v << "）";
        return std::strcpy(buff, s.str().c_str());
    }
};

//--- アンダフロー ---//
class Underflow : public MathException {
    int v;        // 演算結果
public:
    Underflow(int val) : v(val) { }

    int value() const { return v; }

    const char* what() const {
        static char buff[128];       // 返却する文字列領域
        std::ostringstream s;
        s << "アンダフロー（値は" << v << "）";
        return std::strcpy(buff, s.str().c_str());
    }
};

#endif
```

logic_error の what をオーバライド

そうすると、**Fig.9-1**（p.295）と同じ実行結果が得られます。

これで、実用的になりました。

実行時エラー

実行時エラー（*runtime error*）は、事前に予測することが困難であって、プログラムを実行しないと検出できないようなエラーです。

実行時エラーを表すのが、**exception** クラスから直接派生した **runtime_error クラス**と、その子クラスである *range_error*，*overflow_error*，*underflow_error* の各クラスです。

以下に示すのが、*runtime_error* の定義例です。

runtime_error

```
class runtime_error : public exception {
public:
    explicit runtime_error(const string& what_arg);
};
```


is-A を実現する public 派生ですから、exception クラスの公開メンバ関数は、公開属性のまま引き継がれます。

runtime_error 独自の公開メンバは、const *string*& 型の引数を受け取るコンストラクタのみです。引数 *what_arg* に受け取った文字列は、メンバ関数 what で取得できます。

なお、*runtime_error* から派生する各クラスも、*runtime_error* と同様に、独自の公開メンバは、const *string*& を引数として受け取るコンストラクタのみです。各クラスの概要は、以下のとおりです。

- *range_error*

  内部計算で発生する範囲エラーを報告する際に送出する例外オブジェクト型です。

- *overflow_error*

  算術的なオーバフローエラーを報告する際に送出する例外オブジェクト型です。

- *underflow_error*

  算術的なアンダフローエラーを報告する際に送出する例外オブジェクト型です。

論理エラーと同様に、いずれのクラスにも、デフォルトコンストラクタが定義されていないため、これらの例外クラス型オブジェクトを利用する際は、必ず実引数を与える必要があります。

＊

List 9-11 は、実行時エラーを利用するプログラム例です。これは、**List 9-9**（p.303）のプログラムをもとに作成したものです。関数 add は、*v1* と *v2* を加算した結果が 0 以上 99 以下でないときに *overflow_error* 例外を送出します。

main 関数では、論理エラーである *logic_error* と実行時エラーである *runtime_error* を別々に捕捉しています。

List 9-11 chap09/runtime_error1.cpp

```
// 0以上99以下の二つの整数値を加算する（結果も0以上99以下でなければならない）

#include <iostream>
#include <exception>

using namespace std;

/*--- 0以上99以下のv1とv2を加算 ---*/
int add(int v1, int v2)
{
    if (v1 < 0 || v1 > 99)
        throw out_of_range("v1の値が不正。");

    if (v2 < 0 || v2 > 99)
        throw out_of_range("v2の値が不正。");

    int sum = v1 + v2;
    if (sum < 0 || sum > 99)
        throw overflow_error("オーバフロー。");

    return v1 + v2;
}

int main()
{
    int x, y;           // 加算する値（0～99でなければならない）

    cout << "xの値(0～99)：";
    cin >> x;

    cout << "yの値(0～99)：";
    cin >> y;

    try {
        cout << "加算した値は" << add(x, y) << "です。\n";
    } catch (const logic_error& e) {
        cerr << "論理エラー発生：" << e.what() << '\n';
    } catch (const runtime_error& e) {
        cerr << "実行時エラー発生：" << e.what() << '\n';
    }
}
```

実行例1

```
xの値(0～99)：18
yの値(0～99)：128
論理エラー発生：v2の値が不正。
```

実行例2

```
xの値(0～99)：85
yの値(0～99)：76
実行時エラー発生：オーバフロー。
```

論理エラーと実行時エラーは、いずれも **exception** から派生していますので、プログラムの網かけ部を

```
try {
    cout << "加算した値は" << add(x, y) << "です。\n";
} catch (const exception& e) {
    cerr << "例外発生：" << e.what() << '\n';
}
```

とすれば、両方のエラーを単一の例外ハンドラで捕捉できます（"chap09/runtime_error2.cpp"）。

まとめ

- **送出式**で例外オブジェクトを**送出**すると、コピーが作られた上で送出される。

- 部品の利用側では、**try ブロック**と**例外ハンドラ**によって例外を**捕捉**する。例外ハンドラは、例外宣言中に宣言されている特定の型の例外を捕捉する。
  ただし、受け取るのが例外クラスへのポインタ／参照である場合、そのクラスの下位クラスの例外も捕捉する。また、... と宣言された例外ハンドラは、未捕捉の全例外を捕捉する。

- 例外を捕捉したものの、それに対する処理が完了できなければ、その例外をそのまま**再送出**するか、あるいは別の例外として送出するとよい。

- 例外クラスを階層化すると、例外の分類や構造化が可能になるとともに、捕捉が容易かつ柔軟に行える。

- 例外クラスの階層構造を利用した例外ハンドラでは、上位のクラスをより先頭側に配置して、下位のクラスをより末尾側に配置する。

- 例外クラスを多相的クラスにした上で階層化すると、例外に対する対処を多相的に行える。

- 標準 C++ ライブラリが送出する例外型の最上位の基底クラスが、**<exception> ヘッダ**で定義されている ***exception* クラス**である。

- 例外指定に対する違反が行われたときに送出される例外 ***bad_exception*** の他にも、以下の ***bad_*** 系例外が提供される。

<new>	記憶域の確保に失敗したときに送出される例外 ***bad_alloc***
<typeinfo>	動的キャストに失敗したときに送出される例外 ***bad_cast***
	typeid 式中に空ポインタが含まれるときに送出される例外 ***bad_typeid***

- **<stdexcept>** では、**標準例外**（論理エラーと実行時エラー）が定義されている。

- **論理エラー** ***logic_error*** は、論理的な条件に対する違反などの、プログラム実行の前に検出可能であって理論的には回避可能なエラーである。以下の例外が提供される。

domain_error	ドメインエラーを報告
invalid_argument	不正な実引数を報告
length_error	最大長を超えた長さのオブジェクトが生成されようとしたことを報告
out_of_range	実引数の値が範囲外であることを報告

- **実行時エラー** ***runtime_error*** は、事前に予測することが困難であって、プログラムを実行しないと検出できないようなエラーである。以下の例外が提供される。

range_error	内部計算で発生する範囲エラーを報告
overflow_error	算術的なオーバフローエラーを報告
underflow_error	算術的なアンダフローエラーを報告

chap09/MyException.cpp

```
//--- 例外の送出・再送出と捕捉 ---//

#include <iostream>
#include <exception>
#include <stdexcept>

using namespace std;

//--- 自作の例外 ---//
class MyException : public logic_error {
public:
    // コンストラクタ
    MyException() : logic_error("マイ例外") { }

    virtual const char* what() const { return "マイ例外"; }
};

//--- swの値に応じて例外を送出 ---//
void work(int sw)
{
    switch (sw) {
     case 1: throw exception("exception例外");
     case 2: throw logic_error("logic_error例外");
     case 3: throw MyException();
    }
}

//--- workを呼び出す ---//
void test(int sw)
{
    try {
        work(sw);
    }
    catch (const MyException& e) {
        cout << e.what() << "を補足。対処完了!!\n";
    }
    catch (const logic_error& e) {
        cout << e.what() << "を補足。対処断念!!\n";
        throw;                                  // 再送出
    }
    catch (const exception& e) {
        cout << e.what() << "を補足。対処断念!!\n";
        throw "ABC";                            // 文字列として送出
    }
}

int main()
{
    int sw;

    cout << "sw: ";
    cin >> sw;

    try {
        test(sw);
    }
    catch (const logic_error& e) {
        cout << e.what() << "を補足。\n";
    }
    catch (const char* e) {
        cout << e << "を補足。\n";
    }
}
```

実行例1

```
sw: 1
exception例外を補足。対処断念!!
ABCを補足。
```

実行例2

```
sw: 2
logic_error例外を補足。対処断念!!
logic_error例外を補足。
```

実行例3

```
sw: 3
マイ例外を補足。対処完了!!
```

第10章

クラステンプレート

本章では、クラスを型ごとに作り分ける手間から解放するジェネリクスを実現するクラステンプレートを学習します。

- ジェネリクス（総称性／生成性）
- 関数テンプレートとテンプレート関数
- クラステンプレートとテンプレートクラス
- パラメータ化された型
- テンプレート仮引数
- テンプレート実引数
- テンプレート具現化と明示的なテンプレート具現化
- テンプレート特殊化と明示的なテンプレート特殊化
- 二値を交換する関数テンプレート swap
- コピー構築可能要件
- 代入可能要件
- メンバテンプレート
- 非型のテンプレート仮引数
- export 宣言
- インクルードモデル
- 抽象クラステンプレート

10-1 クラステンプレートとは

関数テンプレートのクラス版ともいえるのが、クラステンプレートです。本節では、クラステンプレートの基礎を学習します。

二値クラス

本節で考えるのは、同一型の二つの値を扱う《**二値クラス**》です。“下限値と上限値”、“開始値と終了値”、“始点と終点”などの用途で活用できます。

まずは、“**int 型の二値**”を表すクラスを作りましょう。それが、**List 10-1** に示すクラス *IntTwin* です。

ヘッダだけで実現された、単純な構造です。ざっと理解していきましょう。

▪ データメンバ v1 と v2

int 型のデータメンバ *v1* と *v2* は、第一値と第二値を表します。

▪ コンストラクタ

仮引数 *f* と *s* に受け取った値で *v1* と *v2* を初期化します。なお、呼出しの際は、両者、あるいは後者のみの省略が可能であり、省略された引数は 0 とみなされます。このコンストラクタは、デフォルトコンストラクタとしても機能します。

▪ メンバ関数 first および second

関数 *first* は第一値 *v1* を返却し、関数 *second* は第二値 *v2* を返却します。以下に示すように、二つの形式の関数が多重定義されています。

A 返却値が int の関数

データメンバ *v1* あるいは *v2* の値を返却する const メンバ関数です。第一値あるいは第二値を調べるための**ゲッタ**として機能します。

B 返却値型が int& の関数

データメンバ *v1* あるいは *v2* への参照を返却する、非 const メンバ関数です。この関数を呼び出す式は、代入式の右辺だけでなく左辺にも置けるため、**ゲッタ**としてだけでなく、**セッタ**としても機能します。

▪ メンバ関数 set

メンバ関数 *set* は、第一値 *v1* と第二値 *v2* の両方の値を一度に設定するセッタです。仮引数 *f* と *s* に受け取った値を *v1* と *v2* に代入します。

▪ メンバ関数 min

メンバ関数 *min* は、第一値と第二値の小さいほうの値を返却する関数です。

List 10-1 IntTwin/IntTwin.h

```
// int型二値クラスIntTwin

#ifndef ___Class_IntTwin
#define ___Class_IntTwin

#include <utility>
#include <algorithm>

//===== int型二値クラス =====//
class IntTwin {
    int v1;     // 第一値
    int v2;     // 第二値

public:
    IntTwin(int f = 0, int s = 0) : v1(f), v2(s) { }    // コンストラクタ

    int  first() const { return v1; }              // 第一値v1のゲッタ
    int& first()       { return v1; }              // 第一値v1のゲッタ兼セッタ

    int  second() const { return v2; }             // 第二値v2のゲッタ
    int& second()       { return v2; }             // 第二値v2のゲッタ兼セッタ

    void set(int f, int s) { v1 = f;  v2 = s; }    // 二値のセッタ

    int min() const { return v1 < v2 ? v1 : v2; }  // 小さいほうの値

    bool ascending() const { return v1 < v2; }     // 第一値のほうが小さいか？

    void sort() { if (!(v1 < v2)) std::swap(v1, v2); }  // 昇順にソート
};

#endif
```

二値の大小関係の判定は < 演算子のみで行っている

v1 と v2 を交換

■ メンバ関数 ascending

メンバ関数 *ascending* は、第一値のほうが第二値よりも小さいか（すなわち *v1* < *v2* が成立するか）を判定して、**bool** 型の真偽値として返却する関数です。

■ メンバ関数 sort

メンバ関数 *sort* は、第一値が第二値以下となるよう、《昇順ソート》を行う関数です。*v1* < *v2* が成立しなければ、それらの値を交換します。

v1 と *v2* の値の交換のために呼び出している std::**swap** は、標準ライブラリで提供される関数テンプレートです（p.315 で詳しく学習します）。

▶ メンバ関数 *sort* では、二値の交換の必要性を、以下のように判定しています。

```
if (!(v1 < v2)) /* 交換の必要あり */
```

もちろん、この判定は、以下のように簡潔に行えるはずです。

```
if (v1 >= v2)   /* 交換の必要あり */
```

前者の方法で実現している理由は、この後で作成するクラステンプレート版の *Twin*（だけでなく、各種の標準ライブラリ）とあわせるためです（なお、メンバ関数 *min* と *ascending* でも、演算子 < で判定を行っています）。

＊

本クラスでは、コピーコンストラクタと代入演算子は定義されていません。そのため、コンパイラによって、**“全データメンバの値をコピーする”** コピーコンストラクタと代入演算子が提供されます。

クラス *IntTwin* をテストしましょう。**List 10-2** に示すのが、そのプログラム例です。

List 10-2 IntTwin/IntTwinTest.cpp

```
// int型二値クラスIntTwinの利用例

#include <iostream>
#include "IntTwin.h"

using namespace std;

int main()
{
1   const IntTwin t1(15, 37);

2   cout << "t1の第一値は" << t1.first()  << "で"
         <<     "第二値は" << t1.second() << "です。\n";

3   IntTwin t2(t1);                // t2はt1のコピー

4   cout << "t2の第一値は" << t2.first()  << "で"
         <<     "第二値は" << t2.second() << "です。\n";

    cout << "t2の値を変更します。\n";
5   cout << "t2の新しい第一値：";    cin >> t2.first();
    cout << "t2の新しい第二値：";    cin >> t2.second();

    if (!t2.ascending()) {
        cout << "第一値<第二値が成立しませんのでソートします。\n";
6       t2.sort();                // 第一値 < 第二値となるようにソート
        cout << "t2の第一値は" << t2.first()  << "に"
             <<     "第二値は" << t2.second() << "に変更されました。\n";
    }
}
```

実行例

```
t1の第一値は15で第二値は37です。
t2の第一値は15で第二値は37です。
t2の値を変更します。
t2の新しい第一値：5
t2の新しい第二値：3
第一値<第二値が成立しませんのでソートします。
t2の第一値は3に第二値は5に変更されました。
```

1 *IntTwin* 型の変数 *t1* の宣言です。第一値は 15 で、第二値は 37 で初期化されます。

2 *t1* の二値を表示します。メンバ関数 *first* と *second* は、データメンバ *v1* と *v2* のゲッタとして働きます。15 と 37 が表示されます。

3 変数 *t2* は、同一型の *t1* で初期化されています。そのため、第一値と第二値は、それぞれ 15 と 37 で初期化されます。

▶ この初期化は、全データメンバの値をコピーする（コンパイラによって提供される）コピーコンストラクタによって行われます。

4 *t2* の二値を表示します。メンバ関数 *first* と *second* は、データメンバの**ゲッタ**として働き、15 と 37 が表示されます。

5 *t2* の各メンバに対して、キーボードから値を読み込みます。ここでは、メンバ関数 *first* と *second* は、データメンバ *v1* と *v2* の**セッタ**として働きます。

6 第一値が第二値よりも小さいかどうかを判定し、その判定が成立しなければ、ソートを行います。

実行例の場合、第一値と第二値は、5 と 3 から、3 と 5 へと更新されます。

二値を交換するswap

二値を交換する関数テンプレート *swap* は、C++11 より前は、**<algorithm>** ヘッダで以下のように定義されていました。

旧
```
//--- 二値を交換する関数テンプレートswapの定義例（C++11より前）---//
template<class T> void std::swap(T& a, T& b)
{
    T tmp = a;  ←1
    a = b;      ←2
    b = tmp;    ←3
}
```

この関数テンプレート *swap* を利用するための要件は、以下のとおりです。

コピー構築可能（CopyConstructible）要件と代入可能（Assignable）要件の両方をT型が満たすこと。

コピー構築可能の定義：

テンプレートを具現化する際の型 *T* に対して、*t* が型 *T* の値で、*u* が型 const *T* の値であるとき、*t* が *T*(*t*) と等価であり、*u* が *T*(*u*) と等価であり、*t* に対してデストラクタを呼び出すことが可能であり、式 &*t* と &*u* によって *t* と *u* へのポインタが得られる。

代入可能の定義：

テンプレートを具現化する際の型 *T* に対して、*t* が型 *T* の値で、*u* が型 *T* あるいは const *T* の値であるとき、代入式 *t* = *u* によって、*t* が *u* と等価になり、かつ代入式が *T* へのポインタを生成する。

▶ int 型や double 型などの基本型は、コピー構築可能かつ代入可能です。

さて、1ではコピーコンストラクタが呼び出され、2と3では代入演算子関数が呼び出されます。コピーコンストラクタと代入演算子のいずれか一方でも利用できないクラス型のオブジェクトは、*swap* を用いての値の交換が行えないことに注意しましょう。

＊

なお、C++11 からは、*swap* は <utility> ヘッダに移動するとともに、仕様が変更されています。以下に示すのが、新しい定義の一例です。

新
```
//--- 二値を交換する関数テンプレートswapの定義例（C++11から）---//
template<class T> void std::swap(T& a, T& b)
{
    T t = std::move(a);
    a = std::move(b);
    b = std::move(t);
}
```

C++11 からは、**移動コンストラクタ・移動代入演算子**という概念が新しく導入されています。それらを利用して、効率のよい交換を行う仕組みです。

なお、*swap* を利用する際は、**List 10-1** のように、<algorithm> と <utility> の両方のヘッダをインクルードしておくと、新旧の標準 C++ に対応できます。

Column 10-1 関数テンプレート

以下に示す二つの *maxof* は、いずれも二値の最大値を求める関数です。

```
// int型aとbの最大値
int maxof(int a, int b)
{
    return a > b ? a : b;
}
```

```
// double型aとbの最大値
double maxof(double a, double b)
{
    return a > b ? a : b;
}
```

引数や返却値の型は異なるものの、アルゴリズムは同一です。これらを一つにまとめて宣言できるようにするのが、**総称性**（*genericity*）あるいは**生成性**と呼ばれる考え方です。なお、この考え方は、《**ジェネリクス**》と呼ばれ、生成的な関数は《**ジェネリックな関数**》と呼ばれます。

List 10C-1 に示すのが、実際のプログラム例です。

まずは、**1**の宣言に着目しましょう。以下に示す"前置き"が付いています。

```
template <class Type>
```

これから宣言するのが、通常の関数ではなく、**関数テンプレート**（*function template*）であって、テンプレート仮引数 *Type* に《**型**》を受け取ることの指示です。なお、*Type* は仮引数名ですから、別の名前でも構いません。

int 型の二値の最大値を求めるのが**3**の呼出しです。実引数 a と b の型である"int"が、テンプレート仮引数 *Type* に対して暗黙裏に与えられます。その結果、関数テンプレート *maxof* 中の"*Type*"を"int"に置きかえた関数が、コンパイラによって自動的に作られます。このように作られる関数の実体が**テンプレート関数**（*template function*）です。

double 型も同様です。**4**の呼出しでは、*Type* に対して"double"が暗黙裏に与えられたテンプレート関数が作られます。

プログラム開発時は、型に依存しないように抽象的に記述された関数の枠組みである関数テンプレートを１個だけ作ります。関数テンプレートの呼出しを見つけたコンパイラが、受け取るべき型に対応したテンプレート関数の実体を自動的に具現化（*instantiation*）して生成します。

なお、仮引数の宣言でのキーワード class の代わりに typename を使うこともできます（初期の頃は class のみでした）。

■ 明示的な具現化

実引数の型や個数の情報からだけでは、コンパイラが自動的な具現化が行えない文脈では、引数の型をプログラマが指定することによって、**明示的な具現化**（*explicit instantiation*）を行う必要があります。それを行っているのが、**5**です。

この式 *maxof*<double>(a, *x*) が、単に *maxof*(a, *x*) となっていたら、**コンパイルエラーとなります**。というのも、int 版を呼び出すコードを生成すればよいのか、それとも double 版を呼び出すコードを生成すればよいのかを、コンパイラが判断できないからです。

Type に渡すべき型を <> の中に与えるのが、**明示的な具現化**の指示です。テンプレートを呼び出す式 *maxof*<double>(a, *x*) を見つけたコンパイラは、その指示に基づいて double 版のテンプレート関数を生成し、それを呼び出すコードを作ります。

■ 明示的な特殊化

1の関数テンプレート *maxof* を *maxof*("ABC", "DEF") と呼び出したらどうなるでしょう。文字列リテラルを評価すると先頭文字へのポインタが得られるため、この呼出しは、《**二つの文字列リテラルのアドレスの比較**》となりますので、意味のない値が返却されます。

List 10C-1 chap10/function_template.cpp

```
// 二値の最大値を求める関数テンプレートと明示的な具現化・明示的な特殊化

#include <cstring>
#include <iostream>

using namespace std;

//--- a, bの大きいほうの値を求める ---//
template <class Type> Type maxof(Type a, Type b)
{                                                                    ―1
    return a > b ? a : b;
}

//--- a, bの大きいほうの値を求める (const char*型の特殊化) ---//
template <> const char* maxof<const char*>(const char* a, const char* b)
{                                                                    ―2
    return strcmp(a, b) > 0 ? a : b;
}

int main()
{
    int a, b;
    double x, y;
    char s[64], t[64];

    cout << "整数aとb：";      cin >> a >> b;
    cout << "実数xとy：";      cin >> x >> y;
    cout << "文字列sとt：";    cin >> s >> t;

3   cout << "aとbで大きいのは" <<       maxof(a, b)                   << "です。\n";
4   cout << "xとyで大きいのは" <<       maxof(x, y)                   << "です。\n";
5   cout << "aとxで大きいのは" <<       maxof<double>(a, x)           << "です。\n";
6   cout << "sとtで大きいのは" <<       maxof<const char*>(s, t)      << "です。\n";
7   cout << "sと\"ABC\"で大きいのは" << maxof<const char*>(s, "ABC") << "です。\n";
}
```

実行例

```
整数aとb：5    7
実数xとy：4.5  7.2
文字列sとt：AAA  ABD
aとbで大きいのは7です。
xとyで大きいのは7.2です。
aとxで大きいのは5です。
sとtで大きいのはABDです。
sと"ABC"で大きいのはABCです。
```

比較の対象が文字列であれば、文字の並びの中身を比較すべきです。そのために定義されている2は、`const char*`用に**明示的な特殊化**（*explicit specialization*）を行うための関数定義です。

呼出し時の型引数が`const char*`であれば、1のテンプレート関数ではなくて、プログラマが特殊化した2のバージョンが呼び出されます。

`const char*`用に明示的に特殊化された2の関数*maxof*は、二つの文字列を`strcmp`関数で比較した上で、より大きい（辞書の順序で後ろ側に位置する）ほうの文字列へのポインタを返します。

型*T*用に関数*func*を明示的に特殊化する定義の一般的な形式は、以下のとおりです。

```
template <> 返却値型 func<T>( /*… 引数 …*/ ) { /*… 関数本体 …*/ }
```

6と7では、`const char*`用に特殊化された*maxof*を、明示的に具現化した上で呼び出しています。そのため、いずれの呼出しでも、返却されるのは、`strcmp`関数によって大きいと判定されたほうの文字列です。

なお、これらの呼出しから`<const char*>`を削除すると、1の関数テンプレートが呼び出されて、二つの引数の《アドレスの比較》が行われます。というのも、実引数*s*と*t*の型が`const char*`ではなく`char*`だからです。

2の引数の型を`char*`でなく`const char*`としているのは、《文字列リテラル》の受取りを容易にするためです。文字列リテラルの型は`const char*`ですから、`maxof("ABC", "DEF")`は、明示的に具現化をしなくても2が呼び出されます。

クラステンプレート

さて、int型二値クラス *IntTwin* をもとにして、二値の要素型を long や double に変更した *LongTwin* や *DoubleTwin* といったクラスを作成することを考えてみましょう。以下の手順を踏むだけで完成しますので、作業は容易です。

1. クラス *IntTwin* のソースプログラムをコピーする。
2. クラス名やメンバの型などを変更・修正する。

ところが、このような手法で新しいクラスを作っていくと、いろいろな問題が生じます。

a 手作業におけるミスの発生

クラス *LongTwin* の作成にあたっては、プログラム中の"int"を"long"に置換するなどの作業を行います。変更すべきところを見落としたり、逆に変更すべきでない箇所を書きかえたりするなどのミスを犯す可能性があります。

b クラス名の増加

IntTwin, *LongTwin*, *DoubleTwin*, *DateTwin*, *BooleanTwin*, … すべての二値クラスに別々の名前が必要です。クラス名が爆発的に増加しますので、覚えるのも管理するのも困難になります。

この問題は、クラスの開発者だけでなく、利用者にものしかかってきます。

c 保守性の低下

IntTwin にメンバ関数を新規追加するなどの仕様変更を行い、他の型の二値クラスもそれに同期させて仕様変更することを想像してみましょう。*LongTwin*, *DoubleTwin* などの全ソースプログラムの手作業での更新を余儀なくされます。

d 未知の型に対応できない

long型や double型などの組込み型ではない型（たとえば、std::*complex*型など）に対応することが不可能です。

関数テンプレートを1個作っておけば、各型用のテンプレート関数がコンパイラによって**具現化**（*instantiation*）されたコードが自動的に生成されます（先ほど学習した std::*swap* も関数テンプレートです）。

クラスでも同様です。**クラステンプレート**（*class template*）を作っておけば、各型用のテンプレートクラスの生成をコンパイラにまかせられます。

*

クラス *IntTwin* を書きかえて、クラステンプレート版を作りましょう。

クラステンプレートの定義

クラステンプレートとして実現する二値クラステンプレート *Twin* の定義は、以下のようになります。

```
// クラステンプレート版のTwin
template <class Type> class Twin {
    Type v1;          // 第一値
    Type v2;          // 第二値

    /*…中略…*/
};
```

通常のクラスではなく、クラスの枠組みである《クラステンプレート》の定義であることを示すのが、網かけ部です。

template に続く <> の中が**テンプレート仮引数**（*template parameter*）の宣言であって、引数として型 *Type* を受け取ることは、関数テンプレートの場合と同様です。クラステンプレート *Twin* の定義中で、*Type* は《型》として振る舞います。

▶ テンプレート引数の名前は *Type* でなくとも構いません。テンプレート引数が複数ある場合は、コンマで区切って並べます。また、<> の中を空にすることはできません。

なお、**クラステンプレートの定義を関数の中に置くことはできません。**

*

二値クラステンプレート *Twin<>* のプログラムを、次ページの **List 10-3** に示します。

クラス *IntTwin* と同様に、コンストラクタを含めた全メンバ関数をインライン関数としています。そのため、各型用に個別にクラスを定義する方法に比べて、実行時の効率が劣ることは（基本的には）ありません。

なお、画面への表示を簡潔に行えるように、挿入子 << を追加しています。

▶ これ以降、クラステンプレートは、名前の後に <> を付けた *Name<>* という形式で表記します。

Column 10-2 pair クラステンプレート

標準ライブラリでは、二つの値を管理するクラステンプレート *pair<>* が <utility> ヘッダで提供されます。以下に示すのが、その定義の一例です。

```
// クラステンプレートpair<>
template <class T1, class T2> struct pair {
    typedef T1 first_type;          // 第一値の型
    typedef T2 second_type;         // 第二値の型

    T1 first;                       // 第一値
    T2 second;                      // 第二値

    pair();
    pair(const T1& x, const T2& y);
    template<class U, class V> pair(const pair<U, V>& p);
};
```

二値の型が同一でなくてもよく、ここで作成している *Twin* とは異なります。

List 10-3 Twin/Twin.h

```
// 二値クラステンプレートTwin<>

#ifndef ___Class_Twin
#define ___Class_Twin

#include <utility>
#include <algorithm>

//===== 二値クラステンプレート =====//
template <class Type> class Twin {
    Type v1;    // 第一値
    Type v2;    // 第二値

public:
    //--- コンストラクタ ---//
    Twin(const Type& f = Type(), const Type& s = Type()) : v1(f), v2(s) { }

    //--- コピーコンストラクタ ---//
    Twin(const Twin<Type>& t) : v1(t.first()), v2(t.second()) { }

    Type  first()  const { return v1; }           // 第一値v1のゲッタ
    Type& first()        { return v1; }           // 第一値v1のゲッタ兼セッタ

    Type  second() const { return v2; }           // 第二値v2のゲッタ
    Type& second()       { return v2; }           // 第二値v2のゲッタ兼セッタ

    void set(const Type& f, const Type& s) { v1 = f; v2 = s; }  // 二値のセッタ

    Type min() const { return v1 < v2 ? v1 : v2; }  // 小さいほうの値

    bool ascending() const { return v1 < v2; }      // 第一値のほうが小さいか？

    void sort() { if (!(v1 < v2)) std::swap(v1, v2); }  // 昇順にソート
};

//--- 挿入子 ---//
template <class Type> inline std::ostream& operator<<(std::ostream& os,
                                                      const Twin<Type>& t)
{
    return os << "[" << t.first() << ", " << t.second() << "]";
}

#endif
```


コンストラクタ

クラステンプレート *Twin*<> では、二つのコンストラクタが多重定義されています。

▪ `Twin(const Type& f = Type(), const Type& s = Type())`

仮引数 *f* と *s* に受け取った二値で初期化を行うコンストラクタであり、両方の引数にデフォルト実引数が与えられています。

さて、**int** 版の *IntTwin* では、以下のように定数が与えられていました。

```
IntTwin(int f = 0, int s = 0) : v1(f), v2(s) { }
```

本コンストラクタのデフォルト実引数 *Type*() は、『**Type 型のデフォルトコンストラクタを呼び出して初期化を行え。**』という指示です。もし *Type* に受け取るのが **int** 型であれば、**int**() と解釈され、その値は 0 となります。

重要 仮引数を "*Type&* 引数名 = *Type*()" と宣言しておくと、実引数が省略された際に、デフォルトコンストラクタが作る値を受け取れる。

- *Twin*(**const** *Twin*<*Type*>& *t*)

コピーコンストラクタです（**int** 版の *IntTwin* では定義されていませんでした）。データメンバ *v1* と *v2* を、*t.first*() と *t.second*() の値で初期化します。

▶ *IntTwin* クラスとの違いを、はっきりさせましょう。
- **int 版のクラス *IntTwin*** … 二つの **int** 型のデータメンバ *v1* と *v2* の値を単純にコピーするコピーコンストラクタが自動的に提供される。
- **テンプレート版 *Twin*** … *Type* が値を単純にコピーしてよい型でなければ、コンパイラによって提供されるコピーコンストラクタをそのまま利用すると不都合が生じるため、コピーコンストラクタが自動提供されるのを避けなければならない。

クラステンプレート *Twin*<> の定義内では、クラステンプレートの型名は *Twin*<*Type*> と表しますので、引数の型は **const** *Twin*<*Type*>& となっています。

ただし、コンストラクタの名前は、単なる *Twin* です（もしデストラクタがあれば、その名前は ~*Twin* となります）。

▶ すなわち、コンストラクタとデストラクタの名前は、単なる *Twin* と ~*Twin* ですが、それ以外の箇所では、*Twin* ではなく、*Twin*<*Type*> と表記します。

オブジェクトの生成

以下に示すのが、二つの形式のコンストラクタを利用して、*Twin*<> のオブジェクトを生成する宣言の例です。

```
Twin<int> t1;                    // Twin<int> t1(0, 0);
Twin<int> t2(3, 5);
Twin<int> t3(t2);                // コピーコンストラクタ
Twin<string> ts("ABC", "XYZ");
```

<> の中の **int** や ***string*** は、**テンプレート実引数**（*template argument*）と呼ばれます。関数の場合は、テンプレートに与えるべき型が実引数の型から明らかになる場合は、テンプレート実引数は省略可能でした。しかし、クラスの場合は、明示的な指定が必要であって、省略はできません。

クラステンプレート *Twin*<> は、クラスの《枠組み》であって、本物のクラスではありません。*Type* と書かれた箇所を **int** や ***string*** などに置きかえることによって、実際に利用できるクラスとなります。

テンプレート実引数を与えて、その型用にクラステンプレートを作ることを**テンプレート特殊化**（*template specialization*）といいます。

重要 クラスの《枠組み》であるクラステンプレートに対してテンプレート実引数を与えれば、**テンプレート特殊化**が行える。

クラステンプレート *Twin*<> のように、型を引数として受け取るクラス型は、**パラメータ化された型**（*parameterized type*）と呼ばれます。

メンバ関数の具現化

クラステンプレート具現化の際は、時間と空間の節約のために、すべてのメンバ関数が具現化されるのではなく、**実際に（直接的あるいは間接的に）呼び出されて利用されているメンバ関数のみが具現化されます。**

重要 クラステンプレートのメンバ関数は、プログラムで呼び出されているもののみが具現化され、それ以外のメンバ関数は具現化されない。

そのため、クラステンプレート *Twin*<> を利用する際に適用する *Type* 型は、以下に示すように、いくつかの《要件》を満たす必要があります。

裏返すと、**あるメンバ関数が、*Type* 型が満たすべき要件を満たしていなくても、そのメンバ関数を呼び出さない限りは、クラステンプレート *Twin*<> は利用可能です。**

具体的な要件は、次のとおりです。

▪ Typeはデフォルトコンストラクタをもっていなければならない

以下のコンストラクタを実引数を省略して呼び出すのであれば、*Type* 型はデフォルトコンストラクタをもっていなければなりません。

```
Twin(const Type& f = Type(), const Type& s = Type());
```

デフォルトコンストラクタをもたない型では、デフォルト値 *Type*() によるデフォルトコンストラクタの呼出しができず、コンパイルエラーとなります。

▪ Typeはコピー構築可能な型でなければならない

コピーコンストラクタを呼び出すのであれば、*Type* 型は、自身と同じ型の値で初期化するコピーコンストラクタをもつ型でなければなりません。

```
Twin(const Twin<Type>& t) : v1(t.first()), v2(t.second());
```

そうでなければ、コピーコンストラクタのコンストラクタ初期化子 *v1*(*t.first*()), *v2*(*t.second*()) において *t.first*() と *t.second*() による *v1* と *v2* の初期化を行えず、コンパイルエラーとなります。

▪ Typeは代入可能な型でなければならない

メンバ関数 *set* を利用するのであれば、*Type* 型は、代入演算子によって代入可能な型でなければなりません

```
void set(const Type& f, const Type& s) { v1 = f; v2 = s; }
```

そうでなければ、メンバ関数本体の中でデータメンバ *v1* と *v2* に対して、仮引数に受け取った *f* と *s* の値を代入することができず、コンパイルエラーとなります。

- **Typeは関係演算子<で比較可能な型でなければならない**

メンバ関数 *min*, *ascending*, *sort* のどれか一つでも呼び出すのであれば、*Type* 型は関係演算子 **<** によって比較可能な型でなければなりません。

というのも、それらの関数の中で、データメンバ *v1* と *v2* の大小関係を関係演算子 **<** で判定しているからです。

```
Type min() const { return v1 < v2 ? v1 : v2; }      // 小さいほうの値
bool ascending() const { return v1 < v2; }          // 第一値のほうが小さいか？
void sort() { if (!(v1 < v2)) std::swap(v1, v2); }  // ソート
```

なお、本要件を裏返すと、*Type* 型は、**< 以外の関係演算子 <=, >, >= や等価演算子 ==, != で比較可能である必要がない**、ということです。

▶ 関係演算子 < のみで比較できればよい、という要件は、C++ が提供する標準ライブラリの多くで採用されています（*Twin<>* は、それに準じています）。
　メンバ関数 *sort* では、**swap** 関数テンプレートを呼び出しています。そのため、このメンバ関数 *sort* を呼び出すプログラムであれば、*Type* 型は、関係演算子 < によって比較可能であるだけでなく、コピー構築可能であり、かつ、代入可能でなければなりません（p.315）。

- **Typeは出力ストリームに対して挿入子<<で出力可能な型でなければならない**

出力ストリームに対して挿入子 **<<** によって *Twin<Type>* 型の値を出力する場合は、*Type* 型自体も挿入子 **<<** で挿入できる型でなければなりません。

というのも、挿入子を定義する **operator<<** の中で、*Type* 型の値を出力するからです。

```
template <class Type> inline std::ostream& operator<<(std::ostream& os,
                                                      const Twin<Type>& t);
```

挿入子 **operator<<** は、関数テンプレートとして定義されています。クラステンプレート *Twin<>* の定義の外で定義された非メンバ関数ですから、型引数の名前は *Type* である必要はありません（他の名前に変更しても構いません）。

クラステンプレート定義の外でのメンバ関数の定義

クラステンプレート *Twin<>* では、すべてのメンバ関数の定義をクラス定義の中で行っています。もし、メンバ関数 *set* をクラス定義の外で定義するのであれば、その関数定義は以下の形式となります。

```
//--- クラステンプレートの定義の外でのメンバ関数setの定義 ---//
template <class Type> void Twin::set(const Type& f, const Type& s)
{
    v1 = f;
    v2 = s;
}
```

しかし、この関数の定義をソースファイルとして独立させるのは、技術的にいくつかの問題点をクリアしなければなりません。本節と次節では、すべてのメンバ関数の定義は、クラス定義内に置くものとします。

▶ クラス定義の外にメンバ関数の定義を置く方法は、p.341 で学習します。

クラステンプレート Twin<> の利用例

二値クラステンプレート *Twin*<> を利用するプログラム例を **List 10-4** に示します。クラステンプレートを利用する宣言は、網かけ部の1と2です。

List 10-4 Twin/TwinTest.cpp

```
// 二値クラステンプレートTwin<>の利用例

#include <string>
#include <iostream>
#include "Twin.h"

using namespace std;

int main()
{
  1 const Twin<int> t1(15, 37);
    cout << "t1 = " << t1 << '\n';

  2 Twin<string> t2("ABC", "XYZ");
    cout << "t2 = " << t2 << '\n';

    cout << "t2の値を変更します。\n";
    cout << "新しい第一値：";   cin >> t2.first();
    cout << "新しい第二値：";   cin >> t2.second();

    if (!t2.ascending()) {
        cout << "第一値<第二値が成立しませんのでソートします。\n";
        t2.sort();              // 第一値 <= 第二値となるようにソート
        cout << "t2は" << t2 << "に変更されました。\n";
    }
}
```

実行例

```
t1 = [15, 37]
t2 = [ABC, XYZ]
t2の値を変更します。
新しい第一値：XXX↵
新しい第二値：AAA↵
第一値<第二値が成立しませんのでソートします。
t2は[AAA, XXX]に変更されました。
```

1では、テンプレートクラス *Twin*<**int**> がコンパイラによって具現化されるとともに、その型のオブジェクト *t1* が生成されます。

2では、*Twin*<***string***> がコンパイラによって具現化されるとともに、その型のオブジェクト *t2* が生成されます。オブジェクトの生成後は、キーボードから読み込んだ値で *t2* の値を変更し、第一値が第二値以下となるようにソートします。

▶ 既に学習したように、メンバ関数は、利用されているもののみが具現化され、利用していないメンバ関数は具現化されません。

クラステンプレート型を扱う関数テンプレート

いうまでもなく、*Twin*<**int**> と *Twin*<***string***> とはまったく異なる型です。念のために、**List 10-5** のプログラムで確認しましょう。

1の関数テンプレート *put_Twin_type_value* は、*Twin*<*Type*> 型の仮引数に受け取った *x* の型と値の表示を行います。

▶ *put_Twin_type_value* は、*Twin*<> の**メンバ関数**ではなく、単なる（非メンバの）**関数テンプレート**です。型引数の名前は *Type* である必要はなく、他の名前に変更しても構いません。

なお、*Twin*<**int**> と *Twin*<***string***> は異なる型ですから、代入互換性もありません。そのため、2のように、たとえば *t1* に *t2* を代入する、といったことは不可能です。

List 10-5 Twin/TwinTypeValue.cpp

```
// 二値クラステンプレートTwin<>と関数テンプレート

#include <string>
#include <iostream>
#include <typeinfo>
#include "Twin.h"

using namespace std;

//--- Twin<>型xの型と値を表示 ---//
template <class Type>
void put_Twin_type_value(const Twin<Type>& x)                        ―1
{
    cout << typeid(x).name() << "型で、値は" << x << "です。\n";
}

int main()
{
    Twin<int> t1(15, 37);            put_Twin_type_value(t1);

    Twin<string> t2("ABC", "XYZ");  put_Twin_type_value(t2);

//  t1 = t2;                  // エラー：t1とt2の型は異なる           ―2
}
```

実行結果一例

```
class Twin<int>型で、値は[15, 37]です。
class Twin<class std::basic_string<char,struct std::char_traits
<char>,class std::allocator<char> > >型で、値は[ABC, XYZ]です。
```


クラステンプレート *Twin*<> の挿入子 **<<** の定義を再掲します。

```
//--- 挿入子 ---//
template <class Type> inline std::ostream& operator<<(std::ostream& os,
                                                  const Twin<Type>& t)
{
    return os << "[" << t.first() << ", " << t.second() << "]";
}
```

いうまでもなく、これは非メンバ関数です。すなわち、クラステンプレート *Twin*<> に所属する**メンバ関数**ではなく、（クラスやクラステンプレートに所属しない）**関数テンプレート**です。

*

関数テンプレートでは、特定の型に関する実現を最適化したり、本来のテンプレートでは不都合な仕様や動作を修正するための**明示的な特殊化**（*explicit specialization*）を行えます（**Column 10 1**：p.316）。

ここでは、*Twin*<std::***string***> に特殊化した挿入子を定義してみましょう。以下に示すのが、そのプログラムです。

```
//--- 挿入子（Twin<std::string>型への特殊化）---//
template <> inline std::ostream& operator<<(std::ostream& os,
                                        const Twin<std::string>& st)
{
    return os << "[\"" << st.first() << "\", \"" << st.second() << "\"]";
}
```

この挿入子は、二値のそれぞれを二重引用符 " で囲んだ形式で表示します。

▶ すなわち、**List 10-5** の例であれば、[ABC, XYZ] ではなくて ["ABC", "XYZ"] と表示します。ここに示した関数 **operator<<** の動作は、次ページのプログラムで検証します。

テンプレートクラス

次に、*Twin<>*を応用して、"*Twin<>*の*Twin<>*"すなわち"二値の二値"を表すプログラムを作りましょう。**List 10-6**に示すのが、そのプログラム例です。

▶ 本プログラムは、前ページで作成した*Twin<std::string>*用の挿入子も含んでいます。

List 10-6 Twin/TwinTwin.cpp

```
// Twin<>の比較関数とTwin<>のTwin<>

#include <string>
#include <iostream>
#include "Twin.h"

using namespace std;

//--- 挿入子（Twin<std::string>型への特殊化）---//
template <>
inline std::ostream& operator<<(std::ostream& os, const Twin<std::string>& st)
{
    return os << "[\"" << st.first() << "\", \"" << st.second() << "\"]";
}

//--- 二つのTwin<>を比較する<演算子 ---//
template <class Type>
bool operator<(const Twin<Type>& a, const Twin<Type>& b)
{
    if (a.first() < b.first())
        return true;
    else if (!(b.first() < a.first()) && a.second() < b.second())
        return true;
    return false;
}

int main()
{
 1  Twin<Twin<int> > t1(Twin<int>(36, 57), Twin<int>(23, 48));
    cout << "t1 = " << t1 << '\n';

 2  Twin<Twin<string> > t2(Twin<string>("ABC", "XYZ"), Twin<string>("ABC", "ZZZ"));
    cout << "t2 = " << t2 << '\n';

    cout << "t2の値を変更します。\n";
    cout << "新しい第一値の第一値：";   cin >> t2.first().first();
    cout << "新しい第一値の第二値：";   cin >> t2.first().second();
    cout << "新しい第二値の第一値：";   cin >> t2.second().first();
    cout << "新しい第二値の第二値：";   cin >> t2.second().second();

    if (!t2.ascending()) {
        cout << "第一値<第二値が成立しませんのでソートします。\n";
        t2.sort();                  // 第一値 <= 第二値となるようにソート
        cout << "t2は" << t2 << "に変更されました。\n";
    }
}
```

実行例

```
t1 = [[36, 57], [23, 48]]
t2 = [["ABC", XYZ"], ["ABC", "ZZZ"]]
t2の値を変更します。
新しい第一値の第一値：GHI⏎
新しい第一値の第二値：XXX⏎
新しい第二値の第一値：C++⏎
新しい第二値の第二値：Flag⏎
第一値<第二値が成立しませんのでソートします。
t2は[["C++", "Flag"], ["GHI", "XXX"]]に変更されました。
```

Twin<> の *Twin<>* のオブジェクトを宣言するのが、網かけ部の❶と❷です。前者は、*Twin<***int***>* の *Twin<>* であり、後者は *Twin<***string***>* の *Twin<>* です。

さて、宣言❶をよく見てください。

```
Twin<Twin<int> > t1(Twin<int>(36, 57), Twin<int>(23, 48));
```

黒網部のスペースに注意しましょう。このスペースがないと、二つの不等号 **>** がシフト演算子 **>>** とみなされてしまい、コンパイルエラーとなります（宣言❷も同様です）。

重要 クラステンプレートを入れ子にして利用する際は、型名を閉じるための > と > とのあいだにスペースを入れて > > と宣言しなければならない。

▶ C++11 からは、スペースがなくてもコンパイルエラーとならないように、言語仕様が改訂されています。

さて、*Twin<>* の *Twin<>* は、関係演算子 **<** による第一値と第二値の大小関係の比較が行えないため、演算子 **<** に依存するメンバ関数 *min*, *ascending*, *sort* は適用不可能です。

そこで本プログラムでは、二つの *Twin<>* を受け取る関係演算子 **operator<** を多重定義しています。

▶ この関数は、クラステンプレート *Twin<>* のメンバ関数ではありません。

第一値どうし、すなわち"第一値の第一値"と"第二値の第一値"（*t1* だと 36 と 23）を比較して、前者が小さければ小さいとみなし、もし両者が等しければ第二値どうしを比較して判定します。

演算子 **<** を定義するだけで、*Twin<>* の *Twin<>* に対して、*min*, *ascending*, *sort* の各メンバ関数が適用できるようになります。

*

main 関数では、まず *t1* と *t2* の表示を行い、それから *t2* の各値を読み込んで、必要に応じてソートした後で表示しています。

▶ *t2* 内の各値をアクセスする式が、*t2.first().first()* のように、メンバ関数を 2 段階に呼び出す式となっていることに注意しましょう。

10-2 配列クラステンプレート

第４章で作成した配列クラスIntArrayは、要素型がint型整数に限られていました。本節では、クラステンプレートとして実現することで、任意の要素型を扱えるように拡張します。

配列クラステンプレート

第４章で作成した配列クラス *IntArray* は、要素型が **int** 型整数に限られていました。本節では、クラステンプレートとして実現することによって、要素型が任意となるように拡張します。

そのプログラムが、**List 10-7** に示すクラステンプレート *Array<>* です。基本的な構造などはクラス *IntArray* と同じです。大きく異なるのは、以下の３点です。

- クラスではなく、クラステンプレートとして実現していること。
- ヘッダ部とソース部に分かれていたものを、ヘッダのみで実現していること。
- 明示的コンストラクタに第２引数が追加されていること（網かけ部）。

明示的コンストラクタの第２引数は、全要素の初期値を指定するためのものです。呼出し時に省略した場合は、デフォルトコンストラクタによって初期化されます。

それ以外の変更は、基本的にはありませんので、おおむね理解できるでしょう。

▶ クラステンプレート *Array<>* の定義内では、コンストラクタとデストラクタの名前は *Array* と *~Array* ですが、それ以外の箇所では、*Array<Type>* と表記します。

Column 10-3 テンプレートと export 宣言

クラステンプレート *Array<>* を、ヘッダ部とソース部に分けて実現したらどうなるでしょう。クラステンプレート作成の際は、そのテンプレートに対して、どのような型が適用されるのか（**int** 型なのか ***string*** 型なのか、自作の型なのか…）は、不明であることが一般的です。

そのため、クラステンプレート *Array<>* を **int** 型に適用したプログラムを見つけたコンパイラは、クラステンプレート *Array<>* を **int** 型用に具現化したコードをコンパイルしてリンクします。また、***string*** 型に適用したプログラムを見つけたコンパイラは、クラステンプレート *Array<>* を ***string*** 型用に具現化したコードをコンパイルしてリンクします。

このように、テンプレートがコンパイラにかける負荷は、非常に大きなものです。

C++11 より前の C++ では、テンプレートの宣言と定義を分離するために **export 宣言**というものが導入されていました。もっとも、ほとんどのコンパイラが完全には実装していない（というよりも、実装できていない）状況が続いていました。そして、C++11 では、ついに **export** 宣言は削除されてしまいました。

テンプレート関数とテンプレートクラスは、ヘッダ中に定義を埋め込んでおき、それを利用するプログラムでインクルードする、というのが、規格や処理系に依存しない最善の方法です。

List 10-7 Array/Array.h

```
// 配列クラステンプレートArray<>

#ifndef ___ClassTemplate_Array
#define ___ClassTemplate_Array

//===== 配列クラステンプレート =====//
template <class Type> class Array {
    int nelem;          // 配列の要素数
    Type* vec;          // 先頭要素へのポインタ

    //--- 添字の妥当性を判定 ---//
    bool is_valid_index(int idx) { return idx >= 0 && idx < nelem; }

public:
    //----- 添字範囲エラー -----//
    class IdxRngErr {
        const Array* ident;
        int idx;
    public:
        IdxRngErr(const Array* p, int i) : ident(p), idx(i) { }
        int Index() const { return idx; }
    };

    //--- 明示的コンストラクタ ---//
    explicit Array(int size, const Type& v = Type()) : nelem(size) {
        vec = new Type[nelem];
        for (int i = 0; i < nelem; i++)
            vec[i] = v;
    }

    //--- コピーコンストラクタ ---//
    Array(const Array<Type>& x) {
        if (&x == this) {                   // 初期化子が自分自身であれば…
            nelem = 0;
            vec = NULL;
        } else {
            nelem = x.nelem;                // 要素数をxと同じにする
            vec = new Type[nelem];          // 配列本体を確保
            for (int i = 0; i < nelem; i++) // 全要素をコピー
                vec[i] = x.vec[i];
        }
    }

    //--- デストラクタ ---//
    ~Array() { delete[] vec; }

    //--- 要素数を返す ---//
    int size() const { return nelem; }

    //--- 代入演算子= ---//
    Array& operator=(const Array<Type>& x) {
        if (&x != this) {                   // 代入元が自分自身でなければ…
            if (nelem != x.nelem) {         // 代入前後の要素数が異なれば…
                delete[] vec;               // もともと確保していた領域を解放
                nelem = x.nelem;            // 新しい要素数
                vec = new Type[nelem];      // 新たに領域を確保
            }
            for (int i = 0; i < nelem; i++) // 全要素をコピー
                vec[i] = x.vec[i];
        }
        return *this;
    }

    //--- 添字演算子[] ---//
    Type& operator[](int i) {
        if (!is_valid_index(i))
            throw IdxRngErr(this, i);       // 添字範囲エラー送出
        return vec[i];
    }

    //--- const版添字演算子[] ---//
    const Type& operator[](int i) const {
        if (!is_valid_index(i))
            throw IdxRngErr(this, i);       // 添字範囲エラー送出
        return vec[i];
    }
};

#endif
```

クラステンプレート Array<> の利用例

配列クラステンプレート *Array*<> を利用するプログラム例を **List 10-8** に示します。

List 10-8 Array/ArrayTest.cpp

```
// 配列クラステンプレートArray<>の利用例

#include <new>
#include <iostream>
#include "Array.h"

using namespace std;

int main()
{
    try {
        int no;
        Array<int>    x(5);      // 要素型がintで要素数が5
        Array<double> y(8);      // 要素型がdoubleで要素数が8

        cout << "データ数：";
        cin >> no;

        for (int i = 0; i < no; i++) {
            x[i] = i;
            y[i] = 0.1 * i;
            cout << "x[" << i << "] = " << x[i] << "   "
                 << "y[" << i << "] = " << y[i] << '\n';
        }
    }
    catch (const bad_alloc&) {
        cout << "記憶域の確保に失敗しました。\n";
        return 1;
    }
    catch (const Array<int>::IdxRngErr& x) {
        cout << "添字オーバフロー Array<int>：" << x.Index() << '\n';
        return 1;
    }
    catch (const Array<double>::IdxRngErr& x) {
        cout << "添字オーバフロー Array<double>：" << x.Index() << '\n';
        return 1;
    }
}
```

実行例

```
データ数：7
x[0] = 0    y[0] = 0
x[1] = 1    y[1] = 0.1
x[2] = 2    y[2] = 0.2
x[3] = 3    y[3] = 0.3
x[4] = 4    y[4] = 0.4
添字オーバフロー Array<int>：5
```

本プログラムは、要素数 5 の *Array*<**int**> と、要素数 8 の *Array*<**double**> を生成して、各要素に値を代入します。キーボードから *no* に読み込んだ値が配列の要素数を超える場合は、添字演算子 [] による要素のアクセス時に例外が発生します。

クラス *Array*<**int**> とクラス *Array*<**double**> は異なる型であり、それぞれに所属する例外の型も異なります。そのため、*Array*<**int**>::*IdxRngErr* と *Array*<**double**>::*IdxRngErr* の例外は、個別に捕捉しています。

＊

List 10-9 に示すのは、配列クラステンプレート *Array*<> を利用する別のプログラム例です。配列 *x* と *y* の要素型は、前節で作成した *Twin*<**int**> です。

最初に生成している配列 *x* の要素数は 3 です。明示的コンストラクタに与える第 2 引数を省略しているため、全要素がデフォルトコンストラクタによって初期化されます。

List 10-9 Array/TwinArray.cpp

```
// 配列クラステンプレートArray<>の利用例（Twin<int>の配列）

#include <new>
#include <iostream>
#include "Twin.h"
#include "Array.h"

using namespace std;

int main()
{
    Array<Twin<int> > x(3);

    Array<Twin<int> > y = x;          // yをxで初期化
    y[1] = Twin<int>(4, 5);

    Array<Twin<int> > z(2);
    z = y;                            // zにyを代入

    cout << "---- x ----\n";
    for (int i = 0; i < x.size(); i++)
        cout << "x[" << i << "] = " << x[i] << '\n';

    cout << "---- y ----\n";
    for (int i = 0; i < y.size(); i++)
        cout << "y[" << i << "] = " << y[i] << '\n';

    cout << "---- z ----\n";
    for (int i = 0; i < z.size(); i++)
        cout << "z[" << i << "] = " << z[i] << '\n';
}
```

実行結果

```
---- x ----
x[0] = [0, 0]
x[1] = [0, 0]
x[2] = [0, 0]
---- y ----
y[0] = [0, 0]
y[1] = [4, 5]
y[2] = [0, 0]
---- z ----
z[0] = [0, 0]
z[1] = [4, 5]
z[2] = [0, 0]
```

そのため、全要素の第一値と第二値が0で初期化されます。

続いて生成している配列yは、コピーコンストラクタによってxのコピーとして初期化されます。ただし、生成後に、２番目の要素y[1]の値を変更しています。

最後に生成している配列zの要素数は2です。ただし、yが代入されますので、自動的に要素数が3に拡張されるとともに、yの全要素がコピーされます。

特殊化

関数テンプレートは、特定の型に対する実現を最適化したり、本来のテンプレートと異なる仕様や動作を実現したりするための**明示的な特殊化**（*explicit specialization*）を行えますが、クラステンプレートでも明示的な特殊化が可能です。

以下に示すのが、明示的な特殊化を行うクラステンプレート定義の形式です。

```
//--- クラステンプレートC<>を型Tに明示的に特殊化 ---//
template <> class C<T> {
    //...
};
```

ここでは、配列クラステンプレートArray<>を、bool型用に特殊化することを考えます。その方針は以下のとおりです。

利用する記憶域の大きさを最小化するために、データを“パック”する。

言語の仕様上、**sizeof(bool)** が1であるとは限りませんが、一般的な環境では、要素数 *n* の **bool** 型配列は *n* バイトを占有します。

とはいえ、真と偽の二値を表現する **bool** 型は、1ビットあれば十分です。1バイトが8ビットと仮定すると、たとえば、要素数32の **bool** 型の配列は4バイトに“パック”できます（押し込められます）。

char 型の構成ビット数が *b* であれば、要素数 *n* の **bool** 型配列の本体は、(*n* + *b* - 1) / *b* バイトで収まります。

b が8であれば、要素数が34の **bool** 型配列 *x* は、**Fig.10-1** のように5バイトにパックできます。

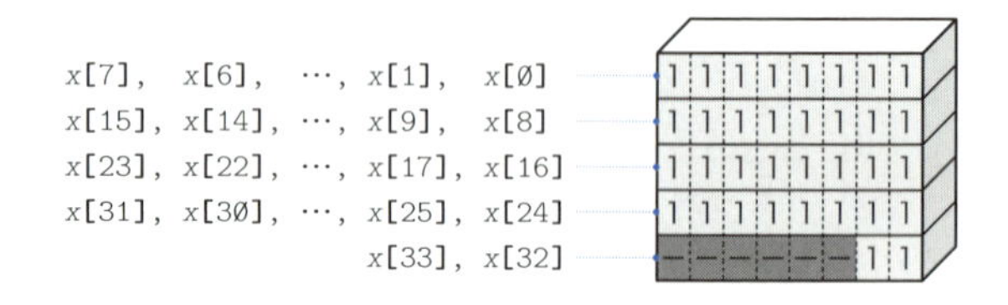

Fig.10-1　5バイトにパックされた要素数34のbool型配列

Array<bool>の定義

List 10-10 に示すのが、クラステンプレート *Array*<> を、**bool** 型用に明示的に特殊化した *Array*<**bool**> です。ざっと理解していきましょう。

■ 型 *BYTE*

1バイトを表す型です。**unsigned char** 型の同義語として定義されています。

■ 定数 *CHAR_BITS*

1バイトのビット数を表す静的データメンバです。

■ データメンバ

定数 *CHAR_BITS* 以外に、三つのデータメンバが定義されています。

□ *nelem*

配列の要素数です。

□ *velem*

ビットベクトル配列の要素数です。**Fig.10-1** に示すように、もし *CHAR_BITS* が8で *nelem* が34であれば、この値は5です。

▶ ビットベクトル配列の要素数値は、非公開の静的メンバ関数 *size_of* で求めます。

□ *vec*

ビットベクトル配列の先頭要素へのポインタです。

■ 入れ子クラス *BitOfByteRef*

1バイトで表されたビットベクトル中の任意のビットを参照するためのクラスです。

□ データメンバ *vec*, *idx*

vec は、*BYTE* 型の参照（値ではないため実体をもちません）であり、*idx* は、*vec* が参照するバイト中の着目ビット（どのビットをアクセスするのか）です。

List 10-10 [A]　　Array/BoolArray.h

```
// 配列クラステンプレートArray<>（bool型への特殊化）

#ifndef ___Class_Template_Array_Bool
#define ___Class_Template_Array_Bool

#include <limits>
#include "Array.h"

//===== 配列クラステンプレートArray<>（bool型への特殊化）=====//
template<> class Array<bool> {
    typedef unsigned char BYTE;
    static const int CHAR_BITS = std::numeric_limits<unsigned char>::digits;

    int nelem;        // bool型配列の要素数
    int velem;        // bool型配列を格納するためのBYTE型配列の要素数
    BYTE* vec;        // BYTE型先頭要素へのポインタ

    // bool型sz個の要素の格納に必要なBYTE型配列の要素数
    static int size_of(int sz) { return (sz + CHAR_BITS - 1) / CHAR_BITS; }

public:
    //=== ビットベクトル（バイト）中の１ビットへの参照を表すためのクラス ===//
    class BitOfByteRef {
        BYTE& vec;        // 参照先BYTE
        int idx;          // 参照先BYTE中のビット番号

    public:
        BitOfByteRef(BYTE& r, int i) : vec(r), idx(i) { }        // コンストラクタ

        operator bool() const { return (vec >> idx) & 1U; }      // 真偽を取得

        BitOfByteRef& operator=(bool b) {                        // 真偽を設定
            if (b)
                vec |= 1U << idx;
            else
                vec &= ~(1U << idx);
            return *this;
        }
        BitOfByteRef& operator=(BitOfByteRef& r) {               // 真偽を設定
            return *this = (bool)r;
        }
    };
```

続く▶

▫ コンストラクタ

データメンバvecとidxを、引数として受け取ったrとiで初期化します。その結果、vecはrを参照します。

Fig.10-2 に示すように、vecはBYTE型のビットベクトルを参照し、idxが着目ビットです（ここに示すのは、idxが3の例です）。

Fig.10-2　クラスBitOfByteRefのメンバ

▫ bool型への変換関数

着目ビット（vecが参照するビットベクトル中の第idxビット）が1かどうかを真偽値で返却します。図の例であれば、着目ビットは0ですから、falseを返却します。

▫ 代入演算子 =

着目ビットの値を更新する関数です。bに受け取った値が真であれば、vecが参照するビットベクトル中の第idxビットの値を1にし、偽であれば0にします。

List 10-10 [B]　　Array/BoolArray.h

```
    //----- 添字範囲エラー -----//
    class IdxRngErr {
        const Array* ident;
        int index;
    public:
        IdxRngErr(const Array* p, int i) : ident(p), index(i) { }
        int Index() const { return index; }
    };

    //--- 明示的コンストラクタ ---//
    explicit Array(int sz, bool v = bool()) : nelem(sz), velem(size_of(sz)) {
        vec = new BYTE[velem];
        for (int i = 0; i < velem; i++)      // 全要素を初期化
            vec[i] = v;
    }

    //--- コピーコンストラクタ ---//
    Array(const Array<bool>& x) {
        if (&x == this) {                       // 初期化子が自分自身であれば…
            nelem = 0;
            vec = NULL;
        } else {
            nelem = x.nelem;                    // 要素数をxと同じにする
            velem = x.velem;                    // 要素数をxと同じにする
            vec = new BYTE[velem];              // 配列本体を確保
            for (int i = 0; i < velem; i++)     // 全要素をコピー
                vec[i] = x.vec[i];
        }
    }

    //--- デストラクタ ---//
    ~Array() { delete[] vec; }

    //--- 要素数を返す ---//
    int size() const { return nelem; }

    //--- 代入演算子= ---//
    Array& operator=(const Array<bool>& x) {
        if (&x != this) {                    // 代入元が自分自身でなければ…
            if (velem != x.velem) {          // 代入前後の要素数が異なれば…
                delete[] vec;                // もともと確保していた領域を解放
                velem = x.velem;             // 新しい要素数
                vec = new BYTE[velem];       // 新たに領域を確保
            }
            nelem = x.nelem;                 // 新しい要素数
            for (int i = 0; i < velem; i++) // 全要素をコピー
                vec[i] = x.vec[i];
        }
        return *this;
    }

    //--- 添字演算子[] ---//
    BitOfByteRef operator[](int i) {
        if (i < 0 || i >= nelem)
            throw IdxRngErr(this, i);                // 添字範囲エラー送出
        return BitOfByteRef(vec[i / CHAR_BITS], (i & (CHAR_BITS - 1)));
    }

    //--- const版添字演算子[] ---//
    bool operator[](int i) const {
        if (i < 0 || i >= nelem)
            throw IdxRngErr(this, i);                // 添字範囲エラー送出
        return (vec[i / CHAR_BITS] >> (i & (CHAR_BITS - 1)) & 1U) == 1;
    }
};

#endif
```

▪コンストラクタ

▫明示的コンストラクタ

nelem 個の **bool** 型配列を格納する *velem* バイトの配列を生成し、第２引数 *v* に受け取った値で全要素を初期化します。デフォルト値が **bool()** ですから、第２引数を省略した場合は、全要素が **false** で初期化されます。

▫コピーコンストラクタ

引数として受け取った *x* と同じ配列となるように、配列を構築・初期化します。

▪デストラクタ

コンストラクタで生成した配列領域を解放します。

▪メンバ関数 size

配列の要素数（すなわち *nelem* の値）を返却します。

▪代入演算子 operator=

引数として受け取った配列 *x* を代入します。代入元と要素数が異なる際に配列を確保し直すのは *Array<>* と同様です。ただし、ビットベクトル配列の要素数 *velem* が同一であれば、たとえ *nelem* が異なっていても再確保は行いません。

▶ たとえば、*CHAR_BITS* が 8 であれば、要素数が 35 の配列と要素数が 34 の配列は、いずれもビットベクトル配列の要素数は 5 です。このような場合は、配列領域の再確保は行いません。

▪添字演算子 operator[ ]

▫通常版：

添字演算子は、値を取り出す際と、値を代入する際の両方で使われます。該当ビットに対する読込みと書込みの両方が行えるように、*BitOfByteRef* クラスを利用しています。

▶ たとえば、**Fig.10-3** の例での *x*[17] のアクセスは、*vec*[2] への参照と、着目ビット番号である 1 を渡して *BitOfByteRef* クラスオブジェクトを生成した上で行います。

▫const 版：

この添字演算子は、値を取り出す用途でのみ利用され、値が代入される用途では使われません。シフト演算や論理演算などのビット演算を組み合わせた演算によって、該当ビットの値を取り出して返却します。

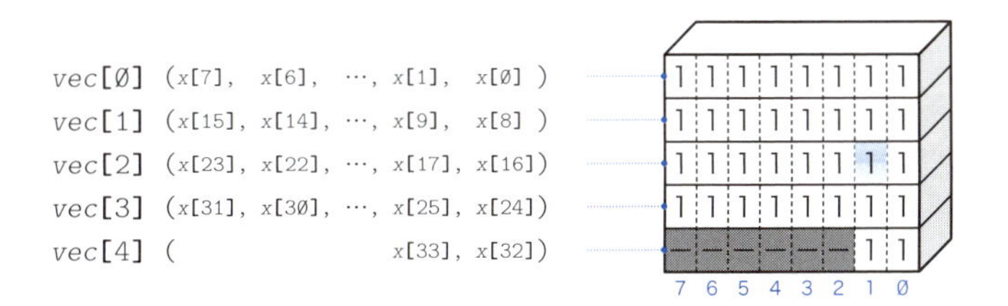

Fig.10-3 Array<bool> 内要素のアクセス

Array<bool> の利用例

bool 型に特殊化された配列クラステンプレート Array<bool> を利用するプログラム例を List 10-11 に示します。

List 10-11　Array/BoolArrayTest1.cpp

```
// 配列クラステンプレートArray<bool>の利用例

#include <iostream>
#include "Array.h"
#include "BoolArray.h"

using namespace std;

//--- Array<bool>型配列aの全要素を0または1で連続表示 ---//
void print_Array_bool(const Array<bool>& a)
{
    for (int i = 0; i < a.size(); i++)
        cout << (a[i] ? '1' : '0');
}

int main()
{
    Array<bool> x(15);        // 全要素をfalseで初期化

    cout << boolalpha;
    for (int i = 0; i < x.size(); i++)
        cout << "x[" << i  << "] = " << x[i] << '\n';

    Array<bool> y(x);         // yはxのコピー（要素数が10で全要素がfalse）

    Array<bool> z(5);         // zの要素数は5だが
    z = y;                    // yが代入されるので要素数は10となる

    y[3] = y[6] = true;

    z[5] = z[12] = true;

    cout << "x = ";  print_Array_bool(x);  cout << '\n';
    cout << "y = ";  print_Array_bool(y);  cout << '\n';
    cout << "z = ";  print_Array_bool(z);  cout << '\n';
}
```

実行結果

```
x[0] = false
x[1] = false
x[2] = false
x[3] = false
x[4] = false
x[5] = false
x[6] = false
x[7] = false
x[8] = false
x[9] = false
x[10] = false
x[11] = false
x[12] = false
x[13] = false
x[14] = false
x = 000000000000000
y = 000100100000000
z = 000001000000100
```

このプログラムでは、三つの配列 x, y, z を利用しています。明示的コンストラクタ、コピーコンストラクタ、代入演算子、添字演算子、size 関数などの働きが、ひととおり確認できます。

＊

print_Array_bool は、Array<bool> 内の全要素を、真であれば 1、偽であれば 0 として連続表示する関数です（実行結果は、y[3], y[6], z[5], z[12] のみが真であることを示しています）。

なお、以下（右ページ）のように実現すれば、何番目の要素が真なのかが、分かりやすく表示できます（"Array/BoolArrayTest2.cpp"）。

```
//--- Array<bool>型配列aの全要素を0または添字の最下位桁の値で連続表示 ---//
void print_Array_bool(const Array<bool>& a)
{
    for (int i = 0; i < a.size(); i++)
        cout << (char)(a[i] ? '0' + i % 10 : '0');
}
```

```
x = 000000000000000
y = 000300600000000
z = 000005000000200
```

値が真である要素の《添字の最下位桁》が、0～9で表示されます。

Column 10-4　メンバテンプレート

関数テンプレートとクラステンプレートは、クラスの中で定義することもできます。そのように定義された関数テンプレートとクラステンプレートは、**メンバテンプレート**（*member template*）と呼ばれます。

メンバテンプレートは、宣言の形式が複雑です。具体例で確認しましょう。

▪ 非テンプレートクラス内で定義されたメンバテンプレート

通常のクラス（非テンプレートクラス）内で、関数テンプレートとクラステンプレートを定義する例を示します。

```
// 「非」テンプレートクラスにおけるメンバテンプレート
class A {
    template <class T1> void f1() { }        // 関数テンプレート（定義）
    template <class T2> void f2(T2 t);       // 関数テンプレート（宣言）
    template <class T3> class C1 {};         // クラステンプレート（定義）
    template <class T4> class C2;            // クラステンプレート（宣言）
};

// 定義のないf2とC2をAの外部で定義する
template <class T2> void A::f2(T2 t) { };    // テンプレート関数の定義
template <class T4> class A::C2 { };         // クラステンプレートの定義
```

▪ テンプレートクラス内で定義されたメンバテンプレート

テンプレートクラス内で、関数テンプレートとクラステンプレートを定義する例を示します。

```
// テンプレートクラスにおけるメンバテンプレート
template <class T> B {
    template <class T1> void f1() { }        // 関数テンプレート（定義）
    template <class T2> void f2(T2 t);       // 関数テンプレート（宣言）
    template <class T3> class C1 { };        // クラステンプレート（定義）
    template <class T4> class C2;            // クラステンプレート（宣言）
};

// 定義のないf2とC2をBの外部で定義する
template <class T> template <class T2> void B::f2(T2 t) { };
template <class T> template <class T4> class B::C2 { };
```

この例では、入れ子の深さが2です。入れ子の深さに応じて、`template <class 引数>`の宣言を繰り返します。その際、外側の宣言を先頭側に置きます。

なお、メンバ関数テンプレートを仮想関数にすることはできません。

非型のテンプレート仮引数

テンプレート仮引数は、《型》でなくてもよいことになっています。ただし、その場合、仮引数は、以下に示すいずれかの型をもつ《式》でなければなりません。

- 汎整数型または列挙型
- オブジェクトへのポインタまたは関数へのポインタ
- オブジェクトへの参照または関数への参照
- メンバへのポインタ

※いずれの型も、cv修飾されていても構わない。

ここでは、要素数が定数である《固定長配列》をクラステンプレート*FixedArray<>*として作ります。**List 10-12**に示すのが、そのプログラムです。

テンプレートの第2引数*N*が、非型のテンプレート仮引数です。この引数に与える値は、定数でなければなりません。

唯一のデータメンバは、要素型が*Type*で要素数が*N*の配列*vec*です。たとえば、

```
FixedArray x<int, 9>;
```

と宣言された場合、*x*は、要素型が**int**型で要素数が9の配列となります。**new**演算子によって動的に確保するのではないという点で、クラステンプレート*Array<>*とは根本的に異なります（**Fig.10-4**）。

要素数*N*が定数であるため、コンストラクタや代入演算子などは、*Array<>*に比べると極めて単純です。デストラクタも定義されていません。というのも、このクラステンプレート型のオブジェクトの生存期間がつきるときに、特に行うべきこと（たとえば、動的に確保した記憶域の解放など）がないからです。

a FixedArray<>オブジェクト

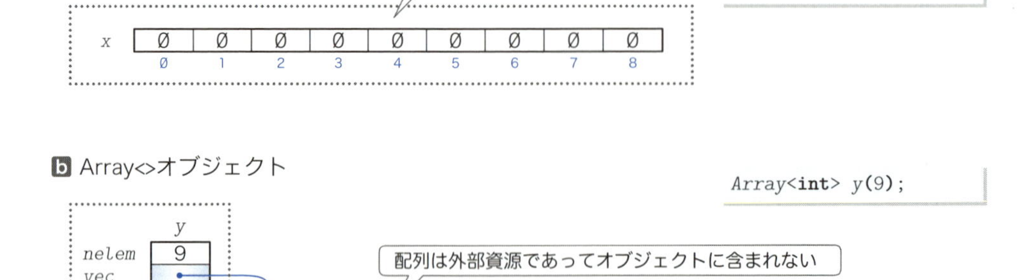

b Array<>オブジェクト

Fig.10-4　FixedArray<>オブジェクトとArray<>オブジェクト

List 10-12 FixedArray/FixedArray.h

```
// 固定長配列クラステンプレートFixedArray<>

#ifndef ___Class_FixedArray
#define ___Class_FixedArray

//===== 固定長配列クラステンプレート =====//
template <class Type, int N> class FixedArray {
    Type vec[N];          // 配列

public:
    //----- 添字範囲エラー -----//
    class IdxRngErr {
        const FixedArray* ident;
        int index;
    public:
        IdxRngErr(const FixedArray* p, int i) : ident(p), index(i) { }
        int Index() const { return index; }
    };

    //--- 明示的コンストラクタ ---//
    explicit FixedArray(const Type& v = Type()) {
        for (int i = 0; i < N; i++)
            vec[i] = v;
    }

    //--- コピーコンストラクタ ---//
    FixedArray(const FixedArray& x) {
        if (&x != this) {                   // 初期化子が自分自身でなければ…
            for (int i = 0; i < N; i++)     // 全要素をコピー
                vec[i] = x.vec[i];
        }
    }

    //--- 要素数を返す ---//
    int size() const { return N; }

    //--- 代入演算子= ---//
    FixedArray& operator=(const FixedArray& x) {
        for (int i = 0; i < N; i++)         // 全要素をコピー
            vec[i] = x.vec[i];
        return *this;
    }

    //--- 添字演算子[] ---//
    Type& operator[](int i) {
        if (i < 0 || i >= N)
            throw IdxRngErr(this, i);       // 添字範囲エラー送出
        return vec[i];
    }

    //--- const版添字演算子[] ---//
    const Type& operator[](int i) const {
        if (i < 0 || i >= N)
            throw IdxRngErr(this, i);       // 添字範囲エラー送出
        return vec[i];
    }
};

#endif
```

FixedArray<> の利用例

クラステンプレート *FixedArray<>* を利用するプログラム例を **List 10-13** に示します。

List 10-13 FixedArray/FixedArrayTest.cpp

```
// 配列クラステンプレートFixedArray<>の利用例

#include <new>
#include <iomanip>
#include <iostream>
#include "FixedArray.h"

using namespace std;

//--- FixedArray<Type, N>の全要素を表示 ---//
template <class Type, int N>
void print_FixedArray(const FixedArray<Type, N>& a)
{
    cout << "{ ";
    for (int i = 0; i < a.size(); i++)
        cout << a[i] << ' ';
    cout << "}";
}

int main()
{
    FixedArray<int, 7> a1;          // 要素数7の配列

    for (int i = 0; i < a1.size(); i++)
        a1[i] = i;

    FixedArray<int, 7> a2 = a1; // a2はa1のコピー

    cout << "a1 = ";   print_FixedArray(a1);   cout << '\n';
    cout << "a2 = ";   print_FixedArray(a2);   cout << '\n';

//  FixedArray<int, 8> a3 = a;  // コンパイルエラー：型が不一致
}
```

実行結果

```
a1 = { 0 1 2 3 4 5 6 }
a2 = { 0 1 2 3 4 5 6 }
```

print_FixedArray は、*FixedArray<Type, N>* 型配列の全要素を表示する関数テンプレートです。これは、*FixedArray<>* のメンバ関数ではなく、単なる関数テンプレートですから、引数名の *Type* と *N* は任意です（他の名前でも構いません）。

*

main 関数では、*FixedArray<***int***, 7>* 型のオブジェクト *a1* と *a2* を生成して、値を表示します。両方の配列の要素に、0, 1, 2, 3, 4, 5, 6 が代入されます。

また、*FixedArray<***int***, 7>* と *FixedArray<***int***, 8>* はまったく異なる型ですので、コピーコンストラクタによる初期化や代入などはできません。そのため、（コメントアウトしている）最後の行は、コンパイルエラーとなります。

▶ なお、関数テンプレート *print_FixedArray* は、要素数も引数となっていますので、任意の要素数の配列を受け取れます。

インクルードモデル

二値クラステンプレートと配列クラステンプレート群は、いずれもヘッダだけで実現しました。というのも、ヘッダ部とソース部に分けて実現する方法だと、コンパイラの負担があまりにも大きすぎて、実用的でないからです。

とはいえ、クラステンプレートの規模が大きくなると、単一のヘッダでの管理が困難となるのが一般的です（クラステンプレート内部が利用者にさらされる、という問題もあります）。

クラステンプレートのヘッダ部（主としてクラス定義）と、ソース部（主としてクラス定義の外で行うメンバ関数の定義）を分けるために利用されるのが、"二つのヘッダ"を利用する方法です。この手法は、**インクルードモデル**（*include model*）と呼ばれます。

Fig.10-5 に示すのが、インクルードモデルを用いた実現例です。

ヘッダ部だけでなく、ソース部もヘッダとして実現します（その結果、ソース部 `"XXX_Implementation.h"` は、ヘッダ部 `"XXX.h"` から自動的にインクルードされます）。次節では、この手法を利用します。

インクルードモデル

クラステンプレートを２個のヘッダで実現する

"XXX.h"
クラス定義
（データメンバやメンバ関数の宣言など）

"XXX_Implementation.h"
クラス定義以外の宣言
（メンバ関数の定義など）

```
// クラステンプレートXXX（ヘッダ部）

#ifndef ___Class_XXX
#define ___Class_XXX

//=== クラステンプレートの定義 ===//
template <class Type> class XXX {
    // ...

public:
    //--- メンバ関数の宣言 ---//
    int func(double x);
};

// ソース部をインクルード
#include "XXX_Implementation.h"

#endif
```

```
// クラステンプレートXXX（ソース部）

#ifndef ___Class_XXX_Implementation
#define ___Class_XXX_Implementation

//--- メンバ関数の定義 ---//
template <class Type>
int XXX<Type>::func(double x)
{
    //...
};

//...


#endif
```

Fig.10-5 クラステンプレートのヘッダ部とソース部の分離（インクルードモデル）

10-3 スタッククラステンプレート

本節では、クラステンプレートによるスタックを、前節で学習したインクルードモデルによって実現します。

スタックとは

本節で作成する**スタック**（*stack*）とは、データの集合を一時的に蓄えるデータ構造の一種です。新しいデータは、それまでに入っているものの後に付け加えられ、最後に入れたものから取り出されるという機構です。すなわち**後入れ先出し**（*LIFO*／*Last-In-First-Out*）方式でデータの追加・削除が行われます。

▶ スタックにデータを追加する操作を**プッシュする**（*push*）といい、取り出す操作を**ポップする**（*pop*）といいます。プッシュとポップが行われる側が**頂上**（*top*）で、その反対側が**底**（*bottom*）です。

スタックの実現

スタックを実現するクラステンプレート *SimpleStack<>* のヘッダ部を **List 10-14** に示します。プログラムと対比しながら理解していきましょう。

データメンバ

クラステンプレート *SimpleStack<>* には三つのデータメンバがあります。

▪ スタック本体：stk

*Type** 型の *stk* は、プッシュされたデータを格納するスタック本体用の配列です。

本クラステンプレートでは、**Fig.10-6** に示すように、添字 0 の要素をスタックの底として使います。そのため、最初にプッシュされたデータは stk[0] に格納されます。

▶ *stk* は配列の先頭要素へのポインタです。配列本体はコンストラクタで生成します。

▪ スタックの容量：size

スタックの容量（スタックに積める最大のデータ数）を表すのが int 型の *size* です。この値は、配列 *stk* の要素数と一致します。

▪ スタックポインタ：ptr

スタックに積まれているデータ数を表すのが int 型の *ptr* です。この値は**スタックポインタ**（*stack pointer*）と呼ばれます。

図に示すのは、容量 8 のスタック 4 個のデータがプッシュされた状態であり、スタックポインタ *ptr* の値は 4 です。最初にプッシュされたデータが stk[0] の 19 で、最後にプッシュされたデータが stk[ptr - 1] の 53 です。

▶ 図中●で示すのがスタックポインタ *ptr* の値です。この値は、最後にプッシュされたデータを格納している要素の添字に 1 を加えた値と等しくなります。

なお、スタックが空のときの *ptr* の値は 0 です。スタックにデータがプッシュされたときに *ptr* をインクリメントし、スタックからデータがポップされたときに *ptr* をデクリメントします。

コピーコンストラクタと代入演算子の無効化

青網部は、コピーコンストラクタと代入演算子の宣言です。メンバ関数の形式だけを非公開部で宣言することによって、利用者が呼び出せないように無効化します。

▶ この手法は、第6章で学習しました。

例外クラス

例外のためのクラスが二つ定義されています。

- *Overflow* … 満杯のスタックにポップを行おうとするときに発生する例外。
- *Empty* … 空のスタックからポップを行おうとするときに発生する例外。

▶ いずれも空のクラスとして定義されています。

List 10-14 SimpleStack/SimpleStack.h

```
// 簡易スタック クラステンプレート（ヘッダ部）

#ifndef ___Class_SimpleStack
#define ___Class_SimpleStack

//===== スタック クラステンプレート =====//
template<class Type> class SimpleStack {
    Type* stk;        // スタックの本体（先頭要素へのポインタ）
    int size;         // スタックの容量
    int ptr;          // スタックポインタ

    SimpleStack(const SimpleStack<Type>&);      // コピーコンストラクタを無効化
    SimpleStack& operator=(const SimpleStack<Type>&);   // 代入演算子を無効化

public:
    //----- 満杯スタックへのプッシュに対する例外 -----//
    class Overflow { };

    //----- 空のスタックからのポップに対する例外 -----//
    class Empty { };

    // 明示的コンストラクタ
    explicit SimpleStack(int sz);

    // デストラクタ
    ~SimpleStack();

    // プッシュ
    Type& push(const Type& x);

    // ポップ
    Type pop();
};

// ソース部をインクルード
#include "SimpleStackImplementation.h"

#endif
```

List 10-15 をインクルードする

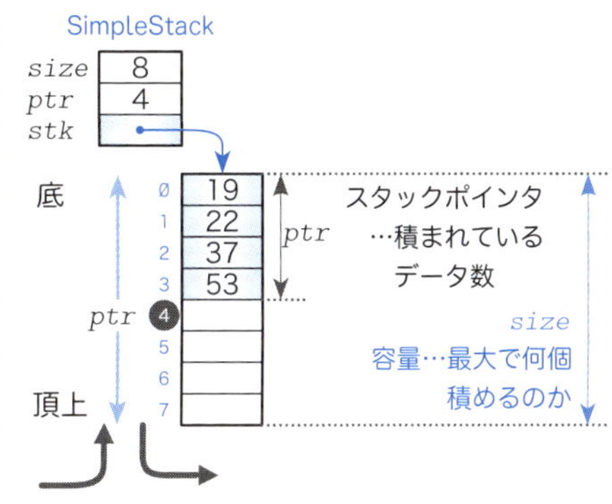

Fig.10-6 SimpleStack<> のイメージ

メンバ関数の定義

コンストラクタを含む各メンバ関数の定義は、ソース部である **List 10-15** の "SimpleStackImplementation.h" の中に置かれています。

▶ インクルードモデルを利用して実現しているため、このソース部は、前ページに示したヘッダ "SimpleStack.h" からインクルードされます。

List 10-15 SimpleStack/SimpleStackImplementation.h

List 10-14 からインクルードされる

```
// 簡易スタック クラステンプレート（ソース部）

#ifndef ___Class_SimpleStackImplementation
#define ___Class_SimpleStackImplementation

//--- 明示的コンストラクタ ---//
template<class Type>
SimpleStack<Type>::SimpleStack(int sz) : size(sz), ptr(0)
{
    stk = new Type[size];
}

//--- デストラクタ ---//
template<class Type>
SimpleStack<Type>::~SimpleStack()
{
    delete[] stk;
}

//--- プッシュ ---//
template<class Type>
Type& SimpleStack<Type>::push(const Type& x)
{
    if (ptr >= size)                          // スタックが満杯
        throw Overflow();
    return stk[ptr++] = x;
}

//--- ポップ ---//
template<class Type>
Type SimpleStack<Type>::pop()
{
    if (ptr <= 0)                             // スタックは空
        throw Empty();
    return stk[--ptr];
}

#endif
```

■ 明示的コンストラクタ：*SimpleStack*

明示的コンストラクタは、スタック用の配列を確保するなどの処理を行います。

生成時のスタックは空（すなわちデータが 1 個もない状態）ですから、スタックポインタ *ptr* の値を 0 にします。仮引数 *sz* に受け取るのは、スタックの容量です。この値で *size* を初期化して、要素数 *size* の配列 *stk* の本体を生成します。

■ デストラクタ：*~SimpleStack*

コンストラクタで確保していたスタック本体用の配列 *stk* を解放します。

▪ プッシュ：*push*

スタックにデータ*x*をプッシュするメンバ関数です。スタックが満杯のときは例外`Overflow`をスローします。

満杯でない場合は、まず受け取ったデータ*x*を配列の要素*stk*[*ptr*]に格納し、それからスタックポインタを一つ増やして、プッシュした値（への参照）を返却します。

プッシュ操作に伴ってメンバの値が変化する様子の一例を示したのが**Fig.10-7**です。

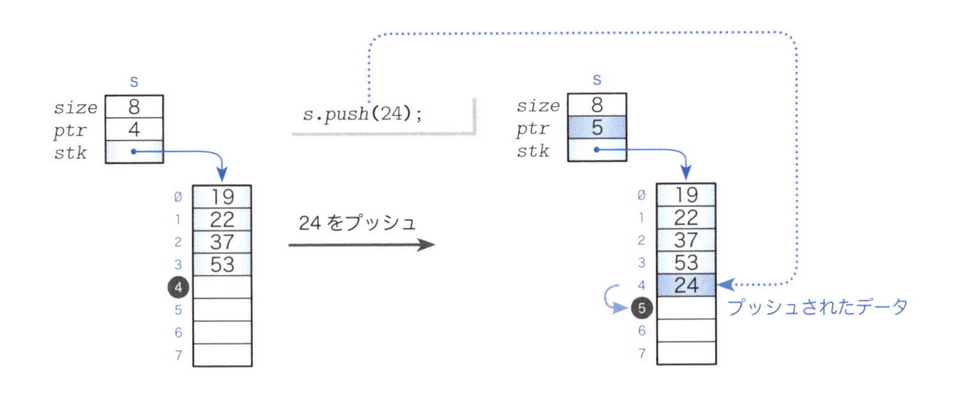

Fig.10-7　スタックへのプッシュ

▪ ポップ：*pop*

スタックの頂上からデータをポップして、そのデータを返すメンバ関数です。スタックが空のときは例外*Empty*を送出します。

空でない場合は、まずスタックポインタ*ptr*の値を一つ減らし、それから*stk*[*ptr*]に格納されている値を返します。

ポップ操作に伴ってメンバの値が変化する様子の一例を示したのが**Fig.10-8**です。

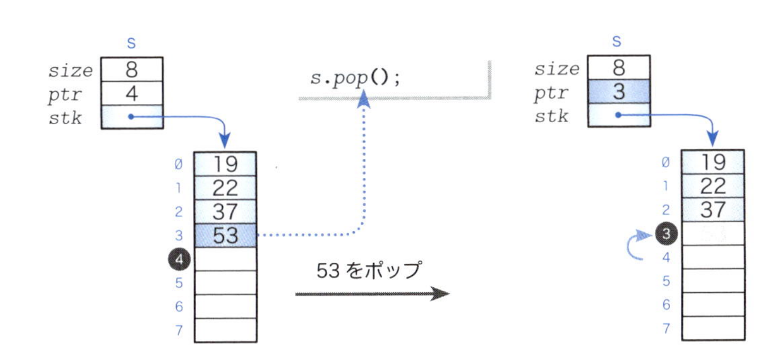

Fig.10-8　スタックからのポップ

利用例

スタッククラステンプレートを利用するプログラム例を **List 10-16** に示します。これは、スタックの性質を利用して、文字列を反転表示するプログラムです。

▶ 文字列の長さを求める *string* クラスのメンバ関数 length については、第 12 章で学習します。

List 10-16 SimpleStack/SimpleStackTest.cpp

```
// 簡易スタック クラステンプレートの利用例（文字列の反転）

#include <string>
#include <iostream>
#include "SimpleStack.h"

using namespace std;

int main()
{
    string x;

    cout << "文字列：";
    cin >> x;

    SimpleStack<char> s(x.length());      // スタックsの容量は文字列xの長さ

    try {
        for (int i = 0; i < x.length(); i++)     // 先頭文字から順にプッシュ
            s.push(x[i]);

        for (int i = 0; i < x.length(); i++)  {
            char c = s.pop();                    // ポップ（逆順に得られる）
            cout << c;
        }
        cout << '\n';
    }
    catch (const SimpleStack<char>::Overflow&) {
        cout << "\a満杯の<char>スタックにプッシュしようとしました。\n";
    }
    catch (const SimpleStack<char>::Empty&) {
        cout << "\a空の<char>スタックからポップしようとしました。\n";
    }
}
```

実行例

```
文字列：ABC⏎
CBA
```

本プログラムでは、文字列 x に読み込んだ文字を先頭から順にスタック s にプッシュします。その後、スタックが空になるまでポップを行います。

実行例の場合であれば、**Fig.10-9** に示すように、'A', 'B', 'C' を順にプッシュし、'C', 'B', 'A' の順にポップします。

本プログラムは、プッシュとポップを行う関数が送出する例外 *Overflow* と *Empty* に対するハンドラが定義されています（ただし、本プログラムで例外が送出・捕捉されることはありません）。

▶ 本来は、二つの **for** 文で宣言されている変数 *i* の型は、**int** ではなく ***string*::*size_type*** とすべきです。詳細は第 12 章で学習します。

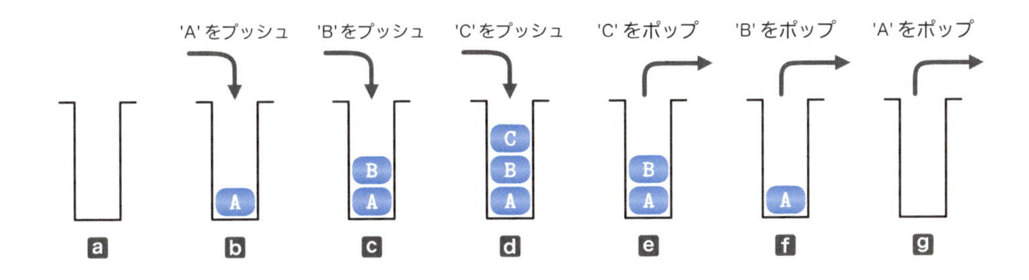

Fig.10-9 スタックを利用した文字列の反転

スタッククラステンプレート *SimpleStack<>* に、以下のメンバ関数を追加すると、より実用的になります。挑戦してみましょう。

Type& peek() … 頂上のデータを削除することなく返す。
int *capacity()* … スタックの容量を返す。
bool *is_full()* … スタックが満杯であるかどうかを返す。
bool *is_empty()* … スタックが空であるかどうかを返す。

10-4 抽象クラステンプレート

本節では、スタッククラステンプレートを抽象クラステンプレートとすることによって、より柔軟に実現する方法を学習します。

抽象クラステンプレート

すべてのメンバ関数が純粋仮想関数である**抽象クラス**のことを、《**抽象基底クラス**》と呼ぶことは、第8章で学習しました。抽象基底クラスは、

"どのような操作が行えるのか" のみが定義されたクラス

であって、操作の具体的な詳細は、派生クラスで定義するのでした。

ここでは、スタックを抽象基底クラステンプレートとして作成し、そのクラステンプレートから派生した、以下に示す三つのクラステンプレートを作ります。

- **配列**で実現する**スタックテンプレート**
- **線形リスト**で実現する**スタックテンプレート**
- ***vector***<> で実現する**スタックテンプレート**

▶ *vector*<> については、次章で学習します。

スタック抽象クラステンプレート Stack<>

スタック抽象クラステンプレート *Stack*<> のプログラムを、**List 10-17** に示します。

List 10-17 Stack/Stack.h

```
// スタック 抽象クラステンプレート

#ifndef ___Class_Stack
#define ___Class_Stack

//===== スタック 抽象クラステンプレート =====//
template <class Type> class Stack {
public:
    //----- 満杯スタックへのプッシュに対する例外 -----//
    class Overflow { };

    //----- 空のスタックからのポップに対する例外 -----//
    class Empty { };

    //--- デストラクタ ---//
    virtual ~Stack() = 0;

    //--- プッシュ ---//
    virtual void push(const Type&) = 0;

    //--- ポップ ---//
    virtual Type pop() = 0;
};

//--- デストラクタ ---//
template <class Type> Stack<Type>::~Stack() { }

#endif
```

Stack<> は、スタッククラス群の基底クラスとなる抽象クラステンプレートです。

プッシュを行う *push* と、ポップを行う *pop* が**純粋仮想関数**として宣言されています。プッシュ・ポップの各操作の定義は、形式のみであって、実体ではありません。

すなわち、*Stack* の定義は、以下のように理解すればよさそうです。

スタックは“プッシュ”と“ポップ”で操作される型ですよ。

▶ もちろん *Stack<>* 型のオブジェクトを生成することはできません。

抽象基底クラステンプレートである *Stack<>* は、データメンバが存在しないため、コンストラクタは不要です。ただし、派生クラスのオブジェクトが適切に破棄されるようにするために仮想デストラクタが必要です（p.209）。

配列で実現するスタッククラステンプレート ArrayStack<>

List 10-18 に示すのが、配列で実現するスタッククラステンプレート *ArrayStack<>* です。*Stack<>* から **public** 派生を行うことによって、is-A の関係を実現しています。

List 10-18　　Stack/ArrayStack.h

```
// スタック クラステンプレート（要素数固定の配列による実現）

#ifndef ___Class_ArrayStack
#define ___Class_ArrayStack

#include "Stack.h"

//===== 要素数固定の配列によるスタック クラステンプレート =====//
template <class Type> class ArrayStack : public Stack<Type> {
    static const int size = 10;     // スタックの容量（配列の要素数）
    int ptr;                        // スタックポインタ
    Type stk[size];                 // スタックの本体

public:
    //--- コンストラクタ ---//
    ArrayStack() : ptr(0) { }

    //--- デストラクタ ---//
    ~ArrayStack() { }

    //--- プッシュ ---//
    void push(const Type& x) {
        if (ptr >= size)                // スタックは満杯
            throw Stack<Type>::Overflow();
        stk[ptr++] = x;
    }

    //--- ポップ ---//
    Type pop() {
        if (ptr <= 0)                   // スタックは空
            throw Stack<Type>::Empty();
        return stk[--ptr];
    }
};

#endif
```

なお、スタックを格納するための配列本体の要素数は 10 に固定しています。そのため、10 個以上のデータがプッシュされると *Overflow* エラーを送出します。

線形リストによるスタッククラステンプレート ListStack<>

List 10-19 は、線形リストで実現するスタッククラステンプレート *ListStack<>* のプログラムです。当然ながら、*Stack<>* からの **public** 派生を行うことによって、is-A の関係を実現しています。

▶ 線形リストは、**Fig.10-10** に示すように、データが順序付けられて並んだデータ構造です。リスト上のデータは、**ノード**（*node*）と呼ばれます。各ノードは、データだけではなく、後続ノードを指す**後続ポインタ**をもっています。そのノードを表すのが、*ListStack<>* の非公開部で定義された *Node<>* です。

*Node<Type>** 型のポインタである *top* と *dummy* は、それぞれ、先頭ノードと、末尾に配置された番兵（ばんぺい）（リスト末尾の目印）であるダミーノードを指します。

図**a**に示すのが、AからEまでの5個のデータから構成される線形リストです。この線形リストに対してプッシュ（先頭へのノード挿入）を行った後の状態を示したのが、図**b**です。*top* が新しく挿入するノードGを指すように更新するとともに、新しく挿入したノードGの後続ポインタが、それまでの先頭ノードを指すように更新します。

また、図**a**からポップ（先頭ノードの削除）を行った後の状態を示したのが、図**c**です。*top* が指していたノードAの領域を解放するとともに、もともと2番目に位置していたノードBを指すように *top* を更新します。

挿入や削除に伴って、データの移動や配列の再確保が不要であることが特徴です。

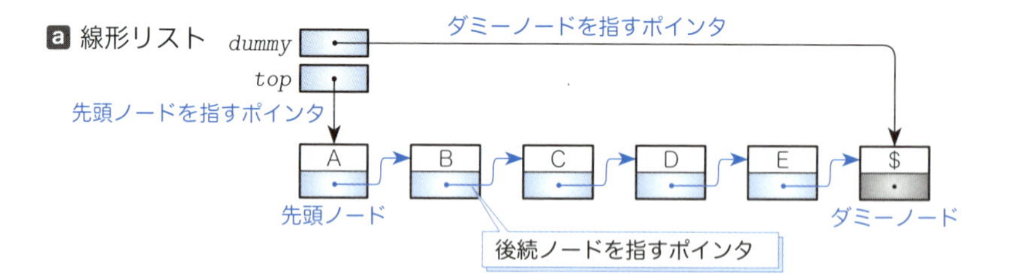

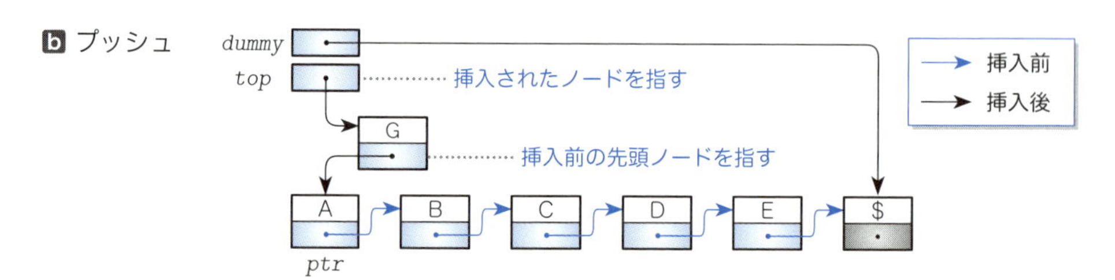

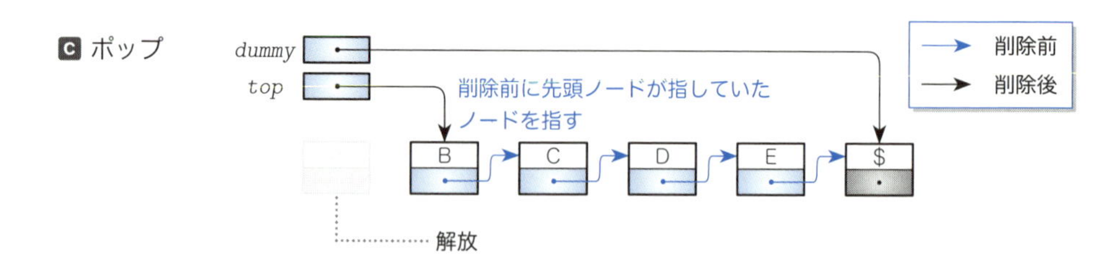

Fig.10-10 線形リストで実現するスタック

List 10-19　　Stack/ListStack.h

```
// スタック クラステンプレート（線形リストによる実現）

#ifndef ___Class_ListStack
#define ___Class_ListStack

#include <new>
#include "Stack.h"

//===== 線形リストによるスタック クラステンプレート =====//
template <class Type> class ListStack : public Stack<Type> {

    //=== ノード ===//
    template <class Type> class Node {
        friend class ListStack<Type>;
        Type* data;             // データ
        Node* next;             // 後続ポインタ（後続ノードへのポインタ）
    public:
        Node(Type* d, Node* n) : data(d), next(n) { }
    };

    Node<Type>* top;            // 先頭ノードへのポインタ
    Node<Type>* dummy;          // ダミーノードへのポインタ

public:
    //--- コンストラクタ ---//
    ListStack() {
        top = dummy = new Node<Type>(NULL, NULL);
    }

    //--- デストラクタ ---//
    ~ListStack() {
        Node<Type>* ptr = top;
        while (ptr != dummy) {
            Node<Type>* next = ptr->next;
            delete ptr->data;
            delete ptr;
            ptr = next;
        }
        delete dummy;
    }

    //--- プッシュ ---//
    void push(const Type& x) {
        Node<Type>* ptr = top;
        try {
            top = new Node<Type>(new Type(x), ptr);
        } catch (const std::bad_alloc&) {
            throw Stack<Type>::Overflow();
        }
    }

    //--- ポップ ---//
    Type pop() {
        if (top == dummy)                       // スタックは空
            throw Stack<Type>::Empty();
        else {
            Node<Type>* ptr = top->next;
            Type temp = *(top->data);
            delete top->data;
            delete top;
            top = ptr;
            return temp;
        }
    }
};

#endif
```

リスト上の個々のノード

vector<> によるスタッククラステンプレート VectorStack<>

List 10-20 に示すのが、ベクトルクラステンプレート *vector<>* で実現するスタッククラステンプレート *VectorStack<>* のプログラムです。

List 10-20　Stack/VectorStack.h

```
// スタック クラステンプレート (std::vector<>による実現)

#ifndef ___Class_VectorStack
#define ___Class_VectorStack

#include "Stack.h"
#include <vector>

//===== std::vector<>によるスタック クラステンプレート =====//
template <class Type> class VectorStack : public Stack<Type> {
    std::vector<Type> stk;                  // ベクトル

public:
    //--- コンストラクタ ---//
    VectorStack() { }

    //--- デストラクタ ---//
    ~VectorStack() { }

    //--- プッシュ --//
    void push(const Type& x) {
        try {
            stk.push_back(x);               // xを末尾に挿入
        }
        catch (...) {
            throw Stack<Type>::Overflow();
        }
    }

    //--- ポップ --//
    Type pop() {
        if (stk.empty())                    // スタックが空
            throw Stack<Type>::Empty();
        Type x = stk.back();                // 末尾の値を調べる
        stk.pop_back();                     // 末尾要素を削除
        return x;
    }
};

#endif
```

記憶域の管理を *vector<>* にまかせられるため、**コンストラクタとデストラクタの本体が空になっています。**

プッシュとポップの実体は以下のように定義されています。

▪ プッシュ

push_back 関数によって、末尾要素にデータを挿入します。

▪ ポップ

ベクトルの要素数が0であれば *Empty* 例外を送出します。そうでなければ、back 関数で末尾要素を取り出して、それから pop_back 関数によって末尾要素を削除します。

▶ ベクトルクラステンプレート *vector<>* と、そのメンバである push_back, empty, back, pop_back の各関数は、次章で学習します。

スタッククラステンプレートStack<>の利用例

スタッククラスの利用例を**List 10-21**に示します。このプログラムでは、**int**型用の配列版スタック*ArrayStack<>*を生成し、対話によってプッシュとポップを繰り返します。

List 10-21 Stack/StackTest1.cpp

```
// スタック抽象クラステンプレートの利用例（その1：配列版スタック）

#include <iostream>
#include "Stack.h"
#include "ArrayStack.h"    ←1

using namespace std;

int main()
{
    Stack<int>* s = new ArrayStack<int>();    ←2

    while (1) {
        int menu;
        cout << "(1)プッシュ (2)ポップ (0)終了：";
        cin >> menu;
        if (menu == 0) break;

        switch (menu) {
         int x;
                //--- プッシュ ---//
         case 1: cout << "データ：";
                cin >> x;
                try {
                    s->push(x);
                }
                catch (const Stack<int>::Overflow&) {
                    cout << "\aオーバフローしました。\n";
                }
                break;

                //--- ポップ ---//
         case 2: try {
                    x = s->pop();
                    cout << "ポップしたデータは" << x << "です。\n";
                }
                catch (const Stack<int>::Empty&) {
                    cout << "\aスタックは空です。\n";
                }
                break;
        }
    }
    delete s;
}
```

実行例

```
(1)プッシュ (2)ポップ (0)終了：1
データ：100
(1)プッシュ (2)ポップ (0)終了：1
データ：200
(1)プッシュ (2)ポップ (0)終了：2
ポップしたデータは200です。
(1)プッシュ (2)ポップ (0)終了：2
ポップしたデータは100です。
(1)プッシュ (2)ポップ (0)終了：0
```

スタック*s*をベクトル版でなく、線形リスト版や**vecotr<>**版に変更するのは容易です。プログラムの網かけ部を以下のように書きかえるだけです。

```
1 #include "ListStack.h"
2 Stack<int>* s = new ListStack<int>;
```

```
1 #include "VectorStack.h"
2 Stack<int>* s = new VectorStack<int>;
```

もちろん、プログラムを実行すると（表面上は）同じように動作します。そのため、プログラムを作成する側で、自分の使いたいクラスを選んだり、状況に適したクラスを選んだりすることが簡単に行えます。

抽象基底クラス（インタフェースクラス）テンプレートから派生したクラス群を、互いに置換可能な仕様にして定義しておけば、利用者にとってクラスの選択肢が広がります。

前ページでは、スタックの実装方法（配列／線形リスト／ベクトル）を手動で切りかえる手法を学習しました。

この切りかえをプログラムで実現するように改良したのが、**List 10-22** に示すプログラムです。

List 10-22 Stack/StackTest2.cpp

```
// スタック抽象クラステンプレートの利用例
//        （その２：配列／線形リスト／ベクトルから好きなものを選択できる）

#include <iostream>
#include "Stack.h"
#include "ArrayStack.h"
#include "ListStack.h"
#include "VectorStack.h"

using namespace std;

enum StackType { ArraySTK, ListSTK, VectorSTK };

//--- swに応じた型のスタックを生成 ---//
template <class Type>
Stack<Type>* generate_Stack(StackType sw)
{
    switch (sw) {
     case ArraySTK :  return new ArrayStack<Type>();      // 配列版
     case ListSTK :   return new ListStack<Type>();       // 線形リスト版
     default :        return new VectorStack<Type>();     // ベクトル版
    }
}

//--- すべてのデータをポップして表示 ---//
template <class Type>
void pop_all(Stack<Type>& s)
{
    cout << "{ ";
    try {
        while (1)
            cout << s.pop() << " ";
    } catch (const Stack<Type>::Empty&) {
        ;
    }
    cout << "}";
}

int main()
{
    int type;

    do {
        cout << "スタックの種類（0…配列／1…リスト／2…vector）：";
        cin >> type;
    } while (type < 0 || type > 2);

    // typeに応じた型のスタックを生成
    Stack<int>* s = generate_Stack<int>(static_cast<StackType>(type));

    while (1) {
        int menu;
        cout << "(1)プッシュ (2)ポップ (3)全ポップ&表示 (0)終了：";
        cin >> menu;
        if (menu == 0) break;
```

```
        switch (menu) {
         int x;
         case 1: cout << "データ：";
                 cin >> x;
                 try {
                     s->push(x);
                 }
                 catch (const Stack<int>::Overflow&) {
                    cout << "\aオーバフローしました。\n";
                 }
                 break;

         case 2: try {
                    x = s->pop();
                    cout << "ポップしたデータは" << x << "です。\n";
                 }
                 catch (const Stack<int>::Empty&) {
                    cout << "\aスタックは空です。\n";
                 }
                 break;

         case 3: pop_all(*s);
                 cout << '\n';
                 break;
        }
    }
    delete s;
}
```

実行例

```
スタックの種類 (0…配列／1…リスト／2…vector) ：2
(1)プッシュ (2)ポップ (3)全ポップ&表示 (0)終了：1
データ：11
(1)プッシュ (2)ポップ (3)全ポップ&表示 (0)終了：1
データ：23
(1)プッシュ (2)ポップ (3)全ポップ&表示 (0)終了：1
データ：35
(1)プッシュ (2)ポップ (3)全ポップ&表示 (0)終了：1
データ：47
(1)プッシュ (2)ポップ (3)全ポップ&表示 (0)終了：2
ポップしたデータは47です。
(1)プッシュ (2)ポップ (3)全ポップ&表示 (0)終了：3
{ 35 23 11 }
(1)プッシュ (2)ポップ (3)全ポップ&表示 (0)終了：3
{ }
(1)プッシュ (2)ポップ (0)終了：0
```

関数テンプレートが2個定義されています。

- *generate_Stack*

*sw*の値に応じてスタックを生成して返却する関数テンプレートです。

*sw*の値は、以下のように設定します。

- 0 … 配列版スタックオブジェクトへのポインタ
- 1 … 線形リスト版スタックオブジェクトへのポインタ
- 2 … **vector**<> 版スタックオブジェクトへのポインタ

- *pop_all*

仮引数*s*が参照するスタックからすべてのデータをポップして表示する関数テンプレートです。

*

main関数の網かけ部では、*generate_Stack*関数テンプレートを呼び出して、選択されたスタックを生成します。プログラムを実行して、いろいろな型のスタックを生成してみましょう。どのスタックも同じように動作します。

▶ ただし、配列版は容量が10ですから、配列版のスタックを生成して10個以上のデータをプッシュすると、Overflow例外が送出されます。

まとめ

- **クラステンプレート**を定義すると、状態の型が異なるものの、振舞いが同一であるクラス群を個別のクラスとして定義する手間から解放される。

- クラステンプレートの定義を関数の中に置くことはできない。

- クラステンプレートを用いることによって、**パラメータ化された型**を実現できる。クラステンプレートは、**テンプレート仮引数**を受け取る。

- クラステンプレートを定義しておけば、利用する側のテンプレート実引数型に応じて**テンプレート特殊化**が行われ、その型に応じた**テンプレートクラス**が作られる。

- テンプレートクラスがコンパイラによって**具現化**される際は、プログラムで呼び出されているメンバ関数のみが具現化されて、それ以外のメンバ関数は具現化されない。

- クラステンプレートを入れ子にして利用する際は、型名を閉じるための > と > とのあいだにスペースを入れて > > と宣言しなければならない。ただし、C++11 からは、スペースは不要である。

- ある特定の型に対して、クラステンプレートの仕様を変更する必要があれば、その型に対する**明示的な特殊化**を行うとよい。

- クラスの中で定義された関数テンプレートとクラステンプレートは、**メンバテンプレート**と呼ばれる。

- クラステンプレート仮引数は、汎整数型などの**非型の値**であってもよい。

- クラステンプレートのヘッダ部とソース部を分離するには、**インクルードモデル**を利用するとよい。クラステンプレートを利用するプログラムでヘッダ部をインクルードすることによって、ソース部が自動的にインクルードされる。

- 抽象クラスは、クラステンプレートとしても定義できる。すなわち、クラステンプレートは純粋仮想関数をもつことができる。

- Type 型の仮引数 *p* を `const Type& p = Type()` と宣言しておけば、*p* に対する実引数が省略された場合に、Type 型のデフォルトコンストラクタで *p* が初期化される。

- **swap 関数テンプレート**を利用すると、任意の型の二値の交換を行える。この関数テンプレートを利用するプログラムでは、**<algorithm> ヘッダ**と **<utility> ヘッダ**の両方をインクルードしておくとよい。

chap10/OrderedTrio.cpp

```
// ソートずみ三値クラステンプレートOrderedTrio<>

#include <string>
#include <utility>
#include <algorithm>
#include <iostream>

using namespace std;

// ソートずみ三値クラステンプレートOrderedTrio<>
template <class T> class OrderedTrio {
    T v1, v2, v3;

    void sort() {                              // v1≦v2≦v3となるようにソート
        if (!(v1 < v2)) std::swap(v1, v2);
        if (!(v2 < v3)) std::swap(v2, v3);
        if (!(v1 < v2)) std::swap(v1, v2);
    }

public:
    //--- コンストラクタ ---//
    OrderedTrio(const T& f1 = T(), const T& f2 = T(), const T& f3 = T())
                : v1(f1), v2(f2), v3(f3) { sort(); }

    //--- コピーコンストラクタ ---//
    OrderedTrio(const OrderedTrio<T>& t)
                : v1(t.first()), v2(t.second()), v3(t.third()) { }

    T  first()  const { return v1; }           // 第一値v1のゲッタ
    T& first()        { return v1; }           // 第一値v1のゲッタ兼セッタ

    T  second() const { return v2; }           // 第二値v2のゲッタ
    T& second()       { return v2; }           // 第二値v2のゲッタ兼セッタ

    T  third()  const { return v3; }           // 第三値v3のゲッタ
    T& third()        { return v3; }           // 第三値v3のゲッタ兼セッタ
};

//--- 挿入子 ---//
template <class T>
inline std::ostream& operator<<(std::ostream& os, const OrderedTrio<T>& t)
{
    return os << "[" << t.first() << ", " << t.second()
                              << ", " << t.third() << "]";
}

//--- 挿入子（Trio<std::string>型への特殊化）---//
template <>
inline std::ostream& operator<<(std::ostream& os, const OrderedTrio<std::string>& st)
{
    return os << "[\"" << st.first() << "\", \"" << st.second()
                                << "\", \"" << st.third() << "\"]";
}

int main()
{
    int v1, v2, v3;
    string s1, s2, s3;

    cout << "整数[1]：";    cin >> v1;
    cout << "整数[2]：";    cin >> v2;
    cout << "整数[3]：";    cin >> v3;
    cout << "文字列[1]：";  cin >> s1;
    cout << "文字列[2]：";  cin >> s2;
    cout << "文字列[3]：";  cin >> s3;

    OrderedTrio<int> t1(v1, v2, v3);
    OrderedTrio<string> t2(s1, s2, s3);

    cout << "t1 = " << t1 << '\n';
    cout << "t2 = " << t2 << '\n';
}
```

実行例

```
整数[1]：5
整数[2]：3
整数[3]：7
文字列[1]：XYZ
文字列[2]：ABCDE
文字列[3]：TRIO
t1 = [3, 5, 7]
t2 = ["ABCDE", "TRIO", "XYZ"]
```

第11章

ベクトルライブラリ

本章では、vector<>として提供される、高機能な配列ともいえるベクトルライブラリについて学習します。

- コンテナとSTL
- <vector>によるベクトルライブラリ vector<>
- size_type 型
- ベクトルの容量と要素数
- アロケータ
- ベクトルによる２次元配列
- typename
- ポインタと反復子
- begin と end ／ rbegin と rend
- difference_type 型
- 反復子を受け取ってコンテナを走査する関数テンプレート
- 反復子の種類
- <algorithm>によるシャッフル・ソートなどのアルゴリズム
- <functional>による関数オブジェクトとファンクタ
- 標準ファンクタ（比較演算・論理演算・算術演算）
- 単項ファンクタと２項ファンクタの作成
- for_each アルゴリズム
- transform アルゴリズム

11-1 ベクトルvector<>の基本

本節では、テンプレートとして実装されている標準ライブラリvector<>の基礎的な事項を学習します。

コンテナとvector<>

他のオブジェクトを格納して情報の集まりを表すデータ構造や、その構造のオブジェクトのことを、**コンテナ**（*container*）と呼びます。C++の標準ライブラリでは、キューやスタックなど、数多くの種類のコンテナライブラリが提供されます。

▶ コンテナは、オブジェクトの《格納庫》と考えるとよいでしょう。いろいろな種類の格納庫が提供されますので、用途に応じた使い分け（格納法）が可能です。

その中で最も基本的なのが、**ベクトル**（*vector*）を表す**vector<>ライブラリ**です。配列を大幅に機能拡張したものであり、以下のような特徴があります。

- **クラステンプレートとして実装されており、要素の型は任意である。**
- **配列と同様に、要素が記憶域上に連続的に格納される。**
- **要素数の増減が容易である。**
- **末尾への要素の追加や削除を素早く行える。**

そのvector<>クラステンプレートの定義は、**<vector>ヘッダ**で提供されます。

▶ vectorの発音はvéktərですから、ベクトルよりもベクターのほうが近いと感じられます。ただし、JIS C++でベクトルという訳語が採用されていることや、慣用的にベクトルが使われていることから、本書でもベクトルと呼びます。

C++の標準ライブラリでは、vector<>を含め、多くのテンプレートライブラリが提供されます。これらのライブラリの通称は**STL**（*standard template library*）です。

▶ コンテナやSTLについては、**Column 11-2**（p.377）で学習します。

テンプレートクラスvector<>の定義の一例を右ページに示しています。テンプレート引数は、《要素型》と《アロケータ型》の二つです。

なお、ここに示すのは、vector<>内で定義される型の宣言だけです。これら多くの型の中で最初に学習するのは、size_type型です。この型を理解せずにvector<>を利用することはできません。

size_type型

size_type型は、ベクトルの要素数や要素の位置（添字）などを表す際に利用する符号無し整数型です。具体的にどの符号無し整数型（unsigned int, unsigned long int, …）の同義語となるかは、処理系に依存します。

vector<> の定義（型の宣言）

```
template <class T, class Allocator = allocator<T> >
class vector {
public:
    typedef typename Allocator::reference reference;
    typedef typename Allocator::const_reference const_reference;
    typedef 処理系定義 iterator;
    typedef 処理系定義 const_iterator;
    typedef 処理系定義 size_type;
    typedef 処理系定義 difference_type;
    typedef T value_type;
    typedef Allocator allocator_type;
    typedef typename Allocator::pointer pointer;
    typedef typename Allocator::const_pointer const_pointer;
    typedef std::reverse_iterator<iterator> reverse_iterator;
    typedef std::reverse_iterator<const_iterator> const_reverse_iterator;
};
```

要素型（T）

アロケータ型（Allocator）

ベクトルの要素数や添字を表すときには、必ず ***size_type*** 型を利用します。

重要 ベクトルの要素数や添字は、int 型ではなく、*vector*<> クラステンプレートに所属する ***size_type*** 型の変数で表す。

▶ 符号無し整数型である ***size_type*** 型の値を、int 型などの符号付き整数型の変数に代入するのは避けるべきです。
　たとえば、int 型が 16 ビットであって、***size_type*** が unsigned int 型の同義語であると仮定します。***size_type*** で表現できる最大値が 65,535 であるのに対し、int 型で表現できる最大値は高々 32,767 です。ベクトルの要素数を調べたり、要素にアクセスするための添字用の変数として int 型では不十分です。

*

なお、***size_type*** 型が、“単なる ***size_type*** 型” や “*vector*::***size_type*** 型” ではないことに注意しましょう。

実際に利用するときは、*vector*<int>::***size_type*** 型や、*vector*<double>::***size_type*** 型となります。もちろん、これらは異なる型です。

▶ ***size_type*** 型の具体的な利用例などは、次ページ以降のプログラムで学習します。

*

テンプレートクラス *vector*<> の機能概要を **Table 11-1**（p.374 〜）に示します。これ以降は、必要に応じてこの表を参照しながら学習を進めていきます。

vector<> には多くの機能がある上に、（最初は難しく感じられるかもしれませんが、利用法などを習得してしまえば）非常に使いやすいものです。そのため、C++ では、配列を使う必要はほとんどなく、*vector*<> を使えばよい、とまで言われています。

▶ ただし、配列の基礎や原理を学ぶことなく *vector*<> を理解することはできません。実際のプログラミングと学習のプロセスは異なります。

vector<> の利用例

List 11-1 のプログラムで、*vector*<> の概要を理解しましょう。これは、整数値を次々と読み込んでベクトルに格納していき、読込みが終了すると、格納された全データを表示するプログラムです。

List 11-1 chap11/vector_test.cpp

```
// vectorの利用例（事前に個数が分からないデータの読込み）

#include <vector>
#include <iostream>

using namespace std;

int main()
{
 1  vector<int> x;

    cout << "整数を入力せよ。\n※終了は9999。\n";

    while (true) {
        int temp;
 2      cin >> temp;
        if (temp == 9999) break;
        x.push_back(temp);          // xの末尾にtempを追加
    }

 3  for (vector<int>::size_type i = 0; i < x.size(); i++)
        cout << "x[" << i << "] = " << x[i] << '\n';
}
```

実行例

```
整数を入力せよ。
※終了は9999。
15↵
92↵
73↵
65↵
9999↵
x[0] = 15
x[1] = 92
x[2] = 73
x[3] = 65
```


まずは、大まかに理解します。

1 *vector*<> 型オブジェクト *x* の定義です。<> の中に指定するのが要素型であり、本プログラムでは **int** 型としています。生成される *x* は、空のベクトルです。

2 この **while** 文では、*temp* に読み込んだ整数値の *x* への格納を繰り返します。**push_back 関数**の呼出しによって、ベクトルの末尾への《追加》を行います。
実行例の場合、4 個の整数値を追加しますので、**while** 文終了時の *x* の要素数は 4 となります。

3 この **for** 文では、*x* の全要素の値を先頭から順に表示します。ベクトルの要素数を調べるのに利用しているのが、**size 関数**です（本実行例の場合は、4 が返却されます）。また、*x* 内の要素は、添字演算子 [ ] によってアクセスしています。

本プログラムから、以下に示す *vector*<> の特徴が分かります。

- オブジェクト宣言時に要素数の指定が必要ない。
- push_back 関数による要素の追加に伴って、要素数が自動的に増加する。
- 要素数は size 関数で調べられる。
- 各要素は添字演算子 [ ] でアクセスできる。

それでは、*vector*<> について、より詳しく学習していきましょう。

ベクトルの構築

クラステンプレート *vector*<> 型オブジェクトの定義の際は、要素型を < > の中に指定します。**その要素型は、コピー可能な型でなければなりません。**

なお、要素数は、指定することも省略することもできます。

以下に示すのは、要素数を指定しない宣言例です。

```
vector<int> x1;                    // 要素数を指定しない（要素数は0）
```

明示的に要素数を指定する場合は、以下のように ( ) の中に要素数を与えます。

```
vector<int> x2(16);                // 要素数は16
```

この形式で定義した場合、**全要素が要素型のデフォルトコンストラクタで初期化されます**（int 型などの組込み型の場合は 0 で初期化されます）。そのため、デフォルトコンストラクタをもたない型では、この形式の宣言はコンパイルエラーとなります。

要素に対して明示的に初期値を与えることもできます。以下のように、第 2 引数に初期値を与えます。この例では、12 個の要素すべてが 5 で初期化されます。

```
vector<int> x3(12, 5);             // 要素数は12で全要素の初期値は5
```

既存の配列からの構築も行えます。たとえば、次のようにすれば、要素型が int 型の配列 a の要素 a[0] ～ a[4] をコピーしたベクトルが構築されます。

```
vector<int> x4(a, a + 5);          // 配列a[0]～a[4]の5個をコピー
```

この形式では、第 1 引数はコピー元配列の先頭要素へのポインタであり、第 2 引数は末尾要素の一つ後方の要素へのポインタです。

▶ この形式でベクトルオブジェクトを構築する例は、**List 11-5**（p.369）などで学習します。
なお、以下のようにすれば、文字の配列をもとにして、文字のベクトルを生成することができます（"chap11/char_vector.cpp"）。

```
const char s[] = "ABCDE";
vector<char> sv(s, &s[strlen(s)]);      // {'A', 'B', 'C', 'D', 'E'}
```

ここまでは、ベクトルオブジェクトを新規に構築する例でした。*vector*<> にはコピーコンストラクタも用意されています。既存のオブジェクトをもとにコピー構築する宣言は、以下のようになります。

```
vector<int> y(x1);                 // x1のコピー
```

この場合も、< > の中には要素型が必要です（*x1* のコピーだから int が省略できる、ということはありません）。

要素数

ベクトルに対しては、要素の追加・削除が自由に行えます。本プログラムでは、**push_back** 関数によって、ベクトルの末尾に要素を追加しています。

```
x.push_back(temp);          // ベクトルxの末尾に値tempの要素を追加
```

Fig.11-1 に示すのが、プログラム実行例における x 内部の変化の様子です。

要素を追加するたびに配列領域が確保し直されて全要素がコピーされる

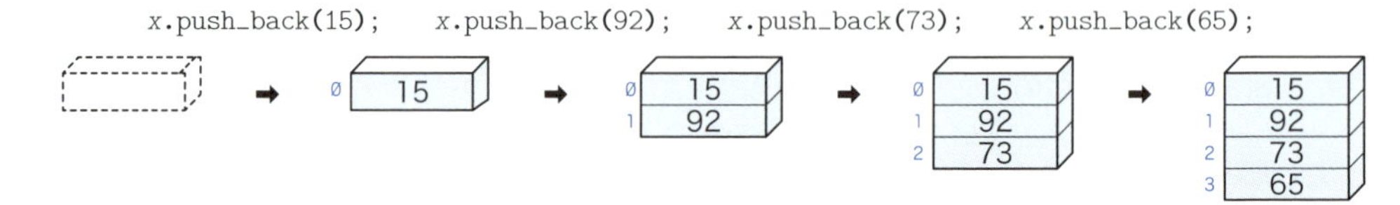

Fig.11-1　要素の挿入に伴うベクトル内部の変化

要素数の取得と要素のアクセス

プログラム**3**では、全要素の表示を以下のように行っています。

```
for (vector<int>::size_type i = 0; i < x.size(); i++)
    cout << "x[" << i << "] = " << x[i] << '\n';
```

size 関数が返却するのは、ベクトルの要素数であり、その型は、本章冒頭で学習した ***size_type*** 型です。もちろん、***vector***<> はクラステンプレートですから、単なる ***size_type*** ではなく、“***vector***<要素型>::***size_type***” となります。

ベクトル内の個々の要素は、添字演算子 **[ ]** でアクセスできますが、その添字の型も、“***vector***<要素型>::***size_type***” です。

要素の不正アクセス

push_back 関数で要素を追加すると、要素数が自動的に増加します。その一方で、添字演算子 **[ ]** によるアクセスによって要素数が増加することはありません。

たとえば、要素数が 12 以下のベクトルに対して、存在しない要素の添字 12 を使って、

```
a[12] = 53;        // 存在しない13番目の要素に対するアクセス
```

という代入を行ったからといって、配列が自動的に拡張されて要素数が 13 になることはありません。

なお、組込み型の配列と同様、添字演算子 **[ ]** に不正な添字（要素数以上の値）が指定された場合に例外は送出されません（実行時エラーが発生します）。

要素数と容量

本プログラムでは、push_back 関数によって要素を追加しているため、ベクトルが伸張し続けます（**Fig.11-1**）。

要素数の増加に伴ってデータの格納領域が伸張するということは、要素を追加するたびに、**“配列領域を確保し直して、その領域に既存の全要素をコピーする”** 作業が内部的に行われるはずです。もちろん、そのコストは決して小さくありません。

このような内部作業を避けるために、**《容量》**という考え方が取り入れられています。容量とは、**ベクトル内部の配列として確保ずみの記憶域の要素数**です。**容量に満たない限りは、要素を挿入しても、記憶域の再確保は行われません。**

容量の指定を行うのが **reserve 関数**であり、以下のように呼び出します。

```
x.reserve(7);                // xの容量を少なくとも7にする
```

List 11-1 の配列に値を読み込む while 文の前に、上記の文を置いてみましょう（"chap11/vector_reserve.cpp"）。そうすると、ベクトルの内部の推移は、**Fig.11-2** のようになります。

1. 生成された時点でのベクトル x の容量は 0 です（図a）。
2. reserve 関数を呼び出して、x の容量を 7 に予約します。そうすると、図b に示すように、少なくとも要素数 7 の配列領域が内部的に確保されます。
   なお、容量が 7 となる一方で、要素数は 0 のままです。図中の添字の[0]、[1]、…は、要素が格納されておらず添字として無効であることを表しています。
3. 四つの整数 15, 92, 73, 65 が挿入されます。図f に示すように、要素数は 4 となります（有効な添字は0、1、2、3の 4 個です）。

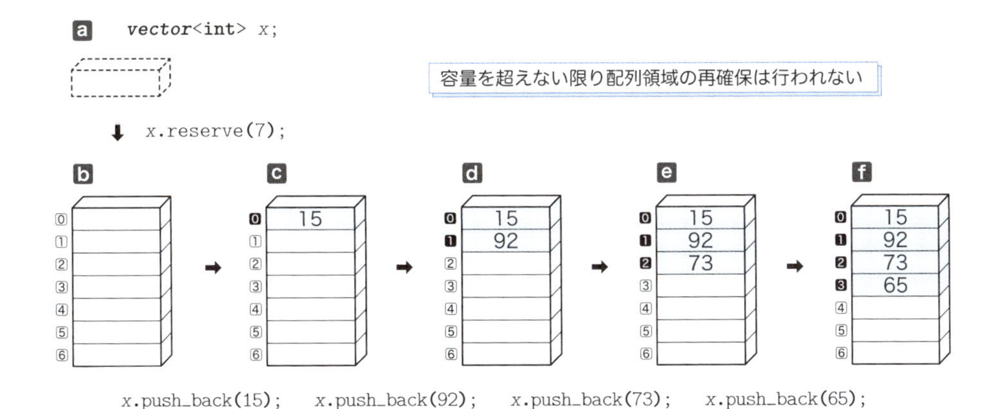

Fig.11-2 容量 7 のベクトルに対する要素の挿入

ベクトルの容量をreserve関数で指定する方法を学習しました。実は、reserve関数で指定しなくても、各処理系のライブラリ内部での判断の上、都合のよい値が容量として設定されます。**List 11-2** に示すプログラムで確認しましょう。

List 11-2 chap11/vector_capacity.cpp

```
// ベクトルの要素数と容量の変化を確認

#include <vector>
#include <iomanip>
#include <iostream>

using namespace std;

int main()
{
    vector<int> v;

    cout << "要素数  容量\n";
    for (vector<int>::size_type i = 0; i < 10000; i++) {
        v.push_back(i);
        cout << setw(6) << v.size()
             << setw(6) << v.capacity() << '\n';
    }
}
```

実行結果一例

```
要素数  容量
     1     1
     2     2
     3     3
     4     4
     5     6
     6     6
     7     9
     8     9
     9     9
    10    13
    11    13
    12    13
    13    13
    14    19
    15    19
    16    19
  … 以下省略 …
```

▶ 実行によって表示される値は、処理系によって異なります。

このプログラムは、1万回にわたってpush_back関数で要素を1個ずつ追加します。その過程で、容量が突然大きくなる様子が分かります（なお、容量の変化の様子は処理系に依存します）。

＊

なお、ベクトルの（容量ではなくて）**要素数そのもの**を自由に増減することも可能です。**List 11-3** が、そのプログラム例です。

List 11-3 chap11/vector_resize1.cpp

```
// ベクトルのリサイズ

#include <vector>
#include <iostream>

using namespace std;

int main()
{
    vector<int> x(2, 0);      // 要素数は2（全要素を0で初期化）

    x.resize(6, 99);          // 要素数を6に変更（追加要素を99で初期化）

    for (vector<int>::size_type i = 0; i < x.size(); i++)
        cout << "x[" << i << "] = " << x[i] << '\n';
}
```

実行結果

```
x[0] = 0
x[1] = 0
x[2] = 99
x[3] = 99
x[4] = 99
x[5] = 99
```

本プログラムで利用しているのが、**resize関数**です。この関数に与える第1引数は、増減後の要素数です。この例では、要素数を2から6へと増加させています。

要素を増加させる場合は、追加する要素の初期値を第２引数で指定します。この例では、引数が99ですから、追加分の全要素が99で初期化されます。

なお、第２引数を省略した場合は、追加される全要素が、要素型のデフォルトコンストラクタで初期化されます。

▶ このプログラムの網かけ部を、第２引数を省略したx.resize(6);に変更すると、追加分の全要素は0で初期化されます（"chap11/vector_resize2.cpp"）。

＊

さて、ここまでの学習から、ベクトルには、少なくとも、《要素数》、《容量》、《配列領域の先頭要素へのポインタ》の三つのデータメンバが存在することが推測できます。

▶ なお、要素数のゲッタがsize関数で、容量のゲッタがcapacity関数です。

そのイメージを示したのが、**Fig.11-3**です。オブジェクトの外部に動的に生成された配列領域は、**全要素が一直線上に連続して並ぶ構造**です。

▶ 左ページの**List 11-2**のプログラムを実行して、要素を７個追加したときの状態を示しています。

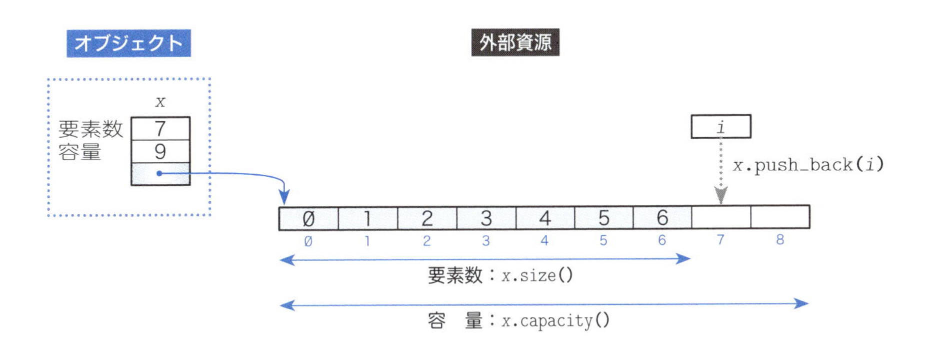

Fig.11-3　ベクトルの内部と配列領域

これまで作成してきた*IntArray*や*Array<>*と同様に、オブジェクトそのもの（図内の点線で囲まれた部分）と、動的に確保する外部資源である配列本体とが分離されています。

そのため、***vector***<**int**>型オブジェクト*x*自体は、要素数とは無関係に一定の大きさの領域を占有します。

外部に作られる配列は、通常の配列や、**new**演算子によって生成される配列と同様に、すべての要素が、先頭から順に連続した記憶域に配置されます。

▶ このことは、当たり前のように感じられるかもしれませんが、***vector***<>以外の多くのコンテナでは、連続性が保証されません。

pop_back, front, back による要素のアクセス

ベクトルの末尾に要素を追加する push_back 関数とは逆に、末尾要素を除去するのが **pop_back 関数**です。その他にも、先頭要素の値を調べる **front 関数**と、末尾要素の値を調べる **back 関数**があります。

List 11-4 に示すのが、それらの関数の利用例です。

List 11-4 chap11/vector_front_back.cpp

```
// ベクトルの利用例（push_back, pop_back, front, backなど）

#include <vector>
#include <iostream>

using namespace std;

int main()
{
    vector<int> x;

    cout << "整数を入力せよ。\n※終了は9999。\n";

    while (true) {
        int temp;
        cin >> temp;
        if (temp == 9999) break;
        x.push_back(temp);           // xの末尾にtempを追加
    }

    cout << "先頭データは" << x.front() << "です。\n";
    cout << "末尾から逆順に１個ずつ取り出して空にします。\n";
    while (x.size()) {               // 空でない限り…
        cout << x.back() << " ";         // 末尾要素の値を表示
        x.pop_back();                    // 末尾要素を除去
    }
    cout << '\n';
}
```

実行例

```
整数を入力せよ。
※終了は9999。
15↵
92↵
73↵
65↵
9999↵
先頭データは15です。
末尾から逆順に１個ずつ
取り出して空にします。
65 73 92 15
```

本プログラムの前半部は、**List 11-1**（p.362）の前半部と同じです。

後半部では、まず、先頭要素の値を front 関数で調べて表示します。その後、back 関数で取り出した末尾要素の値を表示して、それから pop_back 関数で末尾要素を除去する処理を、ベクトルが空になるまで繰り返します。

at による要素のアクセス

添字演算子 [ ] による要素アクセスでは、添字の正当性のチェックが行われないことを、先ほど学習しました。

要素アクセスの別の手段として、**不正な添字に対して *out_of_range* 例外を送出する仕様の at 関数が提供されます。**

このメンバ関数を用いて要素をアクセスするプログラムの一例が、**List 11-5** です。

要素をアクセスする網かけ部の **for** 文では、要素数５の x に対して、それ以上の添字でのアクセスを試みるため、*out_of_range* 例外が送出・捕捉されます。

List 11-5 chap11/vector_at.cpp

```
// ベクトルの要素のat関数によるアクセス

#include <vector>
#include <iostream>
#include <stdexcept>

using namespace std;

int main()
{
    int a[] = {1, 2, 3, 4, 5};
    vector<int> x(a, a + sizeof(a) / sizeof(a[0])); // 配列からベクトルを生成

    try {
        for (vector<int>::size_type i = 0; i <= 10; i++) {
            cout << "x[" << i << "] = " << x.at(i) << '\n';
        }
    }
    catch (const out_of_range&) {
        cout << "不正な添字です。\n";
        return 1;                           // 強制終了
    }
}
```

xが5以上になると不正な添字を検出

実行結果

```
x[0] = 1
x[1] = 2
x[2] = 3
x[3] = 4
x[4] = 5
不正な添字です。
```


代入演算子とassign関数

ベクトル内の要素に対して値を一括代入する手段には、**代入演算子 =** と **assign 関数**の二つがあります。**List 11-6** に示すのが、それらを利用するプログラム例です。

List 11-6 chap11/vector_assign.cpp

```
// ベクトルに対する代入（代入演算子=とassign関数）

#include <vector>
#include <iostream>

using namespace std;

int main()
{
    vector<double> x, y;          // 空のベクトルを生成

    y.push_back(5.2);             // yに要素5.2を追加
    x.assign(5, 3.14);            // 5個の3.14を代入

    y = x;                        // yにxを代入

    for (vector<int>::size_type i = 0; i < y.size(); i++)
        cout << "y[" << i << "] = " << y[i] << '\n';
}
```

実行結果

```
y[0] = 3.14
y[1] = 3.14
y[2] = 3.14
y[3] = 3.14
y[4] = 3.14
```

■ assign関数

ベクトルに入っている全要素を削除した上で、第2引数の値を第1引数の個数だけ並べたものを代入します。本プログラムでは、x[0]～x[4]の5個の要素に3.14が代入されます。

■ 代入演算子

全要素を削除した上で、右辺の全要素を代入します。1個の要素をもつyにxが代入されています。もともとyに入っていた要素は消されてしまい、5個の3.14が代入されます。

clear と swap によるベクトルの操作

前章では、二値を交換する汎用の関数テンプレート ***swap***<> を学習しました（p.315）。

vector<> には、専用の swap がメンバ関数として用意されています。**List 11-7** に示すのは、その swap を利用するプログラム例です。

List 11-7 chap11/vector_clear_swap.cpp

```
// ベクトルの交換と全要素の削除

#include <vector>
#include <iostream>

using namespace std;

//--- vector<int>の全要素を表示 ---//
void print_vector_int(const vector<int>& v)
{
    cout << "{ ";
    for (vector<int>::size_type i = 0; i != v.size(); i++)
        cout << v[i] << ' ';
    cout << '}';
}

int main()
{
    int a[] = {1, 2, 3, 4, 5};
    int b[] = {4, 3, 2, 1};

    vector<int> x(a, a + sizeof(a) / sizeof(a[0]));
    vector<int> y(b, b + sizeof(b) / sizeof(b[0]));

    cout << "x = ";   print_vector_int(x);   cout << '\n';
    cout << "y = ";   print_vector_int(y);   cout << '\n';

1   x.swap(y);                      // xとyの全要素を交換

    cout << "xとyの全要素を交換しました。\n";
    cout << "x = ";   print_vector_int(x);   cout << '\n';
    cout << "y = ";   print_vector_int(y);   cout << '\n';

2   x.clear();                      // xの全要素を削除

    cout << "xの全要素を削除しました。\n";
    cout << "x = ";   print_vector_int(x);   cout << '\n';
    cout << "y = ";   print_vector_int(y);   cout << '\n';
}
```

要素型は int に限定。任意のバージョンは List 11-9 で作成。

実行結果

```
x = { 1 2 3 4 5 }
y = { 4 3 2 1 }
xとyの全要素を交換しました。
x = { 4 3 2 1 }
y = { 1 2 3 4 5 }
xの全要素を削除しました。
x = { }
y = { 1 2 3 4 5 }
```

print_vector_int は、**vector**<**int**> 型ベクトル *v* 内の全要素を走査して表示する関数テンプレートです。実行結果に示すように、ベクトル *v* 内の全要素をスペースで区切るとともに、全体を { と } で囲んだ形式で表示します。

1で呼び出している ***vector***<> 用の swap 関数は、***vector***<> クラステンプレート専用に作られているため、**汎用の *swap* 関数よりも効率のよい動作が期待できます。**

なお、この *x*.swap(*y*) は、swap(*x*, *y*) としてもＯＫです。

▶ ***vector***<> を含めた多くのライブラリで、各クラスあるいはクラステンプレート専用の swap 関数が提供されています。

なお、**2**では、全要素を一括して削除する **clear 関数**を利用しています。

等価演算子と関係演算子

二つのベクトルの等価性と大小関係を判定するための各演算子 **==**, **!=**, **<**, **<=**, **>**, **>=** が非メンバ関数として提供されます。**List 11-8** に示すのが、それらの演算子を利用して二つのベクトルを比較するプログラム例です。

List 11-8 chap11/vector_compare.cpp

```
// 二つのベクトルの比較

#include <vector>
#include <iostream>

using namespace std;

int main()
{
    vector<int> x;
    vector<int> y;

    cout << "xの要素を入力せよ。\n※終了は9999。\n";
    for (int i = 0; ; i++) {
        cout << "x[" << i << "] = ";
        int temp;
        cin >> temp;
        if (temp == 9999) break;
        x.push_back(temp);          // xの末尾にtempを追加
    }

    cout << "yの要素を入力せよ。\n※終了は9999。\n";
    for (int i = 0; ; i++) {
        cout << "y[" << i << "] = ";
        int temp;
        cin >> temp;
        if (temp == 9999) break;
        y.push_back(temp);          // yの末尾にtempを追加
    }

    cout << boolalpha;
    cout << "x == y " << (x == y) << '\n';
    cout << "x != y " << (x != y) << '\n';
    cout << "x <  y " << (x <  y) << '\n';
    cout << "x <= y " << (x <= y) << '\n';
    cout << "x >  y " << (x >  y) << '\n';
    cout << "x >= y " << (x >= y) << '\n';
}
```

実行例1

```
xの要素を入力せよ。
※終了は9999。
x[0] = 1
x[1] = 2
x[2] = 3
x[3] = 9999
yの要素を入力せよ。
※終了は9999。
y[0] = 1
y[1] = 2
y[2] = 3
y[3] = 9999
x == y true
x != y false
x <  y false
x <= y true
x >  y false
x >= y true
```

実行例2

```
xの要素を入力せよ。
※終了は9999。
x[0] = 1
x[1] = 2
x[2] = 3
x[3] = 9999
yの要素を入力せよ。
※終了は9999。
y[0] = 1
y[1] = 3
y[2] = 9999
x == y false
x != y true
x <  y true
x <= y true
x >  y false
x >= y false
```

二つのベクトルの要素数が同一で全要素の値が同一であれば、それらのベクトルは等しいと判定されます。

そうでない場合は、二つのベクトルが先頭要素から順に比較されます（この場合は、x[0] と y[0]、x[1] と y[1]、…）。その過程で、要素の値が一致しなければ、その大小関係によって、ベクトルの大小関係が判定されます。

▶ 実行例②では、x[0] と y[0] は等しいのですが、x[1] < y[1] です。そのため、ベクトル x はベクトル y より小さいと判定されます（ベクトル x のほうが要素数が大きいですが、そのことは無関係です）。

関数テンプレートによるアクセス

vector<> クラステンプレートを利用するにあたっては、いろいろと注意すべき点があります。たとえば、*vector*<**int**> と *vector*<**double**> は異なる型ですから、それらを相互に代入したり比較したりすることは不可能です。また、要素をアクセスするための添字型は、要素の型によって、*vector*<**int**>::*size_type* や *vector*<**double**>::*size_type* などとなるため、"使い分け" が必要です。

ただし、後者については、関数テンプレートの利用によって、違いを "吸収" できます。そのことを **List 11-9** で学習しましょう。

List 11-9 chap11/vector_print1.cpp

```
// 要素型に依存しないベクトル内全要素の表示

#include <string>
#include <vector>
#include <iostream>

using namespace std;

//--- ベクトルvの全要素を表示 --//
template <class T, class Allocator>
void print_vector(const vector<T, Allocator>& v)
{
    cout << "{ ";
    for (typename vector<T, Allocator>::size_type i = 0; i != v.size(); i++)
        cout << v[i] << ' ';
    cout << '}';
}

int main()
{
    int a[] = {1, 2, 3, 4, 5};
    vector<int> x(a, a + sizeof(a) / sizeof(a[0]));

    double b[] = {3.5, 7.3, 2.2, 9.9};
    vector<double> y(b, b + sizeof(b) / sizeof(b[0]));

    string c[] = {"abc", "WXYZ", "123456"};
    vector<string> z(c, c + sizeof(c) / sizeof(c[0]));

    cout << "x = ";   print_vector(x);   cout << '\n';
    cout << "y = ";   print_vector(y);   cout << '\n';
    cout << "z = ";   print_vector(z);   cout << '\n';
}
```

要素型もアロケータも任意

実行結果

```
x = { 1 2 3 4 5 }
y = { 3.5 7.3 2.2 9.9 }
z = { abc WXYZ 123456 }
```

List 11-7 (p.370) の *print_vector_int* は、*vector*<**int**> 型ベクトル *v* 内の全要素を表示する関数テンプレートであり、要素型が **int** に限定されていました。本プログラムの *print_vector* は、**要素型に依存することなく表示を行えます。**

vector<> は、テンプレート仮引数として、要素型とアロケータ型の二つの型を受け取りますので (p.360)、*print_vector* が受け取るテンプレート仮引数も、要素型 *T* とアロケータ型 *Allocator* の二つです。

関数テンプレート *print_vector* の中では、仮引数 *v* の型は、**vector**<*T*, *Allocator*> となります。

なお、テンプレート仮引数 *T* と *Allocator* の型は、渡された実引数の **vector**<> の型（本プログラムでは *x* と *y* と *z* の型）によって自動的に判断されますので、呼出し側で特別に型情報を与える必要はありません。

なお、テンプレート内で、テンプレートパラメータに依存する名前を使う際は **typename** が必要です。そのため、**for** 文内での *i* は、**typename vector**<*T*, *Allocator*>**::*size_type*** と宣言しています。

main 関数では、３種類の **vector**<> を生成して、その要素の値を *print_vector* によって表示します。もちろん、すべてが期待どおりに動作します。

Column 11-1 アロケータの指定

vector<> クラステンプレートの２番目のテンプレート仮引数 *Allocator* が受け取るのは、**アロケータ**です。アロケータとは、記憶域の動的な確保作業を、各種のアルゴリズムやコンテナから独立させるための機構です。

標準ライブラリでは、**allocator** という名前の《標準アロケータ》が提供されます。**vector**<> 生成時に２番目のテンプレート引数 *Allocator* に与える実引数を省略した場合は、その標準アロケータ **allocator** が利用されます。

なお、特殊な領域に確保している記憶域をやりくりするような独自のアロケータを作成・利用することもできます。もっとも、標準アロケータ **allocator** は十分な機能をもっていますので、標準アロケータをそのまま利用するのが一般的です（**vector**<> 生成時に、独自のアロケータを指定することは稀（まれ）です）。

＊

以下のように、関数テンプレート *print_vector* の２番目の引数（アロケータ）を省略したらどうなるでしょう。

```
//--- ベクトルvの全要素を表示（第２引数を省略）--//
template <class T>
void print_vector(const vector<T>& v)
{
    cout << "{ ";
    for (typename vector<T>::size_type i = 0; i != v.size(); i++)
        cout << v[i] << ' ';
    cout << '}';
}
```

要素型は任意だが標準アロケータにしか対応しない

List 11-9 の関数テンプレート *print_vector* を、この定義と入れかえても、何の支障もなく、正しくコンパイル・実行できます（"chap11/vector_print2.cpp"）。

とはいえ、第２引数を省略した関数テンプレートでは、**vector**<**int**> には対応できても、自前のアロケータを利用して構築された **vector**<**int**, 自前のアロケータ> には対応できません。

独自のアロケータを指定することは稀であるとはいえ、まったく使われない、というものでもありません。そのため、**List 11-9** のように、第２引数を省略することなく関数テンプレートを定義しておくべきです。

Table 11-1　vector クラスの概要

構築・コピー・解体
explicit vector(const Allocator& = Allocator());
空のベクトルを生成する。
explicit vector(size_type n, const T& value = T(), const Allocator& = Allocator());
全要素が value に初期化されたサイズ n のベクトルを生成する。
template <class InputIterator> vector(InputIterator first, InputIterator last, const Allocator& = Allocator());
空のベクトルを生成して [first, last) の要素をコピーする。
vector(const vector<T, Allocator>& x);
x をコピーしてベクトルを生成する。
~vector();
ベクトルを破棄する。
vector<T, Allocator>& operator=(const vector<T, Allocator>& x);
ベクトルの全要素を削除して x の要素をコピーする。
template <class InputIterator> void assign(InputIterator first, InputIterator last);
ベクトルの全要素を削除して [first, last) の要素をコピーする。
void assign(size_type n, const T& u);
ベクトルの全要素を削除して n 個の値 u を挿入する。
allocator_type get_allocator() const;
アロケータを返す。
反復子
iterator begin();
const_iterator begin() const;
先頭要素を指す反復子を返す。
iterator end() const;
const_iterator end() const;
末尾要素の一つ後方を指す反復子を返す。
reverse_iterator rbegin();
const_reverse_iterator rbegin() const;
末尾要素を指す逆方向反復子を返す。
reverse_iterator rend();
const_reverse_iterator rend() const;
先頭要素の一つ前方を指す逆方向反復子を返す。
容量
size_type size() const;
サイズを返す。
size_type max_size() const;
最大のサイズを返す。
void resize(size_type sz, T c = T());
ベクトルの要素数サイズを sz に変更する。拡張する場合は、ベクトルが指定されたサイズになるまで、末尾に c を追加する。縮小する場合は、末尾から要素を削除する。
size_type capacity() const;
容量（サイズを変更することなく格納できる要素数）を返す。

`bool empty() const;`	
サイズが0であるかどうかを調べる。	
`void reserve(size_type n);`	
容量をn以上にする。	

要素アクセス

`reference operator[](size_type n);`
`const_reference operator[](size_type n) const;`

添字がnの要素を返す。nがサイズ以上の場合の動作は定義されない。

`reference at(size_type n);`
`const_reference at(size_type n) const;`

添字がnの要素を返す。nがサイズ以上の場合は`out_of_range`を送出する。

`reference front();`
`const_reference front() const;`

先頭要素を返す。ベクトルが空の場合の動作は定義されない。

`reference back();`
`const_reference back() const;`

末尾要素を返す。ベクトルが空の場合の動作は定義されない。

修飾子

`void push_back(const T& x);`

ベクトルの末尾にxを挿入する。

`void pop_back();`

末尾要素を削除する。ベクトルが空の場合の動作は定義されない。

`iterator insert(iterator position, const T& x);`

*position*の指す位置の直前にxを挿入する。

`void insert(iterator position, size_type n, const T& x);`

*position*の指す位置の直前にn個のxを挿入する。

```
template <class InputIterator>
void insert(iterator position, InputIterator first, InputIterator last);
```

[*first*, *last*)の範囲内にある要素を*position*の位置に挿入する。

`iterator erase(iterator position);`

*position*の指す位置の要素を削除する。

`iterator erase(iterator first, iterator last);`

[*first*, *last*)の範囲内にある要素を削除する。

`void swap(vector<T, Allocator>& t);`

ベクトルの全要素をtの全要素と入れかえる。

`void clear();`

ベクトルの全要素を削除する。

非メンバ関数

```
template <class T, class Allocator>
bool operator==(const vector<T, Allocator>& x, const vector<T, Allocator>& y);
```

xとyのサイズが同一で要素が等しいかどうかを調べる。

```
template <class T, class Allocator>
bool operator!=(const vector<T, Allocator>& x, const vector<T, Allocator>& y);
```

`!(x == y)`であるかどうかを調べる。

```
template <class T, class Allocator>
bool operator<(const vector<T, Allocator>& x, const vector<T, Allocator>& y);
```

`x < y`であるかどうかを調べる。

```
template <class T, class Allocator>
bool operator<=(const vector<T, Allocator>& x, const vector<T, Allocator>& y);
```

x <= y であるかどうかを調べる。

```
template <class T, class Allocator>
bool operator>(const vector<T, Allocator>& x, const vector<T, Allocator>& y);
```

x > y であるかどうかを調べる。

```
template <class T, class Allocator>
bool operator>=(const vector<T, Allocator>& x, const vector<T, Allocator>& y);
```

x >= y であるかどうかを調べる。

特化アルゴリズム

```
template <class T, class Allocator>
void swap(vector<T, Allocator>& x, vector<T, Allocator>& y);
```

x.swap(y) と同じ。

▶ *first* が範囲の最初の要素を指すポインタで、*last* が範囲の最後の要素の1個後方の要素を指すポインタであることを [*first*, *last*) と表します（次節で詳しく学習します）。

vector<bool>

vector<> を bool に明示的に特殊化した **vector**<bool> が提供されます。これは、前章で作成した *Array*<bool> と同様に、《**パック**》によって記憶域を節約するライブラリです。

なお、**vector**<bool> は、**vector**<> のすべての機能に加えて、入れ子クラス ***reference*** と、メンバ関数 flip と swap が追加されています。

配列とベクトル

new 演算子で配列を動的に生成して利用する方法には、以下に示す欠点があります。

- delete[] 演算子を呼び忘れると記憶域が解放されない。
- 不正な添字によるアクセスに対して例外機構を適用できない。
- 要素数の増減に対応できない。

そのため以下の教訓が導かれます。

重 要 要素数がプログラムの実行時に決定する配列や動的に変化する配列は、new によって生成するのではなくて **vector**<> で実装するとよい。

各種の技術や原理を理解するために、本書では *IntArray* クラスや *Array*<> クラステンプレートを作りました。しかし、現実のプログラムにおいては、わざわざ自作する必要はありません（そもそも、*IntArray* クラスや *Array*<> クラステンプレートは実用に耐えるものではありません）。

現実のプログラムでは、**vertor**<> を利用すべきです。

Column 11-2 コンテナとSTL

コンテナ（*container*）**とは、他のオブジェクトを格納して情報の集まりを表すデータ構造や、その構造のオブジェクトのことです。**

C++が提供するコンテナライブラリには、以下のものがあります。

▪ 列コンテナ（要素の並びが維持される）

vector<> ベクトル。動的な配列であり、コンテナ内の要素をランダムにアクセスできる。

deque<> 両端キュー。コンテナの先頭要素と末尾要素にアクセスできる。

list<> 双方向リスト。先頭から末尾、あるいは、末尾から先頭への走査ができる。

この他にも、コンテナアダプタと呼ばれる***stack<>***、***queue<>***、***priority_queue<>***がサポートされます。

▪ 連想コンテナ（値のペアが管理される）

map<> キーと値のペアを管理し、値による値の高速取得をサポートする。

multimap<> *map*<>と同様。ただし、キー値の重複を許す点で異なる。

set<> キー値の集合。

multiset<> *set*<>と同様。ただし、キー値の重複を許す点で異なる。

なお、**配列**も一種のコンテナという扱いになっています。

さらに、文字列を表す***string***（次章で学習しますが、***string***は**typedef**名であって、クラステンプレートの名称は**basic_string<>**です）、数値演算用に最適化された配列である**valarray<>**、ビットの集合を表す**bitset<>**も、一種のコンテナという位置づけです。

C++11では、**array<>**，***unordered_sort<>***，***unorderd_multiset<>***，***unordered_map<>***，***unorderd_multimap<>***といったコンテナが追加されています。

*

コンテナライブラリは、C++のテンプレートの機能を活用して作られています。単独で利用するのではなく、本文でも学習する、**反復子**、**アルゴリズム**、**ファンクタ**（**関数オブジェクト**）と組み合わせて利用することで、本領を発揮します。

*

コンテナ、反復子、アルゴリズム、ファンクタといったライブラリは、**STL**（*standard template library*）と呼ばれています。

STLは、ヒューレット・パッカード社に在籍していた研究者であったアレクサンドル・ステパノフ氏らによって考案されたライブラリです。その完成度が高かったため、標準C++の一部として組み込まれたという経緯があります（ただし、標準C++の規格では、STLという名称は用いられていません）。

ベクトルによる2次元配列

"ベクトルのベクトル"を利用すれば、いわゆる２次元配列が作り出せます。たとえば、**List 11-10** に示すのは、*m* 行 *n* 列の２次元配列を生成・利用するプログラム例です。

List 11-10 chap11/vector_2d1.cpp

```
// ベクトルによる２次元配列

#include <vector>
#include <iostream>

using namespace std;

int main()
{
    int m, n;           // 行数と列数
    cout << "行数：";   cin >> m;
    cout << "列数：";   cin >> n;

    vector<vector<int> > x(m, vector<int>(n));

    for (int i = 0; i < m; i++) {
        for (int j = 0; j < n; j++) {
            cout << "x[" << i << "][" << j << "] = " << x[i][j] << '\n';
        }
    }
}
```

実行例

```
行数：3⏎
列数：4⏎
x[0][0] = 0
x[0][1] = 0
x[0][2] = 0
x[0][3] = 0
x[1][0] = 0
x[1][1] = 0
…中略…
x[2][2] = 0
x[2][3] = 0
```

行数と列数は、キーボードから読み込みます。実行例のように、３行４列として作られた x 内部のイメージの概略を示したのが、**Fig.11-4** です。

オブジェクト x は、要素数が３で、要素型が **vector**<**int**>(4) のベクトルです。このオブジェクトは、要素数３と配列へのポインタなどを含むⓐの部分であり、その外部に作られる配列本体は、空き領域から確保されるⓑの部分です。そして、配列ⓑの各要素は、要素数が４で要素型が **int** のベクトルです。それぞれが、空き領域から確保されて、その外部に作られる配列へのポインタをもちます。

▶ 通常の２次元配列は行間の連続性が保証されます（例：**int**[3][4] 型の配列であれば、x[0][3] の直後に x[1][0] が配置されます）が、そのような連続性は **vector**<> にはありません。

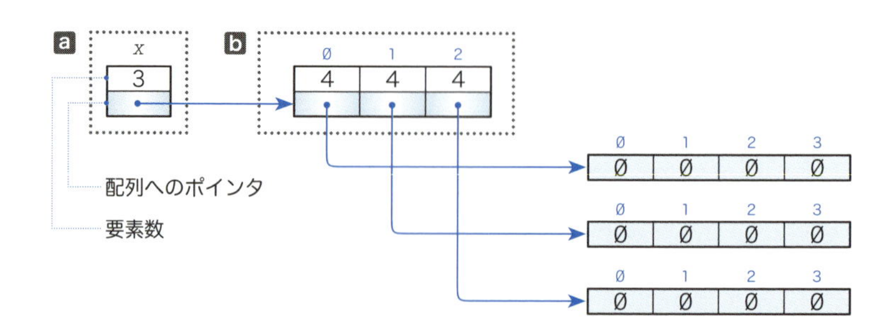

Fig.11-4 2次元配列 vector<vector<int> > 型 x の内部のイメージ

vector<> は、要素数が可変であることが特徴ですから、行によって列数が異なる凸凹な２次元配列を容易に作れます。**List 11-11** に示すのがプログラム例です。

List 11-11 chap11/vector_2d2.cpp

```
// ベクトルによる凸凹２次元配列

#include <vector>
#include <iostream>

using namespace std;

int main()
{
    int m;            // 行数
    cout << "行数：";
    cin >> m;

    vector<vector<int> > x;

    for (int i = 0; i < m; i++) {
        int width;
        cout << i << "行目の列数：";
        cin >> width;
        x.push_back(vector<int>(width));
    }

    for (int i = 0; i < m; i++) {
        for (int j = 0; j < x[i].size(); j++) {
            cout << "x[" << i << "][" << j << "] = " << x[i][j] << '\n';
        }
    }
}
```

実行例

```
行数：3
0行目の列数：3
1行目の列数：2
2行目の列数：4
x[0][0] = 0
x[0][1] = 0
x[0][2] = 0
x[1][0] = 0
x[1][1] = 0
x[2][0] = 0
x[2][1] = 0
x[2][2] = 0
x[2][3] = 0
```

本プログラムでは、x を空のベクトルとして生成しておき、その後 **vector**<**int**>(*width*) の追加を push_back 関数によって繰り返します。

実行例で生成された x 内部のイメージの概略を示したのが、**Fig.11-5** です。

▶ 各行の列数は、先頭から３列、２列、４列です。

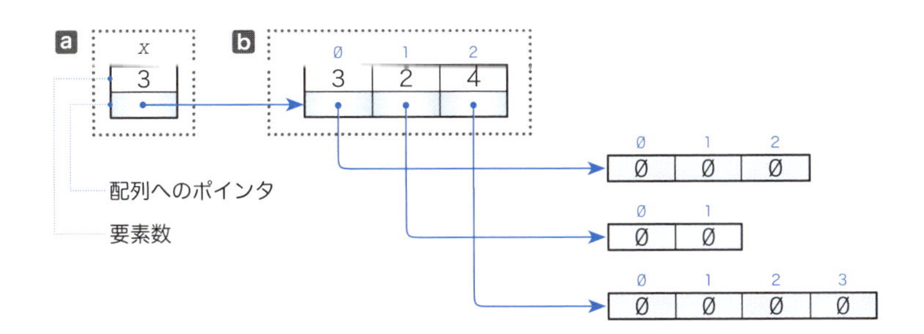

Fig.11-5 行によって列数の異なる凸凹な２次元配列

11-2 反復子とアルゴリズム

本節では、標準ライブラリとして提供される反復子やアルゴリズムを利用したベクトルのアクセス法を学習します。

ポインタと反復子

前節では、ベクトル内の要素のアクセスを、添字演算子 [] とメンバ関数 at とで行いました。いずれも、要素の特定に利用するのは《**添字**》です。ベクトルライブラリでは、要素アクセスのもう一つの手段として、**反復子**（*iterator*）による方法が提供されます。その反復子は、《添字》というよりも、**"超高機能な《ポインタ》"** といったイメージです。

《ポインタ》で配列の要素を先頭から末尾へと順に走査するプログラムを **List 11-12** に示します。添字に 1 を加えた値を全要素に代入して表示します。

List 11-12 chap11/array_traverse.cpp

```
// ポインタによる配列要素の走査

#include <iostream>

using namespace std;

int main()
{
    int a[5];                // 要素数は5
    int value = 0;
    // 先頭から末尾へと走査して値を代入
    for (int* p = &a[0]; p != &a[5]; p++)
        *p = ++value;

    // 先頭から末尾へと走査して値を表示
    for (const int* p = &a[0]; p != &a[5]; p++)
        cout << *p << ' ';
    cout << '\n';
}
```

実行結果

```
1 2 3 4 5
```

要素の走査に利用しているのが、ポインタ p です。先頭要素を指すように初期化しておき、インクリメントによって一つ後方の要素を指すように更新を繰り返します（**Fig.11-6**）。

▶ 配列内の要素を指すポインタをインクリメント／デクリメントすると、一つ後方／前方の要素を指すように更新されます。また、ポインタに間接演算子 * を適用すると、ポインタが指す要素そのものにアクセスできます。

さて、繰返しの終了条件は p != &a[5] です。要素数 5 の配列 a の要素は a[0] ～ a[4] の 5 個ですが、**"末尾要素の一つ後方に（仮想的に存在する）要素"** へのポインタに相当する &a[5] が、（C 言語から引き継いだ C++ の言語仕様により）計算上有効です。

＊

このプログラムを、vector<> と反復子を用いて書きかえたのが、**List 11-13** です。

要素を走査する反復子が vector<int>::iterator 型となっています。vector<> テンプレートの中で iterator 型が定義されることは、本章の冒頭で示しました（p.361）。

List 11-13 chap11/vector_traverse1.cpp

```
// 反復子によるベクトル要素の走査

#include <vector>
#include <iostream>

using namespace std;

int main()
{
    vector<int> v(5);    // 要素数は5
    int value = 0;
    // 先頭から末尾へと走査して値を代入
    for (vector<int>::iterator p = v.begin(); p != v.end(); p++)
        *p = ++value;

    // 先頭から末尾へと走査して値を表示
    for (vector<int>::const_iterator p = v.begin(); p != v.end(); p++)
        cout << *p << ' ';
    cout << '\n';
}
```

実行結果

```
1 2 3 4 5
```

本プログラムを読むと、反復子に関節演算子 * を適用できることや、参照外しによって反復子が指す要素にアクセスできることが推測できるでしょう。

さて、*vector*<> の **begin 関数**と **end 関数**が初登場です。*v*.begin() が返却するのはベクトル *v* の**先頭要素を指す反復子**であり、*v*.end() が返却するのはベクトル *v* の**末尾要素の一つ後方に（仮想的に存在する）要素を指す反復子**です。すなわち、前者は、**List 11-12** の &a[0] に相当して、後者は &a[5] に相当します。

▶ begin、end ともに、通常（非 const）の反復子を返すものと、const 版の反復子を返すものが多重定義されています。

二つのプログラムの動作イメージはほぼ同じであり、**Fig.11-6** のような感じです。

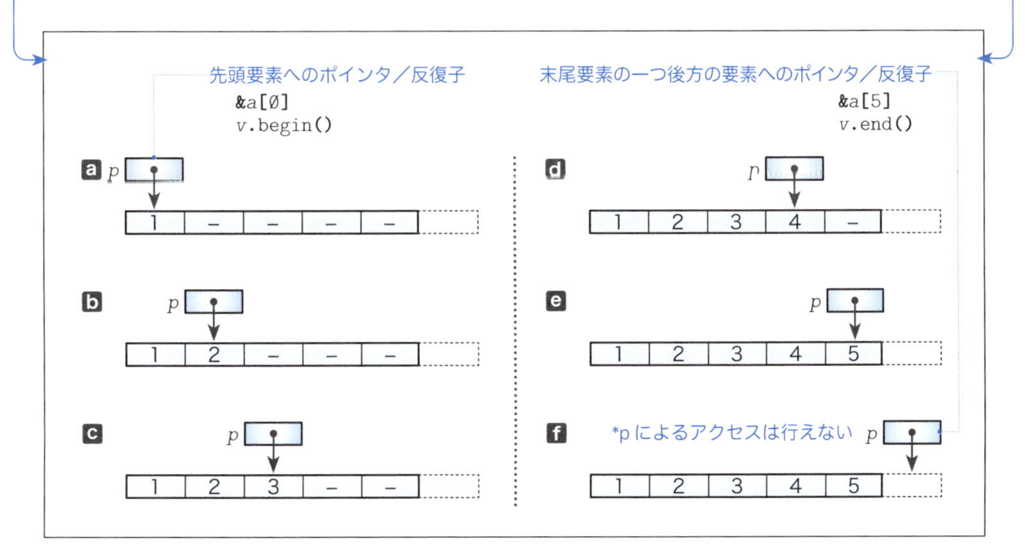

Fig.11-6 ポインタ／反復子による配列／ベクトル要素の走査

前進反復子と逆進反復子

配列内の要素を《ポインタ》で走査するプログラムと、*vector*<> 内の要素を《反復子》で走査するプログラムの共通点が分かりました。

しかし、高機能な反復子は、ポインタと大きく異なる点がたくさんあります。まずは、**List 11-14** に示すプログラムで学習しましょう。

1の for 文では、ベクトルの全要素を末尾から先頭へと順に走査して値を代入します。反復子の型 *vector*<int>::*reverse_iterator* は、末尾側から先頭側へと走査するための、**逆進反復子**です。

逆進反復子に対して ++ 演算子を適用すると、配列の（後方ではなく）前方へと走査が進みます。

▶ 前ページで学習した、ベクトルの要素を先頭側から末尾側へと走査する反復子は、一般に、**前進反復子**と呼ばれます（規定上は、逆進反復子は“前進反復子の一種”という扱いです。というのも、いずれの反復子も -- 演算子ではなく ++ 演算子によって走査を行うからです）。

また、*vector*<> のメンバ関数 rbegin は**末尾要素への反復子**を返し、rend は**先頭要素の一つ前方に（仮想的に存在する）要素への反復子**を返します（**Fig.11-7**）。

▶ rend が返却する反復子を、配列 a へのポインタにたとえると &a[-1] となりますが、当然、このような式は許されません。

ベクトルの要素数が 0 で空であれば、begin と end は同一値を返却し、rbegin と rend も同一値を返却します。換言すると、これらが同じでなければ、ベクトルは空でない、すなわち、要素が 1 個以上含まれるということです。

なお、end や rend が返却する反復子は、実在しない要素を指しているため、その反復子に対して ++ 演算子や * 演算子を適用してはいけません。

▶ **2**の for 文は、前のプログラムと同じです。

a 前進反復子による走査の起点・終点

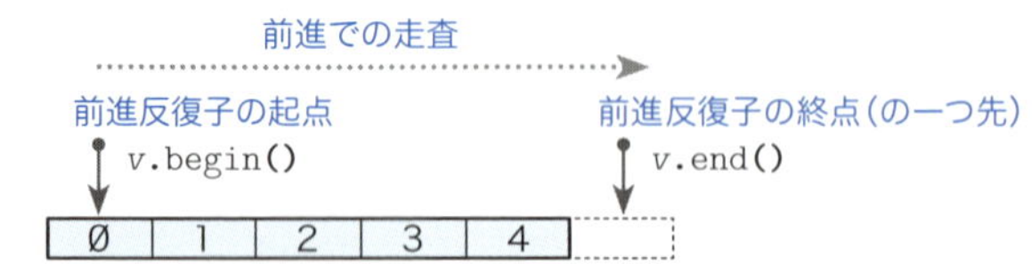

b 逆進反復子による走査の起点・終点

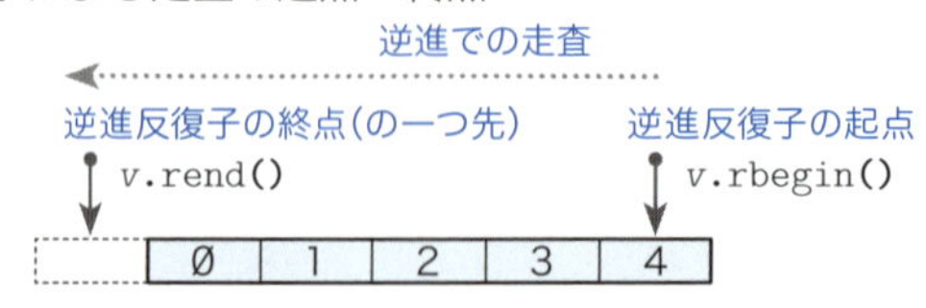

Fig.11-7 前進反復子と逆進反復子の起点と終点

List 11-14 chap11/vector_traverse2.cpp

```
// 反復子によるベクトル要素の逆向き走査

#include <vector>
#include <iostream>

using namespace std;

int main()
{
    vector<int> v(5);    // 要素数は5
    int value = 5;
    // 末尾から先頭へと走査して値を代入
❶  for (vector<int>::reverse_iterator p = v.rbegin(); p != v.rend(); p++)
        *p = value--;

    // 先頭から末尾へと走査して値を表示
❷  for (vector<int>::const_iterator p = v.begin(); p != v.end(); p++)
        cout << *p << ' ';
    cout << '\n';                                         前のプログラムと同じ

    vector<int>::difference_type d1 = v.end()  - v.begin();  ─┐
    vector<int>::difference_type d2 = v.rend() - v.rbegin(); ─┴─ ❸
    cout << "v.end()  - v.begin()  = " << d1 << '\n';
    cout << "v.rend() - v.rbegin() = " << d2 << '\n';
}
```

実行結果

```
1 2 3 4 5
v.end()  - v.begin()  = 5
v.rend() - v.rbegin() = 5
```

プログラムの後半を理解していきましょう。

同一ベクトル内の要素を指す二つの反復子を減算すると、それらの反復子が指す要素が何要素分だけ離れているかが求められます。なお、その減算の結果の型は**vector**<要素型>::***difference_type***型です。そのため、❸で求めている*d1*と*d2*は、いずれも、ベクトルの要素数である5となります。

重要 同一コンテナ内の要素を指す反復子どうしを減算すると、それらの指す要素が何要素分離れているかが、***difference_type***型で得られる。

▶ 同一配列内の要素を指す二つのポインタを減算すると、（C言語から引き継いだC++の言語仕様によって）それらが指すのが何要素分だけ離れているかが得られます。たとえば、aが配列であれば、&a[5] - &a[0]の結果は5です。それと同じです。

なお、*p*が配列内要素へのポインタで*n*が整数であれば、式*p* + *n*は、*p*の指す要素の*n*個後方の要素へのポインタとなり、式*p* - *n*は、*p*の指す要素の*n*個前方の要素へのポインタとなります。

反復子も同様です。反復子に対しては***difference_type***型整数の加減算が可能です。

なお、このことを利用すると、ベクトル*v*内の中央要素を指す反復子は、

```
v.begin() + v.size() / 2                    // 中央要素を指す反復子
```

で求められます。

要素の挿入と削除

メンバ関数 push_back は、ベクトルの末尾に要素を追加するものでした。**任意の位置に要素を追加するのが insert 関数で、要素を削除するのが erase 関数です。**いずれも、1 個あるいは複数個の要素の追加／削除が行えるように多重定義されています。

List 11-15 に示すのが、これらのメンバ関数を利用するプログラムです。

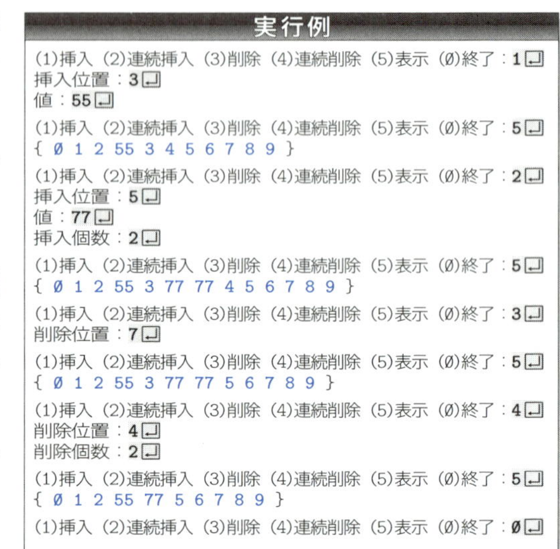

二つの関数に与える第 1 引数は、挿入位置あるいは削除位置の要素を指す反復子です。

1 では、*x*.begin() で初期化された *i* に *idx* を加えることによって、*x*[*idx*] を指す反復子を求めています。

なお、複数要素を削除する erase 関数の第 2 引数には、削除対象の末尾要素の**次の**要素を指す反復子を与えます（**2**）。

右に示す実行例におけるベクトルの変化の様子を **Fig.11-8** に示します。

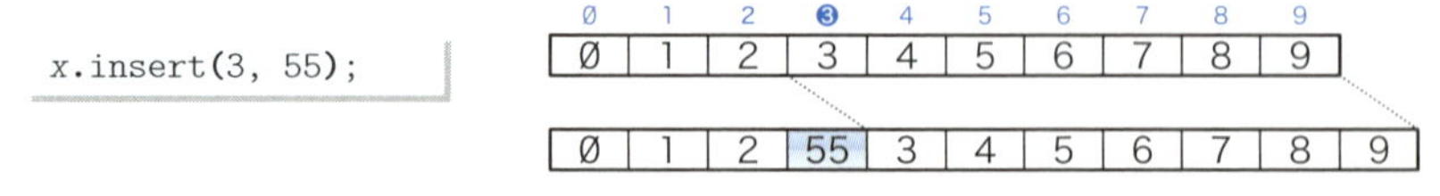

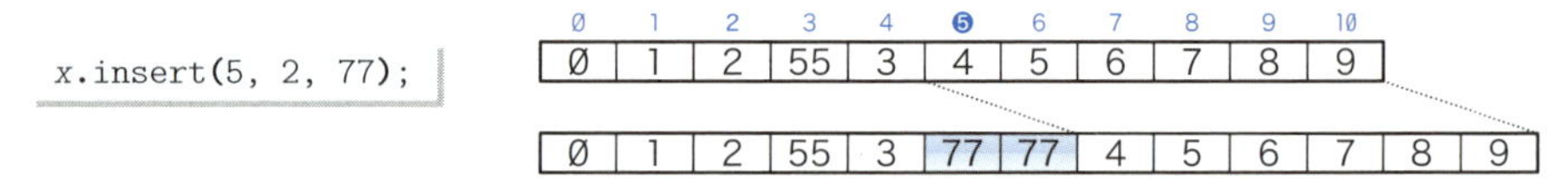

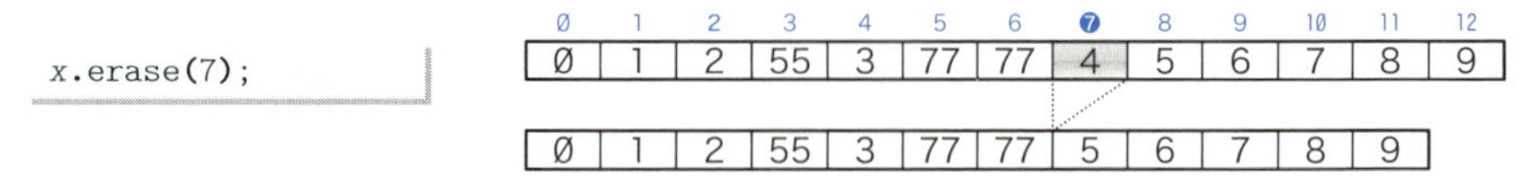

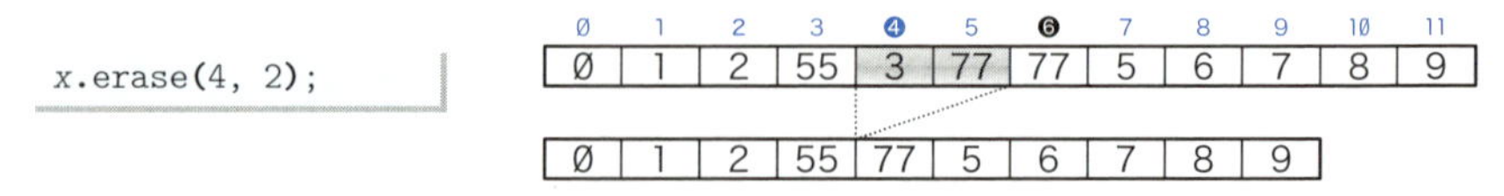

Fig.11-8　要素の挿入と削除に伴うベクトルの変化

List 11-15 chap11/vector_ins_ers.cpp

```
// ベクトルに対する要素の挿入と削除

#include <vector>
#include <iostream>

using namespace std;

//--- ベクトルvの全要素を{}で囲んで順に表示 --//            あらゆるベクトル型の表示が可能
template <class T, class Allocator>
void print_vector(vector<T, Allocator>& v)
{
    cout << "{ ";
    for (typename vector<T, Allocator>::size_type i = 0; i != v.size(); i++)
        cout << v[i] << ' ';
    cout << '}';
}                                                       全要素を《添字》で走査

//--- 挿入位置の読込み ---//
int scan_ins(int &idx, int &val, int flag)
{
    int num = 0;

    cout << "挿入位置：";   cin >> idx;
    cout << "値：";         cin >> val;
    if (flag) {
        cout << "挿入個数："; cin >> num;
    }
    return num;
}

//--- 削除位置の読込み ---//
int scan_ers(int &idx, int flag)
{
    int num = 0;

    cout << "削除位置：";   cin >> idx;
    if (flag) {
        cout << "削除個数："; cin >> num;
    }
    return num;
}

int main()
{
    vector<int> x;

    for (vector<int>::size_type i = 0; i < 10; i++)
        x.push_back(i);

    while (true) {
        vector<int>::iterator i = x.begin();
        int menu;
        cout << "(1)挿入 (2)連続挿入 (3)削除 (4)連続削除 (5)表示 (0)終了：";
        cin >> menu;
        if (!menu) break;

        switch (menu) {
         int idx, val, n;
         case 1 :     scan_ins(idx, val, 0);  x.insert(i + idx, val);        break;  // ❶
         case 2 : n = scan_ins(idx, val, 1);  x.insert(i + idx, n, val);     break;
         case 3 :     scan_ers(idx, 0);       x.erase( i + idx);             break;
         case 4 : n = scan_ers(idx, 1);       x.erase( i + idx, i + idx + n); break;  // ❷
         case 5 : print_vector(x); cout << '\n';
        }
    }
}
```

反復子を受け取る関数テンプレート

前ページの関数テンプレート*print_vector*は、ベクトルの全要素を添字で走査します。反復子で走査するように*print_vector*を書きかえましょう。

List 11-16に示すのが、そのプログラムです。**main**関数では、三つの異なる型のベクトルを表示するように指示しています。

List 11-16 chap11/vector_print_it1.cpp

```
// ベクトルの全要素の表示（反復子）

#include <string>
#include <vector>
#include <iostream>

using namespace std;

//--- ベクトルvの全要素を{}で囲んで順に表示 --//
template <class T, class Allocator>
void print_vector(vector<T, Allocator>& v)
{
    cout << "{ ";
    for (typename vector<T, Allocator>::const_iterator i = v.begin(); i != v.end(); i++)
        cout << *i << ' ';
    cout << '}';
}

int main()
{
    int a[] = {1, 2, 3, 4, 5};
    vector<int> x(a, a + sizeof(a) / sizeof(a[0]));

    double b[] = {3.5, 7.3, 2.2, 9.9};
    vector<double> y(b, b + sizeof(b) / sizeof(b[0]));

    string c[] = {"abc", "WXYZ", "123456"};
    vector<string> z(c, c + sizeof(c) / sizeof(c[0]));

    cout << "x = ";   print_vector(x);   cout << '\n';
    cout << "y = ";   print_vector(y);   cout << '\n';
    cout << "z = ";   print_vector(z);   cout << '\n';
}
```

あらゆるベクトル型の表示が可能

全要素を《反復子》で走査

実行結果

```
x = { 1 2 3 4 5 }
y = { 3.5 7.3 2.2 9.9 }
z = { abc WXYZ 123456 }
```

ベクトル内の要素の表示を行う関数テンプレートは、受け取る引数そのものを反復子にすることによって、汎用性を高められます。

右ページの**List 11-17**に示すのが、そのプログラム例です。

関数テンプレート*print*のテンプレート仮引数*first*と*last*の型は*InputIterator*です（この名前の型が実在するのではありません。単なるテンプレートの型引数です）。

テンプレート本体内の**for**文では、反復子*first*が指す要素から、*last*が指す要素の直前の要素までを順に表示します。

なお、走査対象の先頭要素を指すポインタ／反復子が*first*で、末尾要素の1個後方の要素を指すポインタ／反復子が*last*であることを、[*first*, *last*)と表します。

重要 走査対象の先頭要素を指すポインタ／反復子が*first*で、末尾要素の1個後方の要素を指すポインタ／反復子が*last*であることを、**[first, last)**と表す。

List 11-17 chap11/vector_print_it2.cpp

```
// ベクトルと配列の全要素の表示（反復子）

#include <vector>
#include <iostream>

using namespace std;

//--- [first, last)の全要素を{}で囲んで順に表示 ---//
template<class InputIterator>
void print(InputIterator first, InputIterator last)
{
    cout << "{ ";
    for (InputIterator i = first; i != last; i++)
        cout << *i << ' ';
    cout << "}";
}

int main()
{
    int a[] = {1, 2, 3, 4, 5};
    vector<int> x(a, a + 5);

    // ポインタを与える
    cout << "a = "; print(a,          a + 5   );   cout << '\n';

    // 反復子を与える
    cout << "x = "; print(x.begin(),  x.end());    cout << '\n';

    // 反復子を与える
    cout << "x = "; print(x.rbegin(), x.rend());   cout << '\n';
}
```

配列・ベクトルを含めたあらゆるコンテナ型の表示が可能

実行結果

```
a = { 1 2 3 4 5 }
x = { 1 2 3 4 5 }
x = { 5 4 3 2 1 }
```


main 関数では、*print* を３回呼び出しています。

最初の呼出しでは配列の表示を依頼して、２回目の呼出しではベクトルの表示を依頼しています。いずれの呼出しでも、先頭要素へのポインタ／反復子と、末尾要素の直後に仮想的に存在する要素へのポインタ／反復子を与えています。

なお、３回目の呼出しでは、逆順の表示を行うために、第１引数に x.rbegin() を与えて、第２引数に x.rend() を与えています。

＊

このプログラムから分かるように、**ポインタは反復子としても利用できます**。

また、***vector***<> 以外の、***list***<> などのコンテナも反復子で走査できます。

そのため、関数テンプレート *print* は、配列とベクトル ***vector***<> だけでなく、線形リスト ***list***<> を含めた、あらゆるコンテナの要素の表示が可能です。

重要 走査の対象を反復子で受け取る関数テンプレートは、ベクトルだけでなく、配列や各種のコンテナ型も扱える。

反復子の種類

前ページの関数テンプレート *print* の仮引数 *first* と *last* の型名は、*InputIterator* となっていました。*InputIterator* は単なるテンプレートの型引数ですから、その名前は任意です（極端な話、型名は a でもいいわけです）。

InputIterator としているのは、関数テンプレートが受け取るのが、《入力反復子》であることを表明するためです。

実は、反復子は 1 種類ではなく、複数の種類のものがあります。**Fig.11-9** を見ながら、それらの概略を理解していきましょう。

■ 入力反復子（InputIterator）

入力反復子は、**++** による移動と、***** による参照（反復子が指す要素の値の取出し）が可能な反復子です。

■ 出力反復子（OutputIterator）

出力反復子は、**++** による移動と、***** による代入（反復子が指す要素への値の書込み）が可能な反復子です。

■ 前進反復子（ForwardIterator）

前進反復子は、入力反復子と出力反復子の両方の機能をあわせもつ反復子です。すなわち、**++** による移動と、***** による参照および代入が可能です。

この反復子は、入力反復子や出力反復子の代わりとして利用できます。

▶ 『大は小を兼ねる』というわけです。

■ 双方向反復子（BidirectionalIterator）

双方向反復子は前進反復子の機能に加え、**--** による移動が可能な反復子です。

この反復子は、入力反復子、出力反復子、前進反復子の代わりとして利用できます。

▶ 双方向反復子は、JIS C++ では『両進反復子』という訳語が与えられています。

■ ランダムアクセス反復子（RandomAccessIterator）

ランダムアクセス反復子は、反復子としての全要件を備えています。

双方向反復子の機能に加え、整数を加減算する **+**、**-**、**+=**、**-=**、反復子どうしの減算を行う **-**、反復子どうしの比較のための **<**、任意の位置の要素をアクセスする **[ ]** がサポートされます。

ポインタはランダムアクセス反復子としての要件を満たしているため、どのアルゴリズムでも、ポインタを反復子として扱うことができます。

▶ 既に学習したとおり、反復子に加減算できるのは ***difference_type*** 型の整数です。

この反復子は、他のすべての反復子（入力反復子、出力反復子、前進反復子、双方向反復子）の代わりとして利用できます。

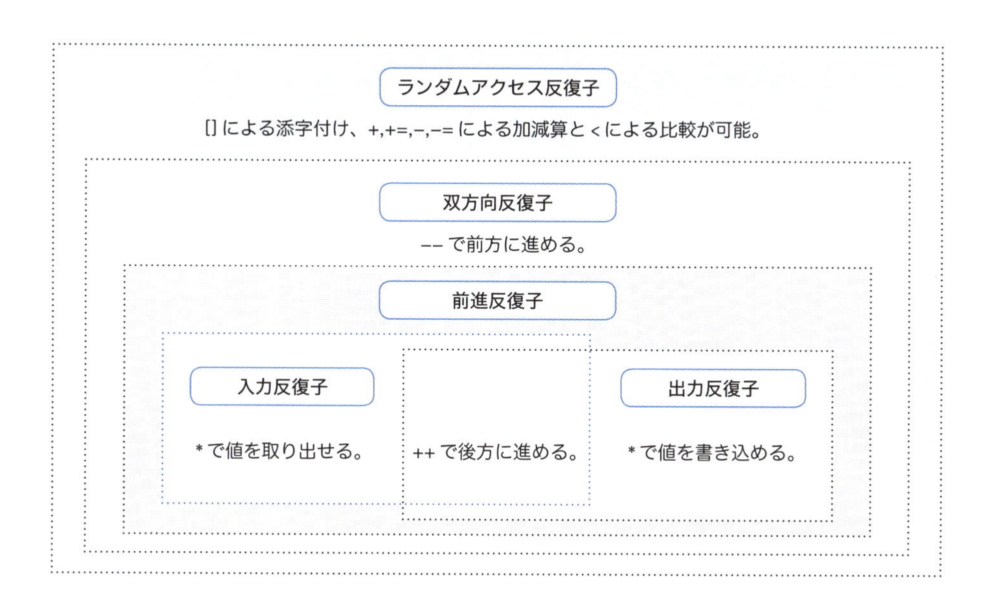

Fig.11-9　反復子の関係

より高機能な反復子は、低機能な反復子の代わりとして働けますが、その逆はできません。たとえば、コンテナの性質上、**vector<>**, **deque<>**, **string<>** の反復子はランダムアクセス反復子であり、**list<>**, **set<>**, **multiset<>**, **map<>**, **multimap<>** の反復子は双方向反復子です。

以下の関数テンプレートの仮引数 *first*, *last* は入力反復子ですから、すべてのコンテナの反復子を与えることができます。

```
//--- [first, last)の全要素を{}で囲んで順に表示 ---//
template<class InputIterator>
void print(InputIterator first, InputIterator last)
{
    cout << "{ ";
    for (InputIterator i = first; i != last; i++)
        cout << *i << ' ';
    cout << "}";
}
```

しかし、以下の関数テンプレートに与えられるのは、ランダムアクセス反復子です。

```
//--- [first, last)に含まれる要素数をint型で返却 ---//
template<class RandomAccessIterator>
int diff(RandomAccessIterator first, RandomAccessIterator last)
{
    return static_cast<int>(last - first);
}
```

減算演算子 **-** は、ランダムアクセス反復子にのみ適用できるものであり、その他の双方向反復子には適用できません。そのため、この関数テンプレートに対して、**list<>** や **set<>** などの反復子を引数として与えることはできません。

関数オブジェクトとファンクタ

List 11-18 に示すのは、ベクトル内の要素を**シャッフル**して（要素の並びをランダムにかき混ぜて）、**ソート**するプログラムです。

List 11-18 chap11/vector_shuffle_sort.cpp

```
// ベクトルに対する要素の挿入と削除

#include <vector>
#include <iostream>
#include <algorithm>
#include <functional>

using namespace std;

//--- [first, last)の全要素を{}で囲んで順に表示 ---//        List 11-17と同じ
template<class InputIterator>
void print(InputIterator first, InputIterator last)
{
    cout << "{ ";
    for (InputIterator i = first; i != last; i++)
        cout << *i << ' ';
    cout << "}";
}

int main()
{
    vector<int> x;

    for (vector<int>::size_type i = 0; i < 10; i++)
        x.push_back(i);

1   random_shuffle(x.begin(), x.end());            // シャッフル
    cout << "シャッフル："; print(x.begin(), x.end()); cout << '\n';

2   sort(x.begin(), x.end());                      // 昇順ソート
    cout << "昇順ソート："; print(x.begin(), x.end()); cout << '\n';

3   sort(x.begin(), x.end(), greater<int>());      // 降順ソート
    cout << "降順ソート："; print(x.begin(), x.end()); cout << '\n';
}
```

実行結果一例

```
シャッフル：{ 8 1 9 2 0 5 7 3 4 6 }
昇順ソート：{ 0 1 2 3 4 5 6 7 8 9 }
降順ソート：{ 9 8 7 6 5 4 3 2 1 0 }
```

1では、ベクトルを**シャッフル**します。シャッフルの対象となる**先頭要素への反復子**と**末尾要素の次の要素への反復子**を、**random_shuffle 関数テンプレート**の引数として渡します。なお、**<algorithm> ヘッダ**で定義されている **random_shuffle** は、以下の形式です。

```
//--- [first, last)をシャッフル ---//
template <class RandomAccessIterator>
void random_shuffle(RandomAccessIterator first, RandomAccessIterator last);
```

▶ **random_shuffle** には、3個の引数を受け取るバージョンもあります。

```
template <class RandomAccessIterator, class RandomNumberGenerator>
void random_shuffle(RandomAccessIterator first, RandomAccessIterator last,
                    RandomNumberGenerator& rand);
```

第3引数は、シャッフルに必要な《乱数》の生成アルゴリズムを、ユーザ独自で用意したものと置きかえるためのものです。

2では、ベクトルの**昇順ソート**を行います。ソートの対象となる先頭要素への反復子と末尾要素の次の要素への反復子を、***sort*** 関数テンプレートの引数として与えます。

なお、<algorithm> で定義されている ***sort*** は、以下の形式です。

```
//--- [first, last)を昇順ソート ---//
template <class RandomAccessIterator>
void sort(RandomAccessIterator first, RandomAccessIterator last);
```

昇順ソート

3では、ベクトルの**降順ソート**を行います。ここで呼び出している ***sort*** は、3個の引数を受け取る、以下の形式のバージョンです。

```
//--- [first, last)をcompの判定結果に基づいてソート ---//
template <class RandomAccessIterator, class Compare>
void sort(RandomAccessIterator first, RandomAccessIterator last, Compare comp);
```

比較の基準

本プログラムでは、第3引数に ***greater*<int>()** を与えています。これが、昇順ソートではなく降順ソートを行うためのキーです。

greater<> は、**関数オブジェクト**（*function object*）あるいは**ファンクタ**（*functor*）などと呼ばれます。***greater*** を含め、以下に示す比較演算と論理演算を行うための標準ファンクタが **<functional> ヘッダ**で提供されます。

```
//--- 2項ファンクタ ---//
not_equal_to x != y   less    x < y   less_equal    x <= y   logical_or  x || y
equal_to     x == y   greater x > y   greater_equal x >= y   logical_and x && y

//--- 単項ファンクタ ---//
logical_not  !x
```

これらのファンクタは、operator() 関数をメンバとしてもつ（すなわち () 演算子が多重定義されている）クラスです。

以下に示すのが、単項ファンクタ ***logical_not*<>** と、2項ファンクタ ***greater*<>** の定義の一例です。

```
//===== 単項ファンクタlogical_not<>の定義の一例 =====//
template <class T> struct logical_not : unary_function<T, bool> {
    bool operator()(const T& x) const { return !x; }
};

//===== 2項ファンクタgreater<>の定義の一例 =====//
template <class T> struct greater : binary_function<T, T, bool> {
    bool operator()(const T& x, const T& y) const { return x > y; }
};
```

単項ファンクタ ***logical_not***<> は ***unary_function***<> から派生し、2項ファンクタ ***greater***<> は ***binary_function***<> から派生しています。もちろん、***greater***<> 以外の2項ファンクタもすべて ***binary_function***<> から派生しています。

for_each による走査とファンクタの適用

以下に示すのが、**unary_function<>** と **binary_function<>** の定義の一例です。テンプレート引数に対して、**typedef** で型名を定義しているだけの構造です。

```
//===== unary_function<>の定義の一例 =====//
template <class Arg, class Result> struct unary_function {
    typedef Arg argument_type;                 // 第１引数の型
    typedef Result result_type;                // 返却値の型
};

//===== binary_function<>の定義の一例 =====//
template <class Arg1, class Arg2, class Result> struct binary_function {
    typedef Arg1 first_argument_type;          // 第１引数の型
    typedef Arg2 second_argument_type;         // 第２引数の型
    typedef Result result_type;                // 返却値の型
};
```

ファンクタを自作しながら理解していきましょう。

まずは、**単項ファンクタ**です。前ページの **logical_not<>** と同様に、受け取る引数の型を第１引数として、返却値の型を第２引数とするクラステンプレートを、**unary_function<>** から派生して作ります。

ここで作るのは、以下の二つのファンクタです。

- *put1<>* … *n* の値を表示した後にスペースを１個表示する（返却値はなし）。
- *put2<>* … *n* の値を表示した後にスペースを２個表示する（返却値はなし）。

List 11-19 に示すのが、このファンクタを定義して利用するプログラムです。クラステンプレート *put1<>* と *put2<>* の **operator()** は、*n* の値を表示して、それに続けてスペースを表示します。

▶ いずれのクラステンプレートも、キーワード **class** ではなく、**struct** を利用して定義されています。そのため、メンバ関数 **operator()** には公開属性が与えられます（前ページに示した **logical_not<>** や **greater<>** なども同様に定義されています）。

1と**2**に注目しましょう。ここでは、<algorithm> で定義された関数テンプレートであるアルゴリズム **for_each** を利用しています。以下に示すのが、その形式です。

```
//--- [first, last)にfを適用しながら走査 ---//
template <class InputIterator, class Function>
Function for_each(InputIterator first, InputIterator last, Function f);
```

関数テンプレート **for_each** は、[*first*, *last*) の要素を順に走査しながら、その各要素にファンクタ *f* を適用する、というものです。

そのため、**1**では全要素がスペース１個で区切られて表示され、**2**では全要素がスペース２個で区切られて表示されます。

List 11-19　　chap11/vector_put1.cpp

```
// ベクトルの要素を表示（for_eachとファンクタ）

#include <vector>
#include <iostream>
#include <algorithm>
#include <functional>

using namespace std;

//=== 値に続けてスペースを１個出力 ===//
template <class Type>
struct put1 : public unary_function<const Type&, void> {
    void operator()(const Type& n) {
        cout << n << ' ';          // スペース１個
    }
};

//=== 値に続けてスペースを２個出力 ===//
template <class Type>
struct put2 : public unary_function<const Type&, void> {
    void operator()(const Type& n) {
        cout << n << "  ";         // スペース２個
    }
};

int main()
{
    vector<int> x;
    for (vector<int>::size_type i = 0; i < 10; i++)
        x.push_back(i);

1   for_each(x.begin(), x.end(), put1<int>());  // スペース１個で区切って表示
    cout << '\n';

2   for_each(x.begin(), x.end(), put2<int>());  // スペース２個で区切って表示
    cout << '\n';
}
```

実行結果

```
0 1 2 3 4 5 6 7 8 9
0  1  2  3  4  5  6  7  8  9
```

ファンクタは、プログラム中から直接呼び出すことも可能です。たとえば、本プログラムで作成した*put1*<>を直接呼び出す形式は、以下のようになります。

```
put1<型名>()(引数)
```

put1<>は、クラステンプレートですから、*put1*<型名>()で“*put1*<型名>”型オブジェクトを生成し、それに対して`operator()`を呼び出して引数を渡す、という仕組みです。

以下に示すのが、ファンクタを直接呼び出すプログラム例です（"chap11/functor_call.cpp"）。

```
cout << less<int>()(15, 37) << '\n';        // 15 < 37か？
cout << greater<int>()(15, 37) << '\n';     // 15 > 37か？
cout << equal_to<int>()(15, 37) << '\n';    // 15 == 37か？

put1<int>()(15);                // 値に続けてスペースを1個表示
put1<int>()(37);                // 値に続けてスペースを1個表示
cout << '\n';

put2<double>()(3.14);           // 値に続けてスペースを2個表示
put2<double>()(1.57);           // 値に続けてスペースを2個表示
cout << '\n';
```

```
1
0
0
15 37
3.14  1.57
```

ファンクタの明示的な特殊化

for_each アルゴリズムと自作ファンクタの組み合わせによって、全要素を表示しました。さらにプログラムを改良しましょう。今度は、以下のようにします。

- 要素間にスペース1個を表示するとともに、全体を{}で囲んで表示する。
- 要素型が char 型であれば、各要素を単一引用符 ' で囲む。
- 要素型が *string* 型であれば、各要素を二重引用符 " で囲む。
- 上記の機能を一つの関数テンプレートとして実現する。

List 11-20 に示すのが、そのプログラムです。

前ページのクラステンプレート *put1*<> に加えて、char 型用に特殊化した *put1*<> と、*string* 用に特殊化した *put1*<> が準備されています。

さて、新しく作られたクラステンプレートが *print*<> です。これは、[*first*, *last*) の全要素を走査して、上記の仕様に基づいた表示を行います。

要素の走査のために *for_each* アルゴリズムを利用しているのは、前ページのプログラムと同様です。ただし、第3引数の <> 中の型が異なります（網かけ部）。

クラステンプレート *print*<> のテンプレート仮引数 *InputIterator* には、どのような型の反復子が渡されるのかは、プログラム開発時には分かりません。

そこで、**受け取った反復子から、その《特性》を取り出す**、といったテクニックを使っています。反復子の特性を表すのが、***iterator_traits*<> クラステンプレート**です。以下に示すのが、その定義の一例です。

iterator_traits

```
template <class Iterator> struct iterator_traits {
    typedef typename Iterator::difference_type difference_type;
    typedef typename Iterator::value_type value_type;
    typedef typename Iterator::pointer pointer;
    typedef typename Iterator::reference reference;
    typedef typename Iterator::iterator_category iterator_category;
};
```

二つの反復子が指す要素の差の型、反復子が指す要素の値の型、ポインタ型、参照型、反復子のカテゴリ（種類）の型に対して、typedef によって名前が与えられています。

本プログラムで必要なのは、2番目に宣言されている **"反復子が指す要素の値の型"** です。*iterator_traits*<> クラステンプレート内で定義されている型名が **value_type** ですから、その型名は、***iterator_traits***<反復子型名>**::*value_type*** として取り出せます。

▶ main 関数では、関数テンプレート *print* を4回呼び出しています。ベクトルの要素型は先頭から順に int, double, char, *string* ですから、網かけ部で取り出される型も、それぞれ、int, double, char, *string* となります。

List 11-20　chap11/vector_put2.cpp

```
// ベクトルの要素を表示（iterator_traits<>::value_typeを利用）

#include <string>
#include <vector>
#include <iostream>
#include <algorithm>
#include <functional>

using namespace std;

//=== 値に続けてスペースを１個出力 ===//
template <class Type>
struct put1 : public unary_function<const Type&, void> {
    void operator()(const Type& n) {
        cout << n << ' ';                           // スペース１個
    }
};

//=== 値に続けてスペースを１個出力（char用に特殊化）===//
template <>
struct put1<char>: public unary_function<const char&, void> {
    void operator()(const char& n) {
        cout << "'" << n << "' ";                   // 単一引用符で囲んでスペース１個
    }
};

//=== 値に続けてスペースを１個出力（std::string用に特殊化）===//
template <>
struct put1<std::string>: public unary_function<const std::string&, void> {
    void operator()(const std::string& n) {
        cout << "\"" << n << "\" ";                 // 二重引用符で囲んでスペース１個
    }
};

//--- [first, last)の全要素をスペース１個で区切って{}で囲んで順に表示 ---//
template<class InputIterator>
void print(InputIterator first, InputIterator last)
{
    cout << "{ ";
    for_each(first, last, put1<std::iterator_traits<InputIterator>::value_type>());
    cout << "}";
}

int main()
{
    int    i[] = {1, 2, 3, 4, 5};
    double d[] = {3.14, 1.7};
    char   c[] = {'R', 'G', 'B'};
    string s[] = {"Turbo", "NA", "DOHC"};

    vector<int>    v1(i, i + sizeof(i) / sizeof(i[0]));
    vector<double> v2(d, d + sizeof(d) / sizeof(d[0]));
    vector<char>   v3(c, c + sizeof(c) / sizeof(c[0]));
    vector<string> v4(s, s + sizeof(s) / sizeof(s[0]));

    cout << "v1 = ";  print(v1.begin(), v1.end());  cout << '\n';
    cout << "v2 = ";  print(v2.begin(), v2.end());  cout << '\n';
    cout << "v3 = ";  print(v3.begin(), v3.end());  cout << '\n';
    cout << "v4 = ";  print(v4.begin(), v4.end());  cout << '\n';
}
```

汎用：List 11-19と同じ

char専用

string専用

反復子から特性（要素の型）を取り出す

実行結果

```
v1 = { 1 2 3 4 5 }
v2 = { 3.14 1.7 }
v3 = { 'R' 'G' 'B' }
v4 = { "Turbo" "NA" "DOHC" }
```

アルゴリズムの適用

ここまでは、値を返さない単項ファンクタを作成してきました。次は、**《値を返却する単項ファンクタ》**と**《2項ファンクタ》**の作成に挑戦しましょう。

ここでは、**List 11-21** のプログラムで理解していきます。

2個の**単項ファンクタ**が定義されています。機能の概略は以下のとおりです。

- *is_even<>* … 引数 *n* が偶数であれば真、そうでなければ偽。返却値型は bool。
- *plus10<>* … 引数 *n* に 10 を加えた値。返却値型は引数と同じ。

1個の**2項ファンクタ**が定義されています。概略は以下のとおりです。

- *diff<>* … 二つの引数 *a1* と *a2* の差を求める。返却値型は引数と同じ。

本プログラムで利用している **transform アルゴリズム**は、コンテナ内の連続する要素に一括して処理を行い、その結果を別のコンテナに格納します。

transform には以下に示す二つの形式があります。

```
//--- [first, last)を走査しながらopを適用した結果をresultを先頭に格納 ---//
template <class InputIterator, class OutputIterator, class UnaryOperation>
OutputIterator transform(InputIterator first, InputIterator last,
                         OutputIterator result, UnaryOperation op);

//--- [first1, last1)と[first2, first2 + (last1 - first1))を同時に走査しながら
                         2要素にbinary_opを適用した結果をresultを先頭に格納 ---//
template<class InputIterator1, class InputIterator2, class OutputIterator,
         class BinaryOperation>
OutputIterator transform(InputIterator1 first1, InputIterator1 last1,
                         InputIterator2 first2, OutputIterator result,
                         BinaryOperation binary_op);
```

最初の形式は、単項ファンクタ op を利用して、コンテナ要素を変換して、その結果を別の場所にコピーします。

本プログラムでは、a の要素が偶数であるかどうかの判定結果をベクトル c に格納し、a の要素に 10 を加えたものをベクトル d に格納しています。

2番目の形式は、2項ファンクタを利用して、二つのコンテナ要素を同時に走査しながら変換して、その結果を別の場所にコピーします。

本プログラムでは、ベクトル a の要素とベクトル b の要素の差を求めてベクトル e に格納しています。a[0] と b[0] の差が e[0] に格納されて、a[1] と b[1] の差が e[1] に格納される、といった具合です。

<functional> ヘッダには、算術演算を行う以下のファンクタが定義されています。

```
//--- 2項ファンクタ ---//
plus x + y    minus x - y    multiplies x * y    divides x / y    modulus x % y

//--- 単項ファンクタ ---//
negate   -x
```

List 11-21 chap11/vector_transform.cpp

```
// ベクトルに対するアルゴリズムの適用

#include <string>
#include <vector>
#include <iostream>
#include <algorithm>
#include <functional>

using namespace std;

// List 11-20のput1<>とprint<>をここに挿入

//--- 偶数であるかどうかを求める ---//
template <class Type>
struct is_even : public unary_function<const Type&, bool> {
    bool operator()(const Type& n) {
        return n % 2 == 0;
    }
};

//--- 10を加えた値を求める ---//
template <class Type>
struct plus10 : public unary_function<const Type&, const Type&> {
    Type operator()(const Type& n) {
        return n + 10;
    }
};

//--- 差を求める ---//
template <class Type>
struct diff : public binary_function<const Type&, const Type&, Type>
{
    Type operator()(const Type& a1, const Type& a2) {
        return (a1 < a2) ? a2 - a1 : a1 - a2;
    }
};

int main()
{
    vector<int> a;
    for (vector<int>::size_type i = 0; i < 10; i++)
        a.push_back(i);

    vector<int> b(a);                          // aのコピー
    random_shuffle(b.begin(), b.end());        // シャッフル

    vector<bool> c(10);        // aの全要素が偶数かどうか
    transform(a.begin(), a.end(), c.begin(), is_even<int>());

    vector<int> d(10);         // aの全要素に10を加えたベクトル
    transform(a.begin(), a.end(), d.begin(), plus10<int>());

    vector<int> e(10);         // aとbの各要素の差を格納するベクトル
    transform(a.begin(), a.end(), b.begin(), e.begin(), diff<int>());

    cout << "a = ";   print(a.begin(), a.end());   cout << '\n';
    cout << "b = ";   print(b.begin(), b.end());   cout << '\n';
    cout << "c = ";   print(c.begin(), c.end());   cout << '\n';
    cout << "d = ";   print(d.begin(), d.end());   cout << '\n';
    cout << "e = ";   print(e.begin(), e.end());   cout << '\n';
}
```

実行結果

```
a = { 0 1 2 3 4 5 6 7 8 9 }
b = { 8 1 9 2 0 5 7 3 4 6 }
c = { 1 0 1 0 1 0 1 0 1 0 }
d = { 10 11 12 13 14 15 16 17 18 19 }
e = { 8 0 7 1 4 0 1 4 4 3 }
```

まとめ

- 組込みの配列や **new** 演算子によって動的に生成する配列よりも、**<vector> ヘッダ**で提供される、コンテナの一種である ***vector<>* クラステンプレート**によるベクトルのほうが柔軟で多機能である。

- *vector*<> クラステンプレートのテンプレート引数は、第1引数が要素型であり、第2引数が**アロケータ型**である。

- ベクトルの要素数やベクトル内の位置（添字）を表す符号無し整数型が、***vector<>::size_type* 型**である。

- ベクトル内要素のアクセスの手段として、二通りの方法が提供される。
  - [] 　指定された添字をもつ要素をアクセス（不正な添字に無頓着）
  - at 　指定された添字をもつ要素をアクセス（不正な添字に対して例外を送出）

- ベクトル内の要素は連続した記憶域上に先頭から順に並べられて格納される。要素の増減に伴って領域が伸縮する。
  - **size** 　要素数を調べる
  - **capacity** 　容量を調べる
  - **reserve** 　容量を指定された値以上に設定する
  - **resize** 　要素数を変更する

- ベクトルに対しては、要素の挿入・削除が自由に行える。
  - **front** 　先頭要素の値を調べる
  - **back** 　末尾要素の値を調べる
  - **pop_back** 　末尾要素を除去する
  - **push_back** 　末尾に要素を1個追加する

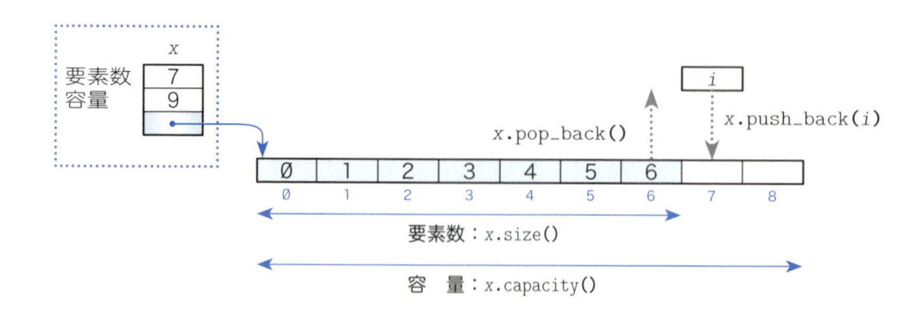

- 2次元配列は、“ベクトルのベクトル” で実現できる。

  例 *m* 行 *n* 列のベクトル：*vector*<*vector*<**int**> >　*x*(*m*, *vector*<**int**>(*n*));

- 配列やベクトルを含むコンテナの走査や要素のアクセスは、**反復子**によって行える。

- 反復子には、**入力反復子・出力反復子・前進反復子・双方向反復子・ランダムアクセス反復子**がある。

- コンテナと反復子と**アルゴリズム**と**ファンクタ**を組み合わせると、データの集合に対する種々の操作を簡潔に行える。標準アルゴリズムは **<algorithm> ヘッダ**で提供され、標準ファンクタは **<functional> ヘッダ**で提供される。

- **ファンクタ（関数オブジェクト）**は、**operator() 関数**をメンバとしてもつクラスである。単項ファンクタは ***unary_function<>*** の派生クラステンプレートとして定義し、**2項ファンクタ**は ***binary_function<>*** の派生クラステンプレートとして定義するのが一般的である。

- 標準アルゴリズム ***for_each*** と ***transform*** を利用すると、コンテナ内の全要素に対してファンクタを適用できる。

chap11/test.cpp

```
// ベクトルの各要素の和と積

#include <vector>
#include <iostream>
#include <algorithm>
#include <functional>

using namespace std;

//=== 値に続けてスペースを１個出力 ===//
template <class Type>
struct put1 : public unary_function<const Type&, void> {
    void operator()(const Type& n) {
        cout << n << ' ';                   // スペース１個
    }
};

//--- [first, last)の全要素をスペース１個で区切って{}で囲んで順に表示 ---//
template<class InputIterator>
void print(InputIterator first, InputIterator last)
{
    cout << "{ ";
    for_each(first, last, put1<std::iterator_traits<InputIterator>::value_type>());
    cout << "}";
}

int main()
{
    int ary[] = {1, 2, 3, 4, 5};
    vector<int> a(ary, ary + sizeof(ary) / sizeof(ary[0]));

    vector<int> b(a);                         // aのコピー
    random_shuffle(b.begin(), b.end());       // シャッフル

    cout << "a  = ";   print(a.begin(), a.end());   cout << '\n';
    cout << "b  = ";   print(b.begin(), b.end());   cout << '\n';

    vector<int> c(a);
    transform(a.begin(), a.end(), b.begin(), c.begin(), plus<int>());
    cout << "和 = ";   print(c.begin(), c.end());   cout << '\n';

    transform(a.begin(), a.end(), b.begin(), c.begin(), multiplies<int>());
    cout << "積 = ";   print(c.begin(), c.end());   cout << '\n';
}
```

実行結果一例

```
a  = { 1 2 3 4 5 }
b  = { 5 2 4 3 1 }
和 = { 6 4 7 7 6 }
積 = { 5 4 12 12 5 }
```

第12章

文字列ライブラリ

本章では、文字列を扱うために <string> で提供される文字列ライブラリについて学習します。

- basic_string<> クラステンプレート
- char 用文字列 string
- wchar_t 用文字列 wstring
- size_type 型
- 定数 npos
- 文字列の生成
- 文字列の連結（+ 演算子、+= 演算子、append）
- ストリームへの入出力（挿入子、抽出子、getline）
- コンテナとしての文字列（内部表現、容量、要素のアクセス）
- 文字列の探索と置換
- 等価性および大小関係の判定と compare
- 添字による文字列走査
- 反復子による文字列走査
- C 言語形式文字列との相互変換
- 関数テンプレートによる文字列処理
- 文字列の配列
- 文字列のベクトル
- 文字列の配列のベクトル
- コマンドライン引数

12-1 文字列クラス string

本節ではテンプレートとして実装されている文字列ライブラリ string の基礎的な事項を学習します。

string クラス

文字列を扱う **string** クラスは、第1章から、たびたび利用してきました。このクラスは、**<string>** ヘッダで提供されます。

さて、その **string** は、**basic_string<> クラステンプレートを明示的に特殊化したテンプレートクラス**です。文字 **char** 用に特殊化した **string** に加えて、ワイド文字 **wchar_t** 用に特殊化した **wstring** も提供されます。

▶ ワイド文字 **wchar_t** については、**Column 12-1**（p.409）で学習します。

なお、型名に <> が含まれないのは、これら二つの型が、以下のように **typedef** 名として定義されているからです。

文字列クラス：<string>

```
typedef basic_string<char>    string;      // char用の文字列
typedef basic_string<wchar_t> wstring;     // wchar_t用の文字列
```

▶ すなわち、basic_string<char> が "本名（ほんみょう）" で、string は "あだ名" です。いうまでもなく、本章で紹介するすべてのライブラリは、std 名前空間の中で定義されています。

実際に、**string** クラスと **wstring** クラスの型名を確かめてみましょう。**List 12-1** に示すのが、そのプログラムです（実行結果は処理系に依存します）。

List 12-1 chap12/string_typeid.cpp

```
// stringとwstringの型名を表示

#include <string>
#include <typeinfo>
#include <iostream>

using namespace std;

int main()
{
    cout << "typeid(string).name() = "  << typeid(string).name()  << "\n\n";
    cout << "typeid(wstring).name() = " << typeid(wstring).name() << '\n';
}
```

実行結果一例

```
typeid(string).name() = class std::basic_string<char,struct
std::char_traits<char>,class std::allocator<char> >

typeid(wstring).name() = class std::basic_string<wchar_t,struct
std::char_traits<wchar_t>,class std::allocator<wchar_t> >
```

basic_string<> クラステンプレートの内部では、いろいろな型や定数が定義されています。右ページに示すのが、その定義の一例です。

文字列ライブラリの学習を進める上で、**basic_string<>** クラステンプレート内で定義されている **size_type** 型と定数 npos については、必ず理解しておく必要があります。

basic_string<> 内の型と定数

```
template<class charT, class traits = char_traits<charT>,
                      class Allocator = allocator<charT> >
class basic_string {
public:
    typedef traits traits_type;
    typedef typename traits::char_type value_type;
    typedef Allocator allocator_type;
    typedef typename Allocator::size_type size_type;
    typedef typename Allocator::difference_type difference_type;
    typedef typename Allocator::reference reference;
    typedef typename Allocator::const_reference const_reference;
    typedef typename Allocator::pointer pointer;
    typedef typename Allocator::const_pointer const_pointer;
    typedef 処理系定義の型 iterator;
    typedef 処理系定義の型 const_iterator;
    typedef std::reverse_iterator<iterator> reverse_iterator;
    typedef std::reverse_iterator<const_iterator> const_reverse_iterator;
    static const size_type npos = -1;
};
```

まずは、これら二つを学習しましょう。

size_type 型

文字列の長さや文字列内の場所（添字）などを表すための、符号無し整数型です。

前章で学習した **vector<>::size_type** と同様に、具体的にどの符号無し整数型（**unsigned int**, **unsigned long int**, …）の同義語となるかは、処理系に依存します。

▶ **size_type** 型の値を、**int** 型などの符号付き整数型の変数に代入するのは避けねばならない、などの注意点も **vector<>::size_type** と同様です。

定数 npos

文字列の長さや文字列内の場所（添字）としてあり得ない値を表す定数です。

size_type 型の定数であり、初期化子 -1 で初期化されています。だからといって、この npos を“負値”と考えるのは誤りです。というのも、**size_type** が 16 ビットの **unsigned int** 型であれば、（C 言語から引き継いだ C++ の言語仕様によって）npos の値は 65,535 となるからです。すなわち、npos は、0 よりも小さい“負値”ではなく、むしろ **“無限大”** のイメージです。

なお、**string** 型で表せる文字列の文字数は、必ず npos より小さな値でなければなりません（npos と区別できなければなりません）。そのため、もし **size_type** 型が 16 ビットであれば、文字列の文字数は最大で 65,534 文字となります。

重要 文字列の長さや添字には **size_type** 型を利用する。-1 で初期化された **size_type** 型定数 npos は、文字列の長さや添字としてあり得ない“無限大”の値を表す。

なお、npos の値は、**静的メンバ関数 max_size** で調べられます。

stringの特徴

basic_string<>の機能概要をTable 12-1に示しています。これ以降は、必要に応じてこの表を参照しながら学習を進めていきましょう。

なお、*string*と*wstring*の違いは、文字列の要素である文字型がcharであるのか、wchar_tであるのか、といった点のみで、それ以外は同じです。これ以降は、*string*クラス型を中心に学習していきます。

＊

List 12-2は、*string*型の文字列を利用する単純なプログラム例です。

List 12-2　chap12/string_test.cpp

```
// stringの利用例（連結・読込み・比較）

#include <string>
#include <iostream>

using namespace std;

int main()
{
    string s1 = "ABC";
    string s2 = s1 + "DEF"; // 連結
    string s3;

    cout << "文字列を入力せよ：";
    cin >> s3;

    cout << "その文字列は\"" + s1 + "\"と等し" +
            ((s3 == s1) ? "いです。\n" : "くありません。\n");    // 比較

    cout << "その文字列は\"" + s2 + "\"より小さ" +
            ((s3 < s2) ? "いです。\n" : "くありません。\n");    // 比較
}
```

実行例

```
文字列を入力せよ：ABT⏎
その文字列は"ABC"と等しくありません。
その文字列は"ABCDEF"より小さくありません。
```

このプログラムが何を行うのかは、おおむね理解できるでしょう。

文字列を+演算子で連結できることや、等価演算子==と関係演算子<で比較できることが分かります（もちろん、これら以外の等価演算子や関係演算子でも比較可能です）。

さて、以下の点に注意しましょう。

▪ 抽出子と挿入子が定義されているヘッダは<string>である

ストリームに対して*string*型の値を入出力するための抽出子>>と挿入子<<は、<string>ヘッダで定義されています（次章で学習する<iostream>ではありません）。

▪ 抽出子による読込みでは文字数が自動的に調整される

抽出子>>によって*string*型の文字列を読み込むと、その文字列を格納できるように、配列領域の容量調整などが内部で自動的に行われます。

▶ C言語形式の文字列では、うまくいきません。たとえば、以下のプログラムで6文字以上入力すると、正常な実行は望めません。

```
char s[6];      // ナル文字を含めて6文字分の領域を確保
cin >> s;       // 正しく読み込めるのは5文字まで
```

Table 12-1 basic_string<> クラステンプレートの概要

構築・コピー・解体
explicit ***basic_string***(**const** *Allocator& a* = *Allocator*());
空の文字列を生成する。
basic_string(**const** ***basic_string***& *str*);
str をコピーした文字列を生成する。
basic_string(**const** ***basic_string***& *str*, ***size_type*** *pos*, ***size_type*** *n* = npos, **const** *Allocator& a* = *Allocator*());
str[*pos*] を先頭とする最大 *n* 文字の部分文字列をコピーした文字列を生成する。*pos* が *str*.size() より大きい場合は ***out_of_range*** を送出する。
basic_string(**const** *charT* s*, ***size_type*** *n*, **const** *Allocator& a* = *Allocator*());
文字列 *s* の最大 *n* 文字をコピーして文字列を生成する。
basic_string(**const** *charT* s*, **const** *Allocator& a* = *Allocator*());
ナル文字で終了する文字列 *s* をコピーして文字列を生成する。
basic_string(***size_type*** *n*, *charT c*, **const** *Allocator& a* = *Allocator*());
n 個の文字 *c* から構成される文字列を生成する。
template<class *InputIterator*> ***basic_string***(*InputIterator begin*, *InputIterator end*, **const** *Allocator& a* = *Allocator*());
[*begin*, *end*) の内容をコピーして文字列を生成する。
~***basic_string***();
文字列を破棄する。
basic_string& **operator=**(**const** ***basic_string***& *str*);
basic_string& **operator=**(**const** *charT* s*);
basic_string& **operator=**(*charT c*);
文字列をコピーする。
反復子
iterator begin();
const_iterator begin() **const**;
先頭要素を指す反復子を返す。
iterator end() **const**;
const_iterator end() **const**;
末尾要素の一つ後方を指す反復子を返す。
reverse_iterator rbegin();
const_reverse_iterator rbegin() **const**;
末尾要素を指す逆方向反復子を返す。
reverse_iterator rend();
const_reverse_iterator rend() **const**;
先頭要素の一つ前方を指す逆方向反復子を返す。
容量
size_type size() **const**;
文字数を返す。
size_type length() **const**;
文字数を返す。size() と同じ値を返す。
size_type max_size() **const**;
最大のサイズを返す。

```
void resize(size_type n, charT c);
```

文字列のサイズをnに変更する。拡張する場合は、拡張部分を文字cで埋めつくす。縮小する場合は、末尾から要素を削除する。

```
void resize(size_type n);
```

文字列のサイズをnに変更する。拡張する場合は、拡張部分をナル文字で埋めつくす。

```
size_type capacity() const;
```

容量（サイズを変更することなく格納できる文字数）を返す。

```
void clear();
```

すべての文字を削除する。

```
bool empty() const;
```

文字列が空であるかどうかを調べる。

要素アクセス

```
reference operator[](size_type pos);
const_reference operator[](size_type pos) const;
```

添字が*pos*の文字を返す。*pos*がsize()と等しい場合はナル文字を返し、size()以上の場合の動作は定義されない。

```
reference at(size_type pos);
const_reference at(size_type pos) const;
```

添字が*pos*の文字を返す。*pos*がsize()以上の場合は**out_of_range**を送出する。

変更子

```
basic_string& operator+=(const basic_string& str);
basic_string& operator+=(const charT* s);
basic_string& operator+=(charT c);
```

append()を呼び出すことによって文字列を追加する。

```
basic_string& append(const basic_string& str);
basic_string& append(const basic_string& str, size_type pos, size_type n);★
basic_string& append(const charT* s, size_type n);
basic_string& append(const charT* s);
basic_string& append(size_type n, charT c);
template<class InputIterator>
basic_string& append(InputIterator first, InputIterator last);
```

文字列の末尾に文字列を追加する。*str*のn文字が添字*pos*の位置にコピーされる。*pos*がsize()を超える場合は**out_of_range**を送出する。

```
basic_string& assign(const basic_string& str);
basic_string& assign(const basic_string& str, size_type pos, size_type n);★
basic_string& assign(const charT* s, size_type n);
basic_string& assign(const charT* s);
basic_string& assign(size_type n, charT c);
template<class InputIterator>
basic_string& assign(InputIterator first, InputIterator last);
```

文字列の代入を行う。文字列の内容を削除して、文字列*str*の添字*pos*以降の最大n文字に置きかえる。

```
basic_string& insert(size_type pos1, const basic_string& str);
basic_string& insert(size_type pos1, const basic_string& str, size_type pos2,
                     size_type n);★
basic_string& insert(size_type pos, const charT* s, size_type n);
basic_string& insert(size_type pos, const charT* s);
basic_string& insert(size_type pos, size_type n, charT c);
```

```
iterator insert(iterator p, charT c);
```

```
void insert(iterator p, size_type n, charT c);
```

```
template<class InputIterator>
void insert(iterator p, InputIterator first, InputIterator last);
```

文字列を添字 *pos1* の位置に挿入する。挿入するのは *str* の添字 *pos2* で始まる最大 *n* 文字の部分文字列である。

```
basic_string& erase(size_type pos = 0, size_type n = npos);★
```

```
iterator erase(iterator position);
```

```
iterator erase(iterator first, iterator last);
```

文字列中の文字を削除する。添字 *pos* の位置を先頭とする末尾までの最大 *n* 文字を削除する。*pos* が size() を超える場合は **out_of_range** を送出する。

```
basic_string& replace(size_type pos1, size_type n1, const basic_string& str);
```

```
basic_string& replace(size_type pos1, size_type n1, const basic_string& str,
                      size_type pos2, size_type n2);★
```

```
basic_string& replace(size_type pos, size_type n1, const charT* s, size_type n2);
```

```
basic_string& replace(size_type pos, size_type n1, const charT* s);
```

```
basic_string& replace(size_type pos, size_type n1, size_type n2, charT c);
```

```
basic_string& replace(iterator i1, iterator i2, const basic_string& str);
```

```
basic_string& replace(iterator i1, iterator i2, const charT* s, size_type n);
```

```
basic_string& replace(iterator i1, iterator i2, const charT* s);
```

```
basic_string& replace(iterator i1, iterator i2, size_type n, charT c);
```

```
template<class InputIterator>
basic_string& replace(iterator i1, iterator i2, InputIterator j1, InputIterator j2);
```

文字列の一部を削除して別の文字列を挿入する（入れかえる）。削除するのは、添字 *pos1* を先頭とする末尾までの最大 *n1* 文字であり、挿入するのは文字列 *str* の添字 *pos2* を先頭とする末尾までの最大 *n2* 文字である。*pos1* が size() を超えるか、*pos2* が *str*.size() を超える場合は **out_of_range** を送出する。

```
size_type copy(charT* s, size_type n, size_type pos = 0) const;
```

添字 *pos* を先頭とする末尾までの最大 *n* 文字を *s* にコピーする。*pos* が size() を超える場合は **out_of_range** を送出する。

```
void swap(basic_string& str);
```

文字列の内容を *str* と入れかえる。

文字列操作

```
const charT* c_str() const;
```

C 言語形式で表現された文字列（先頭文字へのポインタ）を返す。返却されるポインタは、非 **const** のメンバ関数を呼び出すと無効になる。

```
const charT* data() const;
```

文字列と同じ内容の配列（先頭文字へのポインタ）を返す。文字列の末尾にはナル文字は置かれない。返却されるポインタは、非 **const** のメンバ関数を呼び出すと無効になる。

```
size_type find(const basic_string& str, size_type pos = 0) const;
```

```
size_type find(const charT* s, size_type pos, size_type n) const;★
```

```
size_type find(const charT* s, size_type pos = 0) const;
```

```
size_type find(charT c, size_type pos = 0) const;
```

指定された文字列または文字を添字 *pos* を先頭とする部分から探索して最も先頭側の添字を返す。探索に失敗した場合は npos を返す。

```
size_type rfind(const basic_string& str, size_type pos = npos) const;
```

```
size_type rfind(const charT* s, size_type pos, size_type n) const;★
```

```
size_type rfind(const charT* s, size_type pos = npos) const;
```

```
size_type rfind(charT c, size_type pos = npos) const;
```

指定された文字列または文字を添字 *pos* を先頭とする部分から探索して最も末尾側の添字を返す。探索に失敗した場合は **basic_string**::npos を返す。

```
size_type find_first_of(const basic_string& str, size_type pos = 0) const;★
size_type find_first_of(const charT* s, size_type pos, size_type n) const;
size_type find_first_of(const charT* s, size_type pos = 0) const;
size_type find_first_of(charT c, size_type pos = 0) const;
```

添字 *pos* を先頭とする部分から *str* に含まれる文字が出現する先頭位置を返す。１個も出現しない場合は npos を返す。

```
size_type find_last_of(const basic_string& str, size_type pos = npos) const;★
size_type find_last_of(const charT* s, size_type pos, size_type n) const;
size_type find_last_of(const charT* s, size_type pos = npos) const;
size_type find_last_of(charT c, size_type pos = npos) const;
```

添字 *pos* を先頭とする部分から *str* に含まれる文字が出現する末尾位置を返す。１個も出現しない場合は npos を返す。

```
size_type find_first_not_of(const basic_string& str, size_type pos = 0) const;★
size_type find_first_not_of(const charT* s, size_type pos, size_type n) const;
size_type find_first_not_of(const charT* s, size_type pos = 0) const;
size_type find_first_not_of(charT c, size_type pos = 0) const;
```

添字 *pos* を先頭とする部分から *str* に含まれない文字が出現する先頭位置を返す。１個も出現しない場合は npos を返す。


```
size_type find_last_not_of(const basic_string& str, size_type pos = npos) const;★
size_type find_last_not_of(const charT* s, size_type pos, size_type n) const;
size_type find_last_not_of(const charT* s, size_type pos = npos) const;
size_type find_last_not_of(charT c, size_type pos = npos) const;
```

添字 *pos* を先頭とする部分から *str* に含まれない文字が出現する末尾位置を返す。１個も出現しない場合は npos を返す。

```
basic_string substr(size_type pos = 0, size_type n = npos) const;
```

添字 *pos* を先頭とする最大 *n* 文字の部分文字列を返す。*pos* が size() を超える場合は **out_of_range** を送出する。

```
int compare(const basic_string& str) const;
int compare(size_type pos1, size_type n1, const basic_string& str) const;
int compare(size_type pos1, size_type n1, const basic_string& str, size_type pos2,
            size_type n2) const;★
int compare(const charT* s) const;
int compare(size_type pos1, size_type n1, const charT* s) const;
int compare(size_type pos1, size_type n1, const charT* s, size_type n2) const;
```

添字 *pos1* を先頭とする最大 *n1* 文字の文字列と、文字列 *str* の添字 *pos2* を先頭とする最大 *n2* 文字の大小関係を比較する。文字列が *str* より小さければ負の値を、等しければ 0 を、大きければ正の値を返す。

非メンバ関数

```
basic_string operator+(const basic_string& lhs, const basic_string& rhs);
basic_string operator+(const charT* lhs, const basic_string& rhs);
basic_string operator+(charT lhs, const basic_string& rhs);
basic_string operator+(const basic_string& lhs, const charT* rhs);
basic_string operator+(const basic_string& lhs, charT rhs);
```

lhs と *rhs* を連結した文字列を返す。

```
bool operator==(const basic_string& lhs, const basic_string& rhs);
bool operator==(const charT* lhs, const basic_string& rhs);
bool operator==(const basic_string& lhs, const charT* rhs);
```

lhs と *rhs* が等しいかどうかを返す。

`bool operator!=(const basic_string& lhs, const basic_string& rhs);`
`bool operator!=(const charT* lhs, const basic_string& rhs);`
`bool operator!=(const basic_string& lhs, const charT* rhs);`
lhs と *rhs* が等しくないかどうかを返す。
`bool operator<(const basic_string& lhs, const basic_string& rhs);`
`bool operator<(const charT* lhs, const basic_string& rhs);`
`bool operator<(const basic_string& lhs, const charT* rhs);`
lhs が *rhs* より小さいかどうかを返す。
`bool operator>(const basic_string& lhs, const basic_string& rhs);`
`bool operator>(const charT* lhs, const basic_string& rhs);`
`bool operator>(const basic_string& lhs, const charT* rhs);`
lhs が *rhs* より大きいかどうかを返す。
`bool operator<=(const basic_string& lhs, const basic_string& rhs);`
`bool operator<=(const charT* lhs, const basic_string& rhs);`
`bool operator<=(const basic_string& lhs, const charT* rhs);`
lhs が *rhs* 以下であるかどうかを返す。
`bool operator>=(const basic_string& lhs, const basic_string& rhs);`
`bool operator>=(const charT* lhs, const basic_string& rhs);`
`bool operator>=(const basic_string& lhs, const charT* rhs);`
lhs が *rhs* 以上であるかどうかを返す。
`void swap(basic_string& lhs, basic_string& rhs);`
lhs.swap(*rhs*) と同じ。
`basic_istream& operator>>(basic_istream& is, basic_string& str);`
入力ストリーム *is* から文字列を *str* に読み込む。
`basic_ostream& operator<<(basic_ostream& os, const basic_string& str);`
出力ストリーム *os* に文字列を *str* を書き出す。
`basic_istream& getline(basic_istream& is, basic_string& str, charT delim);`★
`basic_istream& getline(basic_istream& is, basic_string& str);`
入力ストリーム *is* から文字 *delim*（あるいは **\n**）に出合うまでの文字列を *str* に読み込む（ストリームから *delim* を読み込むが *str* には格納しない）。

▶ 多重定義されたメンバ関数に関しては、代表として、★が付いた関数の解説を示しています。

ヘッダ <string> 内では、明示的な特殊化の基底として、以下のテンプレートが宣言されています。*charT* は、このテンプレートの仮引数です。

```
template<class charT> struct char_traits;      // 文字特性
```

Column 12-1　wchar_t 型について

wchar_t 型は、Unicode などによって表現された**ワイド文字**を保持する型です。処理系のロケール（文化圏）がサポートする最大の文字集合のすべてを表現する際に利用します。その内部は、int や long などの整数型のどれか一つと（実質的には）同じ型です。

C 言語と C++ では、wchar_t 型の位置付けが異なります。

C 言語の wchar_t は、typedef によって定義される型であって、組込み型ではありません。そもそも型名末尾の _t は、typedef で定義されていることに由来します。

C++ では、wchar_t という名称をそのまま引き継いでいますが、言語自体がもっている組込み型であって、typdedef 宣言によって宣言されるものではありません（名前に _t が付いたままとなっているのは、互換性のためです）。

コンストラクタによる文字列の生成

string には数多くの種類のコンストラクタが多重定義されていますので、いろいろな方法で文字列を生成できます。

List 12-3 に示すのが、そのプログラム例です。

List 12-3 chap12/string_construct1.cpp

```
// stringの構築例

#include <string>
#include <iostream>

using namespace std;

int main()
{
    string s0;                          // 空の文字列
    string s1("ABCDEFGHIJK");           // 文字列"ABCDEFGHIJK"
    string s2("ABCDEFGHIJK", 5);        // 文字列"ABCDEFGHIJK"の先頭5文字"ABCDE"
    string s3(7, '*');                  // 7個の'*'すなわち"*******"
    string s4(s1);                      // s1のコピー
    string s5(s1, 5, 3);                // s1[5]を先頭とする3文字すなわち"FGH"

    //--- 表示 ---//
    cout << "s0 = " << s0 << '\n';
    cout << "s1 = " << s1 << '\n';
    cout << "s2 = " << s2 << '\n';
    cout << "s3 = " << s3 << '\n';
    cout << "s4 = " << s4 << '\n';
    cout << "s5 = " << s5 << '\n';
}
```

実行結果

```
s0 =
s1 = ABCDEFGHIJK
s2 = ABCDE
s3 = *******
s4 = ABCDEFGHIJK
s5 = FGH
```

▶ 前章で学習した **vector<>** と同様に、各コンストラクタは、引数 *Allocator* にアロケータを受け取ります。その引数を省略した際は、既定値として標準アロケータ **allocator** が渡されますので、通常はアロケータの指定は不要です。

コメントを読めば、プログラムはおおむね理解できるでしょう。

さて、文字列構築の際は、網かけ部形式のコンストラクタの第２引数に対して不正な値を与えないよう注意が必要です。以下に、不正なプログラム例を示します。

✕
```
string sa(s1, 55, 3);          // 55文字目はないのでout_of_rangeが送出される
string sb(s1, -5, 2);          // 同じくout_of_rangeが送出される
```

一方、第３引数には大きな値が許されます。以下に示すのは、いずれも正しく受け入れられる例です。

○
```
string sx(s1, 2, 128);          // 128文字ないので末尾文字までがコピーされる
string sy(s1, 2, -5);           // 末尾文字までがコピーされる
string sz(s1, 2, string::npos); // 末尾文字までがコピーされる
```

三つの例のすべてで、第１引数として与えられた文字列 *s1* の末尾文字までがコピーされます。第３引数の値は負でも構いません。符号無し整数の負数が、大きな正の数とみなされるからです。

なお、単一文字による初期化はできませんが、単一文字の代入は可能です。まとめると、次のようになります。

```
string sc1 = 'X';    // エラー：単一文字による初期化は不可
string sc2;
sc2 = 'X';           // ＯＫ：単一文字の代入は可
```

文字列の連結

文字列は、２項＋演算子や＋＝演算子によって連結できます。しかし、連結の際には、いろいろと注意が必要です。以下に示すプログラム部分で考えていきましょう。

```
string st1 = "ABC";
string st2 = "ABC" + s1;
string st3 = st1 + st2;
string st4 = st1 + "UVW";
string st5 = "UVW" + "XYZ";              // エラー
string st6 = st1 + "UVW" + "XYZ";
string st7 = "UVW" + "XYZ" + s1;         // エラー
string st8 = "ABC" + 'D';                // 不正：連結ではない
string st9 = st1 + 'D';
```

string 型の文字列どうしの連結と、***string*** 型とＣ言語形式の文字列（この場合は文字列リテラル）の連結は、正しく行えます。

ただし、*st5* の初期化子のような、Ｃ言語文字列どうしの連結を行う式は、コンパイルエラーとなります。

▶ 文字列リテラルは、先頭文字へのポインタと解釈されますので、ポインタとポインタが加算されてしまいます。

同じ理由により、*st7* の初期化子もコンパイルエラーとなります。＋演算子が左結合であるため、"UVW" + "XYZ" の連結が行えないからです。

st8 は、《ポインタ》と《整数（文字 'D' のコード）》の加算結果で初期化されます。不正な値で初期化される結果、生成される文字列は意味の無いものになります。

st9 の初期化子のように、文字列には単一の文字も連結できます。

＊

連結を行うもう一つの演算子が＋＝です。この演算子では、***string*** 型文字列、Ｃ言語文字列、単一文字のいずれもが連結できます。

```
st9 += st1;          // string型文字列を連結
st9 += "ABC";        // Ｃ言語文字列を連結
st9 += 'D';          // 単一文字を連結
```

▶ 文字列の連結は、**append 関数**でも行えます。
　左ページの *sa* から *sz* までの宣言と、本ページのすべての宣言、および、それらの文字列を表示するプログラムは、"chap12/string_construct2.cpp" です。

コンテナとしての文字列

string はコンテナの一種ですから、*vector*<> と同様に、以下のメンバ関数と演算子を提供します。

```
at  capacity  clear  empty  erase  max_size  resize  size  swap  []
```

以下、簡単に補足します。

■ 内部表現

C言語形式の文字列と *string* 型文字列を対比したのが **Fig.12-1** です。図aに示すように、C言語形式の文字列では、ナル文字 \0 を末尾に配置して終端の目印とする手法が使われています。一方、*string* では、図bに示すように、外部資源として動的に確保された領域に文字列が格納されます。このとき、末尾にナル文字は格納されません。

■ 文字列の長さ

文字列の文字数は、*vector*<> での“要素数”に相当し、**size 関数**で取得できます。なお、文字列の文字数は、（日本語や英語の感覚として）“要素数” というよりも “長さ” ですから、**length 関数**を呼び出しても同じ値が取得できます。

■ 容量

文字列の長さに応じて必要な記憶域の大きさが増減しますので、*vector*<> と同様に “容量” を指定できるようになっています。長さを変更するのが **resize 関数**で、最低限の容量を予約するのが **reserve 関数**です。

■ 要素のアクセス

文字列内の個々の文字をアクセスする手段として以下に示す２種類の方法があることも *vector*<> と同様です。

- **[] 演算子** … 不正な添字に対して無頓着である。
- **at 関数** … 不正な添字に対して *out_of_range* エラーを送出する。

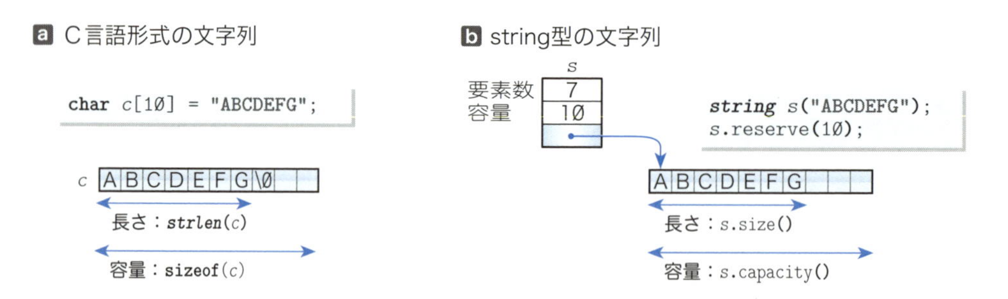

Fig.12-1　C言語形式の文字列と string 型の文字列

C言語文字列との相互変換

*string*型には、C言語形式の文字列（厳密には文字列の先頭文字へのポインタ）を受け取るコンストラクタがあります。これが変換コンストラクタとして働くため、p.410～p.411で学習したように、C言語形式文字列から*string*型文字列への変換は、明示的にも暗黙的にも容易に行えます。

これとは逆の変換、すなわち、*string*型文字列からC言語形式文字列への変換を行うのが、**c_str関数**です。この関数を利用して、キーボードから読み込んだ*string*型文字列をC言語形式文字列に変換するプログラム例を**List 12-4**に示します。

List 12-4 chap12/string_to_cstr.cpp

```
// stringをC言語文字列に変換
#include <string>
#include <cstring>
#include <iostream>

using namespace std;

int main()
{
    char cst[100];              // ナル文字を含めて100文字まで
    string str;

    cout << "文字列を入力せよ：";
    cin >> str;

    strcpy(cst, str.c_str());           // strをC言語文字列に変換してcstにコピー

    cout << "cst = " << cst << '\n';
    cout << "str = " << str << '\n';
}
```

実行例

```
文字列を入力せよ：ABT⏎
cst = ABT
str = ABT
```

ここに示す実行例の場合、メンバ関数の呼出し str.c_str() によって "ABT" という文字列（末尾のナル文字を含めると、全4文字で構成される文字列）の先頭文字へのポインタが返却されます。

その際、C言語形式用の文字列を格納するための領域を新たに生成して（その際、末尾にナル文字を付加します）、その領域の先頭文字へのポインタを返却する、という仕組みが採用されています。

なお、*str*に対して非**const**のメンバ関数を呼び出すと、文字列の中身が書きかえられてしまう可能性があります。その場合、c_strが返却したポインタは無効となります。

変換後の文字列を再利用するような場合は、返却されたポインタを使い回すのではなく、本プログラムのように、いったん別の領域にコピーした上で利用すべきです。

▶ ファイルをオープンする際に指定するファイル名としては、*string*型でなくC言語形式の文字列が要求されます。次章で具体例を学習します。

文字列の読込み

次に、文字列を読み込むプログラムを作りましょう。名前を文字列として読み込んで、挨拶するプログラムを **List 12-5** に示します。

List 12-5 chap12/string_input1.cpp

```
// 名前を読み込んで挨拶する

#include <string>
#include <iostream>

using namespace std;

int main()
{
    string name;                // 名前

    cout << "お名前は：";       // 名前の入力を促す
    cin >> name;                // 名前を読み込む（スペースは無視）

    cout << "こんにちは" << name << "さん。\n";     // 挨拶する
}
```

実行例1
```
お名前は：Dr.Fukuoka⏎
こんにちはDr.Fukuokaさん。
```

実行例2
```
お名前は：Dr. Fukuoka⏎
こんにちはDr.さん。
```

抽出子>>による読込みでは、スペースやタブなどの空白文字が読み飛ばされます。そのため、文字列の途中にスペース文字を入れて入力する実行例2では、"Dr." のみが *name* に読み込まれます。

*

スペースも含めて1行分全体を読み込むプログラムを **List 12-6** に示します。

List 12-6 chap12/string_input2.cpp

```
// 名前を読み込んで挨拶する（空白も読み込む）

#include <string>
#include <iostream>

using namespace std;

int main()
{
    string name;                // 名前

    cout << "お名前は：";       // 名前の入力を促す
    getline(cin, name);         // 名前を読み込む（スペースも読み込む）

    cout << "こんにちは" << name << "さん。\n";     // 挨拶する
}
```

実行例1
```
お名前は：Dr.Fukuoka⏎
こんにちはDr.Fukuokaさん。
```

実行例2
```
お名前は：Dr. Fukuoka⏎
こんにちはDr. Fukuokaさん。
```

スペースを含めた文字列の読込みは、**getline**(cin, 変数名)によって行います。その場合、リターン（エンター）キーより前に打ち込んだすべての文字が、文字列型の変数に格納されます。

▶ この形式の**getline**は、改行文字を《区切り文字》として読み込みます（区切り文字である改行文字までがストリームから読み込まれますが、その改行文字は文字列には格納されません）。なお、任意の文字を区切り文字とする**getline**も多重定義されています。

等価性と大小関係を判定する演算子とcompare

二つの等価演算子 **==**, **!=** と四つの関係演算子 **<**, **<=**, **>**, **>=** とで二つの文字列の等価性と大小関係が判定できます。さらに、大小関係は **compare 関数**でも判定できます。

List 12-7 に示すのが、プログラム例です。

List 12-7 chap12/string_compare.cpp

```
// 文字列の大小関係の判定

#include <string>
#include <iostream>

using namespace std;

//--- 比較結果の表示 --//
void put_comp_result(int cmp)
{
    if (cmp < 0)
        cout << "より小さいです。\n";
    else if (cmp > 0)
        cout << "より大きいです。\n";
    else
        cout << "と一致します。\n";
}

int main()
{
    int n;
    string s1, s2;

    cout << "文字列s1：";          cin >> s1;
    cout << "文字列s2：";          cin >> s2;
    cout << "部分比較文字数：";    cin >> n;

    cout << boolalpha;
    cout << "s1 == s2 " << (s1 == s2) << '\n';
    cout << "s1 != s2 " << (s1 != s2) << '\n';
    cout << "s1 <  s2 " << (s1 <  s2) << '\n';
    cout << "s1 <= s2 " << (s1 <= s2) << '\n';
    cout << "s1 >  s2 " << (s1 >  s2) << '\n';
    cout << "s1 >= s2 " << (s1 >= s2) << '\n';

    cout << "s1はs2";
    put_comp_result(s1.compare(s2));

    cout << "s1の先頭" << n << "文字はs2の先頭" << n << "文字";
    put_comp_result(s1.compare(0, n, s2, 0, n));

    cout << "s1は\"ABC\"";
    put_comp_result(s1.compare("ABC"));
}
```

実行例

```
文字列s1：ABCD⏎
文字列s2：ABCE⏎
部分比較文字数：3⏎
s1 == s2 false
s1 != s2 true
s1 <  s2 true
s1 <= s2 true
s1 >  s2 false
s1 >= s2 false
s1はs2より小さいです。
s1の先頭3文字はs2の先頭3文字と一致します。
s1は"ABC"より大きいです。
```

compare 関数は、6 種類の関数が多重定義されています。本プログラムでは、そのうちの 3 種類を利用しています。

いずれの呼出しでも、*s1* のほうが小さければ負の値、*s1* のほうが大きければ正の値、*s1* と比較対象文字列が等しければ 0 が返却されます。その返却値を日本語で表示するのが、関数 *put_comp_result* です。

添字による走査と反復子による走査

string 型はコンテナの一種ですから、当然、反復子による要素（文字列内の文字）のアクセスが可能です。**List 12-8** に示すのが、そのプログラム例です。

List 12-8 chap12/string_print.cpp

```
// 文字列を走査して表示

#include <string>
#include <iostream>

using namespace std;

//--- 文字列内のすべての文字を添字で走査して表示 ---//
void print_string_idx(const string& s)
{
    for (string::size_type i = 0; i < s.length(); i++)
        cout << s[i];
}                                                    string の全要素を添字で走査

//--- 文字列内のすべての文字を反復子で走査して表示 ---//
void print_string_it1(const string& s)
{
    for (string::const_iterator i = s.begin(); i != s.end(); i++)
        cout << *i;
}                                                    string の全要素を反復子で走査

//--- [first, last)の全要素を順に表示 ---//
template<class InputIterator>
void print_string_it2(InputIterator first, InputIterator last)
{
    for (InputIterator i = first; i != last; i++)
        cout << *i;
}                                                    全要素を反復子で走査（汎用）

int main()
{
    string s1;
    cout << "文字列：";
    cin >> s1;

    print_string_idx(s1);                   cout << '\n';
    print_string_it1(s1);                   cout << '\n';
    print_string_it2(s1.begin(), s1.end()); cout << '\n';
}
```

実行例

```
文字列：String⏎
String
String
String
```

関数 *print_string_idx* は、文字列 s 内の全文字を、添字演算子 [ ] を用いて走査して表示する関数です。

反復子を利用して文字列を走査するのが、関数 *print_string_it1* と、関数テンプレート *print_string_it2* です。これらは、前章で学習した知識で理解できるでしょう。

▶ たとえば、*print_string_it2* は、**List 11-17**（p.387）の関数テンプレート *print* の一部を削除して作られています。

前章では各種アルゴリズムを学習しました。***transform***, ***random_shuffle***, ***sort*** といったアルゴリズムを文字列に適用するプログラム例を **List 12-9** に示します。

List 12-9 chap12/string_algo.cpp

```
// 文字列に各種アルゴリズムを適用

#include <cctype>
#include <string>
#include <iostream>
#include <algorithm>
#include <functional>

using namespace std;

//--- 小文字を大文字に変換 --//
struct to_upper {
    char operator()(char c) { return toupper(c); }
};

//--- 大文字を小文字に変換 --//
struct to_lower {
    char operator()(char c) { return tolower(c); }
};

//--- 大文字と小文字を反転 ---//
struct invert_case {
    char operator()(char c) {
        return islower(c) ? toupper(c) : isupper(c) ? tolower(c) : c;
    }
};

int main()
{
    string s1;
    cout << "文字列を入力せよ：";
    cin >> s1;
    string s2(s1);

    transform(s1.begin(), s1.end(), s2.begin(), invert_case()); // 大／小文字の反転
    cout << "大小の反転：" << s2 << '\n';

    transform(s1.begin(), s1.end(), s2.begin(), to_upper());    // 大文字化
    cout << "全大文字化：" << s2 << '\n';

    transform(s1.begin(), s1.end(), s2.begin(), to_lower());    // 小文字化
    cout << "全小文字化：" << s2 << '\n';

    random_shuffle(s1.begin(), s1.end());                 // シャッフル
    cout << "シャッフル：" << s1 << '\n';

    sort(s1.begin(), s1.end());                           // 昇順ソート
    cout << "昇順ソート：" << s1 << '\n';

    sort(s1.begin(), s1.end(), greater<char>());          // 降順ソート
    cout << "降順ソート：" << s1 << '\n';
}
```

実行例

```
文字列を入力せよ：String365↵
大小の反転：sTRING365
全大文字化：STRING365
全小文字化：string365
シャッフル：5t3rSg6in
昇順ソート：356Sginrt
降順ソート：trnigS653
```

このプログラムでは、三つの単項ファンクタを定義しています。*to_upper* は小文字を大文字に変換するファンクタ、*to_lower* は大文字を小文字に変換するファンクタ、*invert_case* は大文字を小文字に変換して小文字を大文字に変換するファンクタです。

▶ いずれのファンクタも **char** 型専用なので、**unary_function** からの派生を行うことなく定義しています。

transform の適用時は、各ファンクタを文字列 *s1* に対して適用した結果を、文字列 *s2* に格納しています。

関数テンプレートによる文字列処理

List 12-10 は、指定された長さへと“文字列を伸ばす”プログラムです。まずは、このプログラムを理解しましょう。

List 12-10 chap12/string_grow1.cpp

```
// 指定長になるように文字列の後ろに同一文字を加える（関数版）

#include <string>
#include <iostream>

using namespace std;

//--- width文字になるように文字列sの後ろに文字chを埋めつくす ---*/
void pad_char(string &s, char ch, string::size_type width)
{
    if (width > s.length())        // sの文字数がwidth以上であれば何もしない
        s.append(width - s.length(), ch);                    string専用
}

int main()
{
    int width;
    char ch;
    string s1, s2, s3;

    cout << "指定長になるまで文字列の後ろに文字を埋めつくします。\n";
    cout << "文字列s1 = ";   cin >> s1;
    cout << "文字列s2 = ";   cin >> s2;
    cout << "文字列s3 = ";   cin >> s3;
    cout << "指定長   = ";   cin >> width;
    cout << "文字     = ";   cin >> ch;

    pad_char(s1, ch, width);
    pad_char(s2, ch, width);
    pad_char(s3, ch, width);

    cout << "s1 = " << s1 << '\n';
    cout << "s2 = " << s2 << '\n';
    cout << "s3 = " << s3 << '\n';
}
```

実行例

```
指定長になるまで文字列の後ろに
文字を埋めつくします。
文字列s1 = pencil⏎
文字列s2 = something⏎
文字列s3 = car⏎
指定長   = 7⏎
文字     = +⏎
s1 = pencil+
s2 = something
s3 = car++++
```

実行例に示すのは、"pencil", "something", "car" が格納されている文字列 *s1*, *s2*, *s3* を 7 文字まで伸ばす例です。伸ばす際に、もとの文字列より後方の部分を、指定された文字（この場合は '+'）で、埋めつくしています。

▶ 実行例での文字列 *s2* は、キーボードから読み込んだ時点で 7 文字以上ありますので、文字列の伸張は行われません。

さて、文字列を伸ばす関数 *pad_char* で利用しているのが、**append 関数**です。第 2 引数で指定された文字を、第 1 引数で指定された個数分だけ並べたものを、文字列の後ろに連結します。

▶ append 関数は 6 種類の関数が多重定義されています。それぞれに特徴がありますので、用途にあわせて使い分けましょう。

関数 *pad_char* は、**string** 型すなわち **basic_string**<char> 型専用に作られた関数です。この関数を、**wstring** 型すなわち **basic_string**<wchar_t> 型にも対応できるように関数テンプレートとして実現しましょう。

List 12-11 に示すのが、そのプログラムです。

List 12-11 chap12/string_grow2.cpp

```
// 指定長になるように文字列の後ろに同一文字を加える（関数テンプレート版）

#include <string>
#include <iostream>

using namespace std;

//--- width文字になるように文字列sの後ろに文字chを埋めつくす ---*/
template <class type>
void pad_char(basic_string<type>&s, type ch,
              typename basic_string<type>::size_type width)
{
    if (width > s.length())      // sの文字数がwidth以上であれば何もしない
        s.append(width - s.length(), ch);
}

int main()
{
    string s1 = "ABC";
    wstring s2 = L"柴田";
    wcout.imbue(std::locale("Japanese"));

    pad_char(s1, '+',  10);
    pad_char(s2, L'＋', 10);

    cout << "s1 = " << s1 << '\n';
    wcout << "s2 = " << s2 << '\n';
}
```

string と wstring の両方に対応

実行結果

```
s1 = ABC+++++++
s2 = 柴田＋＋＋＋＋＋＋＋
```


関数テンプレート *pad_char* の唯一のテンプレート引数が *type* です。

関数テンプレートの第１引数 *s* に **string** 型すなわち **basic_string**<char> 型の引数が渡されたときは、テンプレート引数 *type* には char を受け取ります。また、*s* に **wstring** 型すなわち **basic_string**<wchar_t> 型の引数が渡されたときは、テンプレート引数 *type* には wchar_t を受け取ります。

三つの引数の型をまとめると、以下のようになります。

第１引数	第２引数	第３引数
basic_string<char>	char	**basic_string**<char>::***size_type***
basic_string<wchar_t>	wchar_t	**basic_string**<wchar_t>::***size_type***

▶ 通常の char 型文字を出力するストリームが cout であり、ワイド文字 wchar_t を出力するストリームが wcout です。

本プログラムでは、cout への出力と wcout への出力を混在させていますが、本来は、混在させるべきではありません。なお、多くの処理系では、wcout への出力を行う前に、黒網部の実行が必要です。もし動作しなければ、cout.imbue(std::*locale*("ja")); も試してみましょう（ストリームについては次章で学習します）。

文字列の探索

find 関数を使うと、各種の文字列探索が可能です。最も一般的な探索は、ある文字列の中に、別の文字列が含まれるかどうかを調べるものです。**List 12-12** に示すのが、そのプログラム例です。

List 12-12 chap12/string_find.cpp

```
// 文字列の探索

#include <string>
#include <iostream>

using namespace std;

int main()
{
    string txt, pat;

    cout << "文字列txt：";   getline(cin, txt);
    cout << "文字列pat：";   getline(cin, pat);

    string::size_type pos = txt.find(pat);
    if (pos == string::npos)
        cout << "patはtxtに含まれません。\n";
    else
        cout << "patはtxtの" << (pos + 1) << "文字目に含まれます。\n";
}
```

実行例

```
文字列txt：ABCABCDXYZ⏎
文字列pat：ABCD⏎
patはtxtの4文字目に含まれます。
```

このプログラムは、文字列 txt 中に文字列 pat が含まれるかどうか、もし含まれるのであれば、何文字目に含まれるのかを調べるプログラムです。

実行例の場合は、探索に成功しますので、find 関数は、文字列が一致する場所の txt 上の先頭文字の添字の値である 3 を返却します（**Fig.12-2**）。

▶ find による探索では、たとえば、"ABCDBCD" から "BC" を探索するというように、文字列 txt 中に複数の pat が含まれる場合は、最も先頭側の位置（4 ではなく 1）が得られます。

なお、find 関数が文字列探索に失敗した（この場合は、文字列 txt 中に文字列 pat が含まれない）場合に返却する値は npos です。

▶ npos は、添字としてあり得ない値を表す定数です（p.403）。

```
txt.find(pat);        // txt中に含まれるpatの位置を調べる
```

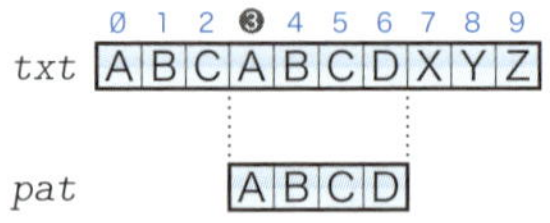

```
       0 1 2 ❸ 4 5 6 7 8 9
txt   |A|B|C|A|B|C|D|X|Y|Z|

pat         |A|B|C|D|
```

Fig.12-2　find 関数による文字列探索

文字列の探索と置換

replace関数は、文字列内の一部分を、別の文字列に置きかえる関数です。

find関数とうまく組み合わせて、文字列中に含まれる特定の文字列を別の文字列に置換するプログラムを作りましょう。**List 12-13** に示すのが、そのプログラムです。

List 12-13 chap12/string_replace.cpp

```
// 文字列の置換

#include <string>
#include <iostream>

using namespace std;

//--- 文字列s1に含まれる最も先頭に位置するs2をs3に置換 --//
template <class CharT, class Traits, class Allocator>
basic_string<CharT, Traits, Allocator>& replace_substr(
    basic_string<CharT, Traits, Allocator>& s1,
    const basic_string<CharT, Traits, Allocator>& s2,
    const basic_string<CharT, Traits, Allocator>& s3
)
{
    typename basic_string<CharT, Traits, Allocator>::size_type pos = s1.find(s2);
    if (pos != basic_string<CharT, Traits, Allocator>::npos)
        s1.replace(pos, s2.length(), s3);
    return s1;
}

int main()
{
    string s1, s2, s3;

    cout << "s1中の最も先頭に位置するs2をs3に置換します。\n";
    cout << "文字列s1 : ";   getline(cin, s1);
    cout << "文字列s2 : ";   getline(cin, s2);
    cout << "文字列s3 : ";   getline(cin, s3);

    cout << "置換後s1 : " << replace_substr(s1, s2, s3) << '\n';
}
```

実行例

```
s1中の最も先頭に位置するs2をs3に置換します。
文字列s1 : AB123CD123EFG
文字列s2 : 123
文字列s3 : XXXXX
置換後s1 : ABXXXXXCD123EFG
```

*replace_substr*は、文字列*s1*に含まれる最も先頭に位置する*s2*と一致する部分を、文字列*s3*に置換する関数テンプレートです。

List 12-11（p.419）の関数テンプレート*pad_char*は、テンプレート仮引数が1個だけでした。本プログラムの関数テンプレート*replace_substr*にはテンプレート仮引数が3個もあります。このように定義しておくと、***string***と***wstring***だけでなく、独自の文字特性やアロケータをもつ文字列型にも対応できるようになって、汎用性が高くなります。

▶ **List 12-11** の関数テンプレート*pad_char*を、テンプレート仮引数を3個にしたバージョンは、次のようになります（"chap12/string_grow3.cpp"）。

```
//--- width文字になるように文字列sの後ろに文字chを埋めつくす ---*/
template <class CharT, class Traits, class Allocator>
void pad_char(basic_string<CharT, Traits, Allocator>&s, CharT ch
              typename basic_string<type>::size_type width)
{
    if (width > s.length())     // sの文字数がwidth以上であれば何もしない
        s.append(width - s.length(), ch);
}
```

12-2 文字列の配列

本節では、文字列の集まりを実現するための、文字列の配列について学習します。具体的には、ベクトルとの組合せや、C言語形式の文字列の配列との変換を行っていきます。

文字列の配列

文字列の集まりは、文字列の配列として表現できます。**string** 型文字列の配列を利用するプログラムを **List 12-14** に示します。

List 12-14 chap12/string_array.cpp

```
// 文字列の配列

#include <string>
#include <iostream>

using namespace std;

//--- 要素数nの文字列の配列sを1文字ずつ走査して表示 ---*/
void put_string_ary(const string* s, size_t n)
{
    cout << "{ ";
    for (size_t i = 0; i < n; i++) {
        cout << '"';
        for (string::size_type j = 0; j < s[i].length(); j++)
            cout << s[i][j];
        cout << "\" ";
    }
    cout << "} ";
}

int main()
{
    string s1[3];          // 空の文字列3個
    string s2[3] = {"ABC", "123", "XYZ"};

    cout << "s1 = ";
    put_string_ary(s1, sizeof(s1) / sizeof(s1[0]));
    cout << '\n';

    cout << "s2 = ";
    put_string_ary(s2, sizeof(s2) / sizeof(s2[0]));
    cout << '\n';
}
```

実行結果

```
s1 = { "" "" "" }
s2 = { "ABC" "123" "XYZ" }
```

put_string_ary は、要素数 *n* の **string** 型配列 *s* の全要素を表示する関数です。配列の要素である文字列の表示は、各文字列内の全文字を先頭から末尾へと順に走査することで実現しています。

その際、添字演算子 [ ] を2重に適用していることに注意しましょう。s[*i*][*j*] は、「先頭要素から *i* 個後方に位置する添字 *i* の文字列内の、先頭文字から *j* 個後方に位置する添字 *j* の文字」をアクセスする式です。

main 関数で定義されている *s1* と *s2* は、いずれも要素型が **string** で要素数が3の配列です。これらの配列の表示を、関数 *put_string_ary* によって行います。

さて、前章で学習したとおり、要素の集まりは、配列でなく ***vector***<> でも実現できます。配列でなく ***vector***<> を利用するように書きかえたのが、**List 12-15** のプログラムです。

List 12-15 chap12/string_vector.cpp

```
// 文字列のベクトル

#include <string>
#include <vector>
#include <iostream>

using namespace std;

//--- 文字列のベクトルvを1文字ずつ走査して表示 ---*/
template <class Allocaotor>
void put_string_vector(const vector<string, Allocaotor>& v)
{
    cout << "{ ";
    for (typename vector<string, Allocaotor>::size_type i = 0; i < v.size(); i++) {
        cout << '"';
        for (typename vector<string, Allocaotor>::size_type j = 0;
             j < v[i].length(); j++)
            cout << v[i][j];
        cout << "\" ";
    }
    cout << "} ";
}

int main()
{
    vector<string> s1(3);        // 空の文字列3個
    vector<string> s2;
    s2.push_back("ABC");
    s2.push_back("123");
    s2.push_back("XYZ");

    cout << "s1 = ";
    put_string_vector(s1);
    cout << '\n';

    cout << "s2 = ";
    put_string_vector(s2);
    cout << '\n';
}
```

実行結果

```
s1 = { "" "" "" }
s2 = { "ABC" "123" "XYZ" }
```

put_string_vector は、**string** 型を格納したベクトル *v* の全要素を表示する関数テンプレートです。要素アクセスのために、添字演算子 [ ] を2重に適用している点は、左ページのプログラムと同様です。ただし、二つの演算子は以下のように異なります：

- 先頭側の [ ] … ***vector***<> の要素をアクセスする添字
- 後ろ側の [ ] … ***string*** の要素（文字）にアクセスする添字

main 関数で定義されている *s1* と *s2* は、いずれも要素型が ***string*** で要素数が3のベクトルです。

▶ 本プログラムでは、ベクトル *s2* に対して一つずつ要素を追加しています。なお、C++11 からは、以下に示す初期化が可能です。

```
vector<string> s2{"ABC", "123", "XYZ"};
```

C言語形式の文字列の配列の変換

次は、《C言語形式の文字列の配列》を、*string*のベクトル、すなわち**vector**<*string*>に変換することを考えます。そのプログラムが**List 12-16**です。

List 12-16 chap12/string_array_convert.cpp

```
// 文字列の配列のベクトル

#include <string>
#include <vector>
#include <iostream>

using namespace std;

//--- 2次元配列による文字列の配列をvector<string>に変換 ---//
vector<string> str2dary_to_vec(char* p, int h, int w)
{
    vector<string> temp;
    for (int i = 0; i < h; i++)
        temp.push_back(&p[i * w]);
    return temp;
}

//--- ポインタによる文字列の配列をvector<string>に変換 ---//
vector<string> strptary_to_vec(char** p, int n)
{
    vector<string> temp;
    for (int i = 0; i < n; i++)
        temp.push_back(p[i]);
    return temp;
}

int main()
{
    const char a[][5] = {"LISP", "C", "Ada"};    // 配列による文字列の配列
    const char* p[]   = {"PAUL", "X", "MAC"};    // ポインタによる文字列の配列

    vector<string> sa = str2dary_to_vec(const_cast<char*>(&a[0][0]), 3, 5);
    for (vector<string>::size_type i = 0; i < sa.size(); i++)
        cout << "sa[" << i << "] = " << sa[i] << '\n';

    vector<string> sp = strptary_to_vec(const_cast<char**>(p), 3);
    for (vector<string>::size_type i = 0; i < sp.size(); i++)
        cout << "sp[" << i << "] = " << sp[i] << '\n';
}
```

実行例

```
sa[0] = LISP
sa[1] = C
sa[2] = Ada
sp[0] = PAUL
sp[1] = X
sp[2] = MAC
```

main関数では、二つの配列が定義されています（**Fig.12-3**）。配列aは3行5列の**2次元配列**です。もうひとつの配列*p*は**ポインタの配列**であり、配列としては**sizeof**(**char***)の領域を三つ占有し、それ以外に三つの文字列リテラル領域を占有します。

関数テンプレート*str2dary_to_vec*は、*h*行*w*列の2次元配列をベクトルに変換して、そのベクトルを返却する関数です。もう一つの関数テンプレート*strptary_to_vec*は、要素数*n*のポインタの配列をベクトルに変換して、そのベクトルを返却する関数です。

いずれの関数も、返却値型は**vector**<*string*>であり、関数内で生成したベクトル*temp*のコピーを返却します。

a 2次元配列

《配列による文字列》の配列

```
char a[][5] = {"LISP", "C", "Ada"};
```

すべての要素は連続して配置される。

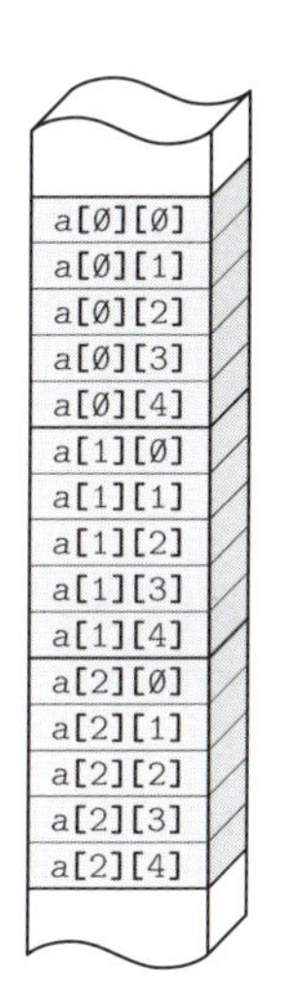

各構成要素は、初期化子として与えられた文字列リテラル中の文字とナル文字で初期化される。

b ポインタの配列

《ポインタによる文字列》の配列

```
char* p[] = {"PAUL", "X", "MAC"};
```

文字列の配置の順序や連続性は保証されない。

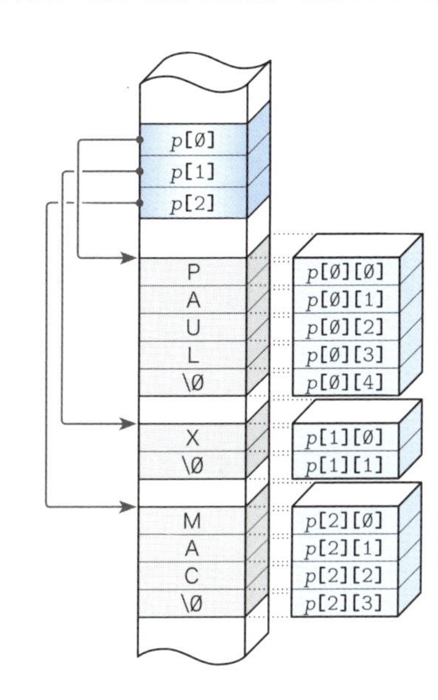

各要素は、初期化子として与えられた文字列リテラルの先頭文字を指すように初期化される。

Fig.12-3 文字列の配列の二つの実現

さて、C言語から引き継いだC++の言語仕様によって、main関数は、コマンドラインから渡されたコマンドライン引数を、文字列の配列として受け取ります。

その際、第1引数には、コマンドライン引数の個数を受け取って、第2引数には、配列*p*に相当する形式すなわちポインタの配列形式で、コマンドラインの文字列の配列を受け取ります（**Column 12-2**：p.426）。

そのため、main関数が受け取った文字列の配列は、以下のように、*vector<string>*に変換した上で表示できます（"chap12/argv_vector.cpp"）。

```
vector<string> s1 = strptary_to_vec(argv, argc);                // 変換
for (vector<string>::size_type i = 0; i < s1.size(); i++)        // 表示
    cout << "s1[" << i << "] = " << s1[i] << '\n';
```

▶ もちろん、左ページのプログラムの関数*strptary_to_vec*が必要です。

Column 12-2　コマンドライン引数

main関数を以下の形式で定義すると、プログラムの起動時にコマンドラインから与えられるパラメータを、文字列の配列として受け取れます。

```
int main(int argc, char** argv)
{
    //...
}
```

受け取る引数は２個です。引数の名前は任意ですが、*argc*と*argv*が広く使われています（それぞれ*argument count*と*argument vector*に由来します）。

▪第１引数argc

int型の引数*argc*に受け取るのは、**プログラム名**（プログラム自身の名前）と**プログラム仮引数**（コマンドラインから与えられたパラメータ）をあわせた個数です。

▪第２引数argv

引数*argv*は“charへのポインタの配列”を受け取るポインタです。配列の先頭要素*argv*[0]はプログラム名の文字列を指し、それ以降の要素はプログラム仮引数の文字列を指します。

main関数の引数の受取りは、プログラム本体の実行開始前に行われます。

ここで、以下のようにプログラムが実行された場合を例に考えていきましょう。

```
▶argtest1 Sort BinTree↵
```

実行プログラム"argtest1"の起動に際して、二つのコマンドライン引数"Sort"と"BinTree"が与えられています。

プログラムが起動すると、以下の作業が行われます。

1 文字列領域の確保

プログラム名とプログラム仮引数を格納する三つの文字列"argtest1", "Sort", "BinTree"用の領域（Fig.12C-1 のcの部分）が生成されます。

2 文字列を指すポインタの配列の確保

1で生成された文字列を指すポインタを要素とする配列用の領域（図bの部分）が生成されます。この配列の要素型および要素数は以下のとおりです：

- **要素型**

  要素型はcharへのポインタです。各文字列（の先頭文字）を指します。

- **要素数**

  配列の要素数はプログラム名とプログラム仮引数をあわせた個数に1を加えたものです。末尾要素には空ポインタが格納されます。

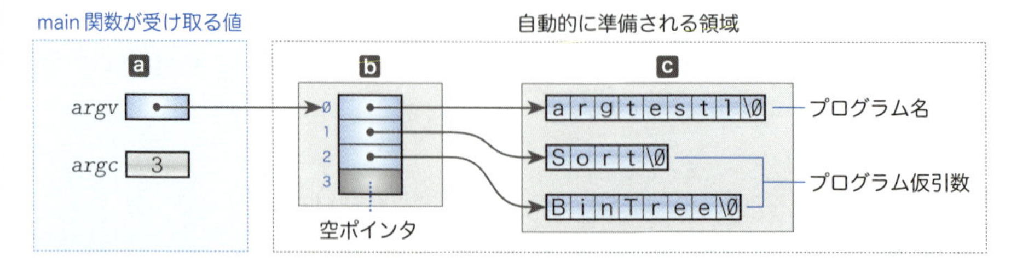

Fig.12C-1　main関数が受け取る二つの仮引数

3 main 関数の呼出し

main 関数が呼び出される際に、以下の処理が行われます。

- コマンドライン引数の個数である整数値 3 が第 1 引数 *argc* に渡される。
- 2 で作成された配列の先頭要素へのポインタが第 2 引数 *argv* に渡される。

すなわち、main 関数が受け取る二つの引数は、図a の部分です。

要素型が "char へのポインタ" である配列の先頭要素を指すポインタを受け取るのですから、仮引数 *argv* の型は "char へのポインタへのポインタ" となります。

argv が指す配列（図b の部分）の各要素は、先頭から順に *argv*[0], *argv*[1], … と表せます。

List 12C-1 ～ **List 12C-3** に示すのは、プログラム名とプログラム仮引数を表示するプログラムです。間接演算子と添字演算子の適用の方法が異なるものの、同一の結果を出力します。

List 12C-1 chap12/argtest1.cpp

```
// プログラム名・プログラム仮引数の表示（その１）
#include <iostream>
using namespace std;
int main(int argc, char** argv)
{
    for (int i = 0; i < argc; i++)
        cout << "argv[" << i << "] = " << argv[i] << '\n';
}
```

実行例

```
▶argtest1 Sort BinTree
argv[0] = argtest1
argv[1] = Sort
argv[2] = BinTree
```

List 12C-2 chap12/argtest2.cpp

```
// プログラム名・プログラム仮引数の表示（その２）
#include <iostream>
using namespace std;
int main(int argc, char** argv)
{
    int i = 0;
    while (argc-- > 0)
        cout << "argv[" << i++ << "] = " << *argv++ << '\n';
}
```

実行例

```
▶argtest2 Sort BinTree
argv[0] = argtest2
argv[1] = Sort
argv[2] = BinTree
```

List 12C-3 chap12/argtest3.cpp

```
// プログラム名・プログラム仮引数の表示（その３）
#include <iostream>
using namespace std;
int main(int argc, char** argv)
{
    int i = 0;
    while (argc-- > 0) {
        cout << "argv[" << i++ << "] = ";
        while (char c = *(*argv)++)
            cout << c;
        argv++;
        cout << '\n';
    }
}
```

実行例

```
▶argtest3 Sort BinTree
argv[0] = argtest3
argv[1] = Sort
argv[2] = BinTree
```

※ほとんどの環境では、*argv*[0] として出力されるプログラム名は、パス名や拡張子も含めたファイル名となります。

まとめ

- 文字列を実現する標準ライブラリは、**<string>** ヘッダで ***basic_string<>* クラステンプレート**として提供される。このライブラリは、一種のコンテナである。

- ***basic_string***<> クラステンプレートのテンプレート第１引数は要素の型、第２引数は文字特性の型、第３引数はアロケータの型である。

- ***basic_string***<> は、二つの型用に特殊化したテンプレートクラスが用意されている。それは、**char** 型用に特殊化された ***string*** と、**wchar_t** 型用に特殊化された ***wstring*** である。

- 文字列の長さ（要素数）や、文字列内の場所（添字）を表すための符号無し整数型が、***basic_string*<>::*sizetype*** である。

- 文字列の長さや添字としてあり得ない、無限大ともいえる大きな値を表す ***basic_string***<>::***sizetype*** 型の定数が、***basic_string*<>::npos** である。

- 文字列内の文字は連続した記憶域上に先頭から順に並べられて格納される。文字の増減に伴って領域が伸縮する。

- 文字列内の要素のアクセスの手段として、二通りの方法が提供される。
  - **[]**　　指定された添字をもつ要素をアクセス（不正な添字に無頓着）
  - **at**　　指定された添字をもつ要素をアクセス（不正な添字に対して例外を送出）

- 文字列の入出力を行う抽出子 **>>** と挿入子 **<<** は、入出力ライブラリではなく、文字列ライブラリで提供される。なお、抽出子による読込みでは、文字数が自動的に調整される。

- 文字列は、数多くの手段によって構築できる。また、連結・探索・置換・等価性や大小関係の判定なども自由に行える。

- 文字列は、***basic_string*<>::c_str()** によって、Ｃ言語形式の文字列に変換できる。

- 文字列はコンテナの一種なので、その要素は反復子によってもアクセス・走査できる。

chap12/value_type.cpp

```
// string型とwstring型の要素型を表示

#include <string>
#include <iostream>
#include <typeinfo>

using namespace std;

int main()
{
    cout << " string型の要素型は" << typeid( string::value_type).name() << "です。\n";
    cout << "wstring型の要素型は" << typeid(wstring::value_type).name() << "です。\n";
}
```

実行結果一例

```
 string型の要素型はcharです。
wstring型の要素型はwchar_tです。
```

- 文字列の配列は、*string* の配列、あるいは *string* のベクトルとして実現するとよい。

- **main** 関数は、プログラムの起動時にコマンドラインから与えられるパラメータを引数として受け取れる。C言語形式の文字列なので、必要ならば *string* の配列に変換するとよい。

chap12/test.cpp

```
// string型文字列を扱うプログラム

#include <vector>
#include <string>
#include <iostream>

using namespace std;

//--- ポインタによる文字列の配列をvector<string>に変換 ---//
vector<string> strptary_to_vec(char** p, int n)
{
    vector<string> temp;
    for (int i = 0; i < n; i++)
        temp.push_back(p[i]);
    return temp;
}

int main(int argc, char** argv)
{
    // コマンドライン文字列をvector<string>に変換
    vector<string> arg = strptary_to_vec(argv, argc);           // 変換

    for (vector<string>::size_type i = 0; i < arg.size(); i++)  // 表示
        cout << "arg[" << i << "] = " << arg[i] << '\n';

    string s1, s2;

    cout << "文字列s1 : ";  getline(cin, s1);
    cout << "文字列s2 : ";  getline(cin, s2);

    //--- 添字演算子による走査 ---//
    cout << "s1 = ";
    for (string::size_type i = 0; i < s1.length(); i++)
        cout << s1[i];
    cout << '\n';

    //--- 反復子による走査 ---//
    cout << "s2 = ";
    for (string::const_iterator i = s2.begin(); i != s2.end(); i++)
        cout << *i;
    cout << '\n';

    //--- 文字列内に含まれる文字列の探索 ---//
    string::size_type idx = s1.find(s2);

    if (idx == string::npos)
        cout << "s2はs1に含まれません。\n";
    else
        cout << "s2はs1の" << (idx + 1) << "文字目に含まれます。\n";
}
```

実行例

```
▶test abc XYZ⏎
arg[0] = test
arg[1] = abc
arg[2] = XYZ
文字列s1 : This is a pen.⏎
文字列s2 : pen⏎
s1 = This is a pen.
s2 = pen
s2はs1の11文字目に含まれます。
```

第13章

ストリームへの入出力

本章では、“文字の流れる川” にたとえられるストリームライブラリを用いた入出力について学習します。

- 標準ストリーム（cin, cout, cerr, clog）
- ナローストリームとワイドストリーム
- 挿入子 << と抽出子 >>
- リダイレクト
- fstream と ifstream と ofstream
- ファイルのオープンとクローズ
- ファイルの存在の確認
- オープンモード
- getline 関数による読込み
- 追加モード app と切捨てモード trunc
- ios_base クラス
- basic_ios<> クラステンプレートと ios クラス
- fmtflags 型・iostate 型・openmode 型・seekdir 型
- setf 関数・flags 関数・precision 関数・width 関数による書式設定
- 操作子による書式設定
- テキストモード
- バイナリモード binary
- write 関数と read 関数
- ファイルのダンプ

13-1 標準ストリーム

本節では、ほとんどのC++プログラムで利用される、基本的なストリームであるcinとcoutについて理解を深めます。

標準ストリーム

ストリーム（*stream*）は、入出力を行う際の"文字の流れる川"のようなものです。おなじみの**cout**はコンソール画面と結び付いた出力ストリームであり、**cin**はキーボードと結び付いた入力ストリームです（**Fig.13-1**）。

▶ coutはcharacter outの略で、cinはcharacter inの略です。

標準出力ストリーム（*standard output stream*）であるcoutと、**標準入力ストリーム**（*standard input stream*）であるcin以外にも、**標準エラーストリーム**（*standard error stream*）用に2個の出力ストリーム**cerr**と**clog**があります。

これら4個のストリームの総称が、**標準ストリーム**（*standard stream*）です（**Table 13-1**）。

Table 13-1 標準ストリーム

cin	stdinと結び付いた**istream**型の標準入力ストリーム。
cout	stdoutと結び付いた**ostream**型の標準出力ストリーム。
cerr	stderrと結び付いた**ostream**型の標準エラーストリーム（バッファリング無し）。
clog	stderrと結び付いた**ostream**型の標準エラーストリーム（バッファリング有り）。

▶ いうまでもなく、本章で紹介するすべてのライブラリは、std名前空間の中で定義されています。
stdin, stdout, stderrは、C言語で定義された標準ストリームであり、C++の標準ストリームのオブジェクトは、それらの標準ストリームと結び付けられます。
なお、cerrは"シーエラー"と発音し、clogは"シーログ"と発音するのが一般的です。

標準入力ストリームcinは入力ストリームを表す**istream型**のオブジェクトであり、それ以外の標準ストリームは出力ストリームを表す**ostream型**のオブジェクトです。

いずれも、**"char型の文字"**が流れるストリームです。

▶ "character out"と"character in"の"character"は、文字を表す**char**型に由来します。

なお、これら4個のストリームとは別に、**"wchar_t型の文字"**を扱うためのワイド文字用の標準ストリームも4個提供されます。すなわち、合計8個の標準ストリームが提供されており、それらは、**<iostream>**ヘッダで右ページのように宣言されています。

char型用のストリームが**istream**型あるいは**ostream**型のオブジェクトであるのに対し、ワイド文字用のストリームは**wistream型**あるいは**wostream型**のオブジェクトです。

標準ストリーム：<iostream>

ナロー（char用）ストリーム

```
extern istream cin;      // 標準入力ストリーム
extern ostream cout;     // 標準出力ストリーム
extern ostream cerr;     // 標準エラーストリーム（バッファリング無し）
extern ostream clog;     // 標準エラーストリーム（バッファリング有り）
```

ワイド（wchar_t用）ストリーム

```
extern wistream wcin;    // 標準入力ストリーム
extern wostream wcout;   // 標準出力ストリーム
extern wostream wcerr;   // 標準エラーストリーム（バッファリング無し）
extern wostream wclog;   // 標準エラーストリーム（バッファリング有り）
```

ここまでに登場した４種類のストリーム型は、クラステンプレート ***basic_istream***<> と ***basic_ostream***<> を明示的に特殊化したテンプレートクラスです。

具体的には、**<istream>** ヘッダと **<ostream>** ヘッダで以下のように宣言されています。

入力ストリーム：<istream>

```
typedef basic_istream<char>    istream;     // ナロー入力ストリーム
typedef basic_istream<wchar_t> wistream;    // ワイド入力ストリーム
```

出力ストリーム：<ostream>

```
typedef basic_ostream<char>    ostream;     // ナロー出力ストリーム
typedef basic_ostream<wchar_t> wostream;    // ワイド出力ストリーム
```

char 用に特殊化されたストリームは**ナローストリーム**（*narrow stream*）と呼ばれ、wchar_t 用に特殊化されたストリームは**ワイドストリーム**（*wide stream*）と呼ばれます。

▶ 多くの場合、プログラムで利用されるのはナローストリームです。これ以降、《ストリーム》とは、“ナローストリーム” と “ナローストリームとワイドストリームの総称” です。

a 標準入力ストリーム cin

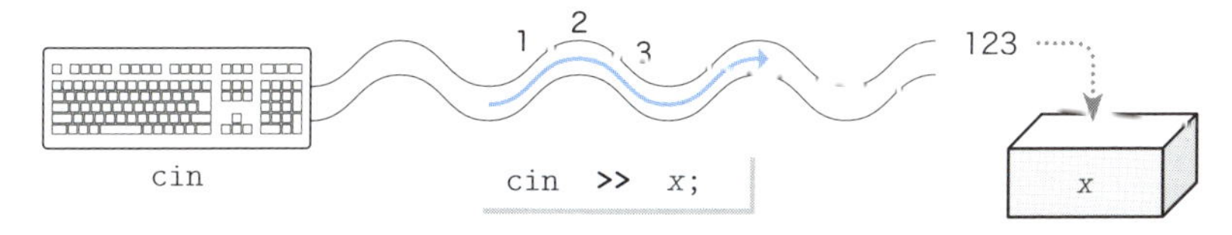

b 標準出力ストリーム cout

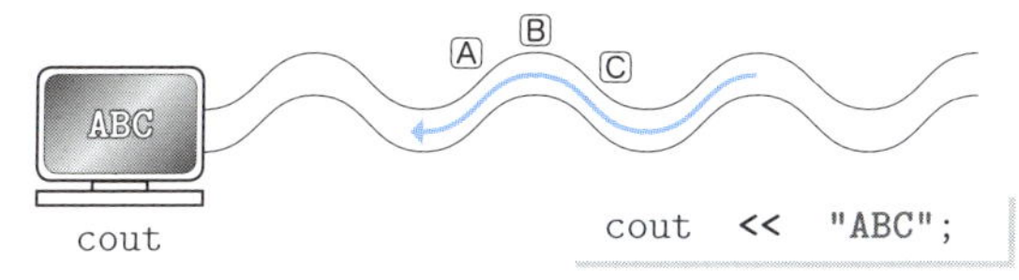

Fig.13-1　標準入力ストリーム cin と標準出力ストリーム cout

本書のほとんどのプログラムで、標準入力ストリーム cin に**抽出子**（*extractor*）と呼ばれる **>>** を適用して、標準出力ストリーム cout に**挿入子**（*inserter*）と呼ばれる **<<** を適用しています。

ここまで学習してきたみなさんは、以下のことを推測できるはずです。

- **右ビットシフト演算子 >> が basic_istream で多重定義されている。**
- **左ビットシフト演算子 << が basic_ostream で多重定義されている。**

basic_istream<> クラステンプレートは、**<istream> ヘッダ**で定義されています。以下に示すのが、定義の一例です。

basic_istream

```
template <class charT, class traits = char_traits<charT> >
class basic_istream : virtual public basic_ios<charT, traits> {
public:
    // ...
    basic_istream& operator>>(short& n);
    basic_istream& operator>>(int& n);
    basic_istream& operator>>(long& n);
    basic_istream& operator>>(unsigned short& u);
    basic_istream& operator>>(unsigned int& u);
    basic_istream& operator>>(unsigned long& u);
    basic_istream& operator>>(float& f);
    basic_istream& operator>>(double& f);
    basic_istream& operator>>(long double& f);
    basic_istream& operator>>(bool& b);
    basic_istream& operator>>(void*& p);
    // ...
};
```

basic_ostream<> クラステンプレートは、**<ostream> ヘッダ**で定義されています。以下に示すのが、定義の一例です。

basic_ostream

```
template <class charT, class traits = char_traits<charT> >
class basic_ostream : virtual public basic_ios<charT, traits> {
public:
    // ...
    basic_ostream& operator<<(short n);
    basic_ostream& operator<<(int n);
    basic_ostream& operator<<(long n);
    basic_ostream& operator<<(unsigned short n);
    basic_ostream& operator<<(unsigned int n);
    basic_ostream& operator<<(unsigned long n);
    basic_ostream& operator<<(float f);
    basic_ostream& operator<<(double f);
    basic_ostream& operator<<(long double f);
    basic_ostream& operator<<(bool n);
    basic_ostream& operator<<(const void* p);            // ポインタ
    basic_ostream& put(charT c);                         // 文字
    basic_ostream& write(const Ch* p, streamsize n);     // p[0]～p[n-1]
    // ...
};
```

抽出子 >> の返却値型は ***basic_istream&* 型**で、挿入子 << の返却値型は ***basic_ostream&* 型**です。なお、挿入子 << を連続適用可能なのは、挿入子が呼出し元ストリームへの参照を返却するからである、ということも学習ずみです。

たとえば、挿入子 << を２回連続して適用した

```
cout << "n = " << n;
```

は、以下のように解釈されるのでした。

```
(cout.operator<<("n = ")).operator<<(n);
```

なお、入力ストリームに対して抽出子 >> を連続適用する例は、次ページで学習します。

*

抽出子 >> と挿入子 << のうち、**文字の入出力を行う関数と、C言語形式文字列の入出力を行う関数は、非メンバ関数として実現されています**。そのため、左ページに示すクラステンプレートの中では宣言されていません。

*

なお、出力ストリーム ***basic_ostream*<>** の網かけ部は、出力を行うメンバ関数の定義です。これらの関数の概略は、以下のとおりです。

- put　 … 単一の文字 *c* を出力する。
- write … 文字の配列を出力する（*p* を先頭とする *n* 個の文字）。

▶ ***basic_ostream*<>** クラステンプレートと ***basic_istream*<>** クラステンプレートの親クラスである ***basic_ios*<>** クラステンプレートについては、次節で学習します。

Column 13-1　C言語の標準入出力ストリームとの同期

C++ の標準入出力ストリーム cin, cout, cerr, clog は、C 言語の標準入出力ストリーム stdin, stdout, stderr と同期を取って処理されることが保証されており、混在利用しても正しく入出力が行われます。

なお、***ios_base*** クラスの静的メンバ関数 **sync_with_stdio** を利用すると、同期の有効／無効の切りかえが可能です。以下に示すのが、sync_with_stdio の形式です。

```
bool ios_base::sync_with_stdio(bool sync = true);
```

この関数は、標準入出力ストリームオブジェクトが同期している場合は **true** を返却し、そうでない場合は **false** を返却します。この関数が最初に呼ばれたときに返却するのは **true** です。

この関数を呼び出す前に標準ストリームを用いた入出力操作を行った場合の効果は、処理系定義です。そうでない場合、**false** を実引数にしてこの関数を呼び出すと、C++ の標準ストリームが、C 言語の標準ストリームと独立に動作することが許可されます。

すなわち、一切の入出力を行う前に sync_with_stdio(**false**) と呼び出すと、同期が無効となる可能性があります（処理系によっては、入出力のパフォーマンスがアップするかもしれません）。

リダイレクト

UNIXやMS-WindowsなどのOSでは、**リダイレクト**（*redirect*）の機能によって、標準入力ストリームと標準出力ストリームの接続先が変更可能です。

変更の指示は、プログラム起動の際に、以下のように行います。

- 標準入力ストリームの変更 … 記号<に続いて入力元を与える。
- 標準出力ストリームの変更 … 記号>に続いて出力先を与える。

List 13-1 のプログラム`list1301`を、リダイレクトを用いて起動・実行してみましょう。

▶ ここでは、プログラムの実行ファイルが`list1301`（MS-Winwdowsであれば`list1301.exe`）であるとします。

List 13-1 chap13/list1301.cpp

```
// 二つの整数値を読み込んで加減乗除した値を表示
#include <iostream>
using namespace std;
int main()
{
    int x;          // 加減乗除する値
    int y;          // 加減乗除する値
    cout << "xとyを加減乗除します。\n";
    cout << "xとyの値：";     // xとyの値の入力を促す
    cin >> x >> y;            // xとyに整数値を読み込む
    cout << "x + yは" << x + y << "です。\n";   // x + yの値を表示
    cout << "x - yは" << x - y << "です。\n";   // x - yの値を表示
    cout << "x * yは" << x * y << "です。\n";   // x * yの値を表示
    cout << "x / yは" << x / y << "です。\n";   // x / yの値を表示（商）
    cout << "x % yは" << x % y << "です。\n";   // x % yの値を表示（剰余）
}
```

Fig.13-2に示すのが実行例です。ここでは、テキストファイル"`input`"が、右に示す内容で用意されているものとします。

```
7 5
```

図**a**はリダイレクトを行わない実行方法です。入力はキーボードから行われて、出力は画面に対して行われます。

図**b**のように起動すると、標準入力ストリームがファイル"`input`"に割り当てられます。そのため、*x*と*y*に対して入力すべき値は、キーボードからではなくファイル"`input`"から取り出されて、演算結果が画面に出力されます。

▶ すなわち、ユーザがキーボードから値を入力する必要がありません。

図**c**のように起動すると、標準入力ストリームがファイル"`input`"に割り当てられて、標準出力ストリームが"`output`"に割り当てられます。演算結果は、画面には表示されず、ファイル"`output`"に出力されます。

a リダイレクトしない

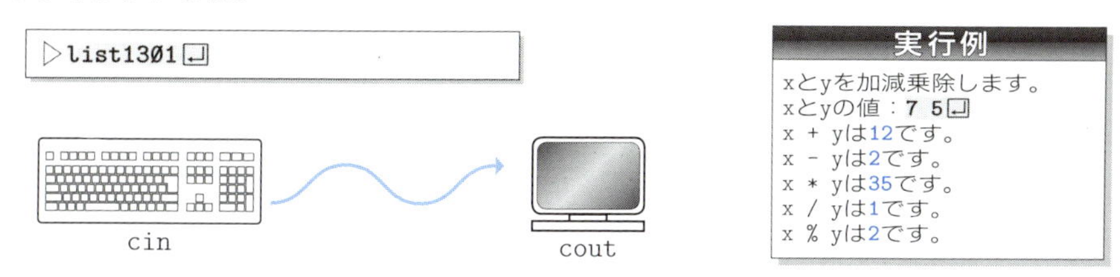

b 入力をリダイレクト

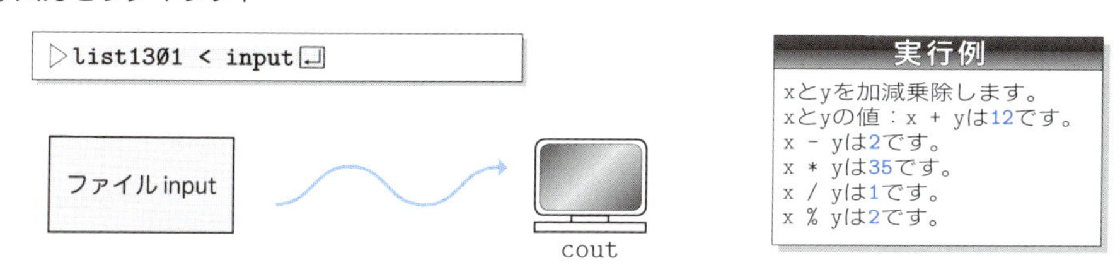

c 入力と出力をリダイレクト

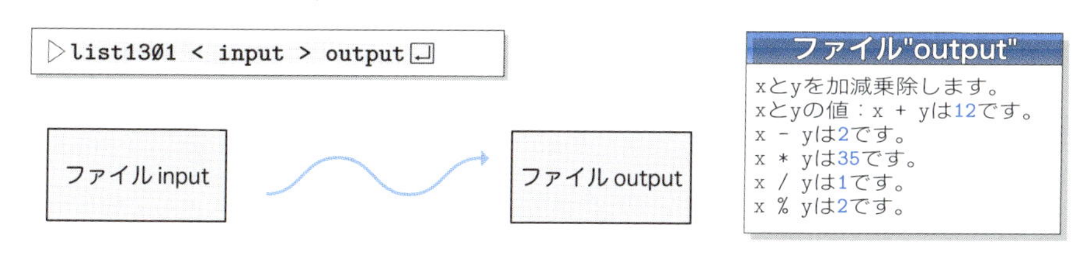

Fig.13-2 リダイレクト

出力ストリームに対するリダイレクトによって切りかえられるのは、標準出力ストリームです。標準エラーストリームの接続先は切りかえられません。

▶ 図には示していませんが、以下のように実行すると、標準出力ストリームの接続先のみをリダイレクトできます。

```
▷list1301 > output↵
```

ただし、本プログラムの場合、画面に何も表示されなければ、キーボードからどういうタイミングで何を入力すべきかが不明となるため、実質的に実行不能となります。

＊

コンソール（キーボード、ディスプレイ）と同じ感覚でファイルを取り扱えることが分かりました。ストリームは論理的な《文字の流れる川》です。いろいろな物理デバイス（コンソールやファイルなど）に結び付けることができます。

しかし、リダイレクトは便利であるものの万能ではありません。この機能に頼ることなくファイルを取り扱うためには、プログラム上からファイルの読み書きを行わなければなりません。ファイルを自由に読み書きできるように学習を進めていきましょう。

13-2 ファイルストリームの基本

本節では、ファイルに対する自由な読み書きを行うために必要な、ファイルストリームに関する基本的なことがらを学習します。

ファイルストリーム

リダイレクトを使うことなくファイルを読み書きするときに利用するのが、以下の三つのクラスです。

- ***fstream***　入力と出力の両方が行えるファイルストリーム用のクラス。
- ***ifstream***　入力のみが行えるファイルストリーム用のクラス。
- ***ofstream***　出力のみが行えるファイルストリーム用のクラス。

なお、これらのクラス群の利用には、**<fstream>ヘッダ**のインクルードが必要です。

▶ <fstream>ヘッダの内部で<iostream>がインクルードされますので、<fstream>をインクルードするプログラムでは、<iostream>のインクルードは省略可能です。

ファイルのオープン

私たちがノートを使うときは、まず最初に開きます。それからページをめくって読んだり書き込んだりします。プログラムでのファイルの取扱いも同様です。まず最初に開き、それから、適当な場所に読み書きを行います。

ファイルを開く操作が**オープン**（*open*）です。ファイルのオープンは、コンストラクタで行う方法と、メンバ関数で行う方法とがあります。

以下に、"abc"という名前のファイルを、*fs*という名前の出力ストリームとしてオープンする方法を示します。

▪ コンストラクタによるファイルのオープン

コンストラクタの第1引数にファイル名を与えます。**ofstream**型オブジェクト*fs*の生成時にファイルがオープンされます。この形式を使うのが、一般的です。

```
ofstream fs("abc");        // ファイル"abc"をオープンしてfsと結び付ける
```

▪ open関数によるファイルのオープン

生成ずみの**ofstream**型オブジェクトに対して、**open関数**を適用することによってファイルをオープンします。open関数に与える引数は、ファイル名です。

```
ofstream fs;
fs.open("abc");
```

コンストラクタとopen関数が受け取る引数の型は、いずれも**const char***であるため、文字列リテラルをそのまま渡せます。

▶ コンストラクタとopenには、省略可能な第2引数があります（p.444）。

ファイルを正しくオープンできたかどうかの判定

オープン処理を指示したら、ファイルへの読み書きを行う前に、ファイルがきちんとオープンできたかどうかの判定が必要です。以下のように、数多くの判定法があります。

▪ **if** (*fs*.is_open()) /* オープン成功 */

is_open関数は、ストリームがオープンされているかどうかをbool型の真偽値で返却する関数です。この関数の返却値に基づいた判定法です。

▪ **if** (!*fs*.fail()) /* オープン成功 */

ストリームに対する各種の操作（オープン操作に限りません）に失敗した場合は、ストリームの内部で**failbit**というフラグが立ちます。**failbit**が立っているかどうかを調べるのが**fail関数**です。

そのfail関数の返却値の否定をとると、ストリームが正常であるか（オープン直後であれば、きちんとオープンできたか）どうかの判定となります。

▶ failbitについては、次節で学習します。

▪ **if** (*fs*) /* オープン成功 */

ストリームには、変換関数**operator void*()**が用意されています。この変換関数の返却値は以下のとおりです。

- fail()が真であるとき：空ポインタ
- fail()が偽であるとき：空ポインタではないポインタ

単独の式*fs*は、変換関数**operator void*()**を暗黙のうちに呼び出しますので、その返却値によって、ストリームが正常であるか（オープン操作の直後であれば、きちんとオープンできたか）どうかの判定を行います。

◆ **if** (!*fs*) /* オープン失敗 */

これは、**オープンに失敗したかどうかを判定する方法です**。ストリームに**!演算子**を適用した式を評価すると、fail関数の返却値が得られます。すなわち、

```
if (fs.fail())
```

と同じ意味です。ストリームの内部で**failbit**フラグが立っているかどうかの判定が行われます。

ファイルのクローズ

みなさんは、ノートを使い終わったら、きちんと閉じるでしょう。それと同じで、ファイルの利用が終了したら、ファイルとストリームとの結び付きを切り離す必要があります。この切り離し作業が、**クローズ**（*close*）です。

ファイルのクローズは、**close 関数**を呼び出すことで行えます。この関数は、返却値型は **void** で、引数を受け取りません。以下に示すのが、呼出しの例です。

```
fs.close();                // fsと結び付いたファイルをクローズする
```

なお、ストリームの生存期間が消滅するときに、自動的にデストラクタが呼び出され、デストラクタの処理によってファイルがクローズされます。そのため、ソースプログラム中で close 関数を明示的に呼び出す必要がある文脈は限られます。

ファイルの存在の確認

ファイルのオープンとクローズの処理を応用すると、ある特定の名前のファイルが存在するかどうかを判定できます。

List 13-2 に示すのが、そのプログラム例です。ある名前のファイルが存在するかどうかは、実際にファイルをオープンしてみて、その成功の可否で判定できることを利用しています。

List 13-2 chap13/file_exist1.cpp

```
// ファイルの存在を確認

#include <string>
#include <fstream>
#include <iostream>

using namespace std;

//--- 名前がfilenameのファイルが存在するかどうかを判定 ---//
bool file_exist(const char* filename)
{
    ifstream fis(filename);        // 入力ストリームとしてオープン
    return fis.is_open();          // オープンに成功したか？
}

int main()
{
    string file_name;
    cout << "存在を確認したいファイルの名前：";
    cin >> file_name;

    cout << "そのファイルは存在"
         << (file_exist(file_name.c_str()) ? "します。\n" : "しません。\n");
}
```

実行例

```
存在を確認したいファイルの名前：abc.txt⏎
そのファイルは存在しません。
```

▶ 隠し属性のついたものなどの特殊なファイルの存在の確認は行えません。

関数*file_exist*は、引数*filename*に受け取った名前のファイルを、***ifstream***型の入力ストリームとしてオープンして、オープンに成功したかどうかを**bool**型の値として返却します。

この関数では、ファイルのオープンをコンストラクタで行っています。ファイルのオープンに成功すると、そのファイルはストリーム*fis*に結び付きます。

オープン後は、ファイルに対する操作はストリーム*fis*を通じて行います。本プログラムでは行っていませんが、ファイルからの文字の読込みなどが可能です。

▶ 関数*file_exist*の引数*filename*の型を***string***型ではなく、**const char***としているのは、ストリームライブラリの各クラスの、コンストラクタの引数型や、open関数の引数型とあわせるためです。

なお、この関数では、ファイルのクローズ処理を（明示的には）行っていません。関数本体のブロックの実行が終了する際に、*fis*の生存期間がつきて、自動的に呼び出されたデストラクタによってクローズされるからです。

ファイルがオープンできたかどうかを判定して返却するのが、網かけ部です。メンバ関数is_openが返却した値を、そのまま返却します。以下に示すのが、別の実現例です（"chap13/file_exist2.cpp" および "chap13/file_exist3.cpp"）。

```
1 return !fis.fail();
2 return fis ? true : false;
```

＊

この後でも学習しますが、出力ストリームとしてファイルをオープンすると、既存のファイルの内容が消されますので、要注意です。**List 13-2**のプログラムを書きかえて、確認しましょう（"chap13/file_truncate.cpp"）。

```
//--- 名前がfilenameのファイルの中身を切り捨てる ---//
bool file_truncate(const char* filename)
{
    ifstream fis(filename);          // 入力ストリームとしてオープン
    if (fis) {
        fis.close();
        ofstream fos(filename);      // 出力ストリームとしてオープン
        return fos.is_open();        // オープンに成功したか？
    }
    return false;
}

int main()
{
    string file_name;
    cout << "中身を消したいファイルの名前：";
    cin >> file_name;

    if (file_truncate(file_name.c_str()))
        cout << "中身を消しました。\n";
    else
        cout << "その名前のファイルは存在しないか、消去に失敗しました。\n";
}
```

▶ ファイルの中身が空になるだけであって、ファイル自体が削除されることはありません。

ファイルストリームに対する読み書き

次に、出力ストリーム ***ofstream*** を利用して、ファイルへの書込みを行ってみましょう。そのプログラムを、**List 13-3** に示します。

List 13-3 chap13/output1.cpp

```
// 出力ファイルストリームへの書込み

#include <fstream>
#include <iostream>

using namespace std;

int main()
{
    ofstream fos("HELLO");       // "HELLO"を出力ストリームとしてオープン

    if (!fos)
        cerr << "\aファイル\"HELLO\"をオープンできません。\n";
    else {
        fos << "Hello!\n";
        fos << "How are you?\n";
    }
}
```

実行例

ファイルへの出力を行うため画面には何も表示されません。

ファイル "HELLO"

```
Hello!
How are you?
```


まず最初に、ファイル "HELLO" をコンストラクタでオープンして、それを ***ofstream*** 型の出力ストリーム *fos* に結び付けます。

続く **if** 文では、ストリームが正常でない（オープン直後であるため、オープンに失敗した）と判定された場合は、『ファイル "HELLO" をオープンできません。』とメッセージを出力します。

▶ ファイルのオープンに失敗する理由としては、ディスクが満杯である、ディスクやフォルダに対して書込みが禁止されている、などが考えられます。
　なお、本プログラムのメッセージの出力先は、cout でなく cerr です。そのため、たとえリダイレクトによってプログラムの出力先を変更していても、『ファイル "HELLO" をオープンできません。』のメッセージは、確実に画面に表示されます。

ファイルが正しくオープンされたと判断できた場合は、挿入演算子 **<<** を使って、２行分の文字列 "**Hello!\n**" と "**How are you?\n**" を、ストリーム *fos* に対して出力します。

もしオープン時にファイル "HELLO" が存在する場合は、既存の内容を消去した上で出力しますので、ファイルの内容は必ず２行分のみとなります。

なお、ファイルのクローズ処理は、**main** 関数終了時に自動的に呼び出されるデストラクタに委ねています。

*

ファイルに正しく書き込めたかどうかは、OS のコマンドや、OS 付属のエディタやビューアなどのツールでも確認できますが、ここでは、プログラムを作成して確認することにしましょう。それが **List 13-4** に示すプログラムです。

List 13-4 chap13/input1.cpp

```
// 入力ファイルストリームから文字列を読み込んで表示

#include <string>
#include <fstream>
#include <iostream>

using namespace std;

int main()
{
    ifstream fis("HELLO");        // "HELLO"を入力ストリームとしてオープン

    if (!fis)
        cerr << "\aファイル\"HELLO\"をオープンできません。\n";
    else {
        while (true) {
            string text;
            fis >> text;              // ストリームから文字列を読み込んで
            if (!fis) break;
            cout << text << '\n';   // その文字列を画面に表示
        }
    }
}
```

実行結果

```
Hello!
How
are
you?
```

このプログラムで利用しているストリームは、***ifstream*** 型の入力ストリーム *fis* です。ファイルのオープン処理や、オープンできたかどうかの判定処理、ファイルのクローズ処理については、これまでのプログラムと基本的に同じです。

ファイルから読み込んだ内容を画面に出力するのが、青網部の **while** 文です。ループ本体では、まず、ストリーム *fis* から読み込んだ文字列を *text* に格納します。その直後に行うのが、ストリームが正常であるかどうかの判定です。ファイルを最後まで読み込んでしまうと読込みに失敗してストリームが正常ではなくなりますので、**break** 文によって強制的に繰返しを終了させます。そうでなければ、*text* に読み込んだ文字列を cout に対して（改行文字を付加した上で）出力します。

ここで、以下の２点に注意しましょう。

▪ <string> ヘッダのインクルードが必要であること

ストリーム関連のライブラリでは、基本型とＣ文字列に対する挿入子と抽出子は定義されていますが、***string*** 型に対する挿入子や抽出子は定義されていません。挿入子と抽出子を、***string*** 型文字列に適用する際は、<string> のインクルードが必要です。

▶ 左ページの **List 13-3** で <string> ヘッダのインクルードが不要なのは、cerr と *fos* に対して出力しているのが、***string*** 型ではなく、Ｃ言語形式の文字列リテラルだからです。

▪ *string* 型に適用した抽出子が空白を読み飛ばすこと

実行結果が示すように、"How are You?" と書き込んだ文字列が "How" と "are" と "you?" に分割されて読み込まれています。

抽出子 >> を利用して文字列を読み込む際は、スペースやタブなどの空白を区切りとする“単語単位”での読込みが行われます。したがって、行全体を一つの文字列として読み込むことはできません。

前ページのプログラムを改良して、各行を丸ごと文字列に読み込むようにしましょう。それが、**List 13-5** に示すプログラムです。

List 13-5 chap13/input2.cpp

```
// 入力ファイルストリームから文字列を行単位に読み込んで表示

#include <string>
#include <fstream>
#include <iostream>

using namespace std;

int main()
{
    ifstream fis("HELLO");        // "HELLO"を入力ストリームとしてオープン

    if (!fis)
        cerr << "\aファイル\"HELLO\"をオープンできません。\n";
    else {
        while (true) {
            string text;
            getline(fis, text);       // ストリームから1行を読み込んで
            if (!fis) break;
            cout << text << '\n';     // その文字列を画面に表示
        }
    }
}
```

明示的な改行文字の出力が必要

実行結果

```
Hello!
How are you?
```

ここで利用しているのが、1行分の内容をごっそり読み込む ***getline* 関数**です。この関数は、以下の形式で利用します。

```
getline( 入力ストリーム , 文字列 );
```

なお、この関数での読込みの際は、**行末の改行文字は切り捨てられてしまい、文字列には格納されません。**そのため、本プログラムでは cout による出力時に改行文字を付加しています。

▶ すなわち、ここに示す実行例で最初に *text* に格納される文字列は、"Hello!\n" ではなくて、"Hello!" である、ということです。

出力ストリームのオープンモード

出力ストリームのオープンの際に、コンストラクタあるいは open 関数の第2引数に *ios_base*::app を指定すると、**追加モード**と呼ばれる**オープンモード**（*open mode*）でファイルがオープンされます。このモードは、ファイルの既存の内容を消さずに、ファイルの終端位置からの書込みを行うモードです。

一方、これまでのように第2引数を省略した場合は、*ios_base*::trunc が既定値として渡されます。これは、オープン時に既存の内容を切り捨てる、**切捨てモード**です。

▶ app は append（追加する）の略で、trunc は truncate（切り捨てる）の略です。これらを含むオープンモードついては、次節で学習します。

List 13-3（p.442）のプログラムを、追加モードでファイルをオープンするように書きかえたのが **List 13-6** です。このプログラムを実行してみましょう。

List 13-6 chap13/output2.cpp

```
// 出力ファイルストリームへの書込み（末尾への追加）

#include <fstream>
#include <iostream>

using namespace std;

int main()
{
    ofstream fos("HELLO", ios_base::app);    // "HELLO"を追加モードでオープン

    if (!fos)
        cerr << "\aファイル\"HELLO\"をオープンできません。\n";
    else {
        fos << "Fine, thanks.\n";
        fos << "And you?\n";
    }
}
```

実行結果
ファイルへの出力を行うため画面には何も表示されません。

このプログラムは、ファイル "HELLO" のオープンに成功すると、"Fine, thanks.\n" と "And you?\n" という２行分の文字列を、ファイルの終端位置から書き込みます。

そのため、本プログラムを実行するたびに、ファイル "HELLO" に２行分の文字列が追加されます。そのイメージを示したのが、**Fig.13-3** です。

▶ ここに示すのは、**List 13-3** を１回実行して、その後 **List 13-6** を２回実行したときの様子です（さらに、ファイルの内容確認のために **List 13-5** を３回実行しています）。

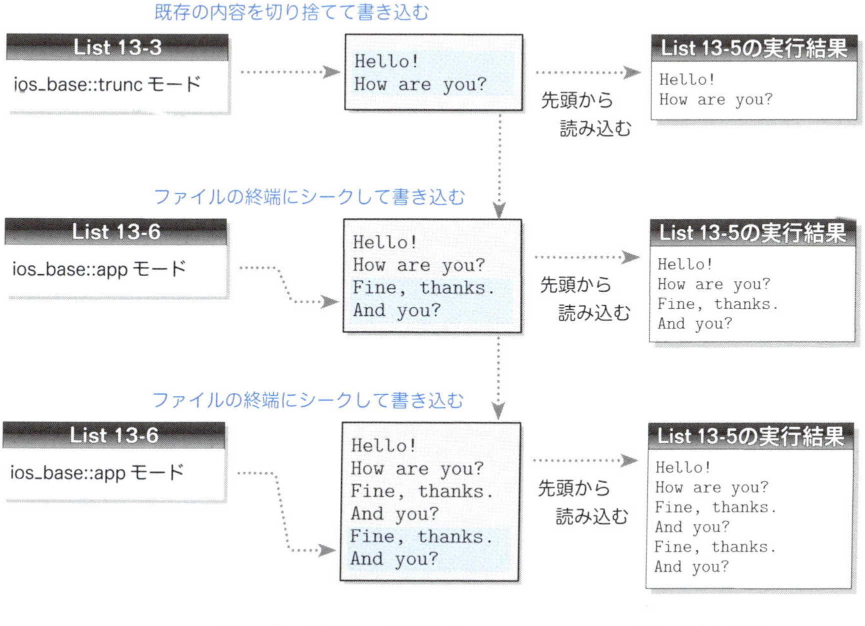

既存の内容を切り捨てて書き込む

List 13-3
ios_base::trunc モード

```
Hello!
How are you?
```

先頭から読み込む

List 13-5の実行結果

```
Hello!
How are you?
```

ファイルの終端にシークして書き込む

List 13-6
ios_base::app モード

```
Hello!
How are you?
Fine, thanks.
And you?
```

先頭から読み込む

List 13-5の実行結果

```
Hello!
How are you?
Fine, thanks.
And you?
```

ファイルの終端にシークして書き込む

List 13-6
ios_base::app モード

```
Hello!
How are you?
Fine, thanks.
And you?
Fine, thanks.
And you?
```

先頭から読み込む

List 13-5の実行結果

```
Hello!
How are you?
Fine, thanks.
And you?
Fine, thanks.
And you?
```

Fig.13-3 一連のプログラムの実行による "HELLO" ファイルの読み書き

前回実行時の情報を取得

List 13-7 に示すのは、これまでよりも少し実用的なプログラムです。本プログラムの実行が初めてであれば、その旨のメッセージを表示し、実行が2回目以降であれば、前回実行したときの日付と時刻を表示します。**Fig.13-4** に示すのが実行例です。

List 13-7 chap13/lasttime.cpp

```
// 前回のプログラム実行時の日付と時刻を表示する

#include <ctime>
#include <fstream>
#include <iostream>

using namespace std;

char fname[] = "lasttime.txt";                    // ファイル名

//--- 前回の日付・時刻を取得・表示 ---//
void get_data()
{
    ifstream fis(fname);                          // 入力ストリーム

    if (fis.fail())
        cout << "本プログラムを実行するのは初めてですね。\n";
    else {
        int year, month, day, h, m, s;
        fis >> year >> month >> day >> h >> m >> s;
        cout << "前回は" << year << "年" << month << "月" << day << "日"
             << h << "時" << m << "分" << s << "秒でした。\n";
    }
}

//--- 今回の日付・時刻を書き込む ---//
void put_data()
{
    ofstream fos(fname);                          // 出力ストリーム

    if (fos.fail())
        cout << "\aファイルをオープンできません。\n";
    else {
        time_t t = time(NULL);
        struct tm* local = localtime(&t);
        fos << local->tm_year + 1900 << ' ' << local->tm_mon + 1 << ' '
            << local->tm_mday        << ' ' << local->tm_hour    << ' '
            << local->tm_min         << ' ' << local->tm_sec     << '\n';
    }
}

int main()
{
    get_data();         // 前回の日付・時刻を取得・表示

    put_data();         // 今回の日付・時刻を書き込む
}
```

main 関数では、まず関数 *get_data* を呼び出します。その後、関数 *put_data* を呼び出して実行します。二つの関数の働きは、以下のとおりです。

▪ 関数 *get_data*

プログラムの最初に呼び出されます。ファイル "lasttime.txt" を入力ストリームとしてオープンします。

オープンに成功したか失敗したかで、以下のように選択的に処理を行います。

▫ オープンに失敗した場合

本プログラムが実行されるのが初めてであると判断して、『本プログラムを実行するのは初めてですね。』と表示します。

▫ オープンに成功した場合

前回プログラムを実行した際に書き込んだ日付と時刻を、ファイル "lasttime.txt" から読み込み、画面への表示を行います。

a 初回実行時の実行結果

ファイル "lasttime.txt" は存在せず、オープンに失敗する。

```
実行結果
本プログラムを実行するのは初めてですね。
```

b 2回目以降の実行結果（一例）

ファイル "lasttime.txt" から、前回書き込まれた日時を読み込んで表示する。

```
実行結果一例
前回は2018年11月25日13時42分27秒でした。
```

Fig.13-4 List 13-7 の実行例

▪ 関数 *put_data*

プログラムの最後に呼び出されます。ファイル "lasttime.txt" を出力ストリームとしてオープンします。

オープンに成功した場合は、現在の日付と時刻を取得してファイル "lasttime.txt" に書き込みます。形式は以下のとおりです。

```
2018 11 25 13 42 27
```

▶ すなわち、西暦年、月、日、時、分、秒の6個の10進整数値をスペースで区切った形式です。これらの値が、次回起動時に読み込まれて表示されます。

13-3 ストリームライブラリ

前節では、いくつかのプログラムを例に、ファイルに対する入出力を行いました。ストリーム関連のライブラリについて、もう少し詳細に学習しましょう。

ストリームライブラリの構成

前章では、*istream*, *fstream*, *ofstream* の三つのストリームを学習しました。ストリームは、入出力の種類によって、以下の３種類に分類されます。

- **入力ストリーム**
- **入出力ストリーム**
- **出力ストリーム**

なお、入出力先として、ファイル以外に文字列もサポートされており、入出力の対象によって、ストリームは以下の２種類に分類されます。

- **ファイルストーム**
- **文字列ストリーム**

Fig.13-5 に示すのが、ストリーム関連のクラス階層図です。**入出力ストリームは、入力ストリームと出力ストリームからの多重継承によって作られています。**

最上位の *ios_base* 以外は、二つのクラス名が記入されています。下段の青文字はクラステンプレートの名前です。そのクラステンプレートを char 型に特殊化したクラスに与えられた typedef 名が、上段の黒文字です。

以下に例を示します。

■ *ios* クラスと *basic_ios<>* クラステンプレート

basic_ios<> クラステンプレートを char 型に特殊化した *basic_ios<char>* に対して、以下に示す typedef 宣言によって与えられた typedef 名が *ios* です。

```
typedef basic_ios<char> ios;                    // iosのtypedef宣言
```

▶ 図には示していませんが、wchar_t 用に特殊化したクラス *basic_ios<wchar_t>* には、*wios* という typedef 名が与えられています。

■ *ifstream* クラスと *basic_ifstream<>* クラステンプレート

basic_ifstream<> クラステンプレートを char 型に特殊化した *basic_ifstream<char>* に対して、以下に示す typedef 宣言によって与えられた typedef 名が *ifstream* です。

```
typedef basic_ifstream<char> ifstream;          // ifstreamのtypedef宣言
```

▶ 図には示していませんが、wchar_t 用に特殊化したクラス *basic_ifstream<wchar_t>* には、*wifstream* という typedef 名が与えられています。

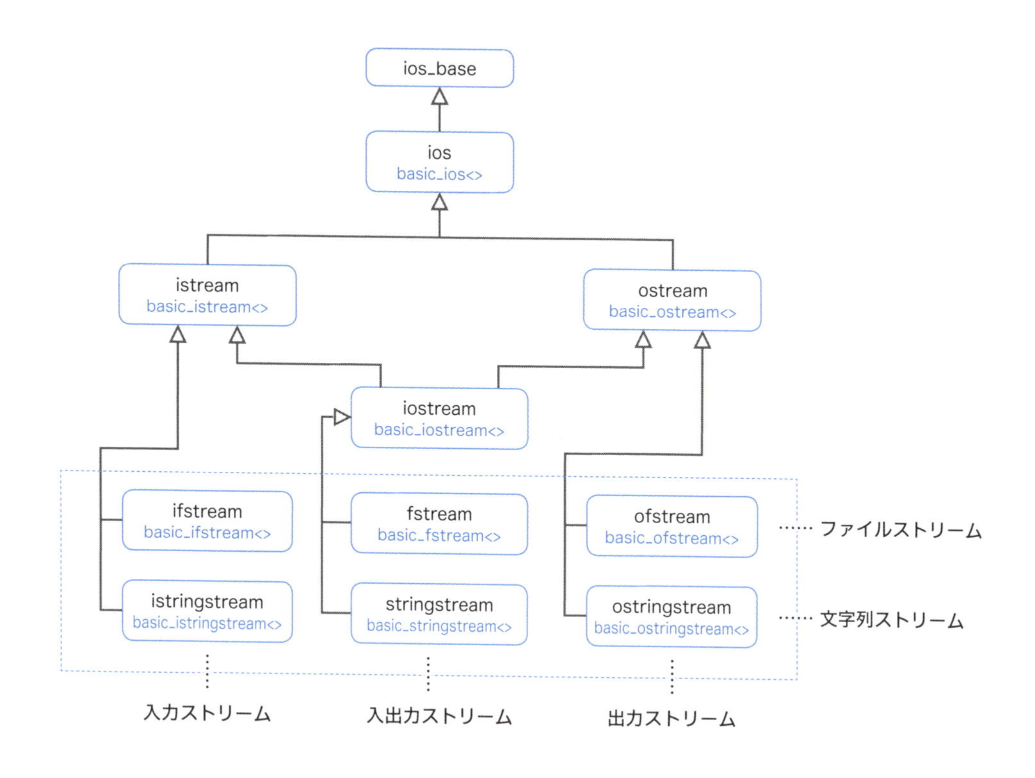

Fig.13-5 ストリーム関連のクラス階層図（簡略化したもの）

一般的なプログラムでは、点線で囲んでいる下位の6個のクラスを利用します。このストリームは、{入力／入出力／出力} × {ファイル／文字列} の3種類×2種類の組み合わせです。

クラスの名称は、3個のパーツで構成されています。

①先頭部：入力ストリームは **i**、出力ストリームは **o**、入出力ストリームは空。
②中間部：ファイルストリームは **f**、文字列ストリームは **string**。
③末尾部：すべてのストリームに共通で **stream**。

この規則は、必ず覚えておく必要があります。

▶ ここに示したのは、char 用のナローストリームの名前の規則性です。wchar_t 用のワイドストリームでは、上記の名前の前に w が付きます。

なお、この図に示したもの以外にも、*basic_streambuf<>*、*basic_stringbuf<>*、*basic_filebuf<>* などのクラステンプレートがあります。

それらの各クラステンプレートを char 型に特殊化したものに与えられた typedef 名は、*streambuf*、*stringbuf*、*filebuf* です。

ios_base クラス

<ios> ヘッダで宣言されている ***ios_base* クラス**は、すべてのストリーム関連クラスの最上位に位置します。ストリーム制御に必須となる基本的な型・定数・メンバ関数が定義されています。

Table 13-2 に示すのが、*ios_base* クラス内で定義される型です。***fmtflags*** と ***iostate*** と ***openmode*** はビットマスク型で、***seekdir*** のみが列挙型です。

Table 13-2 ios_base クラスで定義される型

型名	概要
fmtflags	入出力の書式を表現するビットマスク型。
iostate	ストリームの状態を表現するビットマスク型。
openmode	ファイルのオープンモードを表現するビットマスク型。
seekdir	ランダムアクセスにおけるシーク制御のための列挙型。

fmtflags 型

***fmtflags* 型**は、整数の入出力を何進数で行うのか、浮動小数点数の入出力をどういった形式で行うのか、といったことを表す型です。

Table 13-3 に示すのが、*fmtflags* の要素です。各要素は、特定のビットのみが 1 となった定数であり、その要素をセットする（対応するビットを 1 にする）と、その効果が得られる仕組みとなっています。*fmtflags* 型は、Table 13-4 に示す定数を定義します。

Table 13-3 ios_base::fmtflags の効果

要素	セット時の効果
boolalpha	bool 型をアルファベット形式で入出力する。
dec	整数の入出力を 10 進法で行う。
fixed	浮動小数点数の出力を、固定小数点記法で行う。
hex	整数の入出力を 16 進法で行う。
internal	ある種の出力において、指定された中間位置に詰め物文字を加える。そのような位置指定がない場合、right に同じとする。
left	ある種の出力において、詰め物文字を右側（最後の位置）に加える。
oct	整数の入出力を 8 進法で行う。
right	ある種の出力において、詰め物文字を左側（先頭の位置）に加える。
scientific	浮動小数点数の出力を、指数付き記法で行う。
showbase	整数出力の前に、基数表示を加える。
showpoint	浮動小数点数の出力時に、小数点文字を無条件に付加する。
showpos	非負数値の出力時に + を付加する。
skipws	ある種の入力操作の前に、空白類文字を読み飛ばす。
unitbuf	各出力操作の後で、必ず出力をフラッシュする。
uppercase	出力時に、ある種の小文字を対応する大文字に変換する。
adjustfield	left	right	internal
basefield	dec	oct	hex
floatfield	scientific	fixed

Table 13-4　ios_base::fmtflags が定義する定数

定数名	許される値
adjustfield	left または right または internal
basefield	dec または oct または hex
floatfield	scientific または fixed

iostate 型

すべてのストリームには**状態**（*state*）があります。入出力の状態を表すのが ***iostate* 型**であり、その要素が **Table 13-5** です。

Table 13-5　ios_base::iostate の効果

要素	セット時の効果
goodbit	値 0 をもつ（他のフラグが設定されていない）。
badbit	入力列または出力列の一貫性が失われたことを表す（たとえば、ファイル読込み時の復旧不可能なリードエラー）。
eofbit	入力操作が入力列の終わりに到達したことを表す。
failbit	入力操作が期待している文字の読込みに失敗したこと、または出力操作が意図した文字の生成に失敗したことを表す。

openmode

出力ストリームのオープン時に、（切捨てモードではなく）追加モードを指定できることは既に学習しました。モードを指定するのが、**Table 13-6** に示す *openmode* です。

Table 13-6　ios_base::openmode の効果

要素	セット時の効果
app	各書出しの実行前に、ストリームの終端までシークする。
ate	オープン操作を実行し、その直後にストリームの終端までシークする。
binary	テキストモードではなく、バイナリモードの入出力を行う。
in	入力用にオープンする。
out	出力用にオープンする。
trunc	オープン時に、既存のストリームを切り捨てる。

seekdir

seekdir は、シークの方向を表す列挙型です（**Table 13-7**）。

Table 13-7　ios_base::seekdir の効果

要素	セット時の効果
beg	（以後の入出力に対し）ストリームの先頭からの相対位置によるシークを要求する。
cur	列内の現在位置からの相対位置によるシークを要求する。
end	列末尾からの相対位置によるシークを要求する。

書式の設定

ios_base クラス中で定義されている型は、ストリームライブラリの下位クラスに引き継がれています。そのため、*ios_base* クラスで定義されたものである、ということを意識する必要はありません。また、下位クラスライブラリを提供するヘッダの中で<ios>ヘッダがインクルードされていますので、プログラム上で<ios>を直接インクルードする必要もありません。

さて、以下に示すメンバ関数を利用すると、入出力の書式設定が行えます。

fmtflags setf(**fmtflags** *fmtfl*);
　fmtfl を flags() に設定し、変更前の flags() の値を返却する。

fmtflags setf(**fmtflags** *fmtfl*, **fmtflags** *mask*);
　mask で flags() を解除して *fmtfl* & *mask* を flags() に設定し、変更前の flags() の値を返却する。

void unsetf(**fmtflags** *mask*);
　mask で flags() を解除する。

fmtflags flags() **const**;
　入力および出力に関する書式制御情報を返却する。

fmtflags flags(**fmtflags** *fmtfl*);
　書式制御情報を *fmtfl* に変更して、変更後の flags() の値を返却する。

streamsize precision() **const**;
　出力時の精度を返却する（***streamsize*** については、p.461 の **Column 13-2** で学習します）。

streamsize precision(***streamsize*** *prec*);
　出力時の精度を *prec* に変更して、変更後の precision() の値を返却する。

streamsize width() **const**;
　出力時のフィールド幅最小値を返却する。

streamsize width(***streamsize*** *wide*);
　出力時のフィールド幅最小値を *wide* に変更して、変更後の width() の値を返却する。

これらの関数の中で、もっとも簡単で分かりやすい width 関数を利用したプログラム例を **List 13-8** に示します。

これは、文字列を読み込んで表示するだけのプログラムです。ただし、読込み文字数を cin.width(10) によって 10 文字に制限しています。

さらに、網かけ部では、cout.width(12) によって、最低でも 12 文字の幅で表示するように指定します。なお、最小表示幅が有効なのは、1 回限りです。出力が終了すると、最小出力幅の設定は自動的に解除されます。

▶ このプログラムでは、文字列 *str* を 2 回表示しています。12 文字の幅で出力する 1 回目では、文字列の前にスペースが表示されます。最小表示幅が解除されている 2 回目は、文字列がそのまま表示されます。

List 13-8　chap13/width.cpp

```
// ストリームに対する幅の設定

#include <iostream>

using namespace std;

int main()
{
    char str[10];

    cout << "文字列を10文字未満で入力せよ：";
    cin.width(10);
    cin >> str;

    cout << "str = ";  cout.width(12);  cout << str << '\n';
    cout << "str = "                    << str << '\n';
}
```

実行例1

```
文字列を10文字未満で入力せよ:123456789012345
str =    123456789
str = 123456789
```

実行例2

```
文字列を10文字未満で入力せよ:12345
str =        12345
str = 12345
```

■ 基数の指定

次に、表示する数値の基数を設定する方法を学習しましょう。8進数、10進数、16進数を指定するのは、それぞれ**oct**, **dec**, **hex**です。これらは、**basefield**の要素であるため、設定のコードは、以下のようになります。

```
cout.setf(ios_base::oct, ios_base::basefield);   // 8進数
cout.setf(ios_base::dec, ios_base::basefield);   // 10進数
cout.setf(ios_base::hex, ios_base::basefield);   // 16進数
```

設定値の適用が1回限りである最小幅とは異なり、基数の設定は、解除するまでずっと有効です。なお、基数を区別して表示するように指示する場合は、**showbase**を用います。

```
cout.setf(ios_base::showbase);                   // 基数表示を付加
```

この指定により、8進数の前には0、16進数の前には0xが付加されて表示されます。プログラム例を**List 13-9**に示します。

List 13-9　chap13/basefield.cpp

```
// 基数の設定

#include <iostream>

using namespace std;

int main()
{
    int n, flag;
    cout << "整数値：";
    cin >> n;
    cout << "基数（0…非表示／1…表示）：";
    cin >> flag;

    if (flag) cout.setf(ios_base::showbase);
    cout.setf(ios_base::oct, ios_base::basefield);  cout << n << '\n';  // 8進数
    cout.setf(ios_base::dec, ios_base::basefield);  cout << n << '\n';  // 10進数
    cout.setf(ios_base::hex, ios_base::basefield);  cout << n << '\n';  // 16進数
}
```

実行例1

```
整数値：1234
基数(0…非表示／1…表示):0
2322
1234
4d2
```

実行例2

```
整数値：1234
基数(0…非表示／1…表示):1
02322
1234
0x4d2
```

■ 浮動小数点数の書式

浮動小数点数の出力の書式は、《**形式**》と《**精度**》の二つで決定します。

既定の表示（通常の形式）では、処理系が値を最も正確に記述できる形式を選んで値を出力します。精度に指定するのは、桁数の最大値です。

scientific 形式では、小数点の前を 1 桁に揃えるとともに、指数を加えた形式で値を表示します。精度に指定するのは、小数点以下の桁数の最大値です。

fixed 形式では、整数部・小数点・仮数部を並べて値を表示します。精度に指定するのは、小数点以下の桁数の最大値です。

なお、どの形式でも、精度の既定値は 6 です。

出力の形式は setf で指定し、精度は precision で指定します。なお、指定された精度は、1 回限りではなく、解除するまでずっと有効です。

＊

キーボードから読み込んだ浮動小数点数値を、三つの形式で表示するプログラム例を **List 13-10** に示します。

List 13-10 chap13/floating.cpp

```
// 浮動小数点数の書式

#include <iostream>

using namespace std;

int main()
{
    int precision;          // 精度
    double x;               // 表示する値

    cout << "実数値：";
    cin >> x;

    cout << "精度：";
    cin >> precision;

    cout.precision(precision);  // 精度は最後まで有効

    cout.setf(ios_base::scientific, ios_base::floatfield);
    cout << "科学形式：" << x << '\n';

    cout.setf(ios_base::fixed, ios_base::floatfield);
    cout << "固定形式：" << x << '\n';

    cout.setf(0, ios_base::floatfield);
    cout << "通常表示：" << x << '\n';
}
```

実行例

```
実数値：1234567.89⏎
精度：8⏎
科学形式：1.23456789e+06
固定形式：1234567.89000000
通常表示：1234567.9
```

▶ uppercase フラグを指定すると、16 進整数の前に表示される 0x が 0X になり、科学形式の浮動小数点数表示中の指数 e が E になります。

網かけ部では、第 1 引数に 0 を渡すことによって、**floatfield** 内のセットされたフラグを解除しています。この場合、直前に設定された **fixed** フラグが解除されるため、その後の x の表示は、通常の形式で行われます。

ここまでは、書式を設定するプログラム例を学習しました。flags関数とwidth関数とprecision関数が返却する**"現在設定されている書式の情報"**を利用すると、いったん書式を変更して出力した後に、もとの書式を復元できます。

List 13-11 に示すのが、そのプログラム例です。

List 13-11 chap13/flags.cpp

```
// フラグの設定と復元

#include <iostream>

using namespace std;

//--- double型配列の全要素を#######.##形式で各行に1要素ずつ表示 ---//
void put_ary(double ary[], int n)
{
    // 設定する書式（右揃え＋10進数＋固定小数点記法）
    ios_base::fmtflags flags = ios_base::right | ios_base::dec | ios_base::fixed;

    // 現在の書式と最小幅を保存
    ios_base::fmtflags old_flags = cout.flags();    // 現在の書式
1   streamsize old_size = cout.width();             // 現在の最小幅        保存

    // 精度を設定するとともに現在の精度を保存
    streamsize old_prec = cout.precision(2);        // 精度は2桁

    for (int i = 0; i < n; i++) {
        cout.width(10);                 // 最小幅を10に設定
        cout.flags(flags);              // 書式をflagsに設定
        cout << ary[i] << '\n';
    }

    cout.flags(old_flags);          // フラグを戻す
2   cout.width(old_size);           // 最小幅を戻す                          復元
    cout.precision(old_prec);       // 精度を戻す
}

int main()
{
    double a[] = {1234.235, 5568.6205, 78999.312};

    cout << 0.00001234567890 << "\n\n";        // 通常表示

    put_ary(a, sizeof(a) / sizeof(a[0]));
    cout << '\n';

    cout << 0.00001234567890 << '\n';          // 通常表示
}
```

実行結果

```
1.23457e-05

   1234.23
   5568.62
  78999.31

1.23457e-05
```

関数*put_ary*は、要素数*n*の**double**型配列を表示する関数です。表示は、全体の幅が10桁で小数点以下が2桁で、かつ、右側に揃えて行います。

実際の表示を行う前の**1**で、現在設定されている書式と最小幅を保存しておき、表示が終了した後の**2**では、それらを復元しています。保存と復元が正しく行われていることは、実行結果によって確認できます。

▶ *put_ary*を呼び出した後の0.00001234567890の表示が、通常の形式となっていることから確認できます。

操作子

主要な**操作子**の概略を **Table 13-8** に、プログラム例を **List 13-12** に示します。

Table 13-8 操作子（manipulator）の概略

	操作子	働き	入出力
基数	dec	整数の入出力を 10 進数で行う。	I O
	hex	整数の入出力を 16 進数で行う。	I O
	oct	整数の入出力を 8 進数で行う。	I O
	setbase(*n*)	整数の入出力を *n* 進数で行う。	I O
基数表記	showbase	整数の出力の前に基数表示を付加する。	O
	noshowbase	整数の出力の前に基数表示を付加しない。	O
浮動小数点数	fixed	浮動小数点数を固定小数点記法（例：12.34）で出力する。	O
	scientific	浮動小数点数を指数付き記法（例：1.234E2）で出力する。	O
	setprecision(*n*)	精度を *n* 桁に指定する。	O
	showpoint	浮動小数点数に無条件に小数点を付けて出力する。	O
	noshowpoint	浮動小数点数に無条件に小数点を付けずに出力する。	O
表記	uppercase	16 進数や指数などの出力を大文字で行う。	O
	nouppercase	16 進数や指数などの出力を小文字で行う。	O
数値	showpos	非負の値に＋記号を付けて出力する。	O
	noshowpos	非負の値に＋記号を付けずに出力する。	O
bool 型	boolalpha	**bool** 型の入出力を 0，1 でなくアルファベット形式で行う。	I O
	noboolalpha	**bool** 型の入出力をアルファベット形式でなく 0，1 で行う。	I O
幅	setw(*n*)	少なくとも *n* 桁で出力する。	O
揃え	left	左寄せで出力する（詰め物文字は右側）。	O
	right	右寄せで出力する（詰め物文字は左側）。	O
	internal	詰め物文字を中間位置に入れて出力する。	O
詰め物	setfill(*c*)	詰め物文字を *c* に設定する。	O
付加出力	ends	ナル文字を出力する。	O
	endl	改行文字を出力してバッファをフラッシュする。	O
	flush	バッファをフラッシュする。	O
バッファ制御	unitbuf	出力のたびにフラッシュさせる。	O
	nounitbuf	出力のたびにフラッシュさせない。	O
ホワイトスペース	skipws	入力に先行するホワイトスペースを無視する。	I
	noskipws	入力に先行するホワイトスペースを無視しない。	I
	ws	ホワイトスペースを読み飛ばす。	I

▶ 操作子は、**処理子**とも呼ばれます。
右端の欄の I は入力ストリームに適用できることを示し、O は出力ストリームに適用できることを示しています。

List 13-12　chap03/manipulator.cpp

```
// 操作子による書式指定

#include <iomanip>
#include <iostream>

using namespace std;

int main()
{
    cout << oct << 1234 << '\n';      // 8進数
    cout << dec << 1234 << '\n';      // 10進数
    cout << hex << 1234 << '\n';      // 16進数

    cout << showbase;
    cout << oct << 1234 << '\n';      // 8進数
    cout << dec << 1234 << '\n';      // 10進数
    cout << hex << 1234 << '\n';      // 16進数

    cout << setw(10) << internal << "abc\n";
    cout << setw(10) << left     << "abc\n";
    cout << setw(10) << right    << "abc\n";

    cout << setbase(10);
    cout << setw(10) << internal << -123 << '\n';
    cout << setw(10) << left     << -123 << '\n';
    cout << setw(10) << right    << -123 << '\n';

    cout << setfill('*');             // 詰め物文字を'*'にする
    cout << setw(10) << internal << -123 << '\n';
    cout << setw(10) << left     << -123 << '\n';
    cout << setw(10) << right    << -123 << '\n';
    cout << setfill(' ');             // 詰め物文字を' 'に戻す

    cout << fixed      << setw(10) << setprecision(2) << 123.5 << endl;
    cout << scientific << setw(10) << setprecision(2) << 123.5 << endl;
}
```

実行結果

```
2322
1234
4d2
02322
1234
0x4d2
      abc
abc
           abc
-      123
-123
      -123
-******123
-123******
******-123
    123.50
  1.24e+02
```

指数部の桁数は処理系によって異なります（最低でも２桁です）

- **<iomanip>** ヘッダのインクルードが必要となるのは、setbase, setprecision, setw, setfill などの ( ) を伴う操作子を利用するときのみです。

- setw 操作子によって出力幅を指定した場合、実際に出力する数値や文字列が出力幅に満たないときは、**詰め物文字**で余白が埋められます。既定の詰め物文字はスペースですが、setfill 操作子によって自由に変更できます。

- 挿入子によって文字が挿入されるたびに機器に対して出力を行うと、十分な速度が得られません。そのため、出力すべき文字はバッファに蓄えられており、バッファが満杯になったときなどに実際の出力が行われます。バッファ内にたまっている未出力の文字を強制的に出力（フラッシュ）するのが **endl** と **flush** です。

テキストモードでの実数値の読み書き

List 13-13 に示すプログラムを考えていきましょう。これは、円周率 3.14159265358979323846264338327950288 で初期化された変数 *pi* の値を、ファイル "pi.txt" に書き出して、それを再び読み取って表示するプログラムです。

List 13-13 chap13/pi_text.cpp

```
// 円周率をファイルに書き込んで読み取る（テキストモード）

#include <iomanip>
#include <fstream>
#include <iostream>

using namespace std;

int main()
{
    double pi = 3.14159265358979323846264338327950288;

    ofstream fos("pi.txt");
    if (!fos)
        cout << "\aファイルをオープンできません。\n";
    else {
        fos << pi;
        fos.close();
    }

    ifstream fis("pi.txt");
    if (!fis)
        cout << "\aファイルをオープンできません。\n";
    else {
        fis >> pi;
        cout << "piの値は" << fixed << setprecision(20) << pi << "です。\n";
        fis.close();
    }
}
```

実行結果一例

```
piの値は3.14158999999999988262です。
```

実行して表示される *pi* の値は、不正確です。このプログラムが作成した "pi.txt" をテキストエディタで覗くと、**Fig.13-6** に示すように、3.14159 となっています。

こうなるのは、挿入子 << が浮動小数点数を 6 桁の精度で出力するからです（もちろん、フラグの設定や処理子の挿入などで変更することはできます）。このデータから、失われた部分を復元することはできません。

▶ 画面への表示では、処理子を用いて 20 桁の精度で行っています。表示される値は、処理系が採用している浮動小数点数の精度などに依存します。

ファイル "pi.txt" の中身

```
3.14159
```

Fig.13-6 List 13-13 のプログラムによって書き出されたファイル

一桁も失われないようにするためには、すべての桁を書き込まなければなりません。そのため、ファイルへの書込み時には精度（桁数）に留意する必要があり、書き出す文字数（桁数）は、値によっては非常に大きくなる可能性があります。

＊

しかし、このような問題は、ファイルの入出力を**バイナリモード**（*binary mode*）によって行うことで解決します。

実は、オープン時の指定がないと、ファイルは**テキストモード**（*text mode*）でオープンされます。これまでのプログラムは、すべてテキストモードを利用したものでした。

以下に示すのが、二つのモードの特徴です。

▪ テキストモード

テキストモードでは、データを《**文字の並び**》で表現します。たとえば、整数値 357 は、三つの文字 '3', '5', '7' の並びです。挿入子を利用してこの値をコンソール画面やファイルに書き込むと 3 バイトになります。また、数値が 2057 であれば、書き出されるのは '2', '0', '5', '7' の 4 文字です。

ASCII コード体系であれば、これらの数値データは、**Fig.13-7** a に示すビットで構成されます。

入出力される文字数（バイト数）は、数値の桁数に依存します。

▪ バイナリモード

バイナリモードでは、データを《**ビットの並び**》で表現します。具体的なビット数は処理系によって異なりますが、`int` 型の整数値の大きさは、必ず `sizeof(int)` になります。

もし `int` 型整数を 2 バイト 16 ビットで表現する環境であれば、整数値 357 と 2057 は、図 b に示すビットで構成されます。

入出力される文字数（バイト数）は、数値の桁数に依存しません。

a テキスト　桁数と同じ大きさ（文字数）が必要

整数値 357　00110011 00110101 00110111

整数値 2057　00110010 00110000 00110101 00110111

b バイナリ　大きさは常に sizeof(int)

整数値 357　00000001 01100101

整数値 2057　00001000 00001001

Fig.13-7　テキストモードとバイナリモードにおける数値の表現

バイナリモードでの実数値の読み書き

円周率の値を、バイナリモードで読み書きするように変更したプログラムを **List 13-14** に示します。

List 13-14 chap13/pi_binary.cpp

```
// 円周率をファイルに書き込んで読み取る（バイナリモード）

#include <iomanip>
#include <fstream>
#include <iostream>

using namespace std;

int main()
{
    double pi = 3.14159265358979323846;

    ofstream fos("pi.bin", ios_base::binary);        // バイナリモード
    if (!fos)
        cout << "\aファイルをオープンできません。\n";
    else {
        fos.write(reinterpret_cast<char*>(&pi), sizeof(double));    ←1
        fos.close();
    }

    ifstream fis("pi.bin", ios_base::binary);        // バイナリモード
    if (!fis)
        cout << "\aファイルをオープンできません。\n";
    else {
        fis.read(reinterpret_cast<char*>(&pi), sizeof(double));    ←2
        cout << "piの値は" << fixed << setprecision(20) << pi << "です。\n";
        fis.close();
    }
}
```

実行結果一例

```
piの値は3.14159265358979311600です。
```

▶ 実行によって表示される値は、処理系が採用している浮動小数点数の精度などに依存します。

本プログラムでは、ストリームのオープン時に、**ios_base::binary** を指定することによって、ファイル **"pi.bin"** をバイナリモードでオープンしています。

▶ オープンモードの一覧は、**Table 13-6** （p.451）に示しています。

▪ basic_ostream<>::write による書出し

ファイルへの書込みを行う1で利用している write は、***basic_ostream***<> クラステンプレートで定義されたメンバ関数です。第1引数には書き出すデータの先頭番地へのポインタを与え、第2引数にはデータの大きさをバイト数で与えます。

▶ 第1引数の型は、ナローストリーム ***ostream*** では const char* で、ワイドストリーム ***wostream*** では const wchar_t* です。また、第2引数の型は ***streamsize*** です。

本プログラムの場合、もし **double** 型が8バイトであれば、記憶域上に格納されている変数 *pi* 用の8バイトがそのままファイルに書き出されます。

▪ basic_istream<>::read による読取り

ファイルへの書込みを行う2で利用している read は、***basic_istream***<> クラステンプレートで定義されたメンバ関数です。第1引数には読み込んだデータを格納する記憶域の先頭番地へのポインタを与え、第2引数にはデータの大きさをバイト数で与えます。

▶ 二つの引数の型は、write 関数と同じです。

本プログラムでは、write 関数によってファイルに格納されていた **sizeof**(**double**) バイトが、そのまま変数 *pi* 用の記憶域に読み込まれます。

＊

バイナリモードでは、記憶域に格納されているビットの内容をそのままファイルに対して読み書きするため、入出力時に精度が保たれますし、必ず一定の大きさでの入出力が行われます。これが、テキストモードとの大きな違いです。

Column 13-2 streamsize 型

streamsize 型は、入出力操作によって転送された文字数や、入出力バッファの大きさを表すのに用いられる型です。<ios> ヘッダ内で、符号付き整数型（**short**, **int**, **long**, …）のいずれかの同義語となるように **typedef** 宣言されています。

なお、***streamsize*** は、ストリーム関連のクラスやクラステンプレートの中で定義されたものでないことに注意しましょう。すなわち、○○ ::***streamsize*** 型ではなく、何の修飾も付かない、単なる ***streamsize*** 型です。

ファイルのダンプ

バイナリモードで書き出したファイルは、テキストエディタなどでは中身の確認を行えません。そこで、ファイルの中身を文字コードで表示するプログラムを作ることにします。それが、**List 13-15** に示すプログラムです。

List 13-15 chap13/dump.cpp

```
// ダンプ（ファイル中の全バイトを文字とコードで表示）

#include <string>
#include <cctype>
#include <fstream>
#include <iomanip>
#include <iostream>

using namespace std;

int main()
{
    string fname;    // ファイル名

    cout << "ファイル名：";
    cin >> fname;

    ifstream fs(fname.c_str(), ios_base::binary);
    if (!fs)
        cerr << "\aファイルをオープンできません。\n";
    else {
        unsigned long count = 0;
        while (true) {
            int n;
            unsigned char buf[16];
            fs.read(reinterpret_cast<char*>(buf), 16);
            if ((n = fs.gcount()) == 0) break;

            cout << hex << setw(8) << setfill('0') << count << ' '; // アドレス

            for (int i = 0; i < n; i++)                           // 16進数
                cout << hex << setw(2) << setfill('0')
                        << static_cast<unsigned>(buf[i]) << ' ';

            if (n < 16)
                for (int i = n; i < 16; i++) cout << "   ";

            for (int i = 0; i < n; i++)                           // 文字
                cout << (isprint(buf[i]) ? static_cast<char>(buf[i]) : '.');

            cout << '\n';
            if (n < 16) break;
            count += 16;
        }
    }
}
```

▶ 本プログラムのように、ファイルやメモリの内容を一気に書き出す（表示する）プログラムは、一般に《ダンプ》と呼ばれます。ファイルやメモリの内容をダンプカーが一度に荷を下ろすさまにたとえた用語です。

本プログラムは、ファイルをバイナリモードでオープンして、そこに格納されている内容を、先頭から1文字ずつ、文字と16進数の文字コードの両方で表示します。

なお、文字としての表示では、*isprint* 関数によって表示できないと判断された場合は、文字の代わりにピリオド . を表示します。

本プログラムを実行して、**List 13-15** のソースファイルの中身をダンプ表示した結果を **Fig.13-8** に示します。

▶ ここに示す実行結果は、一例です。表示される内容は、プログラムの実行環境で採用されている文字コードなどに依存します。

```
00000000 ef bb bf 2f 2f 20 e3 83 80 e3 83 b3 e3 83 97 ef ...// ..........
00000010 bc 88 e3 83 95 e3 82 a1 e3 82 a4 e3 83 ab e4 b8 ................
00000020 ad e3 81 ae e5 85 a8 e3 83 90 e3 82 a4 e3 83 88 ................
00000030 e3 82 92 e6 96 87 e5 ad 97 e3 81 a8 e3 82 b3 e3 ................
00000040 83 bc e3 83 89 e3 81 a7 e8 a1 a8 e7 a4 ba ef bc ................
00000050 89 0d 0a 0d 0a 23 69 6e 63 6c 75 64 65 20 3c 73 .....#include <s
00000060 74 72 69 6e 67 3e 0d 0a 23 69 6e 63 6c 75 64 65 tring>..#include
00000070 20 3c 63 63 74 79 70 65 3e 0d 0a 23 69 6e 63 6c  <cctype>..#incl
00000080 75 64 65 20 3c 66 73 74 72 65 61 6d 3e 0d 0a 23 ude <fstream>..#
00000090 69 6e 63 6c 75 64 65 20 3c 69 6f 6d 61 6e 69 70 include <iomanip
000000a0 3e 0d 0a 23 69 6e 63 6c 75 64 65 20 3c 69 6f 73 >..#include <ios
000000b0 74 72 65 61 6d 3e 0d 0a 0d 0a 75 73 69 6e 67 20 tream>....using 
000000c0 6e 61 6d 65 73 70 61 63 65 20 73 74 64 3b 0d 0a namespace std;..
000000d0 0d 0a 69 6e 74 20 6d 61 69 6e 28 29 0d 0a 7b 0d ..int main()..{.
000000e0 0a 09 73 74 72 69 6e 67 20 66 6e 61 6d 65 3b 09 ..string fname;.
000000f0 2f 2f 20 e3 83 95 e3 82 a1 e3 82 a4 e3 83 ab e5 // .............
00000100 90 8d 0d 0a 0d 0a 09 63 6f 75 74 20 3c 3c 20 22 .......cout << "
00000110 e3 83 95 e3 82 a1 e3 82 a4 e3 83 ab e5 90 8d ef ................
00000120 bc 9a 22 3b 0d 0a 09 63 69 6e 20 3e 3e 20 66 6e ..";...cin >> fn
00000130 61 6d 65 3b 0d 0a 0d 0a 09 69 66 73 74 72 65 61 ame;.....ifstrea
00000140 6d 20 66 73 28 66 6e 61 6d 65 2e 63 5f 73 74 72 m fs(fname.c_str
00000150 28 29 2c 20 69 6f 73 5f 62 61 73 65 3a 3a 62 69 (), ios_base::bi
00000160 6e 61 72 79 29 3b 0d 0a 09 69 66 20 28 21 66 73 nary);...if (!fs
00000170 29 0d 0a 09 09 63 65 72 72 20 3c 3c 20 22 5c 61 )....cerr << "\a
00000180 e3 83 95 e3 82 a1 e3 82 a4 e3 83 ab e3 82 92 e3 ................
00000190 82 aa e3 83 bc e3 83 97 e3 83 b3 e3 81 a7 e3 81 ................
000001a0 8d e3 81 be e3 81 9b e3 82 93 e3 80 82 5c 6e 22 .............\n"
000001b0 3b 0d 0a 09 65 6c 73 65 20 7b 0d 0a 09 09 75 6e ;...else {....un
000001c0 73 69 67 6e 65 64 20 6c 6f 6e 67 20 63 6f 75 6e signed long coun
000001d0 74 20 3d 20 30 3b 0d 0a 09 09 77 68 69 6c 65 20 t = 0;....while 
000001e0 28 74 72 75 65 29 20 7b 0d 0a 09 09 09 69 6e 74 (true) {.....int
000001f0 20 6e 3b 0d 0a 09 09 09 75 6e 73 69 67 6e 65 64  n;.....unsigned
00000200 20 63 68 61 72 20 62 75 66 5b 31 36 5d 3b 0d 0a  char buf[16];..
00000210 09 09 09 66 73 2e 72 65 61 64 28 72 65 69 6e 74 ...fs.read(reint
00000220 65 72 70 72 65 74 5f 63 61 73 74 3c 63 68 61 72 erpret_cast<char
00000230 2a 3e 28 62 75 66 29 2c 20 31 36 29 3b 0d 0a 09 *>(buf), 16);...
00000240 09 09 69 66 20 28 28 6e 20 3d 20 66 73 2e 67 63 ..if ((n = fs.gc
00000250 6f 75 6e 74 28 29 29 20 3d 3d 20 30 29 20 62 72 ount()) == 0) br
```

… 以下省略 …

Fig.13-8 List 13-15 の実行結果の一例

まとめ

- **ストリーム**とは、文字の流れる川のようなものであり、コンソールを含む入出力機器やファイルと結び付けられている。

- ストリームには、**入力ストリーム**、**出力ストリーム**、**入出力ストリーム**がある。入出力ストリームは、入力ストリームと出力ストリームからの多重継承によって作られている。

- 文字 char のストリームが**ナローストリーム**であり、ワイド文字 wchar_t のストリームが**ワイドストリーム**である。

- 標準ストリームとして、**cin**, **cout**, **cerr**, **clog** と、そのワイドストリーム版の **wcin**, **wcout**, **wcerr**, **wclog** が提供される。これらのストリームは、C言語ライブラリの標準ストリームと結び付けられ、入出力の同期がとられている。

- リダイレクトを利用すると、標準入力ストリームと標準出力ストリームの入出力先を自由に変更できる。

- 基本型用の**抽出子 >>** は *basic_istream<>* **クラステンプレート**でメンバ関数として定義され、**挿入子 <<** は *basic_ostream<>* **クラステンプレート**でメンバ関数として定義されている。

- 文字とC言語形式の文字列の抽出子と挿入子は、非メンバ関数として定義されている。

- *basic_string<>* クラステンプレートの文字列（*string* および *wstring*）の入出力を行う抽出子 >> と挿入子 << は、文字列ライブラリとして提供されており、入出力ライブラリでは提供されない。

- 文字列用の抽出子 >> は、空白を区切りとみなして読み飛ばす。空白文字を含めた行の読込みは、*getline*(ストリーム , 文字列) によって行う。

- ファイルの利用開始時は、ストリームと結び付けるために**オープン**を行う。open **関数**でもオープンできるが、コンストラクタを利用してオープンするのが一般的である。

- ファイルの利用が終了したら、ファイルの**クローズ**を行って、ストリームをファイルから切り離す。close **関数**でもクローズできるが、自動的に呼び出されるデストラクタを利用してクローズするのが一般的である。

- ファイルのオープン時には、**オープンモード**を指定できる。オープンモードには、**app**, **ate**, **binary**, **in**, **out**, **trunc** がある。

- すべてのストリームライブラリの最上位のクラスである *ios_base* **クラス**では、ストリーム制御に必須となる基本的な型・定数・メンバ関数が定義されている。

- *ios_base::fmtflags* の設定によって、入出力の基数や形式などを変更できる。**setf**, **flags**, **precision**, **width** などの関数によって設定や解除を行える。

- *ios_base::iostate* は、ストリームの状態を表す型である。

- *ios_base::openmode* は、ストリームのオープン時に指定できるモードを表す型である。

- **操作子**を用いると、書式の設定などを容易に行える。引数付きの操作子を利用する場合は、**<iomanip> ヘッダ**のインクルードが必要である。

- **テキストモード**では、数値が文字の並びとして読み書きされる。そのため、読み書きされるバイト数が、数値自身の桁数や、入出力の書式などに依存する。

- **バイナリモード**を利用すると、ファイルに対して、一定の大きさでのオブジェクトの入出力を行える。バイナリモードでの読み書きには、**read 関数**や **write 関数**を利用する。記憶域上でのビット構成が、そまま読み書きされるため、たとえば浮動小数点などの精度を失うことはない。

chap13/concat.cpp

```
// concat … ファイルのコピー

#include <fstream>
#include <iostream>

using namespace std;

//--- srcからの入力をdstへ出力 ---//
void copy(istream& src, ostream& dst)
{
    char ch;

    src >> noskipws;
    while (src >> ch)
        dst << ch;
}

int main(int argc, char** argv)
{
    ifstream is;

    if (argc < 2)
        copy(cin, cout);              // 標準入力を標準出力にコピー
    else {
        while (--argc > 0) {
            ifstream fs(*++argv);
            if (!fs)
                cerr << "\aファイル" << *argv << "をオープンできません。\n";
            else
                copy(fs, cout);       // ストリームfsを標準出力にコピー
        }
    }
}
```

▶ 本プログラムは、コマンドラインから与えられたファイル名をもつテキストファイルの中身を表示するプログラムです。複数のファイル名を指定した場合は、それらの中身が連続して表示されます。なお、ファイル名を指定しなかった場合は、標準入力から入力された内容（キーボードから打ち込まれた文字）が、標準出力（コンソール画面）に出力されます。

参考文献

1) 日本工業規格
『JIS X0001：1994 情報処理用語 － 基本用語』，1994

2) 日本工業規格
『JIS X3010：1993 プログラミング言語Ｃ』，1993

3) 日本工業規格
『JIS X3010：2003 プログラミング言語Ｃ』，2003

4) 日本工業規格
『JIS X3014：2003 プログラム言語 C++』，2003

5) ISO/IEC
"Programming languages — C++ Second Edition"，2003

6) ISO/IEC
"Programming languages — C++ Thirt Edition"，2011

7) Bjarne Stroustrup
"The C++ Programming Language Third Edition"，Addison Wesley，1997

8) Bjarne Stroustrup（柴田 望洋 訳）
『プログラミング言語 C++ 第４版』，ＳＢクリエイティブ，2015

9) 柴田望洋
『新・明解 C++ 入門』，ＳＢクリエイティブ，2017

索引

記号

数字

A

B

C

D

E

F

G

H

I

R

S

T

す

せ

索引

ふ

へ

ほ

ま

み

め

謝辞

本書をまとめるにあたり、ＳＢクリエイティブ株式会社の野沢喜美男編集長には、随分とお世話になりました。

この場をお借りして感謝の意を表します。

著者紹介

柴田 望洋（しばた ぼうよう）

工学博士

福岡工業大学 情報工学部 情報工学科 准教授

福岡陳氏太極拳研究会 会長

■1963年、福岡県に生まれる。九州大学工学部卒業、同大学院工学研究科修士課程・博士後期課程修了後、九州大学助手、国立特殊教育総合研究所研究員を歴任して、1994年より現職。2000年には、分かりやすいC言語教科書・参考書の執筆の業績が認められ、㈳日本工学教育協会より著作賞を授与される。大学での教育研究活動だけでなく、プログラミングや武術（1990年～1992年に全日本武術選手権大会陳式太極拳の部優勝）、健康法の研究や指導に明け暮れる毎日を過ごす。

■**主な著書**（*は共著／★は翻訳書）

『秘伝C言語問答ポインタ編』，ソフトバンク，1991（第2版：2001）

『C：98スーパーライブラリ』，ソフトバンク，1991（新版：1994）

『Cプログラマのための C++ 入門』，ソフトバンク，1992（新装版：1999）

『プログラミング講義 C++』，ソフトバンク，1996（新装版：2000）

『C++ への道*』，ソフトバンク，1997（新装版：2000）

『超過去問 基本情報技術者 午前試験』，ソフトバンクパブリッシング，2004

『新版 明解 C++ 入門編』，ソフトバンククリエイティブ，2009

『解きながら学ぶ C++ 入門編*』，ソフトバンククリエイティブ，2010

『新版 明解 C++ 中級編』，ＳＢクリエイティブ，2014

『新・明解C言語入門編』，ＳＢクリエイティブ，2014

『プログラミング言語 C++ 第4版★』，ビャーネ・ストラウストラップ（著），ＳＢクリエイティブ，2015

『新・明解C言語中級編』，ＳＢクリエイティブ，2015

『C++ のエッセンス★』，ビャーネ・ストラウストラップ（著），ＳＢクリエイティブ，2015

『新・明解C言語実践編』，ＳＢクリエイティブ，2015

『新・解きながら学ぶC言語*』，ＳＢクリエイティブ，2016

『新・明解 Java 入門』，ＳＢクリエイティブ，2016

『新・明解C言語 ポインタ完全攻略』，ＳＢクリエイティブ，2016

『新・明解C言語で学ぶアルゴリズムとデータ構造』，ＳＢクリエイティブ，2017

『新・明解 Java で学ぶアルゴリズムとデータ構造』，ＳＢクリエイティブ，2017

『新・解きながら学ぶ Java*』，ＳＢクリエイティブ，2017

『新・明解 C++ 入門』，ＳＢクリエイティブ，2017

● アンケート Web
本書をお読みいただいたご意見、ご感想を以下の URL にお寄せください。
https://isbn.sbcr.jp/97161/
最後の「/」（スラッシュ）も必要です。ご注意ください。

●本書の内容に関するご質問は、数理書籍編集部まで返信用切手を同封の上、書面にてお送りください。
　電話によるお問い合わせには応じられませんのでご容赦ください。また、本書の範囲を越えるご質問につきましてはお答えできませんので、あらかじめご承知おきください。

新・明解C++で学ぶオブジェクト指向プログラミング

2018年 9 月25日　初版発行

著　者 … 柴田 望洋
編　集 … 野沢 喜美男
発行者 … 小川 淳
発行所 … ＳＢクリエイティブ株式会社
〒106-0032　東京都港区六本木 2-4-5
営業　03(5549)1201
編集　03(5549)1234
ＤＴＰ … 柴田 望洋
印　刷 … 昭和情報プロセス株式会社
装　丁 … bookwall

落丁本、乱丁本は小社営業部にてお取り替えいたします。
定価はカバーに記載されております。

Printed In Japan　ISBN978-4-7973-9716-1

SBクリエイティブの柴田望洋の著作

C言語入門書の最高峰(バイブル)!!

新・明解C言語 入門編

4色刷

C言語の基礎を徹底的に学習するための
プログラムリスト 205 編　図表 220 点

B5 変形判、416 ページ、本体 2,300 円＋税

数多くのプログラムリストと図表を参照しながら、C言語の基礎を学習するための入門書です。４色によるプログラムリスト・図表・解説は、すべてが見開きに収まるようにレイアウトされていますので、『読みやすい。』と大好評です。全編が語り口調ですから、著者の講義を受けているような感じで、読み進められるでしょう。

解説に使う用語なども含め、標準C（ISO ／ ANSI ／ JIS 規格）に完全対応していますので、情報処理技術者試験の学習にも向いています。

独習用としてはもちろん、大学や専門学校の講義テキストとして最適な一冊です。

※台湾 DrMaster Press 社より中国語版（繁体字）が発売中。
※韓国 Mentor 社より韓国語版が発売中。

楽しいプログラムを作りながら、中級者への道を着実に歩もう!!

新・明解C言語 中級編

2色刷

楽しみながらC言語を学習するための
プログラムリスト 111 編　図表 152 点

B5 変形判、384 ページ、本体 2,400 円＋税

『新人研修で学習したレベルと、実際の仕事で要求されるレベルが違いすぎる。』、『プログラミングの講義で学習したレベルと、卒業研究で要求されるレベルが違いすぎる。』と、多くのプログラマが悲鳴をあげています。

本書は、**作って楽しく、動かして楽しいプログラムを通して**、初心者が次のステップへの道をたどるための技術や知識を伝授します。

『数当てゲーム』、『じゃんけん』、『キーボードタイピング』、『能力開発ソフトウェア』などのプログラムを通じて、配列、ポインタ、ファイル処理、記憶域の動的確保などの各種テクニックをマスターしましょう。

SBクリエイティブの柴田望洋の著作

問題解決能力を磨いて、次の飛翔（ステップ）へ!!

新・明解C言語 実践編

C言語プログラミングの実践力を身に付けるための　**2色刷**
プログラムリスト204編　図表174点

B5変形判、360ページ、本体2,300円＋税

本書で取り上げるトピックは、学習や開発の現場で実際に生じた、失敗談、問題点、疑問点ばかりです。そのため、プログラミングの落とし穴とその解決法が満載です。ページをめくるたびに、目から鱗（うろこ）が落ちる思いを禁じ得ないでしょう。

〔見えないエラー〕、〔見えにくいエラー〕、〔テキストファイルとバイナリファイル〕、〔ライブラリ開発の基礎〕、〔配列によって実現する線形リスト〕、〔探索を容易にする索引付き線形リスト〕、〔テキスト画面の制御〕など、他書ではあまり解説されることのない、応用例や豊富なプログラムが、分かりやすい図表とともに示されます。

初心者からの脱出を目指すプログラマや学習者に最適な一冊です。

※台湾 DrMaster Press 社より中国語版（繁体字）が発売中。

たくさんの問題を解いてC言語力（りょく）を身に付けよう!!

新・解きながら学ぶC言語

作って学ぶプログラム作成問題179問!!
スキルアップのための錬成問題1249問!!

B5変形判、360ページ、本体2,000円＋税

「C言語のテキストに掲載されているプログラムは理解できるのだけど、どうも自分で作ることができない。」と悩んでいませんか？

本書は、全部で**1428問**の問題集です。『新・明解C言語 入門編』の全演習問題も含んでいます。教育の現場で学習効果が確認された、これらの問題を制覇すれば、必ずやC言語力（りょく）が身につくでしょう。

少しだけC言語をかじって挫折した初心者の再入門書として、C言語のサンプルプログラム集として、**あなたのC言語鍛錬における、頼れるお供となるでしょう。**

SBクリエイティブの柴田望洋の著作

ポインタのすべてをやさしく楽しく学習しよう！

新・明解C言語 ポインタ完全攻略

ポインタを楽しく学習するための
プログラムリスト 169 編　図表 133 点

3色刷

B5 変形判、304 ページ、本体 2,400 円＋税

『初めてポインタが理解できた。』、『他の入門書とまったく異なるスタイルの解説図がとても分かりやすい。』と各方面で絶賛されたばかりか、なんと情報処理技術者試験のカリキュラム作成の際にも参考にされたという、あの『秘伝C言語問答ポインタ編』をベースにして一から書き直した本です。

ポインタという観点からC言語を広く深く学習できるように工夫されています。ポインタや文字列の基礎から応用までを徹底学習できるようになっています。

ポインタが理解できずC言語に挫折した初心者から、ポインタを確実にマスターしたい上級者まで、すべてのCプログラマに最適の書です。

本書を読破して、ポインタの〔達人〕を目指しましょう。

Java で学ぶアルゴリズムとデータ構造入門書の決定版 !!

新・明解 Javaで学ぶアルゴリズムとデータ構造

基本アルゴリズムとデータ構造を学習するための
プログラムリスト 88 編　図表 229 点

2色刷

B5 変形判、392 ページ、本体 2,400 円＋税

Java によるアルゴリズムとデータ構造を学習するためのテキストの決定版です。三値の最大値を求めるアルゴリズムに始まって、探索、ソート、再帰、スタック、キュー、文字列処理、線形リスト、２分木などを、明解かつ詳細に解説します。

ソースプログラムは、新しい Java で書かれています。そのため、アルゴリズムとデータ構造の学習をしながら、スキャナクラス・列挙・ジェネリクスといった最新の Java プログラミング技術も学習できるでしょう。

もちろん、情報処理技術者試験対策のための一冊としても最適です。

SBクリエイティブの柴田望洋の著作

アルゴリズムとデータ構造学習の決定版!!

新・明解C言語で学ぶアルゴリズムとデータ構造

アルゴリズム体験学習ソフトウェアで
　アルゴリズムとデータ構造の基本を完全制覇！

2色刷

B5変形判、456ページ、本体2,500円＋税

三値の最大値を求める初歩的なアルゴリズムに始まって、探索、ソート、再帰、スタック、キュー、線形リスト、2分木などを、学習するためのテキストです。

アルゴリズムの動きが手に取るように分かる〔アルゴリズム体験学習ソフトウェア※〕が、学習を強力にサポートします。数多くの演習問題を解き進めることで、学習内容が身につくように配慮しています。

C言語プログラミング技術の向上だけでなく、**情報処理技術者試験対策**のための一冊としても最適です。

※購入者特典として、出版社サポートサイトからダウンロードできます。

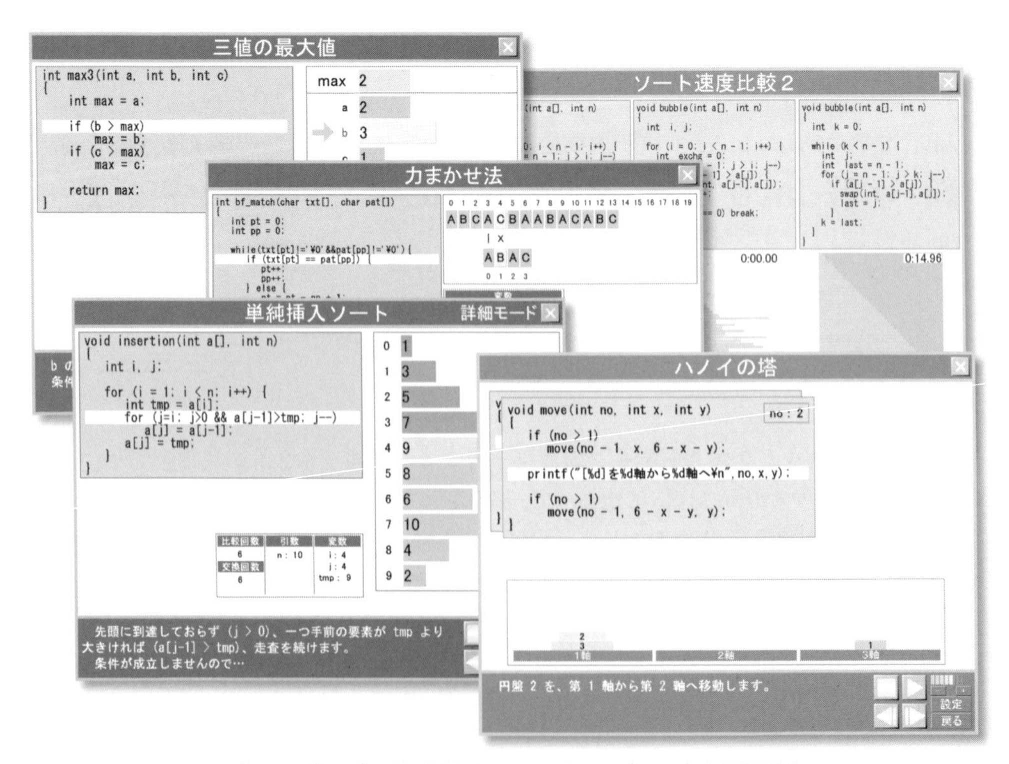

《アルゴリズム体験学習ソフトウェア》の実行画面例

SBクリエイティブの柴田望洋の著作

Java入門書の最高峰（バイブル）!!

新・明解 Java 入門

3色刷

Javaの基礎を徹底的に学習するための
プログラムリスト258編　図表284点

B5変形判、576ページ、本体2,700円＋税

数多くのプログラムリストと図表を参照しながら、Java言語の基礎とプログラミングの基礎を学習するための入門書です。

プログラムリスト・図表・解説は、すべてが見開きに収まるようにレイアウトされていますので、『読みやすい。』と大好評です。学習するプログラムには、数当てゲーム・ジャンケンゲーム・暗算トレーニングなど、たのしいプログラムが含まれています。全編が語り口調ですから、著者の講義を受けているような感じで、読み進められるでしょう。

独習用としてはもちろん、大学や専門学校の講義テキストとして最適な一冊です。

※台湾DrMaster Press社より旧版の中国語版（繁体字）が発売中。
※韓国YoungJin社より旧版の韓国語版が発売中。

たくさんの問題を解いてプログラミング開発能力を身につけよう!!

新・解きながら学ぶ Java

作って学ぶプログラム作成問題202問!!
スキルアップのための錬成問題1115問!!

B5変形判、512ページ、本体2,400円＋税

「Javaのテキストに掲載されているプログラムは理解できるのだけど、どうも自分で作ることができない。」と悩んでいませんか？

本書は、『新・明解Java入門』の全演習問題を含む、全部で**1317問**の問題集です。教育の現場で学習効果が確認された、これらの問題を制覇すれば、必ずや、Javaを用いたプログラミング開発能力が身につくでしょう。

少しだけJavaをかじって挫折した初心者の再入門書として、Javaのサンプルプログラム集として、**あなたのJavaプログラミング学習における、頼れるお供となるでしょう。**

SBクリエイティブの柴田望洋の著作

C++ 入門書の最高峰（バイブル）!!

新・明解 C++ 入門

3色刷

C++ とプログラミングの基礎を学習するための
プログラムリスト 307 編　図表 245 点

B5 変形判、544 ページ、本体 2,750 円＋税

C 言語をもとに作られたという性格をもつため、ほとんどの C++ 言語の入門書は、読者が『C 言語を知っている』ことを前提としています。

本書は、プログラミング初心者に対して、段階的かつ明快に、語り口調で C++ 言語の基礎とプログラミングの基礎を説いていきます。分かりやすい図表や、豊富なプログラムリストが満載です。

全 14 章におよぶ本書を読み終えたとき、あなたの身体の中には、C++ 言語とプログラミングの基礎が構築されているでしょう。

※台湾 DrMaster Press 社より旧版の中国語版（繁体字）が発売中。

たくさんの問題を解いてプログラミング開発能力を身につけよう !!

解きながら学ぶ C++ 入門編

作って学ぶプログラム作成問題 203 問 !!
スキルアップのための錬成問題 1096 問 !!

B5 変形判、512 ページ、本体 2,400 円＋税

「C++ のテキストに掲載されているプログラムは理解できるのだけど、どうも自分で作ることができない。」と悩んでいませんか？

本書は、全部で **1299 問**の問題集です。『新版 明解 C++ 入門編』の全演習問題も含んでいます。教育の現場で学習効果が確認された、これらの問題を制覇すれば、必ずや、C++ を用いたプログラミング開発能力が身につくでしょう。

少しだけ C++ をかじって挫折した初心者の再入門書として、C++ のサンプルプログラム集として、**あなたの C++ プログラミング学習における、頼れるお供となるでしょう**

SBクリエイティブの柴田望洋の著作

最高の翻訳で贈る C++ のバイブル !!

プログラミング言語 C++ 第4版

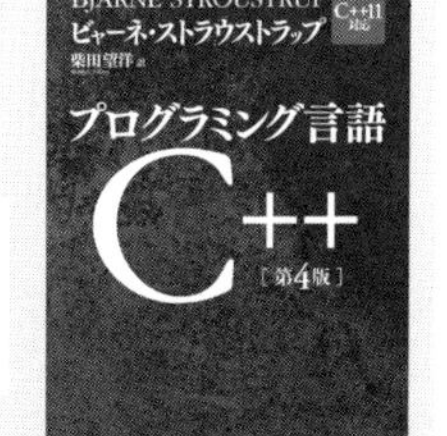

著者：ビャーネ・ストラウストラップ
翻訳：柴田 望洋

2色刷

B5 変形判、1360 ページ、本体 8,800 円＋税

とどまることなく進化を続ける C++。その最新のバイブルである『プログラミング言語 C++』の第 4 版です。C++ の開発者であるストラウストラップ氏が、C++11 の言語とライブラリの全貌を解説しています。

翻訳は、名著『新・明解 C 言語入門編』『新・明解 C++ 入門』の著者 柴田望洋です。本書を読まずして C++ を語ることはできません。

すべての C++ プログラマ必読の書です。

最高の翻訳で贈る C++ の入門書 !!

C++ のエッセンス

著者：ビャーネ・ストラウストラップ
翻訳：柴田 望洋

2色刷

B5 変形判、216 ページ、本体 2,200 円＋税

とどまることなく進化を続ける C++。C++ の開発者ストラウストラップ氏が、最新の C++ の概要とポイントをコンパクトにまとめた解説書です。

ここだけは押さえておきたいという C++ の重要事項を、具体的な例題 (コード) を通してわかりやすく解説しています。

すべての C++ プログラマ必読の書です。

・・　ホームページのお知らせ　・・・・・・・・・・・・・・・・・・・・・・・・・・・

　ご紹介いたしました、すべての著作について、本文の一部やソースプログラムなどを、インターネット上で閲覧したり、ダウンロードしたりできます。
　以下のホームページをご覧ください。

　　柴田望洋後援会オフィシャルホームページ
　　　　http://www.bohyoh.com/